Illustrirtes Repetitorium

der

pharmaceutisch-medicinischen Botanik

und

Pharmacognosie

von

H. Karsten,

Dr. der Phil. u. Med., Professor der Botanik.

Mit 477 Holzschnitten.

Berlin.

Verlag von Julius Springer.

1886.

ISBN-13: 978-3-642-89931-7 e-ISBN-13: 978-3-642-91788-2
DOI: 10.1007/978-3-642-91788-2

Softcover reprint of the hardcover 1st edition 1886

Vorwort.

Das vorliegende Repetitorium der pharmaceutischen Botanik sucht seine Aufgabe dadurch zu erfüllen, dass es die wichtigsten Charaktere der medicinisch angewendeten Pflanzen durch Bild und Wort in gedrängtester Form dem Geiste vorführt.

Neben der diagnostischen Uebersicht der Ordnungen, Familien und z. Th. der Gattungen geben bildliche Darstellungen der charakteristischen Organe der nach dem natürlichen Systeme geordneten Pflanzen ein Bild derselben, welches durch Hinzufügung des Linné'schen Systemes, der Angabe der Lebensdauer, des Wuchses und des Vaterlandes, — wenn letzteres nicht das ganze deutsche Sprachgebiet ist, — es der Erinnerung erleichtert, die übrigen, nicht berührten morphologischen Eigenschaften zu ergänzen.

Diesem Bilde der Pflanze reihet sich die Aufzählung ihrer eigenthümlichen Secretionsstoffe an.

Die gebräuchlichsten Pflanzennamen, sowie die von der deutschen, österreichischen und schweizerischen Pharmacopoe genannten Arzneistoffe sind durch fette Schrift hervorgehoben, diejenigen Droguen, die nicht von allen, sondern nur von der deutschen Pharmacopoe aufgeführt werden durch „*G*", diejenigen der österreichischen durch „*A*", die der schweizerischen durch „*H*" bezeichnet.

In Bezug auf die durch die Priorität geforderten, bisher aber aus euphonischen Gründen zurückgestellten *Linné*'schen Artennamen habe ich mich schon Pag. III der „Deutschen Flora" ausgesprochen; hier konnte ich dieselben, als zu Recht bestehend, nicht übergehen.

Das von mir befolgte, an die von *Jussieu* und *Fries* aufgestellten Principien sich eng anlehnende System ist auf die Entwickelung der verschiedenen Organe, besonders derjenigen der Blume, begründet, wie ich es „Deutsche Flora" Seite 307 weitläufiger erörterte. Um hier auch dies System übersichtlich vorzuführen, nahm ich einige Pflanzen auf, die weniger medicinisch als diätetisch, technisch, morphologisch oder wegen eigenthümlicher Verbindungen chemisch von Interesse sind.

Die fruchtblattlosen, daher eigentlicher Früchte entbehrenden *Balanophoren*, die ich schon 1861 aus diesem Grunde *Nothocarpae*, Scheinfrüchtler, nannte, sind seit *Griffith* wiederholt mit einer frei in einer Fruchtknotenhöhlung hängenden Saamenknospe bedacht worden, besonders von *Hofmeister* und seinen Schülern; jüngst noch in *Hooker* und *Bentham*'s „*Genera plantarum*".

Durch eigene Untersuchung lebender Pflanzen überzeugte ich mich jedoch *(Acta Leop. Carol. XXVI II 1856)*, dass in den freien, von einem Fruchtblatte oder von Blumendecken nicht umhüllten Saamenknospen der *Balanophoren* ein als Fruchtknotenhöhlung zu deutender Hohlraum nie vorhanden ist, dass sich vielmehr eine centrale Zelle ihres cambialen Gewebes unmittelbar zum Keimsacke ausdehnt, in welchem ich, — in Folge der von mir ausgeführten Befruchtung, — die normale Entwickelung eines Keimlinges beobachtete. Die hier, wie auch in anderen Fällen *(Juniperus* Fig. 38. *7*, *Acorus* 79. *4. 6*, *Guajacum* 297. *1*) blumendeckenartig, z. Th. fadenförmig ausgewachsenen Eihüllen wurden von jenen Anatomen für Griffel etc. gehalten.

Ebenso verhalten sich die unterständigen Saamenknospen der *Loranthaceen*, deren vollständige Entwickelungsgeschichte ich „Bot. Ztg. 1852" veröffentlichte. Auch diese *Nothocarpen* sind daher, obgleich deren Saamenknospe mit Blumendecken verwachsen ist, in Bezug auf das Fehlen des Fruchtblattes *Gymnospermen*, was schon *Schleiden* (Grundzüge II) richtig erkannte.

Diese völlig fruchtblattlosen Gewächse bilden den Uebergang von den mit einem *Archegonium* versehenen Sporenpflanzen zu den eigentlichen *Gymnospermen Lindley*'s. — Die von *Hofmeister* aufgestellte fehlerhafte Analogie der Farnspore mit dem Embryosacke der *Coniferen* hat seinen ihm blindlings folgenden Schülern die Erkenntniss des natürlichen Verhältnisses verschleiert. Meine Leser finden dies Urtheil in der „Deutschen Flora" S. 310 ausführlich begründet.

Zugleich benutze ich diese Gelegenheit, um das wiederholt ausgesprochene anmassende Begehren abzuweisen, statt der von mir durch gewissenhafte, gründliche Forschung erkannten Vorgänge der Entwickelung und Vermehrung der normalen und pathologischen, organischen Zellen, die von Anderen gewohnheitsmässig allein nur wiederholten Irrlehren über diese Erscheinungen vorzutragen. Meine Pflicht als Lehrer erfüllte ich in meiner „Deutschen Flora", wenn ich neben dem wahren Sachverhalte auch den landläufigen Irrthum anführte und beleuchtete, indem ich Pag. IV und Seite 8 und 10 die betreffende Litteratur, sowie passende Objecte zur Nachuntersuchung nachwies, damit die Studirenden erfahren, dass über den Gegenstand verschiedene Ansichten existiren, und die jüngeren Forscher die richtige Methode der Prüfung kennen lernen. Die Wahrheit aber zu verschweigen und allein den Irrthum vorzutragen, muss ich Anderen überlassen.

Uebrigens hätten auch die zur Bestätigung meiner Beobachtungen über Contagienzellen dienenden neuesten Arbeiten *Buchner*'s (1882) und *Wigand*'s (1884) zu einigem Nachdenken veranlassen können.

Hermann Karsten.

Reich I. Kryptogamae.

Abtheilung I. Thallophytae.

Ordn. I. Fungi.
Fam. 1. Basidiomycetes.
„ 2. Ascomycetes.

Ordn. II. Lichenes.
Fam. 3. Graphideae.
„ 4. Parmeliaceae.
„ 5. Cetrariaceae.

Ordn. III. Algae.
Fam. 6. Florideae.
„ 7. Fuceae.

Abtheilung II. Cormophytae.

Ordnung IV. Hepaticae.
Fam. 8. Marchantiaceae.

Ordnung V. Musci.
Fam. 9. Sphagneae.
„ 10. Bryeae.

Ordnung VI. Filices.
Fam. 11. Polypodieae.
„ 12. Osmundaceae.
„ 13. Ophioglosseae.

Ordnung VII. Calamariae.
Fam. 14. Equisetaceae.

Ordnung VIII. Selagines.
Fam. 15. Lycopodiaceae.

Reich II. Phanerogamae.

Abtheilung III. Nothocarpae. (Gymnospermae z. Th.)

Reihe I. Ecarpidiatae.

Ordnung IX. Eleutherospermae.
Fam. 16. Balanophoraceae.

Ordnung X. Synanthiospermae.
Fam. 17. Larantheae.

Reihe II. Carpelligerae.

Ordn. XI. Strobuliferae.
Fam. 18. Cycadeae.
„ 19. Dammaraceae.
„ 20. Cupresseae.

Ordn. XII. Coniferae.
Fam. 21. Abietinae.

Ordn. XIII. Drupiferae.
Fam. 22. Taxeae.

Abtheilung IV. Teleocarpae (Angiospermae).

Reihe I. Monocotyledones.

Ordn. XIV. Glumaceae.

Fam. 23. Cypereae.
„ 24. Gramineae.

Ordn. XV. Spadiciflorae.

Fam. 25. Typhaceae.
„ 26. Lemnaceae.
„ 27. Aroideae.
„ 28. Palmae.

Ordn. XVI. Coronariae.

Fam. 29. Junceae.
„ 30. Melanthaceae.
„ 31. Asphodeleae.
„ 32. Lilieae.
„ 33. Smilaceae.

Ordn. XVII. Helobiae.

Fam. 34. Alismaceae.
„ 35. Butomeae.
„ 36. Najadeae.

Ordn. XVIII. Limnobiae.

Fam. 37. Hydrocharideae.

Ordn. XIX. Gynandrae.

Fam. 38. Orchideae.

Ordn. XX. Ensatae.

Fam. 39. Irideae.
„ 40. Amaryllideae.

Ordn. XXI. Artorrhizae.

Fam. 41. Dioscoreaceae.

Ordnung XXII. Scitamineae.

Fam. 42. Zingibereae.
„ 43. Cannaceae.
„ 44. Musaceae.

Reihe II. Dicotyledones.

Klasse I. Monochlamydeae.

Ordn. XXIII. Piperitae.

Fam. 45. Pipereae.

Ordn. XXIV. Arillosae.

Fam. 46. Saliceae.

Ordn. XXV. Amentaceae.

Fam. 47. Balsamifluae.
„ 48. Myricaceae.
„ 49. Betulaceae.
„ 50. Coryleae.
„ 51. Cupuliferae.

Ordn. XXVI. Scabridae.

Fam. 52. Moreae.
„ 53. Artocarpeae.
„ 54. Urticaceae.
„ 55. Cannabineae.
„ 56. Celtideae.
„ 57. Ulmeae.

Ordn. XXVII. Calyciflorae.

Fam. 58. Laureae.
„ 59. Daphneae.
„ 60. Elaeagneae.
„ 61. Santaleae.

Ordn. XXVIII. Serpentariae.

Fam. 62. Aristolochiaceae.

Ordn. XXIX. Oleraceae.

Fam. 63. Chenopodieae.
„ 64. Amaranteae.
„ 65. Polygoneae.
„ 66. Nyctagineae.

Klasse II. Dichlamydeae.

Unterklasse I. Petalanthae.

Ordn. XXX. Caryophyllinae.

Fam. 67. Phytolaccaceae.
„ 68. Sclerantheae.
„ 69. Tetragoniaceae.
„ 70. Mesembryanthemeae.
„ 71. Portulacaceae.
„ 72. Paronychiaceae.
„ 73. Caryophylleae.

Ordn. XXXI. Hydropeltideae.

Fam. 74. Nymphaeaceae.

Ordn. XXXII. Polycarpicae.

Fam. 75. Ranunculeae.
„ 76. Berberideae.
„ 77. Magnoliaceae.
„ 78. Plataneae.
„ 79. Myristicaceae.
„ 80. Menispermeae.

Ordn. XXXIII. Tricoccae.

Fam. 81. Empetreae.
„ 82. Euphorbiaceae.

Ordn. XXXIV. Trihilatae.

Fam. 83. Acereae.
„ 84. Coriariaceae.
„ 85. Sapindeae.
„ 86. Erythroxyleae.

Ordn. XXXV. Polygalinae.

Fam. 87. Polygalaceae.
„ 88. Krameriaceae.

Ordn. XXXVI. Gruinales.

Fam. 89. Oxalideae.
„ 90. Lineae.
„ 91. Geranieae.
„ 92. Balsaminaceae.
„ 93. Tropaeoleae.

Ordn. XXXVII. Columniferae.

Fam. 94. Malvaceae.
„ 95. Büttneriaceae.
„ 96. Tiliaceae.

Ordn. XXXVIII. Guttiferae.

Fam. 97. Ternströmiaceae.
„ 98. Aurantieae.
„ 99. Canellaceae.
„ 100. Clusiaceae.
„ 101. Hypericeae.
„ 102. Dipterocarpeae.

Ordn. XXXIX. Parietales.

Fam. 103. Cisteae.
„ 104. Bixaccae.
„ 105. Droseraceae.
„ 106. Violaceae.
„ 107. Tamarisceae.
„ 108. Passifloraceae.

Ordn. XL. Rhoeadeae.

Fam. 109. Papavereae.
„ 110. Fumariaceae.
„ 111. Cruciferae.
„ 112. Capparideae.
„ 113. Resedaceae.

Ordn. XLI. Leguminosae.

Fam. 114. Papilionaceae.
„ 115. Caesalpiniaceae.
„ 116. Mimosaceae.

Ordn. LXII. Rosiflorae.

Fam. 117. Amygdaleae.
„ 118. Dryadeae.
„ 119. Rosaceae.
„ 120. Spiraeaceae.
„ 121. Pomeae.

Ordn. XLIII. Calycicarpae.

Fam. 122. Granateae.
„ 123. Calycantheae.

Ordn. XLIV. Myrtiflorae.

Fam. 124. Myrteae.

Ordn. XLV. Terebinthaceae.

Fam. 125. Juglandeae.
„ 126. Anacardieae.
„ 127. Simarubaceae.
„ 128. Amyrideae.
„ 129. Burseraceae.
„ 130. Xanthoxyleae.
„ 131. Diosmaceae.
„ 132. Rutaceae.
„ 133. Zygophylleae.

Ordn. XLVI. Calycanthemae.

Fam. 134. Lythreae.
„ 135. Oenotheraceae.
„ 136. Trapaceae.
„ 137. Halorageae.
„ 138. Philadelpheae.

Ordn. XLVII. Discanthae.

Fam. 139. Corneae.
„ 140. Araliaceae.
„ 141. Umbelliferae.

Ordn. XLVIII. Frangulaceae.

Fam. 142. Iliceae.
„ 143. Ampelideae.
„ 144. Celastreae.
„ 145. Rhamneae.

Ordn. XLIX. Corniculatae.

Fam. 146. Crassulaceae.
„ 147. Saxifrageae.

Ordn. L. Opuntiae.

Fam. 148. Grossulariaceae.
„ 149. Cacteae.

Ordn. LI. Peponiferae.

Fam. 150. Cucurbitaceae.
„ 151. Papayaceae.

Unterklasse II. Corollanthae.

Ordn. LII. Bicornes.

Fam. 152. Monotropaceae.
„ 153. Ericaceae.

Ordn. LIII. Diplostemones.

Fam. 154. Styraceae.
„ 155. Sapotaceae.
„ 156. Primulaceae.
„ 157. Plumbagineae.

Ordn. LIV. Personatae.

Fam. 158. Plantagineae.
„ 159. Utriculariaceae.
„ 160. Bignoniaceae.
„ 161. Orobancheae.
„ 162. Scrophulariaceae.

Ordn. LV. Tubiflorae.

Fam. 163. Solaneae.
„ 164. Cuscutaceae.
„ 165. Convolvuleae.
„ 166. Polemonieae.

Ordn. LVI. Nuculiferae.

Fam. 167. Cordiaceae.
„ 168. Borragineae.
„ 169. Globulariaceae.
„ 170. Verbenaceae.
„ 171. Labiatae.

Ordn. LVII. Contortae.

Fam. 172. Gentianaceae.
„ 173. Asclepiadeae.
„ 174. Apocyneae.
„ 175. Loganiaceae.
„ 176. Jasmineae.
„ 177. Oleaceae.

Ordn. LVIII. Aggregatae.

Fam. 178. Valerianaceae.
„ 179. Dipsaceae.
„ 180. Compositae.

Ordn. LIX. Campanaceae.

Fam. 181. Campanulaceae.
„ 182. Lobeliaceae.

Ordn. LX. Stellatae.

Fam. 183. Loniceraceae.
„ 184. Rubiaceae.

Reich I. Kryptogamae.

Die Blumen meistens nur mit Hülfe des Vergrösserungsglases sichtbar, häufig nackt, Eizelle, oogonium, zur Zeit der Befruchtung nackt oder wenigstens nicht völlig von einer Zellenschicht umhüllt (archegonium), vielmehr der Berührung der männlichen Zelle unmittelbar zugängig. **Keim**, Saame (fälschlich Spore genannt), einzellig, d. h. aus einem Zellensysteme bestehend und vor der ferneren Entwickelung meist einige Zeit ruhend (Zellenkryptogamen) oder mehrzellig und ohne Wachsthumsunterbrechung zum neuen Individuum sich entwickelnd (Gefässkryptogamen). Blätter mit Ausnahme der Gefässkryptogamen wenig (Moose) oder gar nicht entwickelt. Pfahlwurzel nie vorhanden. Meistens ausdauernde, seltener verholzende Pflanzen.

A. Blatt und Stengel nicht gesondert.
Abtheilung 1 Lagerpflanzen. **Thallophytae.**

B. Pflanze mit beblättertem Stengel.
Abtheilung 2 Stengelpflanzen. **Cormophytae.**

Abtheilung I. Thallophytae.

Blattlose Kryptogamen.

A. Chlorophyllfreie, an der Luft wachsende Pflanzen (XXIV, 4. L.).
Ordn. 1. **Fungi.**

B. Chlorophyllhaltige Pflanzen (XXIV, 3. L.).
a) An der Luft wachsend. Ordn. 2. **Lichenes.**
b) Im Wasser wachsend. Ordn. 3. **Algae.**

Ordnung I. Fungi. Pilze.

Das vegetative Organ, mycelium, der meistens an der Luft wachsenden Pflanzen besteht aus freien oder meistens nur locker verwebten, gestreckten, einfachen oder gegliederten, gleichartigen, chlorophyllfreien, meist farblosen, selten mit milchweissen, gelben oder rothen Säften erfüllten Zellenfäden, hyphen, die durch zahlreiche enganeinanderliegende Verästelungen zuweilen ein dichtes Geflecht, ein vollständiges Gewebe bilden (Sclerotium), fast immer ist es weniger umfangreich als die Frucht; selten fehlt es gänzlich. Die Pilze sind meistens Saprophyten oder Parasiten.

A. Saamen (gewöhnlich Sporen genannt) der enganliegenden Mutterzelle oder deren Verästelung angewachsen. Fam. 1. **Basidiomycetes.**

B. Saamen frei in ihrer Mutterzelle, ascus, der meist berindeten Frucht.
Fam. 2. **Ascomycetes.**

Familie 1. Basidiomycetes.

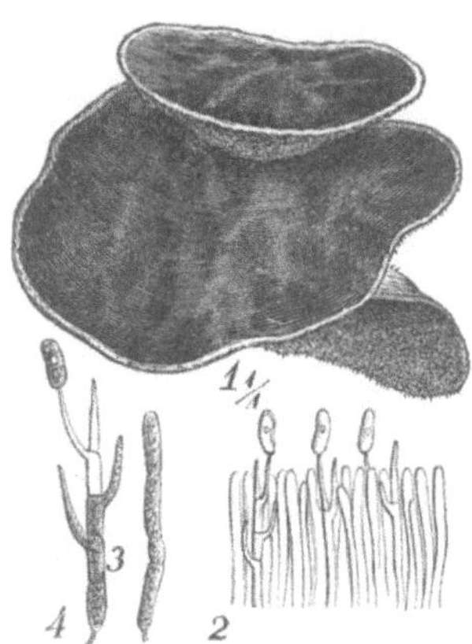

Fig. 1.

Hirneola Auricula. 1. Drei kleine Individuen. 2. Ein Stückchen Hymenialschicht, stark vergr. 3. Eine junge Basidie. 4. Eine ältere mit Sterigmen und Saamen.

Fig. 2.

Clavaria. 1. C. argillacea. 2. C. flava. 3. Stückchen der Schlauchschicht stärker vergr.

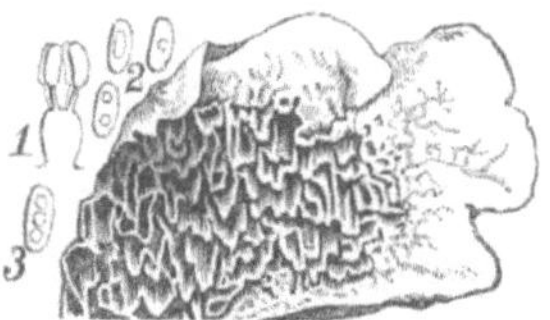

Fig. 3.

Merulius vastator. 1. Basidie mit vier Saamen. 2 und 3. Saamen mit einer bis drei freien Kernzellen.

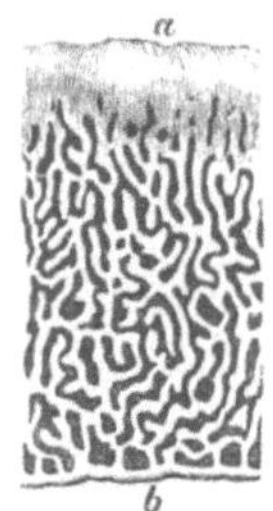

Fig. 4.

Daedalea quercina. Stückchen in nat. Gr. von unten gesehen. *a.* Freier jüngster Rand. *b.* Aelterer, dem Holze, worin das Mycelium wuchert, angrenzender Theil des Hymenium.

Hirneola (*Tremella L.*, *Peziza L.*) **Auricula** *Fries*, Exidia Auricula Judae *Fries*, Judasohr, Hollunderschwamm. Fig. 1. Auf alten Stämmen von Sambucus nigra *L.* — *Fungus Sambuci.*

Clavaria argillacea *Persoon*, Thongelber Keulenträger. Fig. 2, *1.* **C. flava** *Schaeffer*, Gelber Hirschschwamm, Ziegenbart. Fig. 2, *2.* **C. coralloides** *L.*, Korallenschwamm. **C. Botrytis** *Persoon,* Rother Ziegenbart *u. v. a. Arten sind geniessbar: ca. 24 %* *Proteïn* der Trockensubstanz.

Sparassis (*Clavaria Wulfen*) **crispa** *Fries*, Ziegenbart, Lappenträger und **S. brevipes** *Krombholz*, **S. laminosa** *Fries. Beide geniessbar.*

Merulius vastator *Tode*, Fig. 3. — Das Holzwerk in Gebäuden zerstörend, seine Ausdünstung gesundheitswidrig.

Daedalea quercina *Persoon*, Fig. 4. Auf altem Eichenholze. — Dient zur Zunderbereitung.

Polyporus *(Boletus Villars)* **officinalis** *Fries*, Boletus Laricis *Jaquin*, Lärchenschwamm. Fig. 5. Auf Lärchentannen. — ***Fungus Laricis*** *(H.)*, Agaricus albus: Harz, Agaricussäure (Laricin, Agaricin).

P. *(Boletus L.)* **fomentarius** *Fries*, Zunderschwamm. — ***Fungus chirurgorum*** *(A.) s. Agaricus quercinus praeparatus. Blutstillend; mit Salpeter getränkt als Zündschwamm. Manche gestielte Arten dieser Gattung sind geniessbar*, z. B.: P. *(Boletus Bulliard)* **sulphureus** *Fries*, P. *(Boletus Albertini* und *Schweinitz)* **confluens** *Fries*, Semmelpilz, P. **umbellatus** *Fries*, Eichhaase, P. **ovinus** *Fries*, Schaafeuter, P. **Pes caprae** *Persoon*, Ziegenfuss, P. *(Boletus L.)* **subsquamosus** *Fries*.

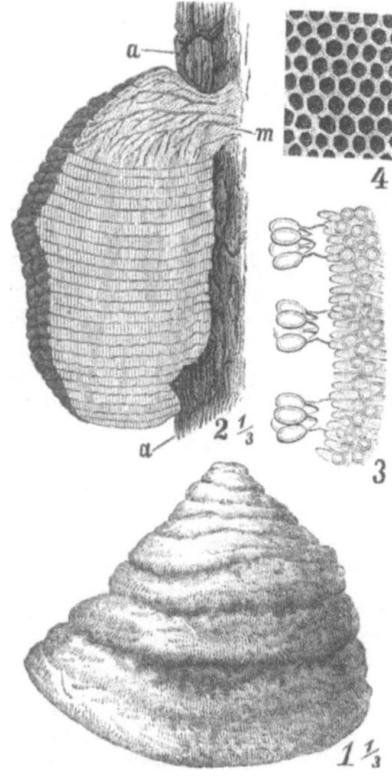

Fig. 5.

Polyporus officinalis Fr. 1. Von vorn gesehen. 2. Im Längendurchschnitt, *a* Lärchenrinde. 3. Hymeniumschicht vergr. 4. Querschnitt der Frucht.

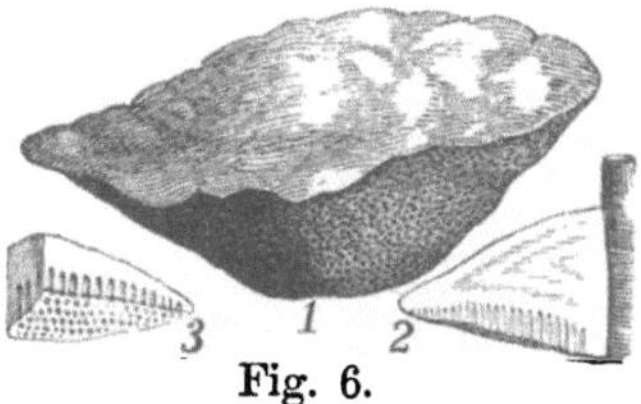

Fig. 6.

Trametes suaveolens. 1. Frucht in halber Grösse. 2. Stückchen im Längenschnitt: nat. Grösse. 3. Vergrössert.

Fig. 7.

Boletus. 1. *B. edulis.* 2. Theil seiner vergrösserten Fruchtschicht. 3. Desgl. von B. bovinus. 4. Ein Theil der Schlauchschicht vergrössert.

Trametes *(Boletus L.)* **suaveolens** *Fries*, Weidenschwamm, Fig. 6. — *Fungus salicis:* Harz, Gummi, Eiweiss etc.

Boletus edulis *Bulliard*, Steinpilz, Herrnpilz. Fig. 7, *1. 2. Geniessbar: Protëin 22,8 % der Trockensubstanz, so wie viele Arten* dieser Gattung, z. B.: B. **aeneus** *Bulliard*, B. **bovinus** *L.*, Fig. 7, *3. 4*, B. **scaber** *Bulliard*, B. **luteus** *L.*, Birkenpilz, Butterpilz, B. **badius** *Fries*, Maronenpilz, B. **annullatus** *Bulliard*, B. elegans *Schumacher*, B. **variegatus** *Swartz*, Sandpilz, B. gra-

nulatus *L.*, Bekörnter Röhrenpilz, **B. subtomentosus** *L.*, Ziegenlippe, **B. regius**, Königspilz etc.; *andere, ähnliche, sind aber giftig, z. B.:* **B. Satanas** *Lenz*, und auch wohl **B. luridus** *Schäffer*, Hexenpilz, und **B. lupinus** *Fries*, Rothfuss.

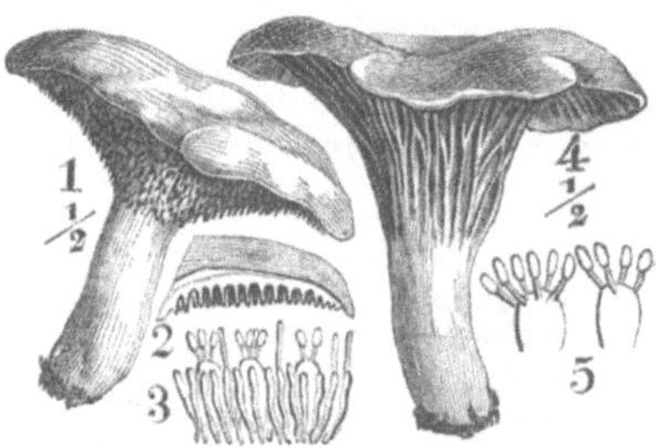

Fig. 8.

1—3. *Hydnum repandum.* 2. Stückchen vom Hute vergr. 3. Saamen tragende Basidien und Paraphysen. 4 und 5. *Cantharellus (Agaricus L.) Cantharellus Krst.* 5. Saamen tragende Basidien.

Hydnum repandum *L.*, Stachelpilz. Fig. 8, *1—3*. *Essbar. Ebenso auch* **H. imbricatum** *L.*, Braune Hirschzunge, **H. coralloides** *Scopoli*, Aestiger Stachelpilz, **H. Erinaceus** *Bulliard*, Igelpilz, **H. diversidens** *Fries* etc. *Giftige Arten sind nicht bekannt.*

Cantharellus *(Agaricus L.)* Cantharellus *Krst.*, **Cantharellus cibarius** *Fries*, Pfefferling, Eierschwamm. Fig. 8, *4. 5.* *Essbar: Proteïn 23 % der Trockensubstanz.* **C. aurantiacus** *Fries ist nach Persoon giftig.*

Fig. 9.

Agaricus. 1—3. *A. campestris* v. Ring (centraler Theil des als Vorhang, cortina, am Hutrande bleibenden Schleiers). 2. Der halbe Hut im Längenschnitt. 3. Basidien mit Saamen *s* und Paraphyse *p*. 4—8. *A. vaginatus.* 4. Entwickelte Frucht am Stielgrunde, von der volva scheidenartig umgeben. 5, 6 und 7. Jüngere Entwickelungszustände. 8. Mycelflocke mit Eizellen *a* u. *c* hier in der Copulation mit dem Pollinodium, *b* ein Fruchtanfang. 9—11. *A. muscarius.* 9. Entwickelte Frucht, *v* Schleier, velum partiale, *vu* untere Reste der z. Th. auch auf dem Hute erkennbaren allgemeinen Hülle, velum universale. 10 und 11. Jüngere Zustände. 12. *A. caesareus*, *v* und *vu* wie in 9. Bei *h* eine junge Frucht, eben die allgem. Hülle durchbrechend. 13. Eine noch in der allgem. Hülle eingeschlossene Frucht.

Marasmius oreades *Fries*, Herbstmuceron, Nelkenblätterpilz; *Essbar; ebenso:* M. scorodonius *Fries*, Lauchpilz. **M. alliaceus** *Fries*, Muceron, Knoblauchpilz etc.

Hygrophorus eburneus *Fries*, **H. pratensis** *Fries*, *u. a. Arten sind geniessbar.*

Lactarius volemus *Fries*, Birnen-Pilz, **L. deliciosus** *Fries*, Reizker *sind geniessbar; dagegen* sind **L. rufus** *Fries*, **L. pyrogalus** *Fries*, Brennreizker, **L. turpis** *Fries*, Mordpilz, **L. torminosus** *Fries*, Birkenreizker, *mehr oder minder heftig giftig.*

Russula alutacea *Persoon*, **R. integra** *Fries*, **R. vesca** *Fries*, **R. depallens** *Fries*, **R. lactea** *Fries sind essbar*, **R. rubra** *DC.* und **R. furcata** *Persoon dagegen sind verdächtig;* **R. emetica** *Fries, ist sehr giftig.*

Paxillus involutus *Fries, wohlschmeckend.*

Cortinarius violaceus *Fries* und **C. cinnamomeus** *Fries. Essbar.*

Agaricus *L.* a. **Pratellus** *Fries*, **A. campestris** *L.*, Champignon, Fig. 9, *1—3*. *Essbar; enthält lufttrocken im Mittel: 36 % Stickstoffsubstanz, 1,75 % Fett, 14 % Zellfaser, 6 % Asche, 2 % Mannit, 6 % Traubenzucker; ähnlich verhalten sich* **A. pratensis** *Schäffer*, Wiesen-Ch., **A. arvensis** *Schf.*, A. edulis *Persoon*, Schaaf-Ch., **A. sylvaticus** *Schf.*, Wald-Ch. — b. **Derminus** *Fries*, **A. mutabilis** *Schäffer*, und **A. praecox** *Persoon, sind geniessbar*, **A. rimosus** *Bulliard, giftig.* — c. **Hyporrhodius** *Fries*, **A. Prunulus** *Scopoli*, **A. Orcella** *Bulliard, sind geniessbar.* **A. volvaceus** *Bulliard, soll giftig sein.* — d. **Leucosporus** *Fr.*, **A. esculentus** *Wulfen*, Nagelpilz. **A. fusipes** *Bulliard*, Spindelpilz, **A. odorus** *Bulliard*, **A. opiparus** *Fries*, **A. gambosus** *Fries*, **A. albellus** *Fries*, **A. graveolens** *Persoon*, Muceron, **A. Columbetta** *Fries*, **A. Russula** *Schäffer*, **A. melleus** *Vahl*, **A. equestris** *L.*, **A. delicatus** *Fries*, **A. procerus** *Scopoli*, Parasolpilz, **A. colubrinus** *Krombholz*, **A. excoriatus** *Schäffer.* — e. **Amanita** *Fries*, **A. vaginatus** *Bulliard*, Scheidenpilz, Fig. 9, *4—11*, **A. caesareus** *Scopoli*, Kaiserpilz, Fig. 9, *12* u. *13*, *sind geniessbar. Giftig sind aus dieser Untergattung folgende Arten:* **A. muscarius**

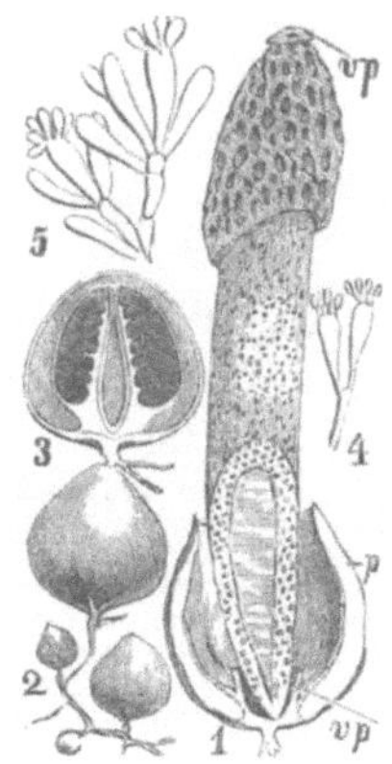

Fig. 10.

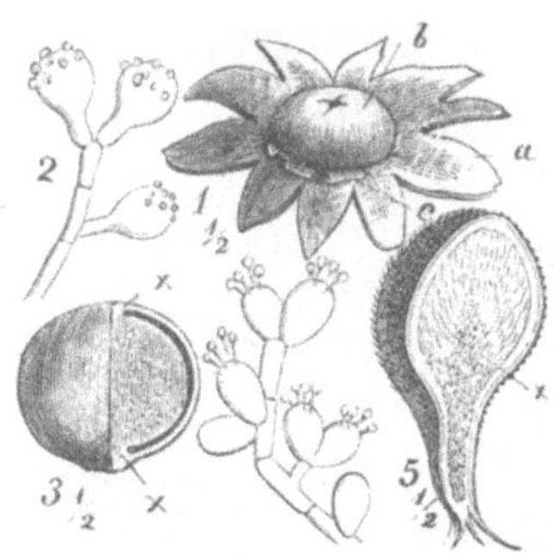

Fig. 11.

1. *Geaster hygrometricus. a* Aeussere — *c* Rest der inneren Hülle. *b* Fruchtkörper. 2. Basidien desselben. 3. *Bovista tunicata, x* Verwachsungsstelle der Hülle mit dem Fruchtkörper, 4. Basidien derselben. 5. *Lycoperdon pyriforme* unreif, längsdurchschnitten.

1—4. *P. impudicus.* 1. Reife, aus der allgemeinen Hülle *p* hervorgetretene Frucht; *vp* die der besonderen Hülle entsprechende Peridie, nur noch an der Fruchtspitze und als Scheide am Grunde vorhanden. 2. Junge Früchte am Mycelium haftend. 3. Eine solche längsdurchschnitten. 4. Saamen tragende Basidien auf ihrer Hymenialzelle. 5. Aehnliche von *P. caninus.*

L., Fliegenpilz, Fig. 9, *9–11.* *Er enthält neben Lichesterinsäure 2 Alkaloïde: Amanitin und Muscarin.* **A. rubescens** *Fries*, Perlenpilz, **A. solitarius** *Bulliard*, **A. excelsus** *Fries*, **A. pantherinus** *DC.*, **A. Mappa** *Fries*, **A. phalloides** *Fries*, **A. virosus** *Fries*.

Phallus impudicus *L.*, Gichtmorchel, Fig. 10, *1–4.* **P. caninus** *Hudson*, Fig. 10, *5.*

Lycoperdon Bovista *L.*, Stäubling. — *Fungus chirurgorum, Fungus Bovista, Crepitus Lupi; ebenso:* **L. pyriforme** *Schäffer*, Fig. 11, *5*, *blutstillende Mittel. Jung essbar: Proteïn 50 % der Trockensubstanz.*

Bovista tunicata *Fries*, Fig. 11, *3* u. *4.* *Jung essbar; ebenso:* **B. plumbea** *Persoon*, **B. nigrescens** *Persoon*, etc.; *reif wie Lycoperdon med. gebräuchlich.*

Geaster hygrometricus *Persoon*, Erdstern. Fig. 11, *1* u. *2.*

Familie 2. Ascomycetes.

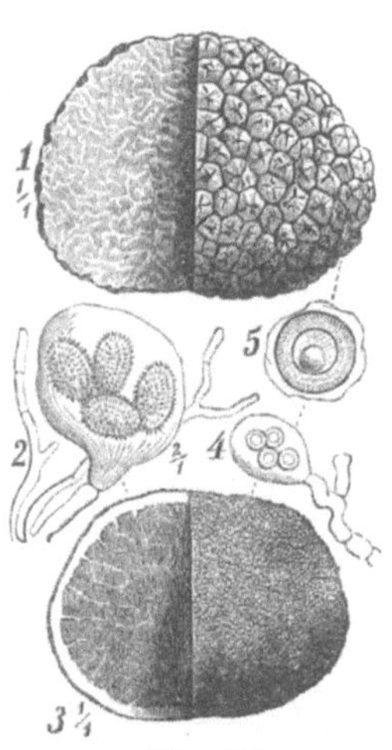

Fig. 12.

1. *Tuber cibarium.* 2. Capillitium und Saamenbehälter. 3. *Elaphomyces cervinus.* 4. Saamenbehälter mit vier unreifen — 5. mit einem reifen dickwandigen Saamen.

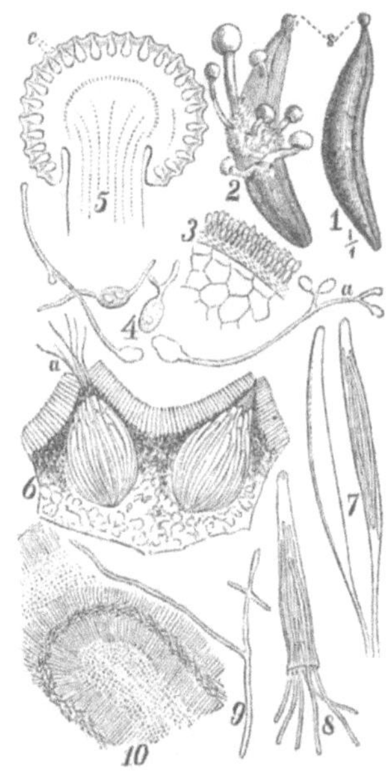

Fig. 13.

Claviceps purpurea. 1. *Sclerotium Clavus s.* Rest des Fruchtknotens von Secale, bedeckt mit *Sphacelia.* 2. Ein Sclerot. mit mehreren Claviceps-Früchten. 3. *Sphacelia segetum* auf der Oberfl. eines jungen Sclerotium. 4. Einige dieser Sphacelia-Gonidien keimend und bei *a* Gonidiolen hervorbringend. 5. Ein conceptaculum von Claviceps längsdurchschnitten viele Früchte, receptacula, *c* in seiner Oberflächenschicht enthaltend. 6. Zwei dieser längsdurchschnittenen, receptacula vergr. *a* Saamen aus den Schläuchen hervorquellend. 7. Ein mit Saamen gefüllter und ein entleerter Schlauch. 8. Ein solcher im Begriff die Saamen zu entleeren. 9. Ein keimender Saame. 10. Stück eines Querschnittes durch einen von Sphacelia durchwucherten Fruchtknoten.

Tuber (*Lycoperdon L.*) Tuber *Krst.*, **Tuber cibarium** *Sibthorp*, Trüffel, Fig. 12, *1* u. *2.* Süd- und Mitteleuropa. *Als gewürzhafte Speise geschätzt: Proteïn 30 %, Fett 1,58 %, 18,73 Zellfaser, 6 % Asche der Trockensubstanz; in den Saamen: Mycoïnulin; ebenso sind geniessbar:* **T. melanosporum** *Vittadini*, **T. aestivum** *Vitt.*, **T. mesentericum** *Vitt.*, **T. magnatum** *Vitt.*

Elaphomyces (*Lycoperdon L.*) **cervinus** *Krst.*, E. officinalis *Nees*, E. granulatus *Fr.*, Gekörnte Hirschtrüffel, Fig. 12, *4* u. *5*. — *Boletus cervinus*, *Hirschbrunst: Mycodextrin und Mycoïnulin.*

Claviceps purpurea *Tul.*, Sphacelia segetum *Leveillé*, Spermoedia Clavus *Fries*, Mutterkornpilz, Fig. 13. In und auf dem Fruchtknoten vom Roggen, Secale cereale, der zum Sclerotium Clavus *DC.* umgebildet wird. — ***Secale cornutum.*** *Extractum Secalis cornuti aquosum = Ergotin von Bonjeau; ein alkoholischer Auszug desselben giebt eingedampft das Extract. Secalis cornuti spirituosum (A. G.) = Ergotin von Wiggers. Bestandtheile des Secale cornutum nach Dragendorff, a) Wirksame: Sclerotinsäure, Scleromucin, Sclererythrin, Sclerojodin, Scleroxanthin, b) Unwirksame: Mehrere Alkaloïde, Cholestearin, Mycose, Mannit, Pilzcellulose, Milchsäure, fettes Oel etc. — Bestandtheile nach Kobert: 1) Trimethylamin, 2) ein nicht giftiges krystallisirbares Alkaloïd von Schmiedeberg aus den Filtraten der Ergotinsäure durch Gerbsäure abgeschieden, 3) ein aus der Spaltung der Ergotinsäure erzeugtes nicht giftiges Alkaloïd, 4) Ergotininum crystallisatum und 5) amorphum, beide nicht giftig, von Tanret dargestellt, 6) eine flüchtige coniinähnliche, wahrscheinlich giftige, von Winkler dargestellte Base, 7) Picrosclerotin, Spaltungsproduct aus Scleroerythrin und Fuscosclerotinsäure; scheint giftig, 8) Cornutin (Kobert), sehr giftig; ferner 2 physiologisch active Säuren, die Ergotinsäure, die keine Uterusbewegung hervorruft, und Sphacelinsäure, die Brand, Gangrän erzeugt.*

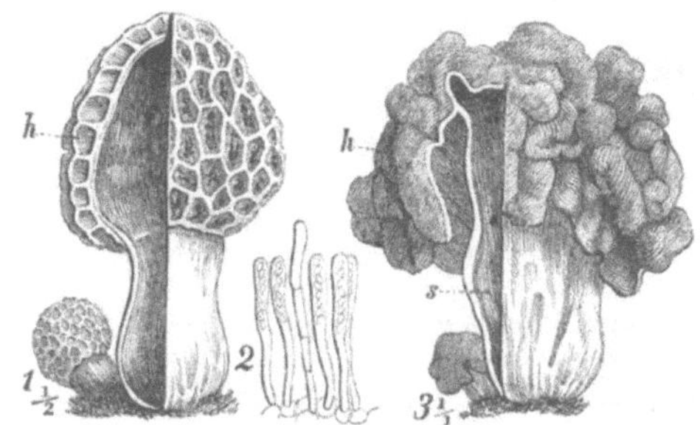

Fig. 14.

1 und 2. *Morchella esculenta.* 1. Eine junge und eine erwachsene Frucht von letzterer der Länge nach ein Viertel herausgeschnitten. *h.* Hymenium. 2. Saamen desselben in ihren Schläuchen neben Paraphysen. 3. *Helvella esculenta.* Durch Entfernung eines Längenviertels der hohle Stiel *s*, welcher das Hymenium *h* trägt, geöffnet.

Morchella esculenta *Persoon*, Morchel, Fig. 14, *1. 2.* *Essbar: Proteïn 28 %, Fett 1,23 %, Zellfaser 7,11 %, Mannit 5 %, Asche 7,6 % etc. der Trockensubstanz; ebenso:* **M. conica** *Fries*, **M. deliciosa** *Fries*, **M. elata** *Fries*, **M. bohemica** *Krombholz*, **M. patula** *Persoon.*

Helvella esculenta *Persoon*, Lorchel, Fig. 14, *3.* *Essbar: enthält lufttrocken 25,22 % Stickstoffsubstanz, 1,65 % Fett, 5,6 % Zellfaser, 5 % Mannit und die giftige Helvellasäure. Ferner:* **H. gigas** *Krombholz*, **H. crispa** *Fries*, **H. lacunosa** *Afzelius*, **H. Infula** *Schäffer*, **H. Monachella** *Fries.*

Ordnung II. Lichenes.

Luftgewächse. Saamen zu mehreren, in bestimmter Anzahl innerhalb schlauchförmiger Mutterzellen, asci, die zu mehreren innerhalb der Eizelle in Folge einmaliger Befruchtung entstanden und beisammenstehend, als Schicht, hymenium, (deren Zellen durch Jod meistens blau werden) in dem durch eine — gleichfalls nach der Befruchtung entstandenen — Rindenschicht gebildeten Fruchtkörper, anfangs die innere, später, nach dem Oeffnen desselben, dessen obere Aussenfläche bedecken.

A. Lager krustenförmig, seiner Unterlage eng angewachsen. Fam. 3. **Graphideae.**

B. Lager blattf. durch haarförmig verlängerte Zellen seiner Unterlage angeheftet. Fam. 4. **Parmeliaceae.**

C. Lager strauchförmig Fam. 5. **Cetrariaceae.**

Familie 3. Graphideae. Krustenflechten.

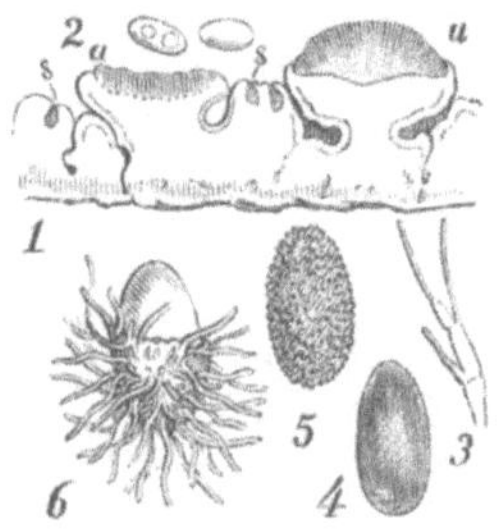

Fig. 15.

1. *Lecanora atra.* Ein Stückchen des längsdurchschnittenen Lagers mit zwei Apothecien *a.* und drei Spermogonien *s.* 2. Saamen. 3. Spermatien auf ihren Stielen. 4. Saame von *Ochrolechia Parella.* 5. Derselbe im Beginn der Keimung. 6. Ein solcher weitergekeimt mit zur Hälfte abgetrennter Schale.

Lecanora atra *Hudson*, Fig. 15, *1–3*: *Anthranor-, Usnin- und Lecanorsäure (Orseille- oder Gyrophor-Säure) und Orcin. Könnte wie* ***Zeora coarctata*** *Acharius,* ***Pertusaria rupestris*** *DC., u. A. m. gleich Ochrolechia benutzt werden.*

Ochrolechia Parella *Massalongo*, Fig. 15, *4–6* und **O. tartarea** *Körber*, Erd-Orseille. — *Zur Bereitung des holländischen Lackmus „**Lacca musci** (A)": Lecanorsäure, Parellin-, Erythrin- und Roccell-Säure.*

Familie 4. Parmeliaceae. Laubflechten.

Fig. 16.

Xanthoria parietina. 1. Fruchttragendes Individuum auf Rinde. 2. Schlauch *(a)* mit Saftfäden *p.* 3. Reife Saamen.

Xanthoria parietina *Fries*, Parmelia par. *Wallroth*, Physcia par. *Schreber*, Fig. 16. — *Lichen parietinus: Chrysophansäure, Chrysopicrin und Vulpulin (Vulpinsäure), Spuren von Zucker und ätherischem Oele.*

Peltigera canina *Schärer.* — *Hepatica terrestris, Muscus caninus.*

Sticta pulmonaria *Acharius*, Lobaria pulmonaria *Hoffmann.* — *Hb. Pulmonariae arboreae, Lichen pulmonarius: Lichenin und Stictinsäure.*

Familie 5. Cetrariaceae. Strauchflechten.

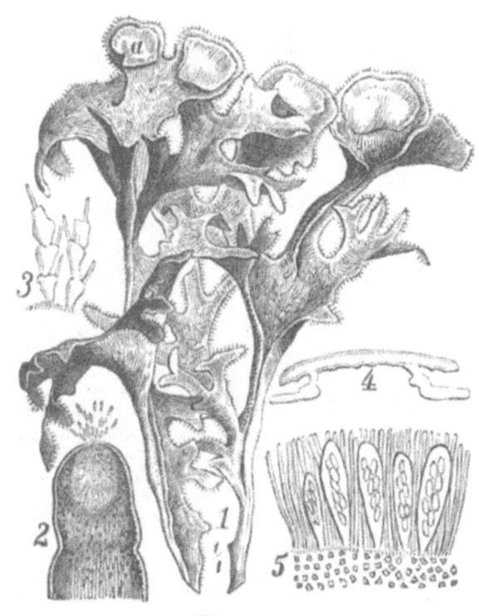

Fig. 17.

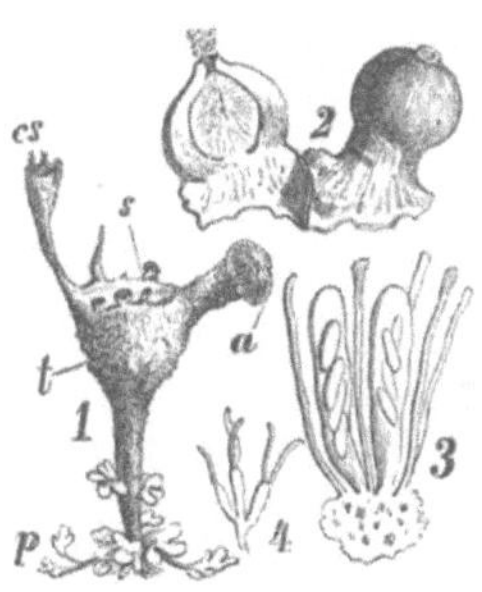

Fig. 18.

Cladonia cornucopioides. 1. Fruchttragendes Individuum; *t* napfförmiges Ende des Lagers, welches die Spermogonien *s*, ein Apothecium *a*, einen napff. Spermogonien tragenden Auswuchs *cs* trägt und noch mit dem Vorkeime *p* versehen ist. 2. vergrösserte Spermogonien, das eine längsdurchschnitten. 3. Schläuche und Saftfäden. 4. Spermatien auf ihren Sterigmen.

Cetraria islandica. 1. In nat. Gr. *a* Apothecien. 2. Eins der wimperf. Spermogonien längsdurchschnitten. 3. Spermatien auf ihren Mutterzellen. 4. Apothecium im Längsschnitt vergr. 5. Saamenschläuche und Paraphysen.

Cetraria islandica *Acharius*, Isländisches Moos, Fig. 17. — ***Lichen islandicus:*** *2 % Cetrarin (Cetrarsäure), 70 % Lichenin, Fumar- und Lichesterin-Säure.*

Evernia prunastri *Acharius.* — *Lichen prunastri, Muscus arboreus, Weisses Lungenmoos: Usnin- und Evern-Säure.*

Cladonia cornucopioïdes *Hoffmann*, Fig. 18. — *Lichen cocciferus s. Hb. Ignis.*

Cl. rangiferina *Acharius*, Cenomyce rang. *Wallroth*, Rennthierflechte.

Cl. pyxidata *Sprengel,* Cenomyce pyxidata *Acharius,* — *Lichen pyxidatus: Lichenin, Cladoninsäure.*

Roccella (*Lichen L.*) Roccella *Krst.*, **R. tinctoria** *DC.* (Fig. 19) und **R. phycopsis** *Achar.* Felsige Küsten des Mittelmeeres, Canarische Inseln, Azoren, England, Island, Cap d. g. H., Südamerika. — Lackmusflechte, Canarische Kräuterorseille; *giebt Lackmus,* ***Lacca musci*** *(A.) s.* ***musica****: Beta-Erythrin, Lecanor- und Roccell-Säure, Orcin-Zucker, Roccellin-Harz, Picroroccellin.*

Usnea barbata *Acharius,* Fig. 20, **U. plicata** *Acharius*, **U. florida** *Acharius*, Bartflechte, — *Hb. musci arborei: Lichenin, Usnin- und Usnetin-Säure.*

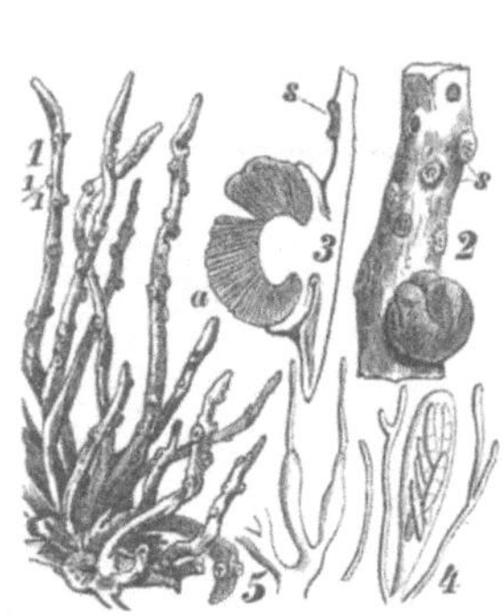

Fig. 19.

Roccella, (Lichen L.) Roccella. 1. Stück eines fruchttragenden Lagers. 2. Aststück mit einem Apothecium *a* und Spermogonien *s*. 3. Ein solcher längsdurchschnitten. 4. Saamenschlauch mit Paraphysen. 5. Spermatien auf ihren Trägern.

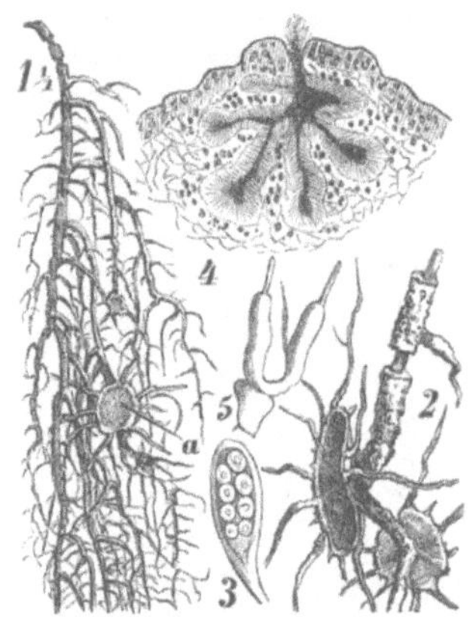

Fig. 20.

Usnea barbata. 1. Fruchttragender Ast. *a* Apothecium. 2. Zweig mit Apothecien vergrössert. 3. Schlauch mit Saamen. 4. Spermogonium längsdurchschnitten. 5. Spermatien auf ihren Stielen.

Ordnung III. Algae. Tange.

Wassergewächse (Ausnahmen selten, die dann in feuchter Atmosphäre leben); Saamen einer oder wenige in der, meistens nackten, weiblichen Zelle.

A. Laub meist purpur, rosa oder violett; Saamen und Gonidie roth; Antherozoïden kugelig, wimperlos. Fam. 6. **Florideae.**

B. Laub braun oder violett; Saamen braun; Antherozoïden meist zweiwimperig. Fam. 7. **Fuceae.**

Familie 6. Florideae. Rothtange.

Chondrus (*Fucus L.*) **crispus** *Stackhouse*, Sphaerococcus crispus *Agardh.*

Gigartina (*Sphaerococcus Ag.*) **mamillosa** *Goodenough* u. *Woodward*, Mastocarpus mam. *Kützing.* Beide an felsigen Küsten des nördlichen atlantischen Oceans. — ***Carrageen*** *(G) oder* ***Caragaheen****, Isländisches Moos, Perlmoos: 80 % Schleim (Carragin) etc. Dienen den Küstenbewohnern als Speise.*

Laurencia pinnatifida *Lamouroux*, Fig. 21. Nördl. atlantische Küsten. *Die pfefferartig scharf schmeckende Alge dient den Küstenbewohnern Schottlands und Irlands als Speise.*

Sphaerococcus lichenoides *Agardh*, Plocaria lich. *Montagne*, Gracilaria lich. *Greville.* Malakka, Zeylon — *Fucus zeylonicus s. amylaceus, Jafnamoos, Agar-Agar.*

S. (*Eucheuma Ag.*) **gelatinus** *Ag.*, S. **spinosus** *Ag.*, *u. a. Art. werden gleichfalls von Südseeinsulanern gegessen und auch als essbare ostindische Vogelnester in den Handel gebracht.*

Fig. 21.

Laurencia pinnatifida. 1. Stück einer fruchttragenden Pfl. 2. Zweig mit Antheridienbehältern. 3. Zweig mit Tetragonidien. 4. Antheridien, die Antherozoiden *a* entlassend. 5. Antheridienbehälter längsdurchschnitten. 6. Frucht mit reifen Saamen, deren einer hervortritt.

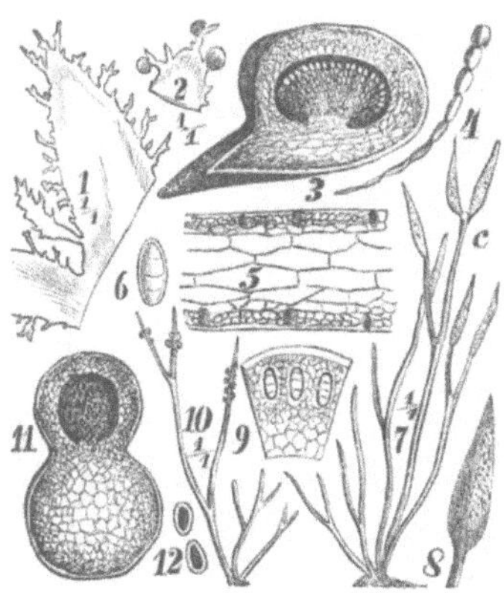

Fig. 22.

1—6. *Sphaerococcus ciliatus.* 1. Stückchen eines unfruchtbaren Individ. 2. Stückchen von einem fruchttragenden Ind. 3. Frucht durchschn. vergr. 4. Saamengliedfaden. 5. Querschnitt vom Laube mit Tetragonid. in den Rindenz. — 6. Tetragonidienzelle. 7—11. *Sph. erectus.* 7. Individ. mit Gonidienbehältern *c.* 8. Ein solcher vergr. 9. Querschn. durch letzteren. 10. Individ. mit Früchten. 11. Frucht und Ast querdurchschnitten. 12. Saamen.

S. ciliatus *Agardh*, Fig. 22, *1—6*, **S. erectus** *Greville*, Fig. 22, *7—12*, im atlantischen Oceane vorkommend, sind ähnliche Formen.

Corallina officinalis *Ellis.*, Fig. 23, *8—10.* An allen europäischen Küsten. — *Muscus corallinus*, *Wurmmoos. Auch Bestandtheil des obs. Helminthochortum.*

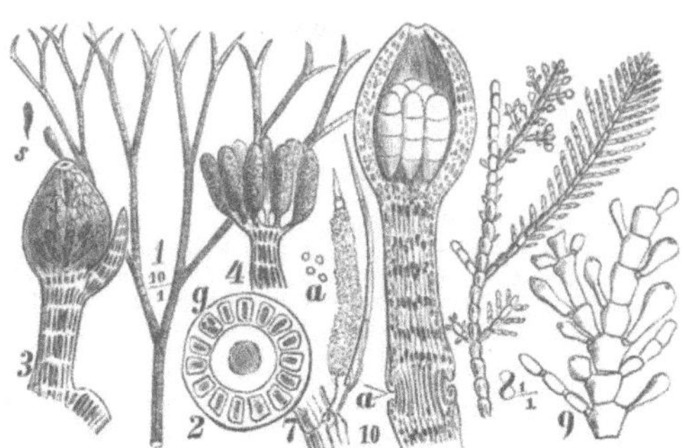

Fig. 23.

Rhodomelaceae. 1—4. *Polysiphonia fastigiata.* 1. Letzte Verzweigung eines Astes. 2. Querschnitt desselben mit Tetragonidien *g.* 3. Frucht mit hervorgetretenen Saamen *s.* 4. Antheridien. 5. Jüngste Fruchtanlage von *Polysiphonia insidiosa* Crouan mit Trichogyn *t*, an dessen Spitze eine Antherozoiden-Zelle haftet. 6. Ein anderer etwas älterer Fruchtanfang, an dessen Trichogyn mehrere Antherozoidenzellen haften. 7. Reife Antheridie mit hervorgetretenen Antherozoiden *a* von *P. variegata.* 8—10. *Corallina officinalis.* 8. Ein fruchttragender Ast. 9. Ein Stückchen desselben vergr. 10. Eine Frucht auf ihrem Zweige längsdurchschnitten; bei *a* das Gelenk.

Alsidium Helminthochorton *Kützing*, nebst:

Polysiphonia (*Fucus L.*) **lanosa** *Krst.*, **P. fastigiosa** *Greville*, Fig. 23, *1–4*, **P. insidiosa** *Crouan*, Fig. 23, *5. 6*, **P. variegata** *Agardh*, Fig. 23, *7. und viele andere kleinere, an den Küsten des Mittelmeeres vorkommende Algen dienten als Corsikanisches Wurmmoos, Helminthochortum, wegen ihres Jod- und Brom-Gehaltes.*

Familie 7. Fuceae. Brauntange.

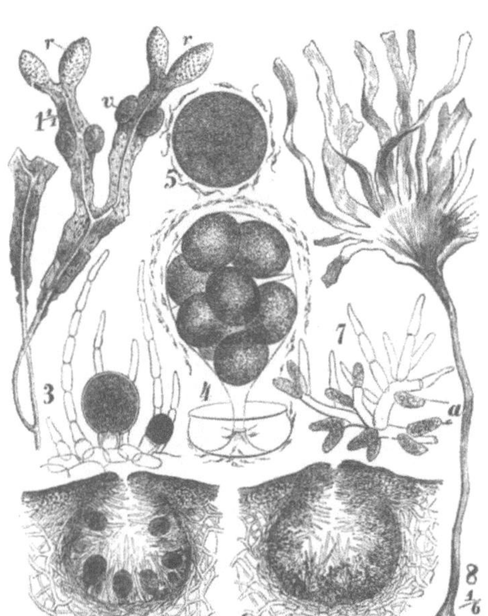

Fig. 24.

1. *Fucus vesiculosus.* *r* Fruchtzweig. *v* Luftbehälter. 2. Ein Stückchen aus *1 r* mit einem weiblichen Conceptaculum stark vergr. 3. Einzelne Orgonien und Saftfäden aus *2* stärker vergr. 4. Ein Oogonium mit seinen acht entwickelten Keimzellen auf der erweiterten Stielzelle von vielen Antherozoiden umgeben. 5. Eine Keimzelle im Augenblicke der Befruchtung. 6. Ein männliches Conceptaculum. 7. Ein Antheridien *(a)* tragender Zweig vergr. 8. *Laminaria digitata.*

Laminaria saccharina *Lamouroux var. Cloustoni* und ***L. digitata*** *Lmx.*, Fig. 24, *8.* Nordoceane. — *Stipites Laminariae,* ***Laminaria*** (*G*), *zu Quellstiften: Mannit, Dextrose, Laminarin (Laminaria-Dextrin), Laminariasäure.*

Fucus vesiculosus *L.*, Fig. 24, *1–7*, **Halidrys siliquosa** *Lyngbye*, Fig. 25, *1. 2*, ***Sargassum vulgare*** *Ag.*, Fig. 25, *3. 4. und viele andere Arten von Florideen, Fuceen und anderer Meeresalgen dienen zur Jod- und Brom-Gewinnung. Die verkohlten Algen obsolet als Aethiops vegetabilis.*

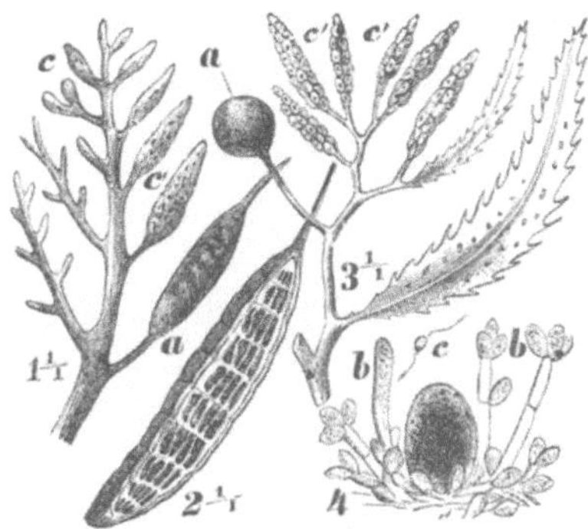

Fig. 25.

Halidrys siliquosa. 1. Fruchttragender Ast. *a* Luftbehälter. 2. Ein solcher Luftbehälter längsdurchschnitten. 3. *Sargassum vulgare.* Fruchttragender Ast. *a* Luftbehälter. *c' c'* Fruchtstand. 4. Ein Oogonium neben mehreren Antheridienästen *b*, aus denen ein Antherozoid *c* hervorgetreten ist.

Abtheilung II. Cormophytae.

Acrobrya.

Beblätterte Kryptogamen.

A. Die erwachsene Pflanze trägt Fortpflanzungsorgane, aus deren Keimzelle sich ein mit derselben verwachsendes, vielsaamiges, fruchtähnliches Gehäuse, Büchse, theca, entwickelt. Reihe I. **Seminiferae.**

B. Die erwachsene Pflanze bringt nur Blumenknospenzellen, Sporen, hervor, aus denen sich, nach ihrem Austritte aus der Sporenkapsel, die Fortpflanzungsorgane entwickeln, deren Keimzelle zu einem sofort sich entwickelnden Keimlinge auswächst. Reihe II. **Sporiferae.**

Reihe I. Seminiferae.

Saamentragende beblätterte Kryptogamen.

1. Die aus dem Blumenboden entstandene Hülle der entwickelten befruchteten Keimzelle zerreisst am Scheitel und umgiebt als **Scheide**, vagina, die Basis des Fruchtstieles; die reife Frucht zerfällt unregelmässig oder öffnet sich durch Längsspalten mit Klappen oder Zähnen, enthält Saamen und **Schleuderzellen**, *ausgen. Riccia;* kein Mittelsäulchen, *ausgen. Anthoceros;* Blätter zweizeilig; die eine Zeile bildenden oft mit einander vereinigt, so einen zweiflügeligen Stengel darstellend. Ordn. IV. **Hepaticae.**
2. Die Hülle zerreisst zur Zeit der Fruchtreife ringsum am Grunde *(bei Sphagnum und Archidium in der Mitte)* und wird als **Mütze** von der Frucht in die Höhe gehoben; die reife Frucht öffnet sich meistens mit einem **Deckel**, selten zerfällt sie unregelmässig, bei *Andreaea 4spaltig,* enthält ein Mittelsäulchen, *ausgen. Sphagnum, Archidium, Ephemereae,* keine spiralig-verdickten Schleuderzellen, *diese bei Sphagnum durch kugelige, quellende Zellchen vertreten.* Blätter mehrzeilig, *ausg. Schistotega.* Ordn. V. **Musci.**

Ordnung IV. Hepaticae. Lebermoose.

Familie 8. Marchantiaceae.

Fig. 26.

Marchantiaceae. 1—5. *Marchantia polymorpha.* 1. Männliche, 2. Weibliche blühende Pflanze, bei *s* Gonidien enthaltende Becherchen. 3. Hälfte des längsdurchschnittenen männlichen Blüthenbodens. 3*a*. Ein Antheridium. 3*b*. Antherozoid. 4. Längsdurchschnittener Fruchtboden vergr. *a* Hülle von Aussen. a' Dieselbe durchschnitten von Innen, vor welcher vier Kelche, aus denen bei *f* Früchte hervorragen. 5. Ein, durch einen Längenschnitt geöffneter Kelch, in welchem eine geöffnete Frucht, deren Stiel von einer zweispaltigen Scheide *v* am Grunde umgeben ist. 6—8. Blüthenstand von *Preissia commutata.* 6. Ein solcher von oben gesehen. 7. Derselbe von unten, die vier Hüllen theils einen, theils zwei noch geschlossene Kelche umgebend. 8. Ein Kelch *c* der Länge nach gespalten und ausgebreitet, die schon geöffnete freigelegte Frucht, deren Stiel von der Scheide *v* umgeben ist. 9—11. *Sauteria alpina.* 9. Ein fruchttragender Zweig. 10. Fruchtstiel vergr., bei *c* die Früchte noch im Kelche eingeschlossen, bei *f* aus demselben hervorragend. 11. Eine mit vier ungleichen Klappen geöffnete Frucht. 12. u. 13. Fruchtstiel von *Fegatella conica.* 12. Ein solcher etwas vergrössert. 13. Derselbe längsdurchschnitten von innen gesehen, *a* die untereinander verwachsenen Hüllen bei a' längsdurchschnitten. *v* Scheide, welche bei *a* unter dem Spalte sichtbar. 14—17. *Grimaldia barbifrons.* 14. Antheridien tragender Zweig. 15. Das eine Ende längsdurchschnitten vergr. 16. Fruchttragender Zweig. 17. Der Fruchtboden im Längenschnitt. a' Hülle. *v* Scheide.

Marchantia polymorpha *L.*, Fig. 26, *1—5* — *Hb. Hepaticae fontanae s. Lichen stellatus.*

Fegatella (*Marchantia L.*) **conica** *Corda*, F. officinalis *Raddi*, Fig. 26, *12 u. 13.* — Wie Vor. Ebenso **Preissia commutata** *Nees*, Fig. 26, *6—8.* **Sauteria alpina** *Nees*, Fig. 26, *9—11.*

Grimaldia barbifrons *Bischoff*, Fig. 26, *14—17.*

Ordnung V. Musci. Laubmoose.

1. Frucht auf einem, durch Verlängerung des Blumenstieles entstandenen Stiele, mittelst ihres besonderen, in Form einer Scheibe entwickelten Stieles befestigt, mit letzterem am Grunde von einer Scheide, *dem vergrösserten, an der Spitze durchbrochenen Fruchtboden*, umhüllt, kugelig mit gewölbtem Deckelchen, ohne Ring sich öffnend; Mittelsäulchen während der Reife verschwindend. Vorkeim Lebermoos-ähnlich. Fam. 9. **Sphagneae.**
2. Frucht auf meistens längerem Stiele, mit demselben aus der befruchteten Keimzelle innerhalb des vergrösserten Blumenbodens entstehend, welcher bei der Entwickelung des Stieles am Grunde ringsum einreissend,

(nur bei Archidium zerreisst sie unregelmässig) als Mütze die Frucht bedeckt; diese zerfällt endlich unregelmässig oder öffnet sich meistens mit einem Deckel, nicht selten mittelst eines elastischen Zellenringes. Mittelsäulchen, *bei den Ephemeraceen und Archidium fehlend*, zuweilen oben in eine Haut verbreitert, welche die Oeffnung verschliesst; der Rand dieser Oeffnung nackt oder mit einer einfachen oder doppelten Zahnreihe besetzt. Vorkeim confervenähnlich. Fam. 10. **Bryeae.**

Familie 9. Sphagneae. Torfmoose.

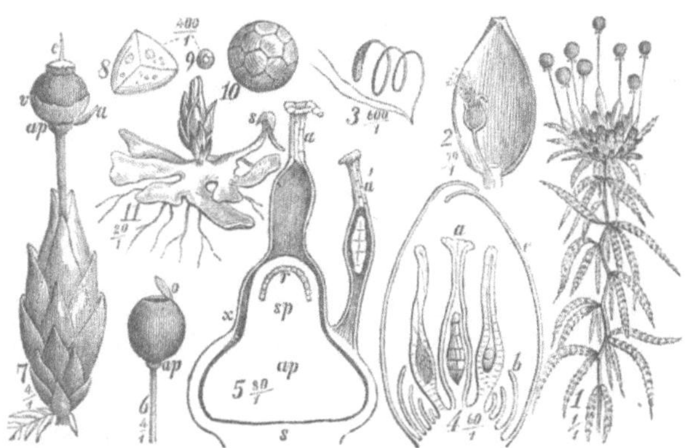

Fig. 27.

Sphagnum acutifolium. 1. Fruchttragende Pfl. — 2. Reifes Antheridium. 3. Antherozoid. 4. Weibl. Blm. längsdurchschnitten. *a* Befruchtetes Archegonium. *b* Blumenhüllblätter. *c* Oberste Stengelblätter. 5. Ein Archegonium *a* mit ziemlich entwickelter und *a'* ein solches mit sehr wenig entwickelter Keimzelle; erstere in den Blumenboden, dessen unterster Theil *s* zum Stiele (seta) wird, hineingewachsen, lässt schon den künftigen Fruchthals *ap* (apophyse) und die Frucht *sp* mit der ersten Generation von Sporenmutterzellen *r* erkennen. Bei *x* wird die äussere Haut ringsum einreissen, der obere Theil zur Haube (*c* Fig. 7), der untere, noch nachwachsende, zur Scheide *v* werden. 6. Reife Frucht, *ap* Halstheil, *o* Deckel. 7. Fast reife Frucht, der untere Theil des noch nicht ganz ausgewachsenen Stieles noch von der Blüthenhülle (perichaetium) bedeckt, *a* verkümmertes Archegonium. 8. Saame (spora). 9. Sog. kl. Spore (Schleuderzellchen?) 10. Dieselbe vergr. 11. Vorkeim mit junger Pfl.

Sphagnum acutifolium *Ehrhard,* Fig. 27, *und die übrigen Arten dienen im verwesenden Zustande, „Torf", als aufsaugendes antiseptisches Verbandmittel.*

Familie 10. Bryeae. Moose.

Fig. 28.

Polytrichum commune. 1. Unterer Theil der fruchttragenden Pfl. 2. Frucht mit Mütze. 3. Frucht ohne Mütze. 4. Blühende Pfl. *a* Jüngste, gipfelständige Blüthe. 5. Die reife Frucht 3 längsdurchschnitten. *sp* Saamensack, *c* Mittelsäule, *e* Querhaut, *o* Deckel, 6. Geöffnete Frucht, *d* Mundbesatz, *e* Querhaut. 7. Deckel. 8. Mütze *c* von langen Haaren umgeben, die zur Hälfte weggenommen sind. 9. *a* Antheridien, *p* Saftfäden. 10. Antherozoid. 11. *o* Archegonien, *p* Saftfäden. 12. Untere Blatthälfte. 13. und 14. Querschnitte desselben.

Polytrichum commune *L.*, Fig. 28. **P. piliferum** *Schreber*, **P. juniperinum** *Hedwig, u. a. Arten. — Hb. Adianti aurei.*

Reihe II. Sporiferae.

Sporentragende beblätterte Kryptogamen.

1. Sporen von gleicher Grösse und Form geben bei normaler Entwickelung **Zwitterprothallien.** Sporangien auf der **Unterseite** des Blattes oder, bei völliger Verkümmerung des Parenchyms, auf den stielf. übrig gebliebenen Nerven desselben. Blätter einzeln, mit meist sehr vollkommen entwickelter Fläche; Knospenlage spiralig; *ausgen. Ophioglosseae.* Ordn. VI. **Filices.**
2. Sporen von gleicher Grösse und Form, aber meist **eingeschlechtlich;** Sporangien mehrere, im Kreise auf der **Unterseite** schildf., eine Aehre bildender Blättchen. Blätter quirlständig, klein, schuppenf. zu einer Scheide vereinigt; Knospenlage nicht spiralig. Ordn. VII. **Calamariae.**
3. Sporen meist eingeschlechtlich, *ausgen. Lycopodium*, Sporangien einzeln auf der **Oberseite** der wenig veränderten Blätter, deren Grunde nahe; männliche und weibliche Sp. von sehr verschiedener Grösse; Zwittersporen von Lycopod. gleich gross. Blätter klein, schuppenf., dreieckig bis linealisch, einzeln; in der Knospe nicht spiralig. Ordn. VIII. **Selagines.**

Ordnung VI. Filices. Farne.

A. Sporangienring vollständig oder fast vollständig. Fam. 11. **Polypodieae.**
B. Sporangienring nur durch einige Zellen am Scheitel angedeutet. Fam. 12. **Osmundaceae.**
C. Sporangien ohne Ring, zweiklappig. Fam. 13. **Ophioglosseae.**

Familie 11. Polypodieae.

Polystichum (*Polypodium L.*) **Filix mas.** *Roth*, Aspidium F. m. *Swartz*, Nephrodium F. m. *Richard*, Fig. 29, *1* u. *2*. — *Rad. s.* ***Rhizoma Filicis:*** *Filixsäure*, *Filixgerbsäure*, *Filixroth*, *Fett*, *Spuren von ätherischem Oele, Zucker, Bitterstoff.*

Scolopendrium (*Asplenium L.*) Scolopendrium *Krst.*, S. **vulgare** *Symons*, S. officinarum *Swartz*, Hirschzunge, Fig. 29, *3*. — ***Hb. Scolopendrii*** (*H.*).

Asplenium Ruta muraria *L.*, Mauerraute, Weisses Frauenhaar, Fig. 29, *4. 5.* — *Hb. Adianti albi s. Rutae murariae.*

A. **Trichómanes** *L.* — *Hb. Adianti rubri.*

A. **Adiantum nigrum** *L.* — *Hb. Adianti nigri.*

Adiantum Capillus Veneris *L.*, Frauenhaar, Fig. 29, *8. 9.* und Fig. 30. Südl. Europa. — ***Hb.*** (*H.*) *s.* ***Frondes Capillorum Veneris*** (*A.*), ***Folia Capilli*** (*H.*), ***Capillus Veneris*** (*A.*), *Schwarzes Frauenhaar.*

Pteris aquilina *L.*, Adlerfarrn, Fig. 29, *10. 11.* — *Rad. s. Rhizoma Pteridis aquilinae s. Rhizoma filicis feminae.*

Aspidium (*Polypodium L.*) **Lonchitis** *Swartz*, und **Aspidium lobatum** *Swartz*, Fig. 29, *14. 15*, Gebirgswälder. — *Hb. Lonchitis majoris.*

Ceterach (*Asplenium L.*) Ceterach *Krst.*, **Ceterach officinarum** *Willdenow*, Milzfarrn, Fig. 29, *16. 17.* *Mittel- und Südeuropa.* — *Hb. Ceterach.*

Blechnum (*Osmunda L.*) **Spicant** *With*, Lomaria Spicant *Desv.*, Blechnum boreale *Sw.*, Fig. 29, *18.* — *Hb. Lonchitis minoris, Milzkraut.*

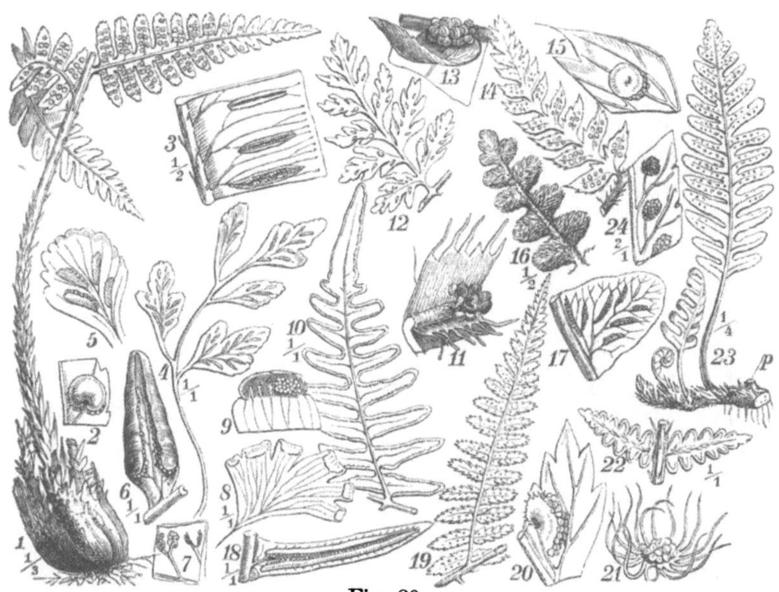

Fig. 29.

1. *Polystichum Filix mas.* 2. Fruchthaufen vom Schleier bedeckt, vergr. 3. *Scolopendrium* (Asplenium L.) *Scolopendrium.* 4. *Asplenium Ruta muraria.* 5. Fiederabschnitt vergr. 6. *Allosorus crispus*, Fiederabschnitt mit Fruchthaufen. 7. Stückchen desselben vergr. 8. *Adiantum Capillus Veneris*, fruchtbarer Fiederabschnitt. 9. Fruchthaufen vergr. 10. *Pteris aquilina.* 11. Stückchen vom Fruchthaufen vergr. 12. *Cystopteris fragilis*, fruchtbarer Fiederabschnitt. 13. Fruchthaufen mit Schleier. 14. Aspidium lobatum. 15. Fruchthaufen mit Schleier. 16. *Ceterach* (Asplenium L.) *Ceterach.* 17. Fiederläppchen desselben vergr. 18. *Blechnum Spicant*; fruchtbarer Fiederabschnitt. 19. *Asplenium Filix femina.* 20. Fruchthaufen vergr. 21. Woodsia ilvensis, Fruchthaufen vergr. 22. Blattstückchen desselben. 23. *Polypodium vulgare.* 24. Stückchen des fruchtbaren Blt.

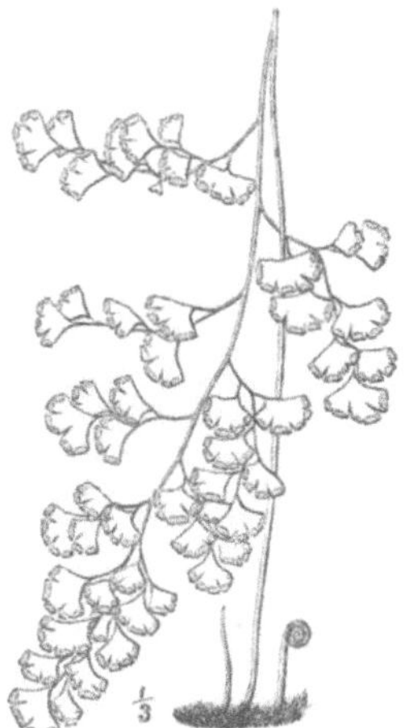

Fig. 30.

Adiantum Capillus Veneris.

Fig. 31.

1. *Ophioglossum vulgatum.* 2. Ein Stückchen der Sporangienähre vergr. 3. Spore. 4. *Botrychium Lunaria.* 5. Zweig der Sporangienähre. 6. *Osmunda regalis.* 7. Geöffnetes Sporangium derselben vergrössert.

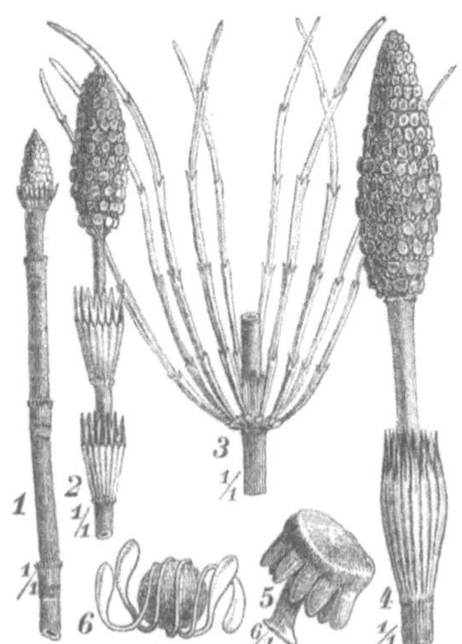

Fig. 32.

Equisetum. 1. *E. hiemale.* 2. *E. pratense.* 3. und 4. *E. arvense.* 5. Ein Sporangienträger. 6. Spore mit abgelöster Aussenhaut *(Schleudern).*

Fig. 33.

Lycopodieae. 1—3. *Lycopodium clavatum.* 1. *Ende eines Zweiges mit Fruchtzweig.* 2. Sporangien tragendes Blatt vergr. 3. Sporen. 4—10. *Selaginella selaginoides.* 4. Ende eines verzweigten Astes mit Fruchtzweig. 5. Blatt mit Microsporangium. 6. Microsporen noch zu 4 beisammen. 7. Einzelne Microspore. 8. Antherozoid. 9. Blatt mit Macrosporangium. 10. Macrospore. 11. Eine solche mit entwickeltem Prothallium *p* von S. denticulata. *e* Sporenhaut. *a* Archegonien. *k* Embryo.

Asplenium (*Polypodium L.*) **Filix femina** *Bernh.*, Aspidium F. f. *Sw.*, Fig. 29, *19. 20.* — *Rhizoma Filicis feminae; zuweilen mit Filix mas. verwechselt.*

Polypodium vulgare *L.*, Engelsüss, Tüpfelfarrn, Fig. 29, *23. 24.* — *Rad. s.* ***Rhizoma Polypodii*** (*H.*), *Engelsüsswurzel: Gerb- und Apfelsäure, Fett, Harz etc.*

Familie 12. Osmundaceae.

Osmunda regalis *L.*, Königsfarrn, Fig. 31, *6. 7.* — *Juli Osmundae und Medulla Rhiz. Osmundae.*

Familie 13. Ophioglosseae.

Ophioglossum vulgatum *L.*, Natterzunge, Fig. 31, *1—3.* — *Hb. Ophioglossi.*

Botrychium Lunaria *Swartz*, Mondraute, Fig. 31, *4. 5.* — *Hb. Lunariae.*

Ordnung VII. Calamariae (S. 21).

Familie 14. Equisetaceae. Schachtelhalme.

Equisetum hiemale *L.*, Tischler-Schachtelhalm, Fig. 32, *1.* — *Hb. Equiseti majoris.*

E. **arvense** *L.*, Acker-Schachtelhalm, Duwok, Kannenkraut, Fig. 32, *2—6.* — *Die unfruchtbaren Aeste: Hb. Equiseti minoris.*

E. **limosum** *L.* und E. **palustre** *L.*, wie vor.

Ordnung VIII. Selagines (S. 21).

Familie 15. Lycopodieae.

Lycopodium clavatum *L.*, Bärlapp, Fig. 33, *1—3.* — ***Lycopodium*** *s. Sem. Lycopodii, Streupulver. — Auch von anderen Arten dieser Gattung und von Selaginella, z. B. von* **S.** *(Lycopodium L.)* ***selaginoides*** *Krst., S. spinulosa Braun,* Fig. 33, *4—10, dienen die Sporen äusserlich als Streupulver.*

Reich II. Phanerogamae.

Blumen dem freien Auge sichtbar; Befruchtungsorgane meistens von eigenthümlich geformten Blättern, Blumendecken (Kelch oder Kelch und Krone) umhüllt. Eizelle, Embryosack, zur Zeit der Befruchtung von einer oder von mehreren Zellenschichten des Eikernes, nucleus ovuli, **ringsum bedeckt**, welche von der männlichen, sich schlauchartig verlängernden, freien Zelle, dem Blumenstaube, pollen, zum Zwecke der Berührung der weiblichen, dem Embryosacke, durchwachsen werden, wenn nicht dieser ihm, das Eikerngewebe resorbirend, entgegenwuchs (Santalum, Torenia etc.). Keim mehrzellig, vor der Entwickelung zu einem neuen Individuum in der Regel schon mit 1 oder 2, selten mit mehreren Blattanlagen versehen und mehr oder minder lange ruhend. Blätter selten unentwickelt oder fehlend. Pfahlwurzel, mit seltenen Ausnahmen (Parasiten), wenigstens in der Jugend, stets vorhanden.

A. Saamenknospen nackt auf dem nicht zu einer Höhlung zusammengefalteten Fruchtblatte oder unmittelbar aus dem Cambium der Gipfelknospe hervorgebildet, frei oder mit Hüllen verwachsen.

Abtheilung III. **Nothocarpae.**

B. Saamenknospen zur Zeit der Befruchtung von ihrem Fruchtblatte umhüllt, d. h. in einem von diesem, durch Zusammenfalten seiner beiden Längenhälften gebildeten, von der Luft abgeschlossenen Hohlraume, dem Fruchtknoten, eingeschlossen. Abtheilung IV. **Teleocarpae.**

Abtheilung III. Nothocarpae. Scheinfrüchtler.

Gymnospermae Lindley, Schleiden z. Th.

A. **Saamenknospe ohne Fruchtblatt,** direct aus dem Blumenboden entwickelt, entweder frei, oder mit dem Gewebe desselben und dem der Blumendecken, — wenn dergl. vorhanden — verwachsen und dadurch einem unterständigen Fruchtknoten ähnlich. Schmarotzerpflanzen.
Reihe I. **Ecarpidiatae.**

B. **Saamenknospe mit Fruchtblatt,** aber nicht von demselben umhüllt, sondern dem flach und offen gebliebenen aufgewachsen, daher der daraus entwickelte Saame frei z. Th. selbst fruchtähnlich, *besonders bei Drupiferen, wo die Eihüllen oder ein rudimentäres ihn später umhüllendes Fruchtblatt fleischig werden.* Autophage Gewächse.
Reihe II. **Carpelligerae.**

Reihe I. Ecarpidiatae. Fruchtblattlose.

A. Saame frei, fruchtähnlich. Ordn. IX. **Eleutherospermae.**
B. Saame mit der Blumenhülle verwachsen, unterständig.
Ordn. X. **Synanthiospermae.**

Ordnung IX. Eleutherospermae. Freisaamige.

Familie 16. Balanophoraceae.

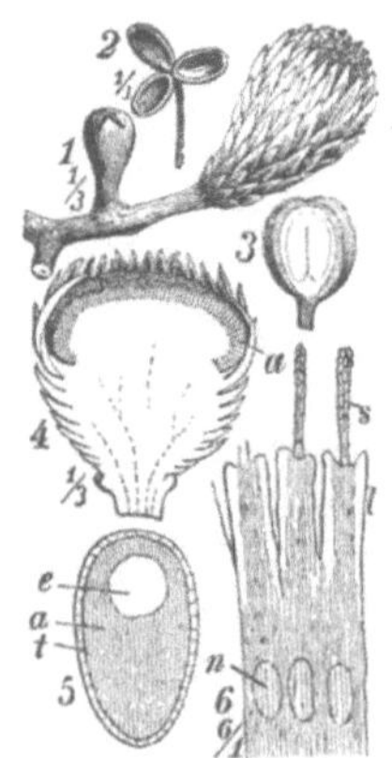

Fig. 34.

Langsdorffia Moritziana. 1. Männl. blühende Pfl. mit einer hervorbrechenden Blüthenknospe. 2. Männl. geöffnete Blm., aus der die Staubgef. herausgenommen sind. 3. Männl. geschlossene Blm., von der das vordere Kelchblatt abgenommen und dadurch ein Staubbeutel freigelegt wurde. 4. Längsdurchschnittene weibl. Blüthe. *a* Blumen. 5. Längsdurchschnittener Saame zehnmal vergr. *t* Saamenschaale. *a* Eiweiss, *e* Embryo. 6. Weibl. Blumen längsdurchschnitten. *s* Innere (griffelf. Eimund.), *l* äussere Hülle. *n* Kern.

Langsdorffia Moritziana *Kl.* und *Krst.*, ♃ XXII. Monadelphia *L.*, Columbien, Fig. 34 und andere Arten, z. B. L. **hypogaea** *Martius*, Brasilien, und Javanische Balanophora-Arten *sind wachsreich und werden z. Th. als Kerzen verwendet.*

Ordnung X. Synanthiospermae. Bedecktsaamige.

Familie 17. Lorantheae. Mistelpflanzen.

Fig. 35.

Viscum album. 1. Weibl. Pfl. mit Blumen und Früchten. 2. Ein Blüthenköpfchen. 3. Blühende männl. Pfl. 4. Ein Blüthenköpfchen ders. 5. Männl. Blume längsdurchschnitten. *a* Löcher des dem Kronenblt. aufgewachsenen Beutels (Staubbeutels). 6. Weibl. Blume längsd. *e* Embryosack. 7 und 8. Saamen längsdurchschn.

Loranthus europaeus *L.*, Riemenblume ♄ VI. 1 L. Auf Eichen und Kastanien in Südeuropa. — *Viscum quercinum: Viscin, Bitterstoff, äth. Oel, fettes Oel, Gummi etc.*

Viscum album *L.*, Mistel ♄ Fig. 35. XXII. 1 *L.* Auf Nadel- und Laubbäumen (ausgen. Eichen). — *Stipites et Baccae Visci. Bestandtheile: eigenthümliches, klebriges Weichharz „Viscin", Bitterstoff, Gummi, fettes Oel, flüchtige Materie. Die Beeren sollen narkotisch giftig wirken.*

Reihe II. Carpelligerae. Fruchtblatttragende.

A. Fruchtblatt flach, schuppenf., nackt; Saamenknospen frei. Ordn. XI. **Strobuliferae.**
B. Fruchtblatt flach, schuppenf., in der Achsel eines schuppenf. Deckblattes; Saamenknospen angewachsen. Ordn. XII. **Coniferae.**
C. Fruchtblatt ringf. oder röhrig; Saamenknospen frei. Ordn. XIII. **Drupiferae.**

Ordnung XI. Strobuliferae.

A. Blätter fiederschnittig oder gefiedert. Fam. 18. **Cycadeae.**
B. Blätter ungetheilt, einfach.
 * Saamenknospen hängend. Fam. 19. **Dammaraceae.**
 ** Saamenknospen aufrecht. Fam. 20. **Cupressinae.**

Familie 18. Cycadeae.

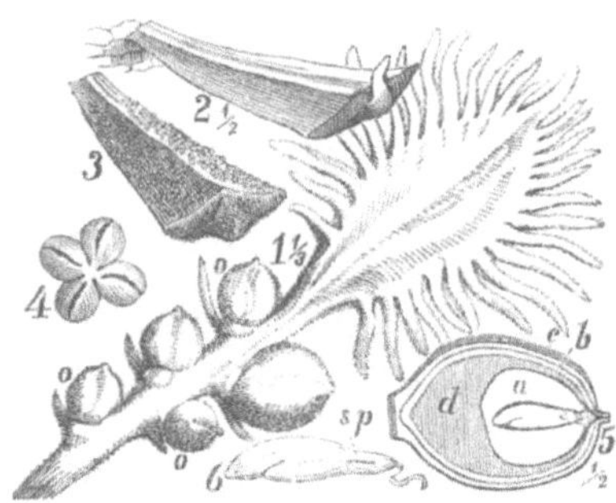

Fig. 36.

1. *Cycas revoluta.* Fruchtblt. unterwärts, in der Achsel der verkümmerten Fiederabschnitte, Saamenknospen *o* tragend. 2—6. *C. circinalis.* 2. Staubgefäss von oben. 3. dasselbe von unten. 4. Vier zusammenhängende Pollen erzeugende Fächer. 5. Saame durchschnitten. *a* Eiweiss, *b* innere, holzige, *c* äussere, fleischige Saamenschaale, *d* schwammiges Gewebe des Kernes. 6. Keimling, *sp* unterer nicht verwachsener Theil der, auch an der Spitze freien Keimblätter.

Fig. 37.

1. *Zamia muricata.* 2. keimender Saame *s*, in welchem das verwachsene Ende der Cotyledonen steckt und dessen Würzelchen abwärts verlängert ist. 3. Saame in nat. Gr. längsdurchschn. 4. Saamenknospe längsdurchschn. *e* Embryosack, in dessen Spitze, neben der Micropyle 3 Corpuscula sichtbar. 5. Unterer Theil der männl. Aehre. 6. Männl. Blume, d. h. ein Staubgef. mit zahlreichen, dem breiten Bindegliede angewachsenen 2klappigen Fächern. 7. Zwei solche, einem kurzen Stiele aufsitzende Fächer vergr. 8. Der Scheitel des Embryosackes mit 2, daran an langen Aufhängefäden hängenden Keimanlagen, deren eine verkümmerte.

Cycas revoluta *Thunberg*, Fig. 36, *1* und **C. circinalis** *L.*, Fig. 36, *2—6.* XXII. 1 *L.* (Cryptogamia *L.*). Erstere in China und Japan, letztere in Australasien *sind reich an Amylum; aus ihrem Marke wird Sago bereitet.*

Zamia muricata *Willdenow*, Fig. 37. XXII. 1 *L.* (Cryptogamia *L.*). Südamerika. — *Amylum.*

Familie 19. Dammaraceae.

Dammara alba *Rumph*, D. orientalis *Lambert*, Agathis Dammara *Richard* ♄ XXI. Monadelphia *L.* Ostindien und Sundainseln. — ***Resina Dammara*** (*G.*), *Dammarharz*, *Katzenaugenharz*: *13 % Dammaryl*, *36 % Dammarsäure*, *Gummi etc.*

D. australis *Lamb.*, Kaurifichte ♄. Neuseeland, Neuholland. — *Kauriharz*, *Kauricopal*, *ein zur Firnissbereitung dienendes Gummiharz.*

Familie 20. Cupresseae.

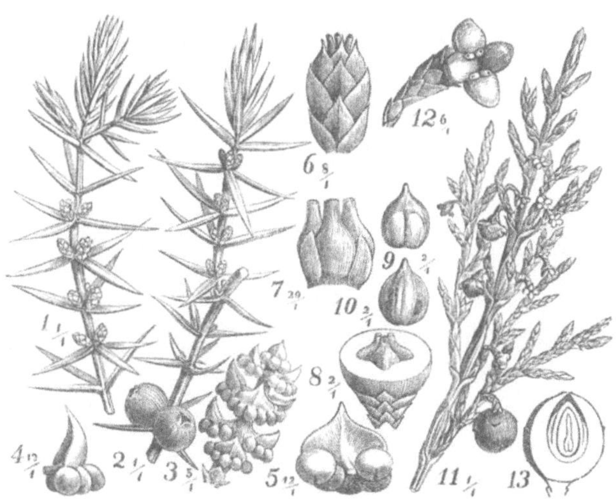

Fig. 38.

Juniperus. 1—10. *J. communis.* 1. Männlicher, 2. Weiblicher, Blüthen und Früchte tragender Zweig. 3. Männl. Blüthe. 4. und 5. Staubgef. 6. Weibl. Blüthe. 7. Die mit den Fruchtblättern abwechselnden Saamenknospen. 8. Frucht, deren obere Hälfte abgeschnitten ist, so dass die Saamen frei liegen. 9. Saame vom Rücken, wo sich zwei Balsamdrüsen in seiner Schaale befinden. 10. Saamen von der Bauchseite. 11. Zweige von J. Sabina mit schuppenf. Blt. und weibl. Blüthen und Frucht. 12. Eine Blüthe desselben. 13. Frucht längsdurchschn.

Juniperus communis *L.*, Wachholder ♄, ♄ Fig. 38, *1—10.* XXII. Monadelphia *L.* — ***Lignum*** *(H.) et Baccae s.* ***Fructus Juniperi***, *Wachholder-Holz und -Beeren*; ***Succus Juniperi inspissatus*** (*G.*) *s.* ***Roob Juniperi*** (*A. H.*), *Wachholder-Fruchtbrei*; ***Ol. baccarum Juniperi aeth.***; *Ol. ligni Juniperi aether.*; *Ol. ligni Juniperi nigrum empyreumaticum s. Ol. cadinum, Kadeöl.*

J. Sabina *L.*, Sabina officinalis *Garcke*, Sadebaum ♄ Fig. 38, *11—13.* Gebirgsgegenden Mittel- und Südeuropas. — ***Summitates*** (*G.*) *s.* ***Herba*** (*H.*) *s.* ***Frondes*** (*A.*) ***Sabinae***: *Ol. Sabinae aether.*

J. Oxycedrus *L.*, Spanischer Wachholder ♄, ♄. Mittelmeerregion: *Ol. Juniperi empyreumaticum s.* ***Ol. cadinum*** (*A. H.*), *Kadeöl.*

Thuja occidentalis *L.*, Lebensbaum ♄ Fig. 39, *3—6.* XXI. Monadelphia *L.* Nordamerika. — *Summitates et Lignum Thujae.*

T. orientalis *L.*, Biota orientalis *Don.*, Chinesischer Lebensbaum ♄ Fig. 39, *1. 2.*

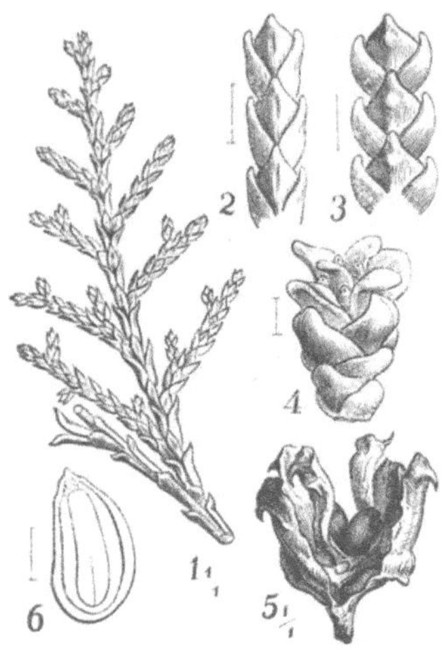

Fig. 39.

1. *Thuja orientalis.* 2. Zweigende desselben. 3. Eins von T. occidentalis. 4. Weibl. Blüthenzweig von T. orientalis. 5. Frucht und 6. Saamen derselben längsdurchschnitten.

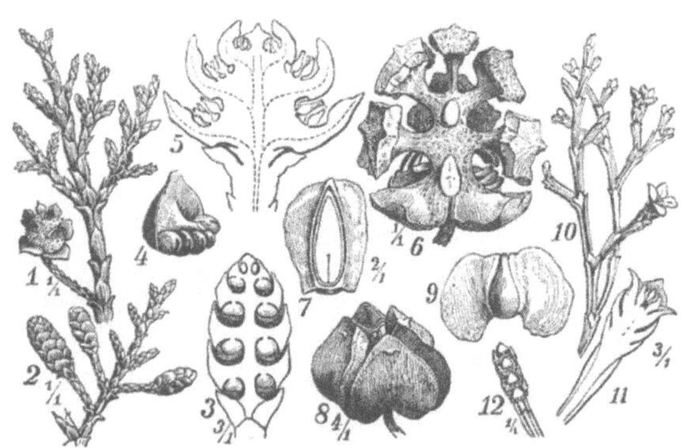

Fig. 40.

1—7. *Cupressus sempervirens.* 1. Weibl. 2. Männlicher Blüthenzweig. 3. Männl. Blüthe längsdurchschn. 4. Staubgef. 5. Weibl. Blüthe längsdurchschn. 6. Reife Sammelfrucht, zwei vordere Fruchtbl. weggeschn. 7. Saame längsdurchschn. 8. Sammelfrucht von Callitris articulata. 9. Saame desselben. 10. Weibl. Blüthenzweig. 11. Zweigende desselben mit weibl. Blüthe längsdurchschn. 12. Männl. Blüthe.

Cupressus sempervirens *L.*, Cypresse ♄ Fig. 40, *1—7.* XXI. Monadelphia *L.* Kleinasien, Griechenland. — *Lign. et Nuces Cupressi.*

Callitris (*Thuja Vahl*) **articulata** *Krst.*, C. quadrivalvis Ventenat. ♄ Fig. 40, *8—12.* XXI. Monadelphia *L.* Nordwest-Afrika. — ***Sandaraca*** (*H.*) s. *Resina Sandaraca.*

Ordnung XII. Coniferae. Zapfenträger.

Familie 21. Abietinae. Nadelhölzer.

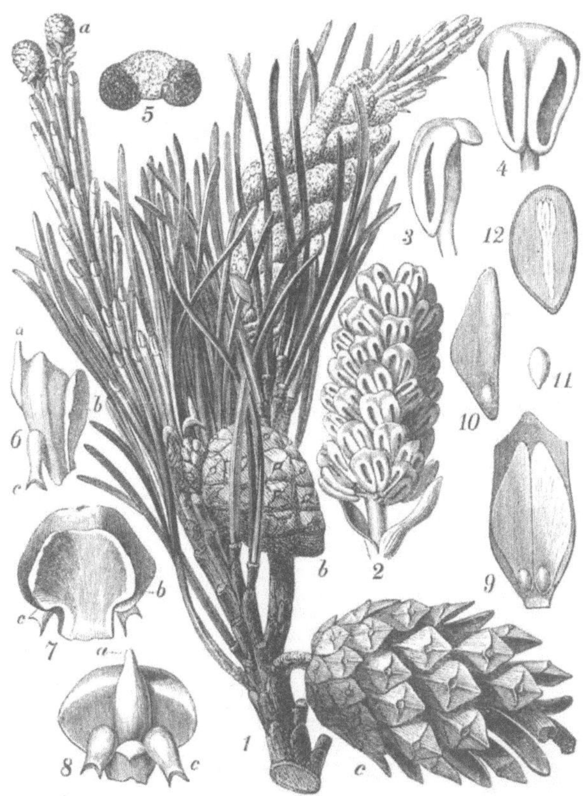

Fig. 41.

Pinus silvestris. 1. Zweig mit männlichen, weiblichen *(a)* Blüthen, jährigen, halbreifen *(b)* und zweijährigen reifen Früchten *c.* 2. Männl. Blüthe vergr. 3. und 4. Männl. Blm. von der Seite und von unten (aussen). 5. Pollen. 6. 7. und 8. Fruchtblatt von der Seite, von hinten und von vorne. *a* Der narbenlose Griffel. *b* Deckblt. *c* Saamenknospen. 9. Reifes Fruchtblatt mit Saamen. 10. Ein Saame mit, 11. derselbe ohne Flügel. 12. Ders. längsdurchschn.

Pinus silvestris *L.*, Kiefer, Föhre ♄ Fig. 41. XXI. Monadelphia *L.*, Nord- und Mitteleuropa. — ***Turiones Pini*** *(H.)*; ferner **P. Laricio** *Poiret*, Schwarzkiefer ♄, Südeuropa. **P. Pinaster** *Solander*, P. maritima *Poiret*, Igelföhre, Seestrandskiefer ♄, Mittelmeer-Küstengegend. **P. Taeda** *L.* ♄ und **P. palustris** *Miller* ♄, P. australis *Michaux.* Beide in Nordamerika. — ***Terebinthina communis*** *(A. G.). Dicker Terpenthin, bestehend aus Ol. Terebinthinae aether. und* ***Resina Pini*** *communis s. nativa (H.), gemeines Fichtenharz, das nach dem Verdunsten eines Theiles des äth. Oeles auf der Rinde zurückbleibt. Der dicke Terpenthin giebt durch Destillation mit*

Wasser ***Ol. Therepinthinae*** *aeth. und je nach dem vollständigeren Abkochen Terebinthina cocta s.* ***Resina Pini*** *alba* (*A. H.*), *Resina flava v. citrina und* ***Colophonium*** (*G. H.*). *Dann durch absteigende trockne Destillation Pix liquida alba, Weisser Theer* (*der durch Destillation mit Wasser in Ol. Pini aeth. rubrum, Kienöl und Pix alba, Weisses Pech zu zerlegen ist*). *Ferner* ***Pix liquida*** *atra* (*G. H.*) *schwarzer Theer* (*der durch Destillation mit Wasser in Ol. Picis aether. Theeröl und Pix Pini empyreumatica s. Pix navalis, schwarzes Pech, zerlegt wird*). *Ferner Fuligo, Kienruss,* ***Carbo ligni*** (*A.*). *Der in Frankreich aus P. Pinaster Sol. gewonnene Terpenthin kommt als Terebinthina gallica, — die Resina communis als Französisches Gallipot, Pix burgundica in den Handel. Der in Nordamerika von* ***P. Taeda*** *L.,* ***P. palustris*** *Miller und* ***P. Strobus*** *L., Weymouthskiefer* ♄ *gewonnene Terpenthin heisst auch amerikanisches Gallipot.*

P. montana *Duroi*, P. Pumilio *Haenke*, P. Mughus *Scopoli*, Krummholz, Knieholz, Latschenkiefer ♄, ♄. Auf den niedrigen Alpen Mitteleuropas. — *Balsamum Hungaricum und* ***Ol. templinum*** *aeth.* (*H.*).

P. Cembra *L.*, Zirbelkiefer, Arve. Alpen, Karpathen. — *Terebinthina s. Balsamum carpaticum und Nuclei Pini s. Cembrae.*

P. Pinea *L.*, Pinie ♄. Mittelmeerländer. — *Nuclei Pini.*

P. canadensis *L.*, Abies canad. *Mich.*, Tsuga canad. *Endl.* ♄ und **P. balsamea** *L.*, Abies bals. *Miller* ♄. Beide in Nordamerika; liefern: *Balsamum canadense.*

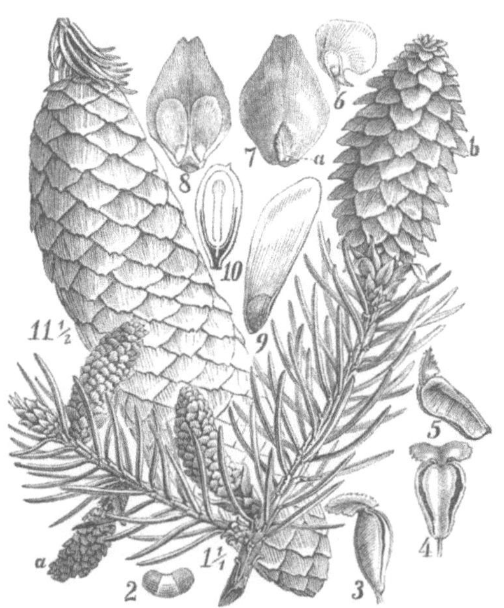

Fig. 42.

Picea (Pinus L.) *Abies.* 1. Blühender Zweig. *a* männliche, *b* weibl. Blüthen. 2. Pollen. 3. Männliche Blm. von der Seite. 4. Dieselbe von unten. 5. Beutel völlig geöffnet. 6. Saamenknospe zur Zeit der Befruchtung längsdurchschnitten. 7. Fruchtblatt mit dem Deckblättchen *a* nach der Befruchtung. 8. Dasselbe von innen (oben) mit den beiden Saamenknospen. 9. Reifer Saame im Flügel. 10. Der Saame längsdurchschnitten. 11. Reifer Fruchtzapfen.

Picea (*Pinus L.*) **Abies** *Krst.*, **Pinus Picea** *Duroi*, Abies excelsa *DC.*, Fichte, Roth- oder Schwarztanne ♄ Fig. 42. XXI. Monadelphia *L.* Gebirgsgegenden. *Giebt ähnliche Producte wie die Pinus-Arten.*

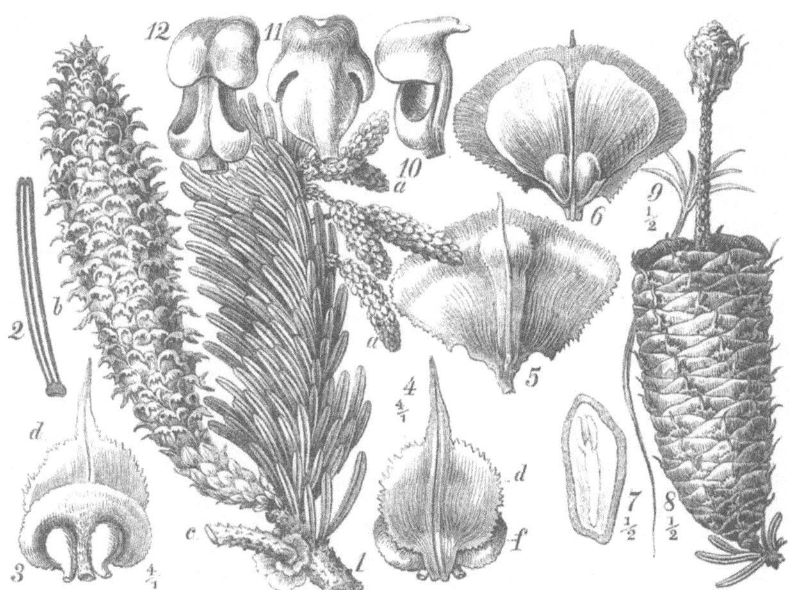

Fig. 43.

Abies (Pinus L.) *Picea.* 1. Zweig mit männl. Blüthen *a*, und weibl. Blüthen *b* und einem Stückchen der vorjährigen reifen Spindel *c*. 2. Blt. eines nicht blühenden Zweiges. 3. Fruchtblatt vor seinem Deckblt. *d* mit zwei Saamenknospen. 4. Dasselbe *f*, hinter dem Deckbl. *d*. 5. Reifes Fruchtblatt hinter dem verlängerten Deckblt. 6. Dasselbe vor dem Deckbl. mit zwei reifen Saamen. 7. Saame längsdurchschn. 8. Reifer Fruchtzapfen z. Th. schon von Fruchtschuppen und Deckblättern entblösst. 9. Keimpflänzchen. 10—12. Männl. Blm. (Staubgefässe.)

Abies (*Pinus L.*) Picea *Bluff* und *Fingerhut*, A. alba *Miller*, A. pectinata *DC.*, Pinus Abies *Duroi*, Weiss- oder Edeltanne ♄ Fig. 43. XXI. Monadelphia *L.* Gebirgsgegenden. — *Terebinthina Argentoratensis s. Alsatica Strassburger Terpenthin*, ***Pix liquida*** (*A. H.*).

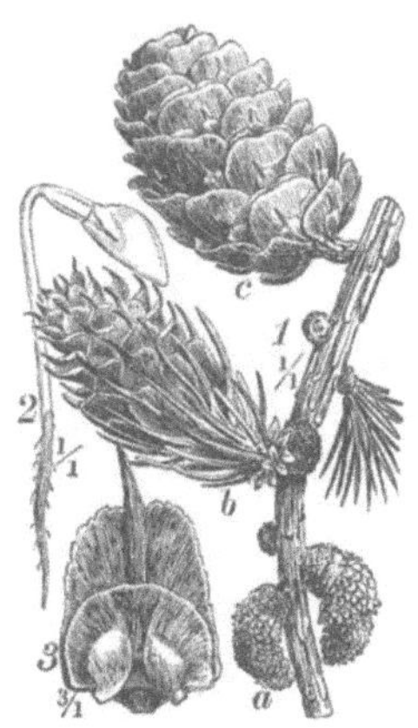

Fig. 44.

Larix (Pinus L.) *Larix*, 1. Zweig mit männl. Blüthen *a*, weibl. Blüthen *b* und Frucht *c*. 2. Keimender Saame; die Saamenblätter noch halb in der Schaale. 3. Fruchtblatt zwei Saamenknospen tragend, vor dem Deckblättchen stehend.

Larix (*Pinus L.*) Larix *Krst.*, L. **decidua** *Miller*, L. europaea *DC.*, Lärche, Lärchentanne ♄ Fig. 44. XXI. Monadelphia *L.* Alpen. — ***Terebinthina Laricis*** (*H.*) *s.* ***T. veneta*** (*H.*); *Manna laricina s. Brigantina, Briançoner- oder Lärchen-Manna.*

L. **sibirica** *Ledebour.* ♄. Nordöstl. Russland, Sibirien. — *Durch absteigende Destillation erhält man aus dem Holze* ***Pix liquida*** (*G.*). *Auf beiden Larix-Arten wächst der off. Lärchenschwamm Polyporus officinalis Fries.*

Ordnung XIII. Drupiferae.

Familie 22. Taxeae.

Fig. 45.

Taxus baccata. 1. Blühender männl. Zweig. 2. Männl. Blüthe vergr.. 3. Eine verblühte Blume (geöffneter Staubbeutel) desselben. 4. Eine weibl. Blm. in der Blattachsel. 5. Dieselbe längsdurchschn. vier corpuscula im Scheitel des Embryosackes sichtbar, *d* drüsenringförmiges Fruchtblatt. 6. Frucht. 7. Diese längsdurchschn. vergr., *d* das jetzt vergr., fleischig gewordene Fruchtblatt. 8. Pollenzelle. 9. Dieselbe mit abgestreifter Exine. 10. Dieselbe mit aufgequollener Intine. 11. Drei befruchtete Keimzellen, von denen zwei mehr entwickelt sind.

Taxus baccata *L.*, Eibe ♄ Fig. 45. XXII. 1 *L.* — *Summitates s. folia et Baccae Taxi: Taxin.*

Abtheilung IV. Teleocarpae. Echtfrüchtler.

Angiospermae.

Saamen in der aus einem oder mehreren Fruchtblättern entstandenen Höhlung eines Fruchtknotens entwickelt.

a. Keimling mit einem Keimblatte (Saamenlappen). Reihe 1. **Monocotyledones.**

b. Keimling mit zwei Keimblättern. Reihe 2. **Dicotyledones.**

Reihe I. Monocotyledones. Einsaamenlappige.

Phanerogamae endogeneae. Amphibrya.

Der erste Stengelknoten des Keimlings trägt ein einzeln stehendes Blatt, cotyledo; sein Würzelchen stirbt stets bald nach der ersten Thätigkeit ab und wird durch Adventivwurzeln ersetzt. Der Cambium-Cylindermantel des Stengels verholzt bald vollständig; ebenso das cambiale Gewebe der Gefässbündel, die sehr häufig, bevor sie in die Blätter eintreten, eine Strecke weit im Marke oder wenigstens an der Markseite des Cambium-Cylinders aufwärts verlaufen. Eine regelmässige Holzentwickelung in Jahresperioden findet daher bei Monocotyledonen nicht statt. Organenkreise der Blume fast immer dreigliederig. Blätter fast immer einzeln, einfach, nebenblattlos, meistens stengelumfassend, mehrrippig oder gerippt (nervig). — Die hier aufgeführten Pflanzen sind meistens Stauden ♃.

A. Fruchtknoten frei, oberständig.

a. Saamen eiweisshaltig:

* Fruchtknoten einzeln, einfächerig mit einer aufrechten oder aufsteigenden Saamenknospe. Frucht geschlossen bleibend, in der Regel eine Schalfrucht, caryopsis. Ordn. 14. **Glumaceae.**

** Fruchtknoten mehrere oder mehrfächerig, mehreiig. (Ausgen. Lemna, und einige tropische Arten deren Frucht sich bei der Reihe öffnet, und die Typhaceen, deren Saamenknospe hängt.)

∘ Blumen sitzend an dem häufig verdickten Blüthenstiele. Ordn. 15. **Spadiciflorae.**

∘∘ Blumen gestielt, meist in Trauben, Dolden oder Spirren. Ordn. 16. **Coronariae.**

b. Saamen eiweisslos. Ordn. 17. **Helobiae.**

B. Fruchtknoten mit den äusseren Blumenorganen verwachsen, unterständig.

a. Saamen eiweisslos:

* Blume regelmässig. Ordn. 18. **Limnobiae.**

** Blume unregelmässig. Ordn. 19. **Gynandrae.**

b. Saamen eiweisshaltig:

* Blätter linealisch, vielrippig. Ordn. 20. **Ensatae.**

** Blätter finger- oder fiedernervig.

∘ Blumen regelmässig. Ordn. 21. **Artorrhizae.**

∘∘ Blumen unregelmässig. Ordn. 22. **Scitamineae.**

Ordnung XIV. Glumaceae.

A. Staubbeutel mit dem Grunde auf dem Faden stehend; das Bindeglied bildet die unmittelbare Verlängerung des Fadens; der Griffel trägt 2—3 fadenförmige Narben. Saamenknospe aufrecht, gerade, umgewendet (anatrop); Keimling in der Mittellinie des Eiweisses. Fam. 23. **Cypereae.**

B. Staubbeutel mit dem Rücken der Spitze des pfriemenförmigen Fadens aufliegend; Narben lang, meist sitzend; Saamenknospe aufsteigend, mit zurückgekrümmter Kernwarze; Keimling an einer Seite des Eiweisses. Fam. 24. **Gramineae.**

Familie 23. Cypereae.

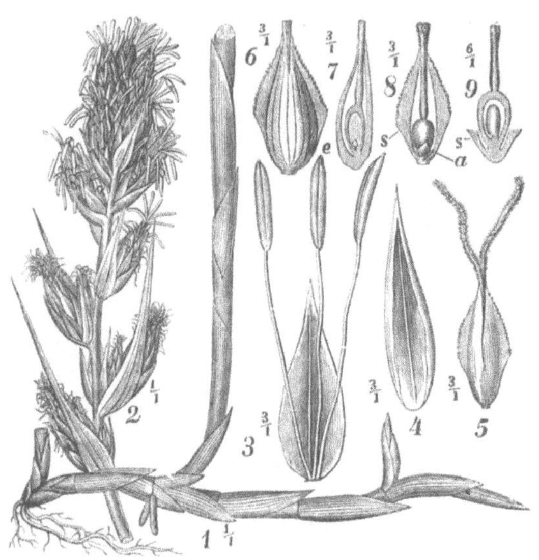

Fig. 46.

Carex arenaria. 1. Wurzelstock mit dem Grunde des blühenden Astes. 2. Blühende Aehre. 3. Männliche Blume mit ihrem Deckblättchen. 4. Deckbltch. der weiblichen Blume. 5. Diese von der Rückenseite. 6. Fruchtschlauch. 7. Derselbe längsdurchschn. *e* Keimling. 8. Weibliche Blume, deren Fruchtschlauch längsdurchschnitten, so dass das rudimentäre Deckblättchen *a* am Grunde des Stempels sichtbar ist. 9. Der Fruchtknoten längsdurchschn., in 6–9 sind die Narben abgeschn.

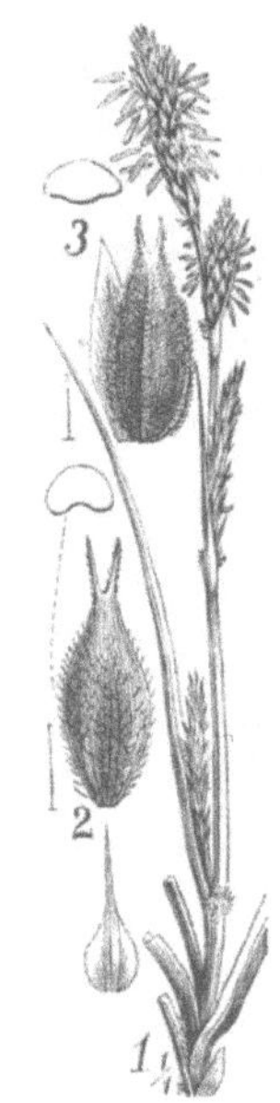

Fig. 47.

1. *Carex hirta,* blühend. 2. Fruchtschlauch nebst Querdurchschn. und Deckblättchen. 3. *C. filiformis,* dieselb. Organe.

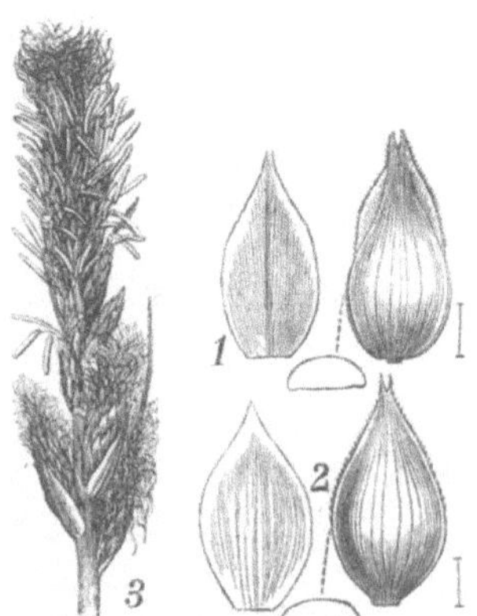

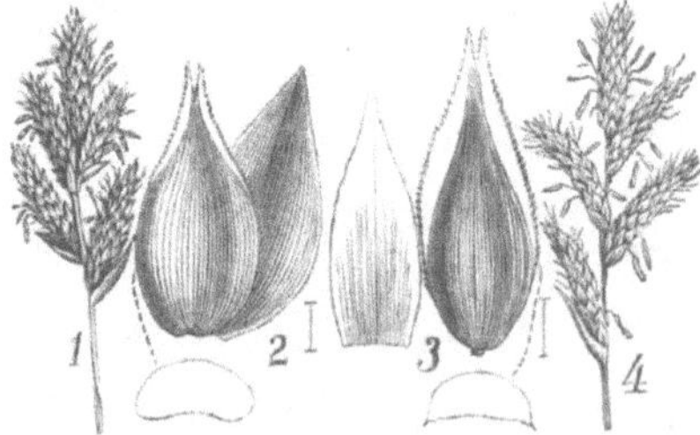

Fig. 49.

1. *Carex praecox,* blühende Aehre. 2. Fruchtschlauch nebst Durchschnitt und Deckblättchen desselben. 3. *C. brizoides,* die gl. Organe. 4. Aehrchen dieser Art.

Fig. 48.

1. *Carex Schreberi* × *arenaria,* Fruchtschl. nebst Querschnitt und Deckblättchen. 2. *C. disticha,* dieselben Organe. 3. Aehre dieser Art.

Carex arenaria *L.*, Sand-Segge, Sandriedgras, Fig. 46. XXI. 3 oder 2 *L.*, selten XXII. *L.* Norddeutschland und am adriatischen Meere. — **Rhizoma Caricis** (*H.*), Radix Sarsaparillae germanicae, Rothe Quecke. — In Süddeutschland, wo C. arenaria fehlt, kommen Verwechselungen vor mit den ähnlich wirkenden: **C. hirta** *L.*, Fig. 47, **C. Schreberi** × **arenaria** *Lasch*, C. ligerica *Gay*, C. pseudo arenaria *Reichenbach*, Fig. 48, *1*, **C. disticha** *Hudson*, C. intermedia *Goodenough*, Fig. 48, *2. 3*, **C. praecox** *Schreber*, Fig. 49, *1. 2*, und **C. brizoïdes** *L.*, Fig. 49, *3. 4.*

Cyperus longus *L.*, III. 1 *L.* Südeuropa. — *Rhizoma Cyperi longi s. Romani s. odorati. Lange Cypernwurzel, lange Erdmandel.*

C. rotundus *L.* Orient und **C. officinalis** *Nees.* Mittelmeergebiet und Arabien. — *Rhiz. Cyperi rotundi. Runde Cypernwurzel.*

C. esculentus *L.* Mittelmeergebiet; hie und da gebaut. — *Rhiz. Cyperi esculenti, Manna vom Sinaï, Erdmandeln: Fettes Oel, Zucker, Amylum etc.*

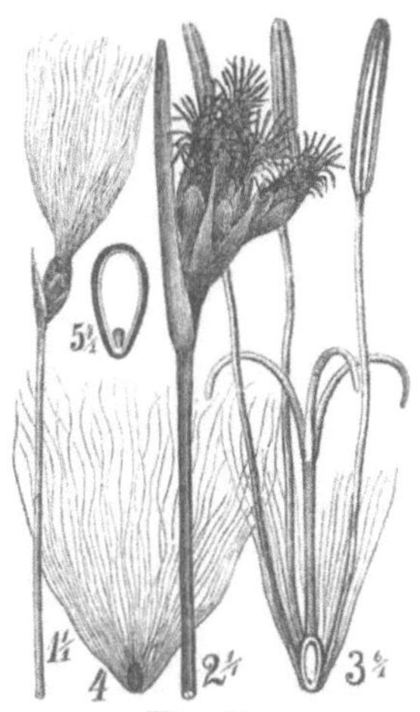

Fig. 50.

1. *Eriophorum alpinum*, fruchttragendes Köpfchen. 2. *E. gracile*, blühende Blüthe. 3. Bim. 4. Saamen von den Perigonborsten umgeben. 5. Derselbe längsdurchschnitten.

Eriophorum latifolium *Hoppe*, Wollgras, **E. angustifolium** *Roth*, E. gracile *Koch*, Fig. 50, *2–5.* III. 1 *L.* — *Hb. Linagrostis.*

Familie 24. Gramineae.

I. Sacchariferae (Paniceae).

Zwitterblumen einzeln, gipfelständig; Saamenstärkmehl einfach; polyedrisch.

Zea Mays *L.*, Mais, Welschkorn, türkischer Weizen, ⊙. Fig. 51. XXI. 3 *L.* Aus Amerika überall in Gegenden heissen und gemässigten Klimas als Futter- und Getreidepflanze cultivirt. — *Stigmata et Fructus Maydis: 62 bis 72 % Amylum, 9—11 % Kleber, 8 % fettes Oel, 3 % Zucker, 3 % Kieselsäure und phosphorsaurer Kalk.* (*Maizena, Mondamin.*)

Saccharum officinarum *L.*, Zuckerrohr, Fig. 52. III. 2 (3) *L.* Aus Australasien über die tropischen Niederungen verbreitet. — ***Saccharum*** (*G. H.*), *Rohrzucker*, ***Syrupus hollandicus*** (*H.*), *Caramel*, ***Rhum.*** (*H.*).

Sorghum halepense *Persoon*. Fig. 53. III. 2 *L.* und S. (Holcus *L.*) **Sorghum** *Krst.*, S. vulgare *Pers.*, ⊙. Fig. 54, Mohrenhirse, Guineakorn. Aus dem Orient auch in Süd-Europa *gebauete Futter- und Getreidepflanze.*

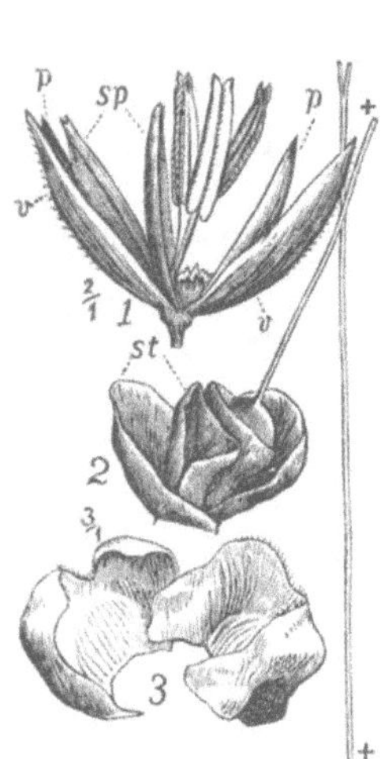

Fig. 51.

Zea Mays. 1. Männl. Aehrchen. *v v* Deckblätter, *p p* untere, *sp sp* obere Spelzen. 2 und 4. Weibl. Aehrch. *st* unfruchtb. Blm. bei * der nebenstehende Griffel der fruchtb. Bl. abgeschnitten. 3. Die beiden Deckblt. der beiden aus ihnen hervorgehobenen Blumen in 2.

Fig. 52.

Saccharum officinarum. 1. Habitusbild. 2. Aehrenzweig. 3. Zwitterblume.

Fig. 53.

Sorghum halepense. 1. Blüthenzweig. 2. bis 5. Zergliedertes fruchtb. Aehrchen. 2. Deckblt. 3. Blumen, *st* untere Spelze der unfruchtb., *p* obere der fruchtbaren Blume, deren untere neben dem Fruchtknoten zu erkennen ist. 4. Obere Spelze der Letzteren. 5. Kronenblatt.

Andropogon Nardus *L.*, A. citriodorus *Hortus parisiensis.* III. 2 *L.* und **A. Ivarancusa** *Roxburgh.* Ostindien, Sundainseln. — *Rad. Ivarancusae, Rad. Nardi spuria: Ostindisches Grasöl, Oleum Citronellae, Limon Oil.*

A. Schoenanthus *L.*, Ostindien, Arabien, Cap d. g. H. und **A. laniger** *Desfontaines*, Nordafrika. — *Hb. Schönanthi s. Iunci odorati s. Foeni Camellorum, Kameelheu.*

A. Ischaemum *L.*, Fig. 55, Südeuropa, nicht off.; den Vor. ähnlich.

Panicum miliaceum *L.*, Hirse, Rispenhirse, ⊙. Fig. 56. III. 2 *L.* Aus Ostindien in allen heissen und warmen Gegenden *als Getreidepfl. cultivirt.*

Setaria (*Panicum L.*) **italica** *Palisot Beauvois*, Kolbenhirse, ⊙. III. 2 *L.* Aus Ostindien im südl. Europa *häufig als Getreide gebauet. Wird für eine Culturform von* **S. viridis** *P. B., Fig. 57, gehalten.*

Digitaria (*Panicum L.*) **sanguinalis** *Scopoli*, Fingergras, Bluthirse, ⊙. Fig. 58 (S. 38) III. 2 *L.* — *Semen Graminis Mannae, Mannagrütze, Himmelthau.*

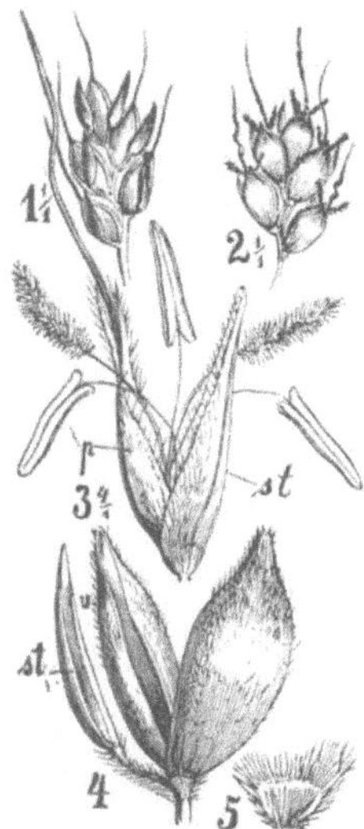

Fig. 54.

Sorghum (Holcus L.) *Sorghum*. 1. Aehrenästchen von der Bauchseite. 2. Dasselbe von der Rückseite (Aussenseite). 3. und 4. Ein Zweig vergr. *v v* Deckblätter, *st* unfruchtbares Aehrchen. 3. Die aus *v v* herausgenommenen Blm., *st* untere unfruchtbare Blume, *p* obere Zwitterblm. 5. Kronenblatt.

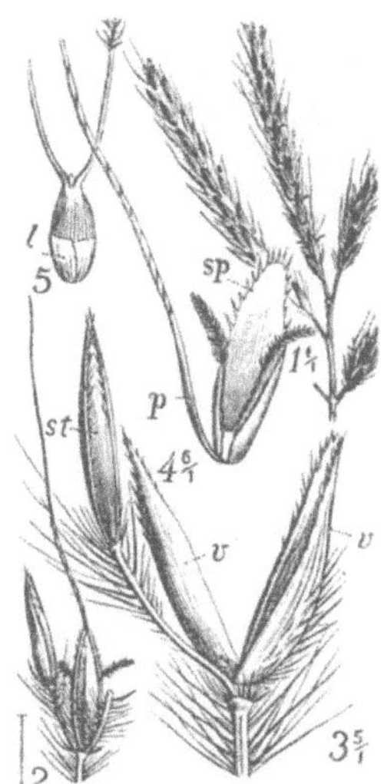

Fig. 55.

Andropogon Ischaemum. 1. Rispenäste. 2. Zweig eines Rispenastes mit einer sitzenden Zwitterblm. und einer gestielten unfruchtbaren Blm. eine zweite ähnliche weggeschnitten. 3. u. 4. Ein ähnlicher Zweig vergr., *st* unfruchtb. Aehrchen, *vv* Deckblt. der Blm. 4. *p* untere lineale, *sp* obere Spelzen derselben. 5. Stempel vom Rücken gesehen, die Narben weggeschnitten, *l*. zwei Kronenblätter.

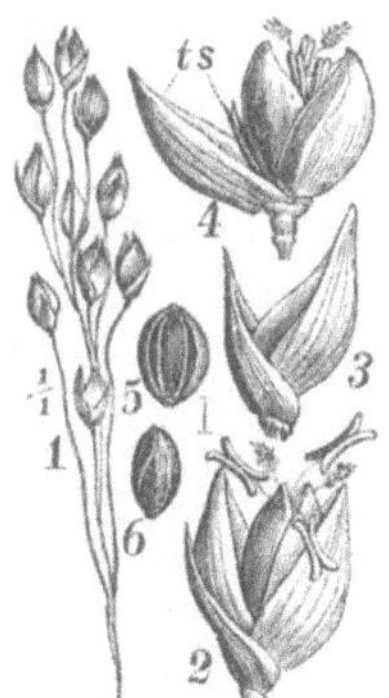

Fig. 56.

Panicum miliaceum. 1. Rispenast. 2. Aehrchen. 3. u. 4. Dasselbe zergliedert. 3. Die beiden Deckblätter. 4 *ts*: Unfruchtbare untere Blume. 5. Frucht von den pergamentartigen Spelzen umhüllt von der Bauchseite. 6. Dieselbe von der Rückseite.

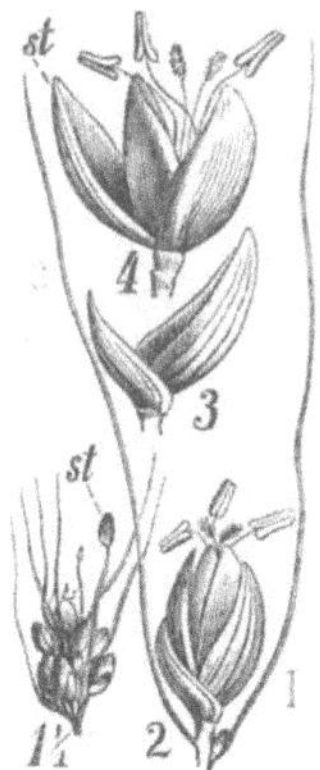

Fig. 57.

Setaria viridis. 1. Aehrchenast; *st* unfruchtbares Aehrchen. 2. Fruchtbares neben zwei grannenf. Aehrchen. 3. und 4. Fruchtbares Aehrchen zergliedert. 3. Die Deckblätter. 4. *st* untere Spelze der unfruchtbaren Blume.

II. Phragmitiformes.

Zwitterblumen einzeln, gipfelständig (Paniceae) oder ein bis mehrere grundständig (Poaceae). Saamenstärkemehl zusammengesetzt.

Oryza sativa *L.*, Reis, ⊙. Fig. 59, *1. 2.* III. 2 *L.* Aus Ostindien über die ganze heisse und warme Zone der Erde *als Getreidepflanze verbreitet.* — *Enthält 75 % Stärkemehl, 7,8 % Stickstoffsubstanz, 7,6 % Fett, 0,6 % Zellfaser, 1 % Asche.* — *(Arak.)*

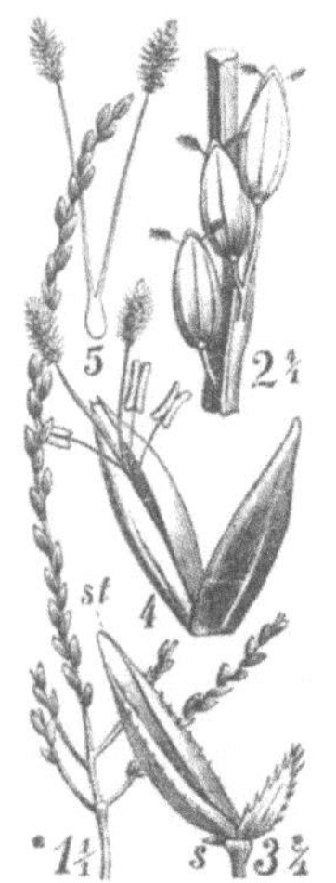

Fig. 58.

Digitaria sanguinalis. 1. Rispenast. 2. Stück desselben vergr. 3. und 4. Aehrchen zergliedert. 3 *s s* Deckblätter, *st* untere Spelze der unteren unfruchtbaren Blm. 4. Fruchtbare Blm. 5. Stempel.

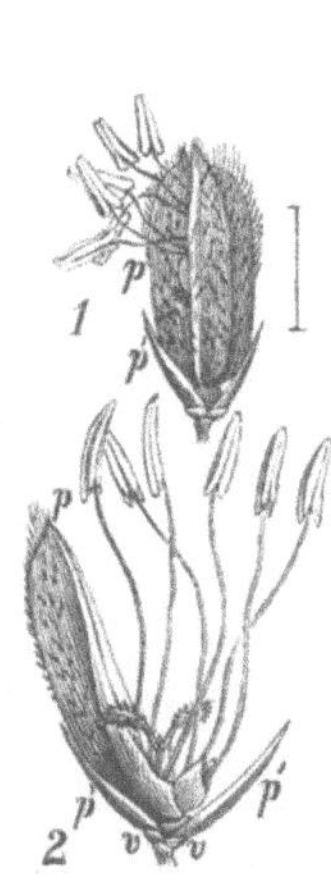

Fig. 59.

Oryza sativa. 1. Blühendes Aehrchen, *p* Spelzen, *p'* Spelzen der unteren verkümmerten Blumen. 2. Dasselbe nach Hinwegnahme einer Spelze; *vv* Deckblätter *p' p'* und *p* wie oben.

Fig. 60.

Phalaris canariensis. 1. Blüthe. 2. Zweiblumiger Zweig derselben. 3. Pistill. 4. und 5. Zergliedertes Aehrchen. 4. Deckblätter. 5 *p'* Untere Spelzen der beiden verkümmerten, *p* die der fruchtbaren Blume.

Leersia (*Phalaris L.*) **oryzoïdes** *Smith*, Wilder Reis.

Phalaris canariensis *L.*, Kanariengras, ⊙. Fig. 60. III. 2 *L.* Canarische Inseln; im südl. Europa cultivirt. — *Sem. Canariense.*

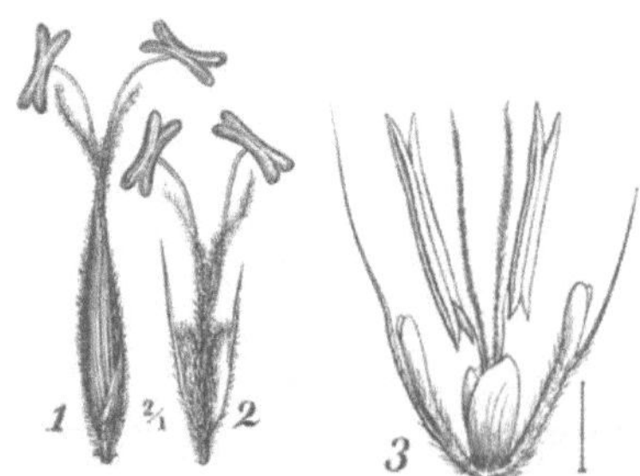

Fig. 61.

Anthoxanthum. 1. Blühendes Aehrchen von A. odoratum β villosum. 2. Dasselbe ohne Deckblätter. 3. Ein ähnliches der typischen Artform, deren beide untern Spelzen der unteren verkümmerten Blumen von der mittleren Zwitterbl. zurückgezogen sind.

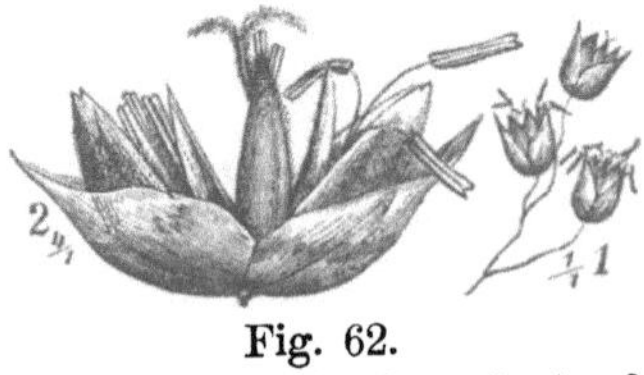

Fig. 62.

1. Rispenast von *Hierochloa odorata.* 2. Blühendes Aehrchen.

Phalaris arundinacea *L.*, var. picta, Bandgras. — *Folia graminis picti.*

Anthoxanthum odoratum *L.*, Ruchgras, Fig. 61. II. 2 *L.* — *Cumarinhaltige geschätzte Futterpfl.*

Hierochloa (*Holcus L.*) **odorata** *Wahlenberg*, H. borealis *Schrader*, Fig. 62. II. 2 *L.* — *Cumarinhaltige, geschätzte Futterpfl.*

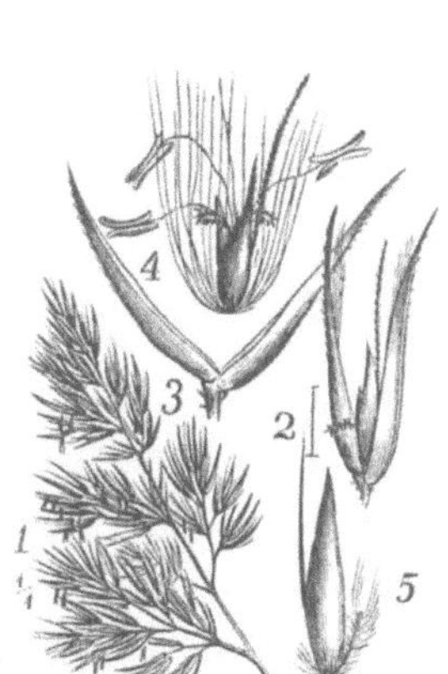

Fig. 63.

Calamagrostis. 1—4. *C. epigeios.* 1. Blühender Rispenast. 2. Aehrchen desselben. 3. und 4. Dasselbe zergliedert: 3. Deckblt. 4. Spelzen u. innere Blumentheile. 5. Blume von *C. arundinacea*, mit Andeutung der zweiten Blm. wie Vor. vergr.

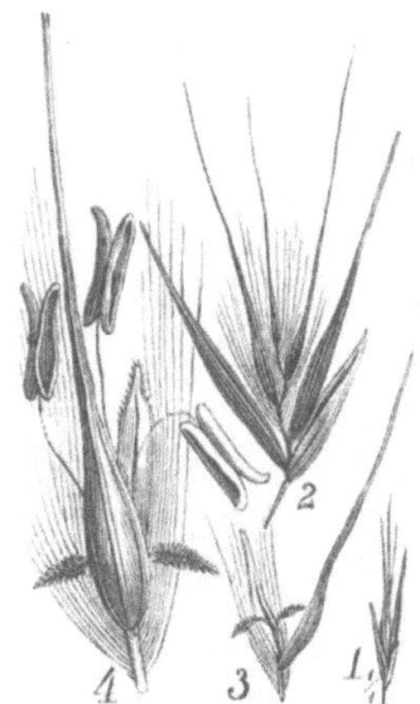

Fig. 64.

Phragmites (Arundo L.) Phragmites. 1. Aehrchen. 2. Dasselbe ausgebreitet. 3. Eine Blume mit den Spelzen auf ihrem behaarten Spindelglied. 4. Diese stärker vergrössert vom Rücken gesehen.

Calamagrostis (*Arundo L.*) **epigeios** *Roth*, Schilfgras, Fig. 63, *1—4.* III. 2 *L.*, **C.** (*Arundo L.*) **Calamagrostis** *Krst.*, **C.** lanceolata *Roth*, **C.** (*Agrostis L.*) **arundinacea** *Roth*, Fig. 63, *5* u. a. A. *geben Summitates Calamagrostis.*

Phragmites (*Arundo L.*) Phragmites *Krst.*, **Phr. communis** *Trinius*, Schilf, Rohr, Fig. 64. III. 2 *L.* — *Rad. s. Rhizoma Arundinis.*

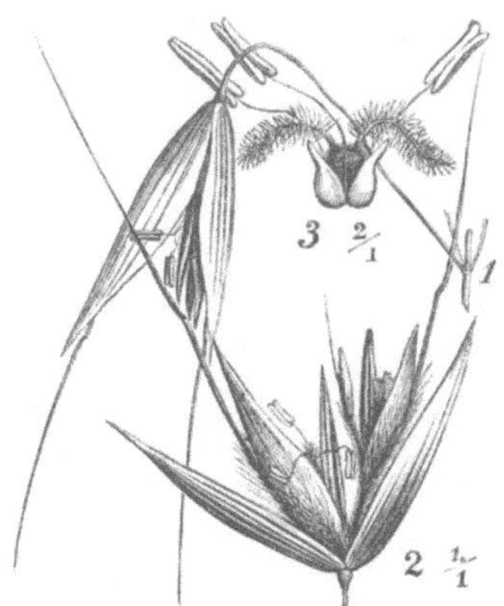

Fig. 65.

Avena fatua. 1. Aehrchen in nat. Haltung. 2. Dasselbe ausgebreitet. 3. Fruchtknoten, Staubgef. und Kronenblt.

Avena sativa *L.*, Hafer, ⊙. III. 2 *L.* — *Fruct. Avenae excorticatus: 50 % Amylum, 13 % Proteïn (Avenin), 5 % Fett, 8 % Zucker und Gummi.*

A. orientalis *Schreber*, Fahnenhafer, Türkischer Hafer; wie Vor.

A. fatua *L.*, Wilder Hafer, Fig. 65.

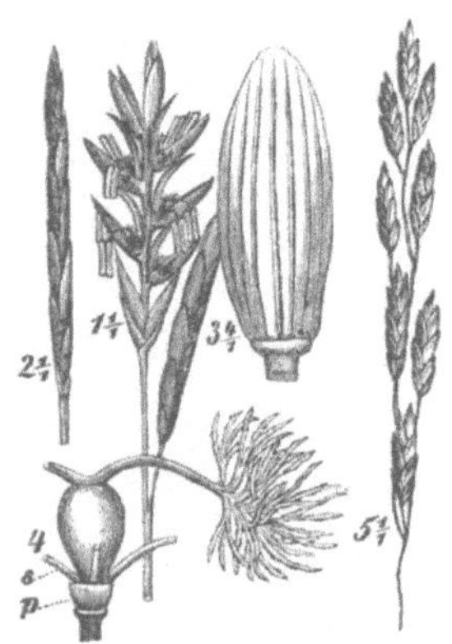

Fig. 66.

1. *Glyceria fluitans.* Zwei Aehrchen, das eine blühend. 2. Ein anderes von der Seite gesehen. 3. Untere Spelze. 4. Pistill mit einem Griffel und den beiden vereinigten Kronenblt. *p*; die drei Staubgefässe bei *s* abgeschnitten von G. aquatica. 5. Rispenast derselben.

Fig. 67.

Cynodon Dactylon. 1. Blüthenast. 2. Aehrchen vergröss. *p* Untere- *sp* obere Spelze, *st* Stiel der verkümmerten Blume.

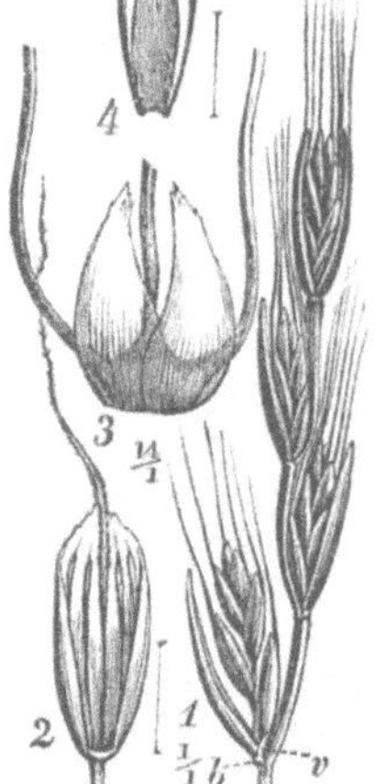

Fig. 68.

Lolium temulentum. 1. Aehrenende *v* unteres, gewöhnlich verkümmertes Deckblatt. *b* Andeutung eines allgem. Aehrchendeckblt. 2. Untere Spelze. 3. Kronenblt. und Staubfäden. 4. Obere Spelze

Glyceria *(Festuca L.)* **fluitans** *R. Br. Schwaden*, Fig. 66, 1–3. III. 2 *L.* — *Sem. graminis mannae*, Schwaden- oder Manna-Grütze. **G.** (*Poa L.*) **aquatica** *Wahlenberg*, G. spectabilis *Mertens* und *Koch*. Fig. 66, 4. 5. *Futtergras.*

Cynodon *(Panicum L.)* **Dactylon** *Persoon*, Hundszahn, Fig. 67. III. 2 *L.* In warmen Gegenden verbreitet. — *Rhizoma s. Rad. Cynodontis s. Graminis, Bermudagras, Queckenwurzel.*

Lolium temulentum *L.*, Taumellolch, Giftlolch, ⊙. Fig. 68. III. 2 *L.*

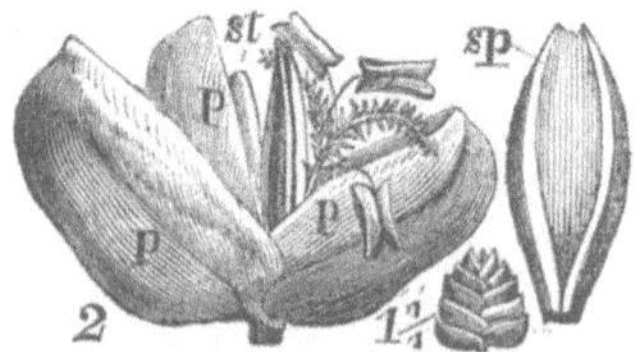

Fig. 69.

Briza media. 1. Aehrchen. 2. Die Spitze desselben vergr. *p p p* untere Spelzen, *st* sterile Blume, *sp* obere Spelze.

Briza media *L.*, Zittergras, Fig. 69. III. 2 *L.* — Gramen leporinum.

III. Frumentaceae (Poaceae).

Zwitterblumen grundständig. Saamenstärkemehl einfach, sphärisch.

Hordeum vulgare *L.*, Gerste, ⊙. III. 2 *L.*, **H. distichum** *L.*, Zweizeilige Gerste, ⊙, **H. hexastichum** *L.*, Sechszeilige Gerste, ⊙, **H. zeocriton** *L.*, Bartgerste, Pfauenschweifgerste, ⊙. Aus Asien überall in Gegenden gemässigten Klimas verbreitet. — *Fruct. Hordei: 13 % Kleber, Hordeïnsäure, Sinistrin, Zucker etc.* ***Fruct. Hordei excorticatus*** *(H.)*, ***Hordeum perlatum*** *(A.), Gerstengraupen; Farina Hordei, Far. Hordei praeparata;* ***Maltum Hordei*** *(A. H.),* **Malz.**: *Maltin (Malzdiastase), Asparagin, Cholesterin, Dextrin, Sinistrin, Zucker, Maltose (Malzzucker).*

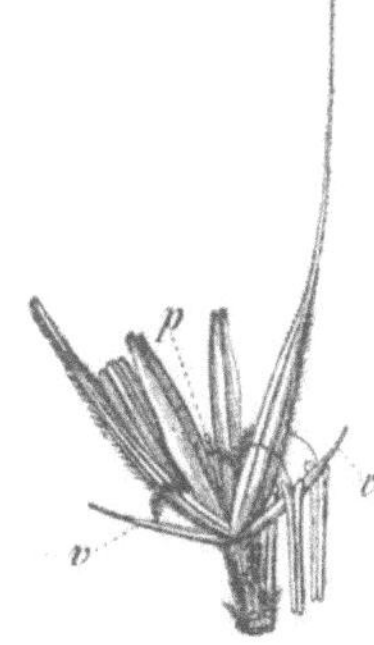

Fig. 70.
Secale cereale. Ein Aehrchen ausgebreitet, *v v* Deckblt., *p* Andeutung der dritten, oberen verkümmerten Blume.

Secale cereale *L.*, Roggen, ⊙. Fig. 70. III. 2 *L.* Die Blumen des Roggens sind der Nährboden des Mutterkornpilzes Claviceps purpurea. — *Fruct. Secalis, Brodkorn: 55 % Amylum, 13,3 % Proteïn, Zucker, (Synanthrose) etc.*

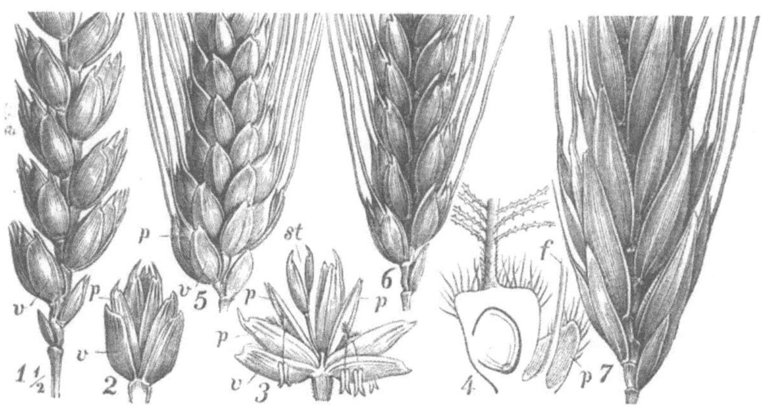

Fig. 71.
Triticum. 1—4. *T. sativum.* 1. Untere Hälfte der Aehre, *v* Deckblatt. 2. Aehrchen von der Bauchseite, *v v* Deckblt., *p* untere Spelze. 3. Dasselbe ausgebreitet, *v* Deckblt., *p* Spelzen, *st* oberste sterile Blume. 4. Fruchtknoten längsdurchschn., *p* Kronenblt., *f* Staubf. 5. *T. turgidum.* 6. *T. durum.* 7. *T. polonicum.*

Triticum sativum *Lamarck* (*A.*), Weizen, ⊙, Fig. 71, *1–4*. III. 2 *L.*, var. *α* **T. vulgare** *Villars* (*G. H.*), *β* **T. turgidum** *L.*, Fig. 71, *5*, *γ* **T. durum** *Desfontaines*, ⊙, Fig. 71, *6*, **T. polonicum** *L.*, ⊙, Fig. 71, *7*, **T. dicoccum** *Schrank*, ⊙, Fig. 72, *1–3*, **T. Spelta** *L.*, ⊙, Fig. 72, *4. 5*, **T. monococcum** *L.*, ⊙, Fig. 71, *6. 7*, Central-Asien; jetzt über die ganze gemässigte Zone verbreitet. — ***Amylum Tritici:*** *65 % Amylum, 14 % Proteïn, 3,5 % Fett.* — *Furfur Tritici: Weizenkleie.*

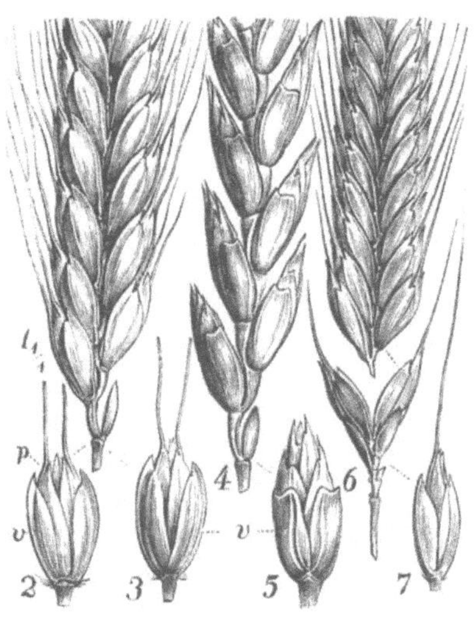

Fig. 72.

Triticum. 1. Untere Aehrenhälfte von *T. dicoccum.* 2. Aehrchen desselben von der Bauch-, 3. von der Rückenseite, *v* Deckblt., *p* untere Spelze, deren Granne abgeschnitten. 4. *T. Spelta.* 5. Aehrchen desselben von der Rückenseite, *v* Deckbl. 6. *T. monococcum.* 7. Aehrchen desselben.

T. repens *L.*, Agropyrum repens *Palisot Beauvois*, Quecke, Fig. 73 (S. 43). III. 2 *L.* — *Rad. s.* ***Rhizoma Graminis,*** *Queckenwurzel: Triticin (-Zucker), kein Amylum.*

Ordnung XV. Spadiciflorae (Seite 33).

A. Keimling gross, in der Mitte fleischigen Eiweisses.
- a. Frucht einsaamig, eine trockene Steinbeere oder mit Deckel sich öffnende Schlauchfrucht. Blatt linealisch. Blumen in Aehren oder Köpfchen. Fam. 25. **Typhaceae.**
- b. Frucht einsaamig, eine trockene Schliessfrucht. Blatt meist linsenförmig. Blumen einzeln. Fam. 26. **Lemnaceae.**
- c. Frucht eine mehrsaamige Beere. Blatt meist gestielt, flach und breit. Fam. 27. **Aroideae.**

B. Keimling klein, in der Aussenschicht hornigen Eiweisses. Fam. 28. **Palmae.**

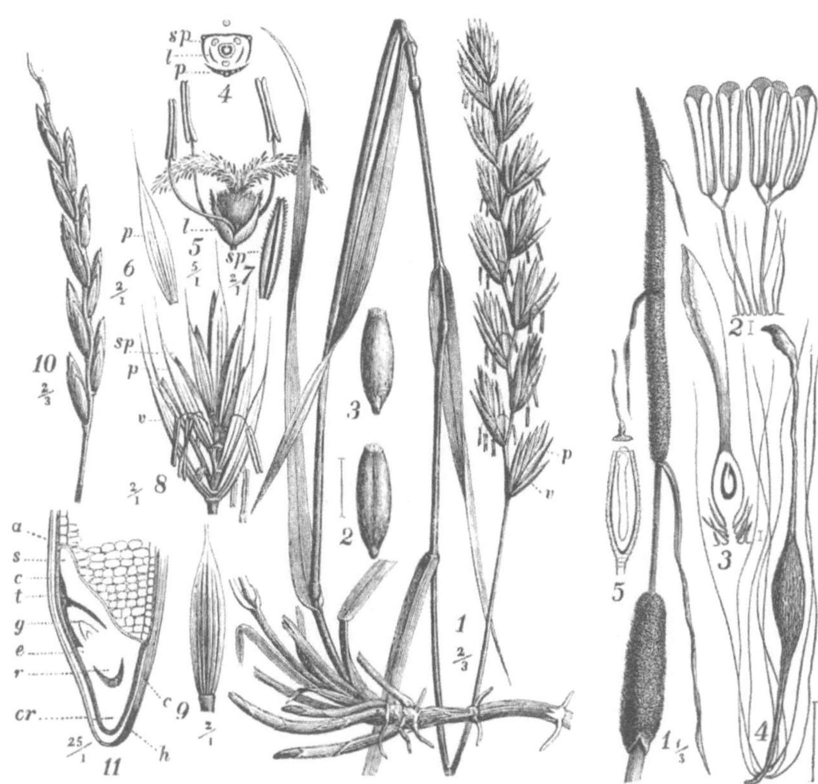

Fig. 73.

Triticum repens. 1. Blühendes Individ., *v* Deckblatt, *p* Spelze. 2. Frucht von der Bauchseite. 3. Diese von der Rückenseite. 4. Diagramm, *p* untere, *sp* obere Spelze, *l* Kronenblt. 5. Geschlechtsorgane und Kronenblt. *l*. 6. Untere, 7. obere Spelze. 8. Ein Aehrchen, *v* Deckblt., *p* untere, *sp* obere Spelze. 9. Ein Deckblt., dessen Granne abgeschnitten. 10. Aehre der grannenlosen Varietät. 11. Embryo in der Frucht- *c c* und Saamenschaale *t* liegend; neben dem Eiweiss *a*, der Saamenlappen *s*, *g* das Knöspchen, *e* der Saamenlappenanhang, *r* Würzelchen, *cr* Wurzelscheide.

Fig. 74.

Typha angustifolia. 1. Blüthe. 2. Zwei männl. Blumen. 3. Weibliche Blm. der Fruchtknoten längsdurchschnitten. 4. Frucht. 5. Diese längsdurchschn., darüber das abgeworfene Deckelchen.

Familie 25. Typhaceae.

Thypha angustifolia *L.*, Rohrkolben, Fig. 74. XXI. 3 *L.* und **T. latifolia** *L.* — *Rhizoma Typhae.*

Sparganium ramosum *Hudson*, S. erectum *α L.*, Igelkolben. Fig. 75 (S. 44). XXI. 3 *L.* — *Rhizoma s. Rad. Sparganii.*

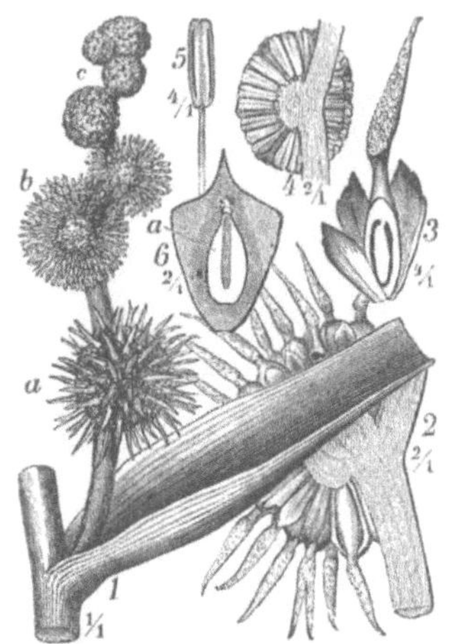

Fig. 75.

Sparganium ramosum. 1. Blüthenzweig. *a* Weibl. Köpfchen, *b* u. *c* männl. K.; bei *b* blühend. 2. Das weibl. Köpfchen längsdurchschnitten. 3. Weibl. Blm. mit längsdurchschnittenem Fruchtknoten. 4. Männl. Köpfchen längsdurchschn. 5. Staubgef. 6. Frucht längsdurchschn. *a* Eiweiss.

Fig. 76.

Lemna minor. 1. Blühende Pfl. 2. Fruchtknoten längsdurchschn. mit der halbumgewendeten Saamenknospe. 3. Blume in der Scheide.

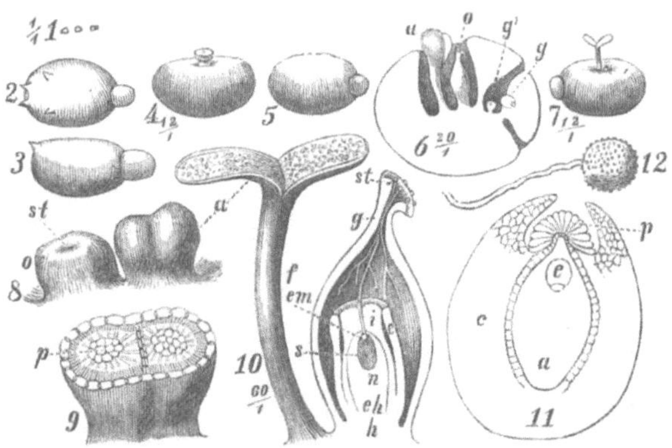

Fig. 77.

1—3. *Wolffia arrhiza.* 4. Dieselbe fructificirend. 5. *W. columbiana.* 6. Diese kurz vor der Blüthe längsdurchschnitten. 7. Dieselbe blühend. *a* Staubgefäss, *o* Pistill, *g'* Adventivknospe, *g* Gipfelknospe. 8. Eine frühe Entwickelungsstufe der Geschlechtsorgane, *st* Narbe. 9. Die Anthere in diesem Zustande querdurchschnitten, *p* Pollen. 10. Die entwickelten Geschlechtsorgane, *f* Staubfaden, *a* Staubbeutel, *st* Narbe, *g* Griffel, *h* äusserer Nabel, *ch* innerer Nabel der Saamenknospe, *n* Kern derselben, *s* Embryosack, *em* Embryo, mit einem Zweig des Pollenschlauches in Berührung, *e* äusserer Eimund, *i* innerer Eimund. 11. Saame, *c* Saamenaussenhaut, *p* Deckelchen, *a* Eiweiss, *e* Keimling.

Familie 26. Lemnaceae.

Lemna minor *L.*, Entenfloss, Fig. 76. II. 1 *L.* — *Hb. Lentis palustris.*
Ebenso:

Telmatophace (*Lemna L.*) **gibba** *Schleiden*, Entenfloss.

Spirodela (*Lemna L.*) **polyrrhiza** *Schleiden*, Entenfloss.

Wolffia (*Lemna L.*) **arrhiza** *Wimmer*, Wasserlinse, Fig. 77, *1—4.*

W. columbiana *Krst.*, Fig. 77, *5—11.*

Familie 27. Aroideae (Seite 42).

A. Blumen nackt, diclinisch; Blätter meist gestielt, flach und breit: Aroideae verae.
B. Blumen mit Kelch und Krone, zwitterig; Blätter linealisch: Acoreae.

A. Aroideae verae.

Calla palustris *L.*, Schlangenkraut, Fig. 78, *1–8*. XXI. 1 *L.* *Rhizoma* (*Rad.*) *Dracunculi aquatici, Schlangenwurzel.*

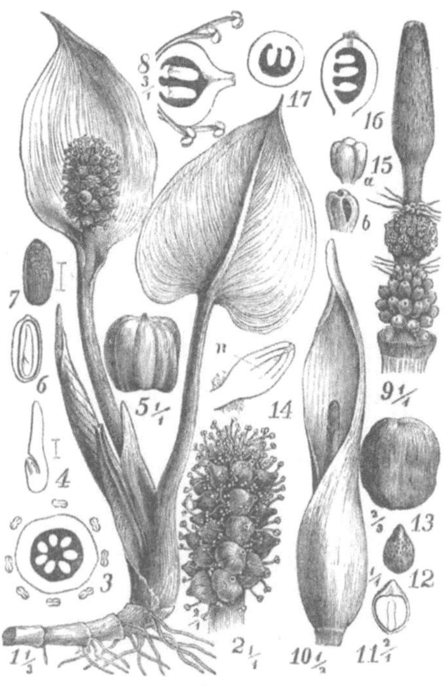

Fig. 78.

1. *Calla palustris* blühend. 2. Blüthe. 3. Diagramm. 4. Keimling längsdurchschnitten. 5. Frucht. 6. und 7. Saame, bei 6 längsdurchschn. 8. Eine längsdurchschnittene Blume. 9. Blüthe von *Arum maculatum*. 10. Diese von der Scheide umgeben. 11 u. 12. Saamen, bei 11 längsdurchschn. 13. Reife Frucht. 14. Saamenknospe längsdurchschn. 15 *a* und *b* Anthere. 16. Fruchtknoten längsdurchschnitten. 17. Derselbe querdurchschnitten.

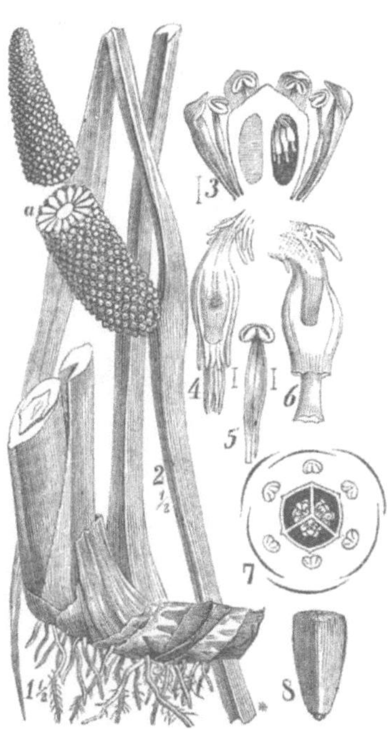

Fig. 79.

Acorus Calamus. 1. Wurzelstock mit abgeschnittenen Blättern. 2. Blühender Schaft, die Mitte des Kolbens bei *a* herausgeschn. 3. Längsdurchschnittene Blume. 4 und 6. Verschiedene Entwickelungszustände der Saamenknospe. 5. Staubgefäss. 7. Diagramm. 8. Frucht.

Arum maculatum *L.*, Aronsstab, Fig. 78, *9–17*. XXI. 1 *L.* Mitteleuropa. — *Rhizoma* (*Rad.*) *Ari s. Aronis: Flüchtige, scharfe, basische Substanz; Stärkemehl.*

B. Acoreae.

Acorus Calamus *L.*, Kalmus, Fig. 79. VI. 1 *L.* Asien, jetzt über Europa verbreitet. — *Rad. s.* ***Rhizoma Calami*** *aromatici:* ***Oleum Calami*** (*G. H.*), *Kalmusöl, Acorin, Weichharz, Bitterstoff, Gerbstoff, Stärkemehl.*

Familie 28. Palmae (S. 42).

A. 1 dreifächeriger Fruchtknoten.
   a. Steinfrucht mit 1 Kerne. 1. Cocoinae.
   b. Steinfrucht mit 3 Kernen. 2. Borassinae.
   c. Beere. 3. Arecinae.

B. 3 einfächerige Fruchtknoten; Frucht beerenartig, oft durch Fehlschlagen —, selten durch Verwachsung einzeln.
   a. Beere kahl, unbeschuppt. 4. Coryphinae.
   b. Beere mit abwärts gerichteten Haar-Schuppen bedeckt. 5. Lepidocaryae.

1. Cocoinae.

Cocos nucifera *L.* XXI. 6:*L.* Tropische Meeresküsten. — *Cocosnüsse:* ***Ol. Cocos*** (*G.*) *Cocosnussöl.*

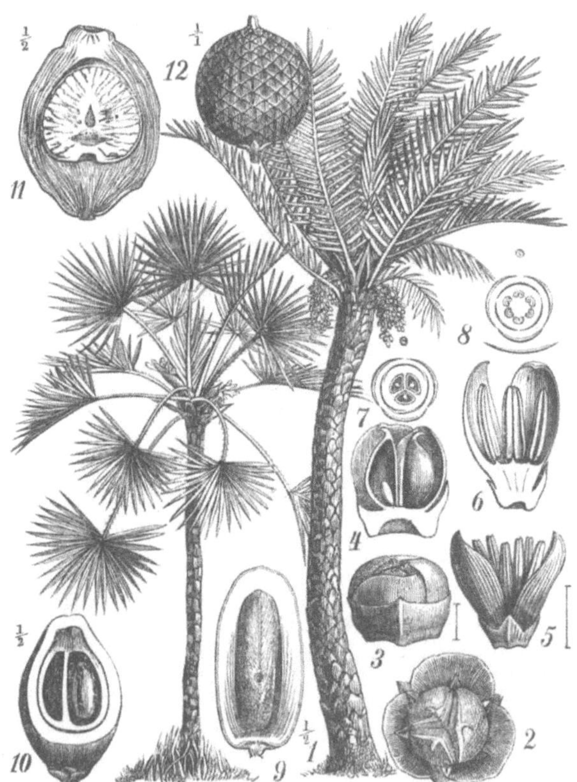

Fig. 80.

1. Eine blühende *Phönix dactylifera* neben einer *Chamaerops humilis*. 2. Weibl. Blm. von Chamaerops. 3. Dieselbe als Knospe. 4. Dieselbe längsdurchschn. 5. Männl. Blm. 6. Diese längsdurchschn. 7. Diagramm der weiblichen, 8. das der männl. Blm. 9. Eine Beere der Dattelpalme, deren Fruchtfleisch zur Hälfte entfernt wurde, um den Saamen mit dem rückenständigen Keimling frei zu legen. 10. Frucht von *Elaeis melanococca*. 11. Frucht von *Areca Catechu*, beide längsdurchschn. 12. Frucht von *Calamus Rotang*.

Elaeis guineensis *Jacquin,* Oelpalme. XXI. 6 *L.* Afrika.

E. melanococca *Gaertner.* Central-Amerika. Fig. 80, *10.* — *Das Fruchtfleisch beider Arten giebt Ol. Palmae.*

2. Borassinae.

Hyphaene cucifera *Persoon.* XXII. 6 *L.* Afrika. — *Fructus edulis.*

Borassus flabellifer *L.* XXII. 6 *L.* Molukken. — *Sago, Zucker.*

3. Arecinae.

Areca Catechu *L.*, Fig. 80, *11.* XXI. 6. Ostindien, Australien. — *Nuces Catechu, Betelnüsse: Arecaroth, Fett, Gerbsäure.* ***Catechu*** (*G.*) (s. Acacia und Uncaria).

Arenga saccharifera *Labillardiere.* XXI. 13 *L.* Süd-Asien. — *Sago, Zucker.*

Ceroxylon andicola *Humboldt.* XXI. 6. Cordilleren Süd-Amerika's. — *Wachs.*

Klopstockia cerifera *Krst.* XXIII. 1. Cordilleren Süd-Amerika's. — *Wachs.*

4. Coryphinae.

Copernicia (*Corypha Arruda*) **cerifera** *Martius.* XXIII. 1 *L.* Brasilien. — *Carnauba-Wachs.*

Phoenix dactylifera *L.*, Dattelpalme, Fig. 80, *1. 9.* XXI. 3 *L.* Nord-Afrika und Südwest-Asien. — *Dactyli, Datteln.*

P. farinifera *Roxburgh.* Ostindien. — *Kauji-Sago.*

Chamaerops humilis *L.* Fig. 80, *1–8.* XXIII. 2 *L.* Süd-Europa. — *Rhizoma, Turiones et Baccae Chamaeropis.*

5. Lepidocaryae.

Daemonorops (*Calamus Willdenow*) **Draco** *Blume.* VI. 1 *L.* Ostindien, Molukken. — *Sanguis Draconis, Ostindisches Drachenblut: 90 % Harz (Draconin), Benzoesäure, Toluol (Dracyl), Styrol (Draconyl).*

Calamus Rotang *L.* Fig. 80, *12.* VI. 1 *L.* Ostindien. Spanisches Rohr. *Früher für die Mutterpfl. vom Drachenblut gehalten.*

Sagus (*Metroxylon Rottboell*) **Sagu** *Krst.*, S. farinifera *Lamarck,* S. **Rumphii** *Willd.* u. a. A. XXI. 6 *L.* Molukken, Ostindien. — *Palmen-Sago.*

Ordnung XVI. Coronariae (Seite 33).

A. Kapsel scheidewandspaltig (in die 3 Fruchtblätter zerfallend). Fam. 30. **Melanthaceae.**

B. Kapsel fachspaltig oder Beere.

- a. Kelch- und Kronenblätter grün, oft am Rande trockenhäutig; Frucht eine Kapsel. Fam. 29. **Junceae.**
- b. Kelch und Krone gefärbt, selten krautig.
  - × Frucht eine Kapsel.
    - * Saamenschale meist schwarz, holzig, zerbrechlich, selten häutig; Staubgefässe meist perigyn (ausgen. Aloë, Urginea); Beutel am Rücken (bei einigen Allien am Grunde) befestigt, beweglich. Fam. 31. **Asphodeleae.**
    - ** Saamenschale bleich oder röthlich-bräunlich, häutig oder korkig; Staubgefässe hypogyn, Beutel am Grunde oder auf der Bauchseite befestigt. Fam. 32. **Lilieae.**
  - ×× Frucht eine Beere. Fam. 33. **Smilaceae.**

Familie 29. Junceae. (S. 47.)

Luzula (*Juncus L.*) **campestris** *DC.* Fig. 81. VI. 1 *L.* — *Inflorescentiae et Fruct.*, *Haasenbrod.*

Juncus conglomeratus *L.* u. J. effusus *L.*, Simse. VI. 1 *L.* — *Rhizoma Junci.*

Narthecium (*Anthericum L.*) **ossifragum** *Hudson*, Beinheil. VI. 1 *L.* Nord- und Mittel-Deutschland. — *Hb. Graminis ossifragi: Narthecin und Nartheciumsäure.*

Familie 30. Melanthaceae.

Sabadilla (*Veratrum Schlecht.*) **officinalis** *Nees*, Schönocaulon off. *Asa Gray.* Fig. 82, *1–7.* XXIII. 1 *L.* Central-Amerika. — ***Fruct.*** *(A.)* ***et Sem.*** *(H.)* ***Sabadillae,*** *Sabadillsaamen:* ***Veratrin,*** *Sabadillin, Sabatrin, Cevadin, Cevadillin, Veratrumsäure, Sabadillsäure, Harz, Gummi, fettes Oel etc.*

Veratrum album *L.*, Nieswurzel. Fig. 82, *8–10.* XXIII. 1 *L.* Alpen, Voralpen, Jura, Riesengeb. — ***Rhizoma Veratri,*** *Rad. Hellebori albi: Jervin, Veratroïdin, Jervasäure (Veratramarin), Sabadillsäure, Harz, Fett, Gerbsäure, Amylum etc.*

Fig. 83.

Colchicum autumnale. 1. Blumenknospen treibende Herbstknolle. 2. Oberes Ende der blühenden Blume. 3. Sommerknolle längsdurchschn. mit Blumenknospe tragender Knospe. 4. Perigonsaum im Längenschnitt. 5. Reife geöffnete Kapsel mit Blättern. 6 u. 7. Saamen; ersterer längsdurchschn.

Colchicum autumnale *L.*, Herbstzeitlose. Fig. 83. VI. 1 *L.* — ***Sem. Colchici,*** *Bulbotuber (Rad.) et Flores Colchici. Die reifen, frischen Saamen enthalten neben Sabadillsäure, fettem Oele etc. bis 0,28 % —, die Knollen 1,5 %* ***Colchicin*** *(A.).*

Fig. 81.

1. *Luzula campestris*, blühender Halm. 2. Blühende Blume mit ihren beiden Deckblättchen. 3. Dieselbe längsdurchschnitten. 4. Saame. 5. Reife, geöffnete Frucht. 6. Saame längsdurchschn.

Fig. 82.

1—7. *Sabadilla officinalis*. 1. Zwiebel mit Blüthe. 2. Saame. 3. Ders. längsdurchschn., *e* Keimling. 4. Reife Frucht. 5. Blühende Zwitterblm. 6. Männl. Blm. 7. Ein Kronenblt. mit Staubgefäss. 8—10. *Veratrum album*. 8. Blüthenzweig. 9. Blühende Blm. längsdurchschn. 10. Saame.

Familie 31. Asphodeleae. (S. 47.)

Anthericum ramosum *L.*, VI. 1 *L.* und **A. Liliago** *L.*, Graslilie. VI. 1 *L.* — *Hb., Flor. et Sem. Phalangii.*

Fig. 85.

Allium oleraceum. 1. Blüthe. 2. Blume, 3. Stempel längsdurchschnitten. 4. Reife, geöffnete Kapsel. 5. Saame. 6. Derselbe längsdurchschn. 7. Saamenknospe längsdurchschn. 8. Diagramm der Blume.

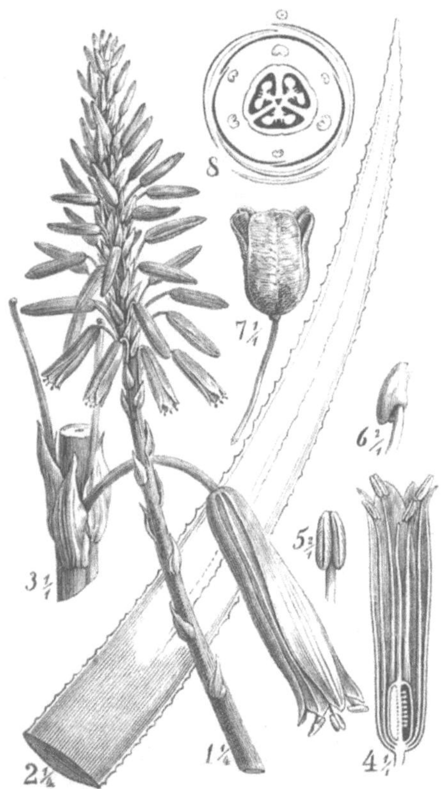

Fig. 84.

Aloe socotrina. 1. Blüthe. 2. Blattspitze desselben. 3. Blume am Blüthenstiel. 4. Dieselbe längsdurchschn. 5 u. 6. Staubbeutel. 7. Geöffnete Kapsel von A. paniculata Jacq. 8. Diagramm.

Aloë socotrina *Lamarck*, Fig. 84, VI. 1 *L.*, Insel Socotora, **A. arborescens** *Mill.* und **A. vulgaris** *Lamarck*, Ostindien, und eine Anzahl auf dem Cap d. g. H. wachsende Arten, z. B. **A. purpurascens** *Haworth*, **A. spicata** *Thunberg*, **A. ferox** *Lamarck*, **A. Lingua** *Willdenow*, **A. plicatilis** *Miller*, **A. africana** *Miller*, ***Aloe capensis vel lucida:*** *35 % Harz, 55 % bitteren Extractivstoff mit Aloïn bis 2,5 % Asche. Nicht officinell ist die Aloïn reichere Aloë hepatica aus Arabien, Aegypten, Griechenland, Westindien.*

Allium oleraceum *L.*, Gemüse-Lauch, Fig. 85, VI. 1 *L.*, **A. sativum** *L.*, Knoblauch. Aus Süd-Europa häufig cultivirt. Ebenso die var.: **A. Ophioscordon** Don, Perlzwiebel, Roggenbolle; **A. Cepa** *L.*, Sommerzwiebel, **A. fistulosum** *L.*, Winterzwiebel. Beide aus Asien häufig cultivirt. Ebenso **A. ascalonicum** *L.*, Schalotte, **A. Schönoprasum** *L.*, Schnittlauch, im mittl. und südl. Gebiete. *Alle dienen als Speisegewürz, enthalten ein Schwefelallyl haltiges äth. Oel.* **A. ursinum** *L.*, Bärenlauch. — *Hb. Allii ursini.* **A. Victorialis** *L.* — ***Bulb.*** *(Rad.) Victorialis longus, Allermannsharnisch. Beide enthalten gleichfalls Schwefelallyl haltiges äth. Oel.*

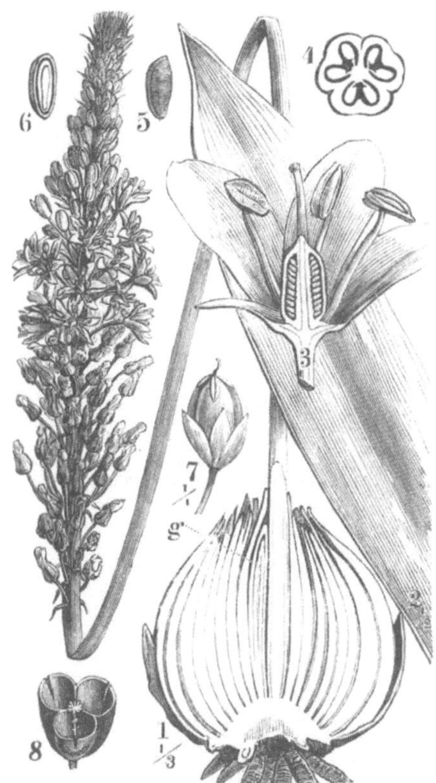

Fig. 86.

Urginea Scilla. 1. Blühende Pfl. 2. Eine Blattspitze. 3. Blume längsdurchschn. 4. Fruchtknoten-Querschnitt. 5. Reifer Saame. 6. Derselbe längsdurchschnitten. 7. Unreife Frucht. 8. Untere Hälfte der reifen Frucht.

Urginea (*Scilla L.*) **maritima** *Baker*, U. Scilla *Steinheil*, Meerzwiebel. Fig. 86. VI. 1 *L.* Sandige Küsten des atlantischen und mittelländischen Meeres. — ***Bulbus Scillae:*** *Scillitin, Scillin, Scillitoxin, Scillipicrin, Scillaïn, äth. Oel, viel Schleim (Sinistrin).*

Familie 32. Lilieae.

Tulipa sylvestris *L.*, Tulpe. VI. 1 *L.* *Bulbi (Rad.) Tulipae.*

Fritillaria imperialis *L.*, Kaiserkrone. VI. 1 *L.* Persien, in Gärten cultivirt. — *Bulbi (Rad.) Coronae imperialis.*

Lilium candidum *L.*, Weisse Lilie. VI. 1 *L.* Orient, in Gärten cultivirt. — ***Flor.*** *Liliorum alborum.*

Familie 33. Smilaceae. (S. 47.)

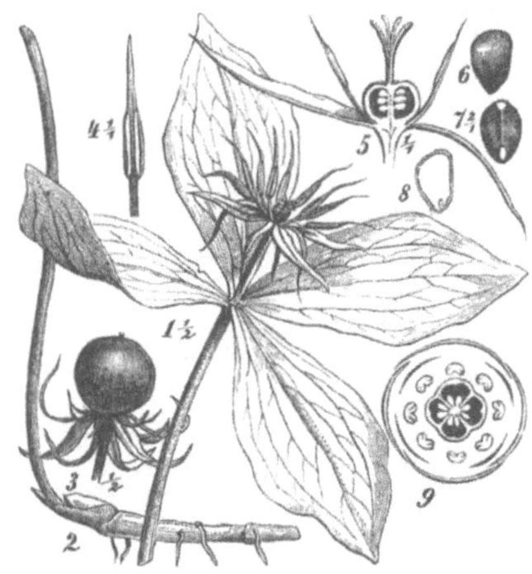

Fig. 87.

Paris quadrifolia. 1. Der obere Theil des Blüthenzweiges, 2. sein unterer an dem Wurzelstocke haftend. 3. Reife Frucht. 4. Staubbeutel vom Rücken gesehen. 5. Blumen-Längenschnitt. 6 u. 7. Saamen. 8. Derselbe durchschnitten. 9. Diagramm der Blume.

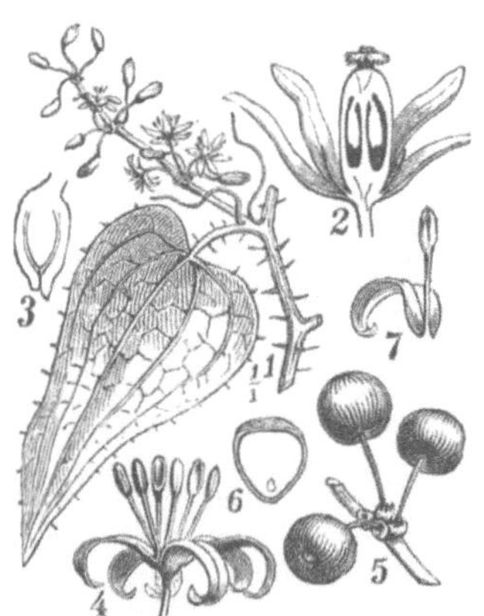

Fig. 88.

Smilax aspera. 1. Männl. Blüthenzweig. 2. Weibl. Blm. und 3. Saamenknospe längsdurchschn. 4 Männl. Blm. 5. Früchte. 6. Saame längsdurchschn. 7. Blumenblt. mit aufsitzendem Staubgef.

Paris quadrifolia *L.*, Einbeere. Fig. 87. VIII. 4 *L.* — *Rhizoma, Hb. et Baccae Paridis s. Solani quadrifolii: Paridin, Paristypheïn.*

Convallaria majalis *L.*, Maiglöckchen. VI. 1 *L.* – *Rhizoma, Flor. et Baccae Liliorum Convallium: Convallarin, Convallamarin, Harz, Gerbsäure, äth. Oel etc.*

Smilax medica *Schlechtendal*, XXII. 6 *L.*, Mexico, **S. syphilitica** *Humboldt*, **S. officinalis** *Kunth*, **S. papyracea** *Duhamel*, **S. cordato-ovata** *Richard* u. a. A. Südamerika's geben ***Rad. Sarsaparillae*** (*Caracas*, *Para*, *Honduras*, *Tampico*, *Vera-Cruz*): *Harz*, *Parillin* (*Smilacin*, *Parillinsäure*, *Sarsaparill-Saponin*), *äth. Oel*, *Stärkemehl etc.*

Smilax aspera *L.*, Stechwinde. Fig. 88. Südeuropa. — *Der Wurzelstock mit den Wurzeln, die italienische Sarsaparille wird im Vaterlande wie die amerik. Sarsaparille angewendet.*

Smilax China *L.* China, Japan. — *Rhizoma s.* ***Tuber Chinae*** *orientalis* (*H.*), *Chinawurzel*, *Pockenwurzel.*

Fig. 89.

Asparagus officinalis. 1. Blühender weibl. Zweig. 2. Früchte. 3. Männl. Blm. geöffnet und ausgebreitet. 4. Ein Blumenblt. abgetrennt von der Seite. 5. Weibl. Blm. mit abgetrenntem, ausgebreitetem Perigon. 6. Fruchtknoten längsdurchschn. 7. Saame. 8. Ders. längsdurchschn. 9. Diagramm. 10. Blühender männlicher Zweig.

Asparagus officinalis *L.*, Spargel. Fig. 89. VI. 1 *L.* (XXII. 6). — *Rhizoma*, *Baccae*, *Sem.* et ***Turiones Asparagi*** (*H.*). *Die off. jungen Sprossen dienen als Gemüse, enthalten Asparagin, eine eigenthümliche, einbasische, kryst. Säure; die Stengel und jungen Früchte Inosit; die reifen Beeren Bitterstoff, rothen Farbstoff, fettes Oel etc.*

Dracaena Draco *L.* VI. 1 *L.* Canarische Inseln. — *Sanguis Draconis, Canarisches Drachenblut: Harz, Benzoësäure.*

Ordnung XVII. Helobiae. (S. 33.)

A. Blumendecke besteht aus Kelch und Krone.
   a. 1 oder 2 Saamenknospen in jedem Fruchtfache. Fam. 34. **Alismaceae.**
   b. Viele Saamenknospen den Fruchtwandungen angeheftet. Fam. 35. **Butomeae.**

B. Blumendecke unvollständig oder fehlend. Fam. 36. **Najadeae.**

Familie 34. Alismaceae.

Fig. 90.

Alisma Plantago. 1. Blüthenspitze. 2. Blattfläche mit dem oberen Stielende. 3. Blühende Blm. von oben ges. 4. Frucht. 5. Blm. von der Seite. 6. Diagramm. 7. Staubbeutel. 8. Blm. längsdurchschn. *a* Kelch-, *b* Kronenblt. 9. Frucht mit Saamen längsdurchschn. 10. und 11. Keimlinge.

Alisma Plantago *L.*, Froschlöffel. Fig. 90. VI. Polygynia *L.* — *Rad. et Hb. Plantaginis aquaticae: Alismin.*

Sagittaria sagittifolia *L.*, Pfeilkraut. XXI. Polyandria *L.* — *Folia Sagittariae.*

Familie 35. Butomeae.

Fig. 91.

Butomus umbellatus 1. Wurzelstock, an dem der Schaft und die Blätter bis auf eins abgeschnitten sind. 2. Blüthe mit Knospen und Blumen. 3. Ein Fruchtblatt geöffnet, von innen gesehen. 4. Saamenknospe. 5. Diagramm. 6. Reife Frucht. 7. Saame. 8. Ders. im Längenschn. 9. Ders im Querschnitt.

Butomus umbellatus *L.*, Blumenbinse. Fig. 91. IX. 6 *L.* — *Rhiz. et Sem. Junci floridi.*

Familie 36. Najadeae.

Fig. 92.

Potamogeton natans. 1. Blühende Zweigspitze; das Blüthenstützblt. abgeschnitten. 2. Blume von der Seite. 3. Dieselbe von oben. 4. Diagramm. 5. Pistille. 6. Ein Staubbeutel von hinten. 7. Längendurchschnitt der Pistille. 8. Eine Frucht längsdurchschnitten. 9. Keimling.

Potamogeton natans *L.*, Laichkraut. Fig. 92. IV. 4 *L.* — *Hb. Potamogetonis.*

Ordnung XVIII. Limnobiae. (S. 33.)

Familie 37. Hydrocharideae.

Fig. 93.

Hydrocharis Morsus ranae. 1. Ein blühender Zweig einer männl. Pfl. Die Nebenblt. des einen Blattstiels ausgebreitet, das andere Blt. von unten gesehen. 2. Diagramm der weibl. Blm. 3. Weibl. Blm. 4. Längendurchschnitt derselben. 5. Saamenknospe. 6. Frucht. 7. Dieselbe querdurchschn. 8. Saame längsdurchschn. 9. Fruchtknotenscheitel mit den Griffeln und Staminodien. 10. Männl. Blume; beide nach Entfernung der Kelch- und Kronenblätter. 11. und 12. Staubgef.-Paare am Grunde verwachsen, in 11 der innere Faden ohne Beutel. 13. Diagramm der männl. Blm.

Hydrocharis Morsus ranae *L.*, Froschbiss. Fig. 93. XXII. Enneandria *L.* — *Hb. Morsus ranae.*

Ordnung XIX. Gynandrae. (S. 33.)

Familie 38. Orchideae.

Orchis militaris *L.*, Kukuksblume, Fig. 94, XX. 1 *L.* und **O. mascula** *L.*, **O. Morio** *L.*, **O. ustulata** *L.*, ferner **Ophrys muscifera** *Hudson*, Fig. 95, O. myodes *Jacq.*, **O. aranifera** *Hudson*, **Anacamptis** (*Orchis L.*) **pyramidalis** *Richard*, Fig. 96, **Aceras** (*Ophrys L.*) **anthropophora** *R. Br.*, Fig. 97 und andere einheimische Ophrydeen, sowie dergleichen aus Kleinasien und Ostindien (z. B. **Eulophia vera** *Lindley*) *geben* ***Tuber*** *s.* ***Rad. Salep:*** *50 % Schleim (Bassorin), 30 % Amylum, 1 % Zucker,* 5 % *Proteïn etc.*

Gymnadenia (*Orchis L.*) **conopsea** *R. Br.*, Fig. 98, XX. 1 *L.*, ferner **Orchis maculata** *L.*, **O. latifolia** *L.*, **O. sambucina** *L. geben die an Bassorin ärmeren Rad. Palmae Christi, Händchensalep.*

Platanthera (*Orchis L.*) **bifolia** *Reichenbach*, Fig. 99, *3. 4*, XX. 1 *L.* und **P.** (*Satyrium L.*) **viridis** *Lindl.* Fig. 99, *1. 2.* — *Rad. Satyrii.*

Fig. 94.

Orchis militaris. 1. Blühendes Individuum, *a* alte, *b* neue Knolle. 2. Blume vergr., *o* Fruchtknoten. *s* Sporn, *pp* Kronenblätter. 3. Fruchtknoten *o* mit dem Staubbeutel, deren Säckchen *b*, der Narbe *n* und dem Schnäbelchen *r*. 4. Der Staubbeutel, von dem die vordere Oberhaut abgeschnitten, so dass die Blumenstaubmassen freigelegt sind, *r* Schnäbelchen, *n* Narbe. 5. Blumenstaubmasse *c* auf dem Stielchen *b* mit der Klebdrüse *a*. 6. Die geöffnete Frucht. 7. Saame vergr. 8. Querschnitt von Fig. 6 vergr. 9. Diagramm der Blumenorgane in der Knospe.

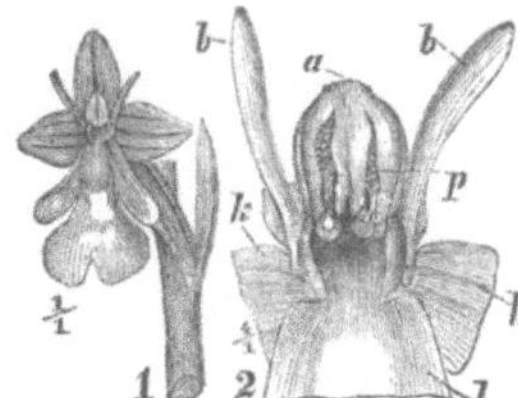

Fig. 95.

Ophrys muscifera. 1. Blühende Blume. 2. Centrum ders., *l* Lippe, *kk* Kelchblt., *bb* Kronenblätter, *a* Staubbeutel, aus dessen Längenspalten die Pollinarien *p* hervorragen; das eine Säckchen geöffnet.

Listera (*Ophrys L.*) **ovata** *R. Br.* Fig. 100. XX. 1 *L.* — *Hb. Ophrydis bifoliae s. Hb. Bifolii.*

Spiranthes (*Oprys L.*) **spiralis** *C. Koch*, **S. autumnalis** *Rich.*, **Drehähre.** Fig. 101. — *Rad. Triorchidis albae odoratae s. Orchidis spiralis.*

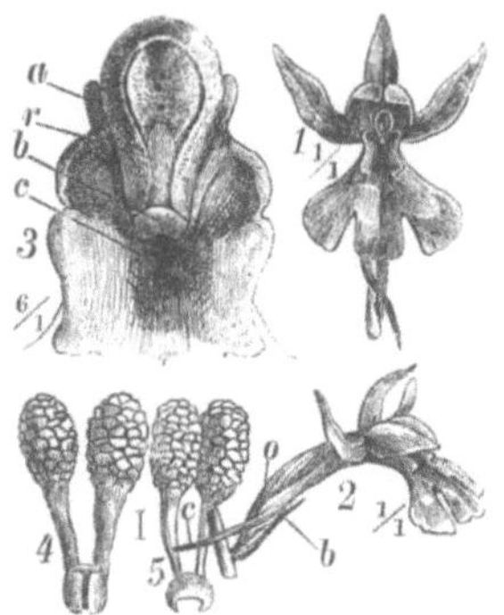

Fig. 96.

Anacamptis pyramidalis. 1. Blume von vorne. 2. Dieselbe von der Seite, *o* Fruchtknoten, *b* Deckblt., *c* Sporn. 3. Griffelsäule mit der Narbe *c*, dem Schnäbelchen *r*, den verkümmerten Staubgef. *a* und dem Staubbeutel mit seinem Säckchen *b*. 4. und 5. Pollinarien von hinten und von vorne.

Fig. 97.

Aceras anthropóphora. 1. Blühende Blm. 2. *a* deren Staubbeutel, *p* Pollinarium, *b* Säckchen und Schnäbelchen, *l* Lippe. 3. Pollinarium freigelegt. 4. Reife Frucht.

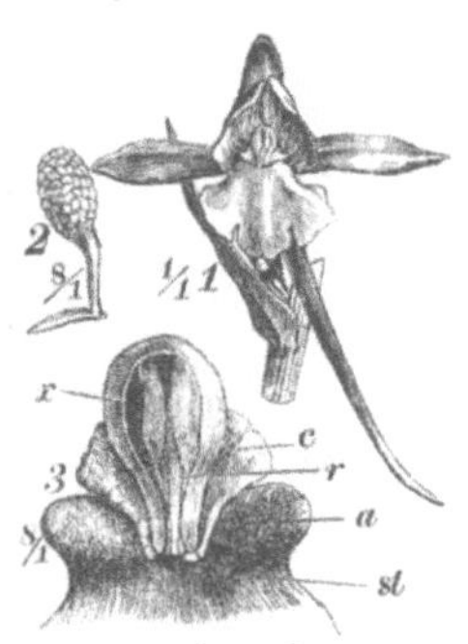

Fig. 98.

Gymnadenia conopsea. 1. Blm. von vorne. 2. Pollenmasse mit Stiel und Drüse. 3. Griffelsäule; *st* Narbe, *a* verkümmerte Staubbeutel, *r* Schnäbelchen, *x* Staubbeutel, *c* vorderer Seitenrand der Staubbeutelgrube, androclinium.

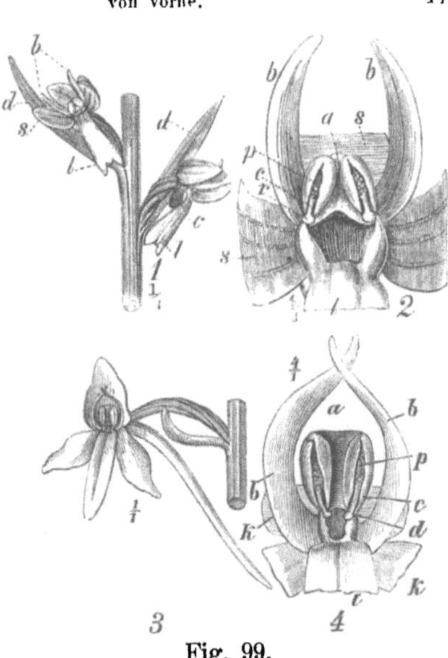

Fig. 99.

Platanthera. 1 u. 2. *P. viridis.* 1. Blühende Blm., *d* Deckblatt, *l* Lippe, *c* Sporn. *s* Kelchblätter, *b* Kronenblt. 2. Centrum der Blm. *s*—*s* Kelchblatt-Rest, *b b* Kronenblt., *l* Lippe, *a* Staubbeutel, *p* Blumenstaubmassen mit dem Stiele *c* und der Klebdrüse *r*. 3. u. 4. Blm. von *P. bifolia.* 4. Centrum der Blm. *k k* Kelchblätter-Reste, *b b* Kronenblt. etc. wie in No. 2.

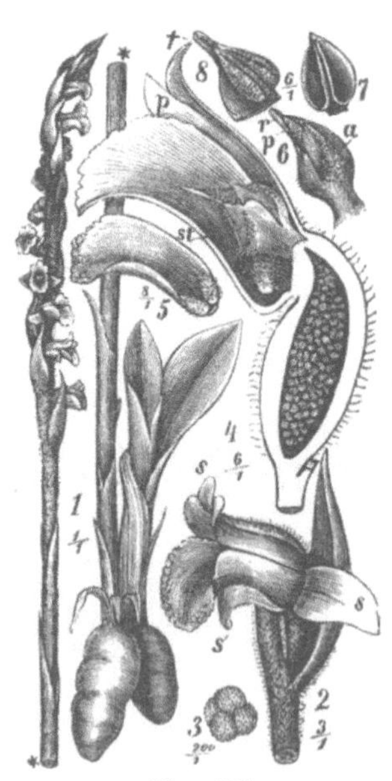

Fig. 101.

Spiranthes spiralis. 1. Blühende Pflanze. 2. Blume, *s s s* Kelchblt., deren oberes zurückgebogen wurde. 3. Pollen. 4. Blm. längsdurchschnitten (nicht völlig in der Mittellinie), *p* Kronenblt., *st* Narbe. 5. Lippe. 6. Griffelsäule mit der Anthere *a*, aus der die Pollenmassen *p* etwas hervorragen und dem Schnäbelchen *r*. 7. Der leere Staubbeutel abgehoben von den in 8. auf dem Ende der Griffelsäule mit dem Schnäbelchen *t* ruhenden Blumenstaubmassen.

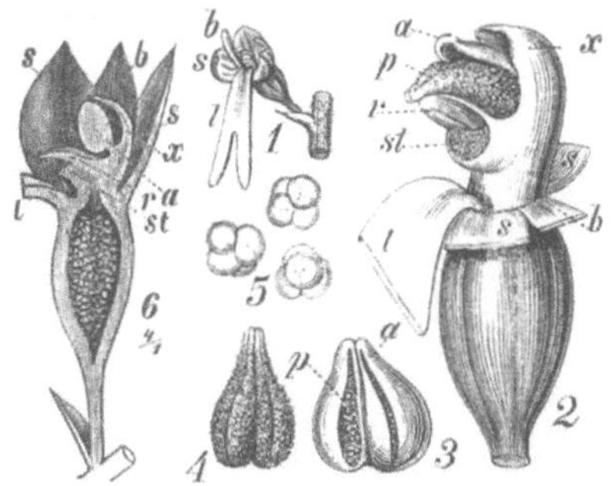

Fig. 100.

Listera ovata. 1. Blühende Blm., *l* Lippe, *s* Kelchblatt, *b* Kronenblatt. 2. Eine Blume vergr., Lippe *l*, Kelchblt. *s* u. Kronenblt. *b* abgeschnitten, *st* Narbe, *r* Schnäbelchen, *p* die aus dem Beutel *a* hervorgetretenen Pollenmassen, *x* helmf. Oberlippe der Staubbeutelgrube. 3. Der geöffnete Staubbeutel. 4. Pollenmassen. 5. Pollen. 6. Blm. längsdurchschnitten; Bezeichnungen wie oben.

Fig. 102.

Epipactis palustris. 1. Blühende Blm. 2. Dieselbe von oben mit ausgebreiteten Kelch- und Kronenbl. 3. Pollinarien, *r* Klebdrüse. 4. Pollen. 5. Griffelsäule mit dem Staubbeutel *a*, aus dem die Pollinarien *p* hervortraten, der Klebdrüse *r*, der Narbe *g*.

Epipactis palustris *Crantz*, Sumpfwurz, Fig. 102. XX. 1 *L.* und E. latifolia *All.* — *Rad. Helleborine.*

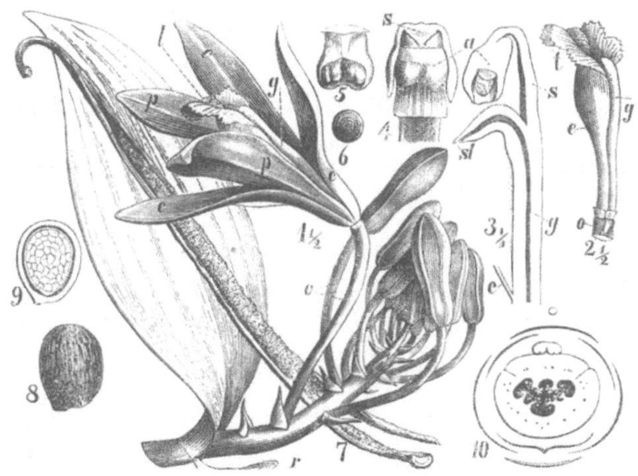

Fig. 103.

Vanilla planifolia (z. Th. nach Berg). 1. Aehre mit einer blühenden Blm. und dem Stützblatte, *o* Fruchtktn., *ccc* Kelchblt., *l* Lippe, *pp* Kronenblt., *g* Griffelsäule, *r* Adventivwrzl. 2. Griffelsäule *g* auf der Fruchtknotenspitze *o*, von dem die übrigen Perigonblt. bis auf die Lippe abgeschnitten wurden, *e* Nagel, *t* Platte derselben. 3. Griffelsäule längsdurchschnitten, *a* Staubbeutel, *s* Staubfaden, *g* Griffelkanal, *st* Narbe im Schnäbelchen. 4. Staubbeutel *a* an dem kurzen Faden *s* befestigt in seiner z. Th. aus dem herabgebeugten Schnäbelchen gebildeten Grube. 5. Derselbe Staubbeutel herausgenommen und von unten gesehen. 6. Pollenzelle. 7. Frucht geöffnet, zurückgekrümmt. 8. Saame. 9. Derselbe durchschnitten. 10. Diagramm der umgewendeten Blm.

Vanilla planifolia *Andrews.* Fig. 103. XX. 1 *L.* Mexico, cultivirt auf den Mascarenen und Java. — ***Fruct.*** (*G.*) s. ***Siliqua*** (*A.*) ***Vanillae,***

Vanilla (*G.*): *1,69% bis 2,75% Vanillin (Vanillesäure, Vanillecamphor), Fett, Harz, Zucker etc.*

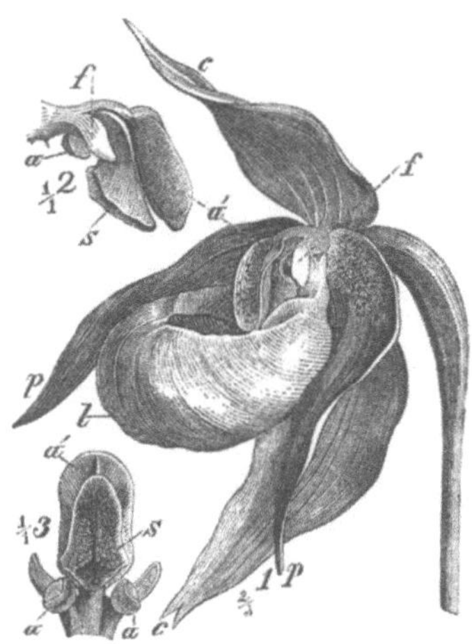

Fig. 104.

Cypripedium Calceolus. 1. Blühende Blm., *cc* Kelchblätter, *pp* Kronenblt., *l* Lippe, *a'* unfruchtbarer-, *f* Faden des fruchtbaren Staubbeutels. 2. Griffelsäule von der Seite gesehen, wie in 1, bezeichnet *s* Narben. 3. Dieselben Theile wie in Fig. 2 von unten gesehen, *aa* fruchtbare Staubbeutel, a' unfruchtbarer Staubbeutel.

Cypripedium Calceolus *L.*, Frauenschuh. Fig. 104. XX. 2 *L.*

C. candidum *Mühlbg.*, **C. pubescens** *Willdenow* und **C. spectabile** *Swartz.* Nordamerika; der Vor. ähnlich; *geben im Vaterlande ihre statt* ***Radix*** *Valerianae angewendeten Wurzeln.*

Ordnung XX. Ensatae. (S. 33.)

A. Staubbeutelfächer öffnen sich nach aussen. Fam. 39. **Irideae.**
B. " " " " innen. Fam. 40. **Amaryllideae.**

Familie 39. Irideae.

Crocus sativus *L.*, Safran. Fig. 105, *1–6.* III. 1 *L.* Aus dem Orient in Südeuropa und England cultivirt. — ***Crocus***, *Crocus orientalis s. Stigmata Croci: Crocin (Polychroït), äth. Oel (Safranöl), Safranzucker (Gardeniazucker, Crocose), Picrocrocin (Safranbitter), Gummi, 4,4% bis 7% Asche.*

Iris Florentina *L.*, Italienische Schwertlilie. Fig. 105, *7–12.* III. 1 *L.* Südeuropa; ferner **I. pallida** *Lamarck* und **I. germanica** *L.* Beide im südl. Gebiete. — ***Rhizoma Iridis*** (*G. H.*) ***s. Ireos*** (*A.*) ***florentinae,*** *Veilchenwurzel: Scharfes Weichharz, äth. Oel, Amylum, Gummi, Gerbstoff etc.*

I. Pseudacorus *L.* — *Rhizoma (Rad.) Acori vulgaris s. Pseudacori: Scharfes, ölfreies Harz, Gerbstoff etc.*

Gladiolus paluster *Gaudin*, Siegwurz, III. 1 *L.* **G. imbricatus** *L.* und

G. communis *L.*, Gartenpflanze aus Südeuropa. — *Bulbotuber seu Rad. Victorialis rotunda, Runder Allermannsharnisch.*

Fig. 105.

1. *Crocus sativus* blühend, der Wurzelstock längsdurchschnitten. 2. Diagramm. 3. Geöffnete reife Kapsel. 4. Eine Narbe. 5. Saame. 6. Derselbe längsdurchschnitten den Embryo zeigend. 7. Blume und Blumenknospe von *Iris florentina.* 8. Wurzelstock derselben. 9. Blume längsdurchschnitten. 10. Saame. 11. Ders. längsdurchschnitten. 12. Reife geöffnete Frucht.

Familie 40. Amaryllideae.

Galanthus nivalis *L.*, Schneeglöckchen. Fig. 106 (S. 62). VI. 1 *L.* — *Bulbotuber s. Rad. Galanthi bulbosi.*

Leucojum vernum *L.*, Knotenblume, Grosses Schneeglöckchen. VI. 1 *L.* — *Bulbotuber s. Rad. Leucoji bulbosi s. albi.*

Narcissus Pseudo-Narcissus *L.* Fig. 107 (S. 62). VI. 1 *L.* Gebirgswiesen. — *Flores Pseudonarcissi s. Narcissi majoris. Die Pfl. enthält Pseudonarcissin.*

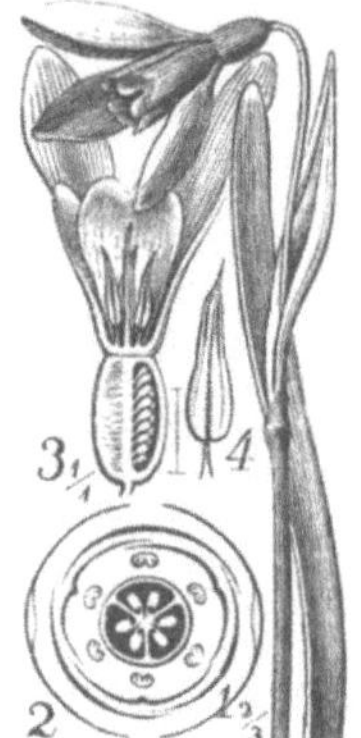

Fig. 106.

Galanthus nivalis. 1. Blühende Blume nebst Blattspitze. 2. Diagramm mit den beiden zur Scheide verwachsenen Deckblättern. 3. Längenschnitt durch die Blume. 4. Staubgefäss.

Fig. 107.

Narcissus Pseudo-Narcissus. 1. Blühende Pfl. 2. Blm. längsdurchschn. 3. Fruchtknoten querdurchschn.

Ordnung XXI. Artorrhizae. (S. 33.)

Familie 41. Dioscoreaceae.

Dioscorea alata *L.*, XXII. 6 *L.* und viele andere tropische Arten, z. B. **D. sativa** *L.*, **D. pentaphylla** *L.*, **D. triphylla** *L.*, *Yamswurzel, stärkemehlreiche Speiseknollen.*

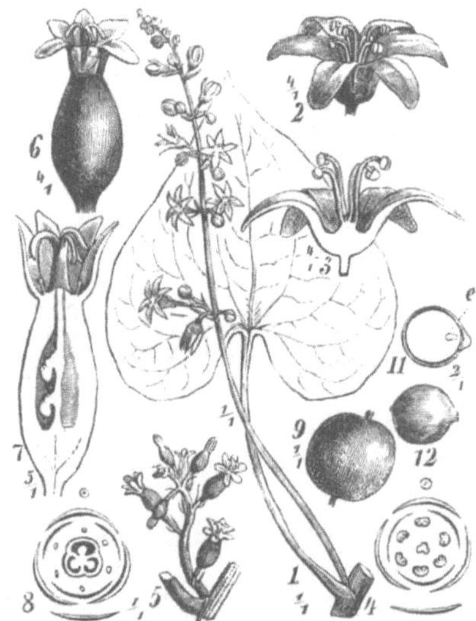

Fig. 108.

Tamus communis. 1. Blatt mit der achselständigen männl. Blüthe. 2. Männl. Blm. 3. Diese längsdurchschnitten. 4. Diagramm derselben. 5. Weibl. Blüthe. 6. Eine Blume desselben. 7. Diese längsdurchschnitten. 8. Diagramm ders.

Tamus communis *L.*, Schwarze Zaunrübe. Fig. 108. XXII. 6 *L.* Südeuropa. — *Tuber (Rad.) Tami s. Bryoniae nigrae.*

Ordnung XXII. Scitamineae. (S. 33.)

A. 1 vollkommenes Staubgefäss mit zweifächerigem Beutel; Eiweiss doppelt. Fam. 42. **Zingibereae.**
B. 1 vollkommenes Staubgefäss mit einfächerigem (halbem) Beutel, die zweite Hälfte unentwickelt; Endosperm fehlt. Fam. 43. **Cannaceae.**
C. 5—6 vollkommene Staubgefässe. Fam. 44. **Musaceae.**

Familie 42. Zingibereae.

Alpinia officinarum *Hance.* I. 1 *L.* China. — ***Rhizoma*** (*Rad.*) ***Galangae*** (*G. H.*) *Galgantwurzel: äth. Oel, Harz, fettes Oel, Stärke, Gummi etc.*

A. (*Maranta L.*) **Galanga** *Swartz.* Ostindien, Java. — *Rhizoma Galangae majoris, Grosser Galgant.*

Elettaria (*Alpinia Roxburgh*) **Cardamomum** *White* und *Maton.* Fig. 109, *6—12.* I. 1 *L.* Nicobaren, Malabar, Westküste Vorderindiens. — ***Fructus*** (*G.*) ***et Sem. Cardamomi,*** *Kleiner Cardamom: Aeth. Oel.*

E. **Cardamomum medium** *Römer* und *Schultes.* Ceylon. — *Fruct. Cardamomi ceylanici longi: Aeth. Oel.*

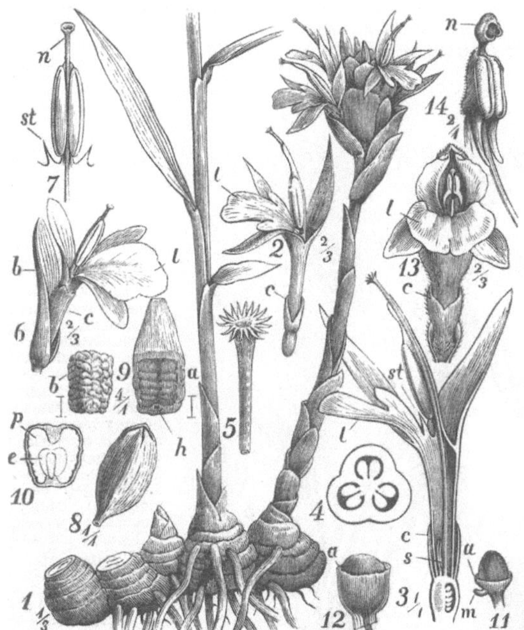

Fig. 109.

Zingibereae. 1—5. *Zingiber (Amomum L.) Zingiber.* 2. Blühende Blm., *c* Kelch, *l* kronenblattf. Staubgef., die Lippe. 3. Dieselbe längsdurchschn., *s* die beiden auf dem Fruchtknoten stehenden, *st* eines der beiden im Schlunde stehenden verkümmerten Staubgef., *l* Lippe. 4. Fruchtknoten-Durchschnitt. 5. Narbe auf dem oberen Griffelende. 6—12. *Elettaria Cardamomum.* 6. Blühende Blume mit Deckblt. *b*, Kelch *c*, Lippe *l*. 7. Das eine entwickelte mit den beiden im Schlunde stehenden verkümmerten Staubgef. *st* und Griffel mit Narbe *n*. 8. Reife Frucht. 9. Saame, *a* mit Mantel, *b* Saame ohne Mantel. 10. Saame längsdurchschn., *p* Ausseneiweiss, *e* das den Keimling umgebende Inneneiweiss. 11. Saamenknospe, *m* Eimund, *a* Mantel im ersten Entwickelungszustande. 12. Etwas älterer Zustand, Mantel von der Länge des Saamen. 13. *Curcuma aromatica.* Blm. von vorne gesehen, *c* Kelch, *l* Lippe. 14. Deren Staubgef., Griffel und Narbe *n*.

Amomum Cardamomum *L.* I. 1 *L.* Molukken, Sundainseln. — *Fruct. Cardamomi rotundi s. javanici: Aeth. Oel.*

A. Granum Paradisi *Afzelius* und **A. Melegueta** *Roscoë.* Beide in Guinea. — *Grana Paradisi s. Piper Malaghetta, Cardamomum piperatum. Paradieskörner: Aeth. Oel, scharfes Harz.*

Curcuma Zedoaria *Roscoë.* I. 1 *L.* Madagaskar, Ostindien, Bengalen, China. — ***Rhizoma Zedoariae***, *Zittwerwurzel: Aeth. Oel (Zittweröl).*

C. Zerumbet *Roxburgh.* Ostindien, Java. — *Rhizoma Zedoariae longa: Wie Vor.*

C. aromatica *Salisbury*, C. Zedoaria *Roxb.* Fig. 109, *13. 14.* Vorderindien. — *Der Wurzelstock findet sich zuweilen unter der Zittwer- und Zerumbetwurzel, ist aber weniger aromatisch.*

C. leucorrhiza *Roxb.* und **C. angustifolia** *Roxb.* Centralindien, Bengalen. — *Ostindischer Arrowroot (Tikhar, Tikmehl).*

Curcuma longa *L.* Bengalen, China, Java. — *Rad. et* ***Rhizoma Curcumae*** *(H.) rotunda et longa. Runde und lange Gelbwurz, Curcuma, gelber Ingwer: Curcumin, Harz, äth. Oel.*

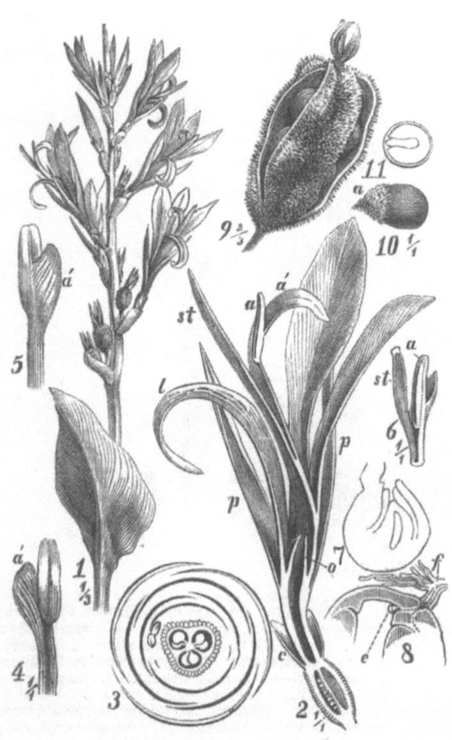

Fig. 110.

1. *Canna indica.* Blüthe. 2. Blm. längsdurchschnitten, *c* Kelch, *pp* Blüthenblt., *l* Lippe, *st* Narbe, *a* Staubbeutel, a' dessen Bindeglied, *o* verkümmerte Staubfäden. 3. Diagramm der Blm. (in der Nähe des Fruchtknotens sind Griffel und Staubfäden zu einem Rohre verwachsen; auch die Lippe bildet ein solches). 4. Unentwickeltes Staubgef., a' Connectiv desselben. 5. Dass. vom Rücken. 6. Staubgef. und Griffel etwas jünger, *a* Beutel, *st* Narbe. 7. Saamenknospe längsdurchschnitt. 8. Eimund der kürzlich befruchteten Saamenknospe mit Andeutung des Deckelchens, *e* Keimling, *f* Nabelstrang mit beginnendem Arillus. 9. Reife geöffnete Frucht 10. Reifer Saame mit Mantel. 11. Derselbe längsdurchschn. ohne Mantel.

Zingiber (*Amomum L.*), Zingiber *Krst.*, **Zingiber officinale** *Roscoë.* Fig. 109, *1–5.* I. 1 *L.* Ostindien, über die tropischen Gegenden durch Cultur verbreitet. — ***Rhizoma Zingiberis,*** *Ingwerwurzel: Scharfes Harz (Zingiberin), ein nicht scharf schmeckendes Harz, Aeth. Oel, Amylum etc.*

Z. Cassumunar *Roxburgh,* Coromandel. Java. — *Rhizoma (Rad.) Cassumunar, Rad. Zedoariae luteae, Blockzittwer.*

Z. (Amomum *L.*) **Zerumbet** *Roscoë.* Ostindien. — *Rad. et Rhiz. Zerumbet, Zerumbetwurzel.*

Familie 43. Cannaceae. (S. 63.)

Canna indica *L.* Fig. 110. I. 1 *L.* Westindien. — *Rhizoma Cannae.*

Maranta indica *Tussac.* Fig. 111. I. 1 *L.* Ostindien, und

M. arundinacea *L.* Westindien: ***Amylum Marantae*** *(H. A.) Arrowroot.*

Fig. 111.

Maranta indica. 1. Blühende Stengelspitze. 2. Spitze des Wurzelstockes.

Fig. 112.

1. *Musa sapientum,* fruchttragend neben jüngeren Wurzelstock-Aesten. 2—12. *M. Ensete.* 2. Eine der oberen männl. Blumen, *o* Fruchtknoten, *u* Unterlippe, *l* Oberlippe. 3. Untere weibl. Blume. 4. Oberlippe. 5. Unterlippe. 6. Saame von der Nabelseite. 7. Derselbe im Längenschnitt, *a* Eiweiss, *e* Keimling. 8. Keimling halb von oben gesehen. 9. Pollenzelle. 10. Keimpfl. längsdurchschnitten, *a* Eiweiss. 11. Diagramm. 12. Saamenknospe, *n* Kern, *h* äussere Hülle.

Familie 44. Musaceae.

Musa sapientum *L.* Fig. 112. XXIII. 1 *L.* und

M. paradisiaca *L.* Beide aus Indien über die Tropen verbreitet. — *Die stärkemehlreichen unreifen und die schleimreichen reifen Früchte, die Paradiesfeigen, dienen den Bewohnern der tropischen Niederungen als hauptsächlichstes Nahrungsmittel.*

Reihe II. Dicotyledones.

Phanerogamae exogeneae. Acramphibrya.

Der erste Stengelknoten des Keimlings trägt zwei gegenständige Blätter; dessen Wurzel überdauert meistens die erste Entwicklungsperiode; sie hat häufig die Dauer des Stammes. Die peripherischen Zellen des Cambiumcylinders im Stamme und der Wurzel verharren mehr oder minder lange in Neubildung von Zellen, deren innere an der centralen Seite gelegene zu Holz-, deren peripherische zu Rindengewebe werden. Organenkreise der Blume selten drei-, in der Regel fünfgliederig; Blätter nicht selten gegenüberstehend, oft zusammengesetzt, aderig, häufig mit Nebenblättern versehen.

A. Blumendecke unvollständig oder fehlend. Klasse 1. **Monochlamydeae.**

B. Blumendecke aus Kelch und Krone bestehend.
Klasse 2. **Dichlamydeae.**

Klasse I. Monochlamydeae.

Apetalae.

Blumendecken fehlen gänzlich, flores nudi, oder sind auf einen Kreis reducirt, der dann Kelch, auch perianthium, genannt wird. *Ausgeschlossen sind von diesen Monochlamydeen die durch Verkümmern der Krone kronenlosen Arten.*

A. Blätter mit Nebenblättern oder an Stelle dieser eine Scheide, Tute, ochrea, *Piperitae;* Myrica ohne Nebenblätter, bei anderen nicht stets entwickelt. *Die mit Tute versehenen Polygoneen gehören zu den Oleraceen.* Kelch krautig oder fehlend.
  a. Saamen mit Innen- und Ausseneiweiss. Ordn. 23. **Piperitae.**
  b. Saamen eiweisslos; *Balsamifluae*, *Celtideae*, *Moreae*, *Urticaceae*, *mit einfachem Eiweisse.*
    1. Fruchtknoten einfächerig, mit 2 wandständigen, vieleiigen Saamenträgern. Ordn. 24. **Arillosae.**
    2. Fruchtknoten 2—3—∞ fächerig, mit mittelständigem Saamenträger, *nur bei Myrica und Platanus ist er einfächerig;* Blatt kahl oder weichhaarig. Ordn. 25. **Amentaceae.**
    3. Fruchtknoten einfächerig, eineiig; Blatt meist durch kurze Borsten etwas rauh. Ordn. 26. **Scabridae.**

B. Blt. ohne Nebenblt., *ausgen. Polygoneae;* Kelch oft kronenartig gefärbt.
  a. Keimling gerade, im Eiweisse eingebettet oder gänzl. ohne Eiweiss.
    1. Fruchtknoten einfächerig; Frucht beerenartig oder nussartig, *Thesium*, und von fleischigem Kelche umhüllt, *Elaeagneae.*
    Ordn. 27. **Calyciflorae.**
    2. Fruchtknoten mehrfächerig; Frucht eine Kapsel.
    Ordn. 28. **Serpentariae.**
  b. Keimling gekrümmt, das Eiweiss umgebend; selten gerade, im Eiweisse, *Rheum;* Frucht einfächerig, trocken, einsaamig.
  Ordn. 29. **Oleraceae.**

Ordnung XXIII. Piperitae.

Familie 45. Pipereae.

Piper nigrum *L.*, Pfefferstrauch ♄. Fig. 113, *1–4.* II. 1 *L.* (XXIII. 1 *L.*). Ostindien. — *Piper nigrum, Schwarzer Pfeffer u. Piper album, Weisser Pfeffer: 1 % äth. Oel, 10–12 % scharfes Weichharz, bis 9 % Piperin.*

P. Jaborandi *Vellozo* ♄, Serronia Jab. *Guill.*, Brasilien, *u. a. bras. Arten geben Rad. Jaborandi.*

P. methysticum *Forster*, „Kava-Kawa“ ♄. Südseeinseln. *Die Wurzel enthält Methysticin (Kawahin), Yangonin, Kava-Harz, äth. Oel etc.*

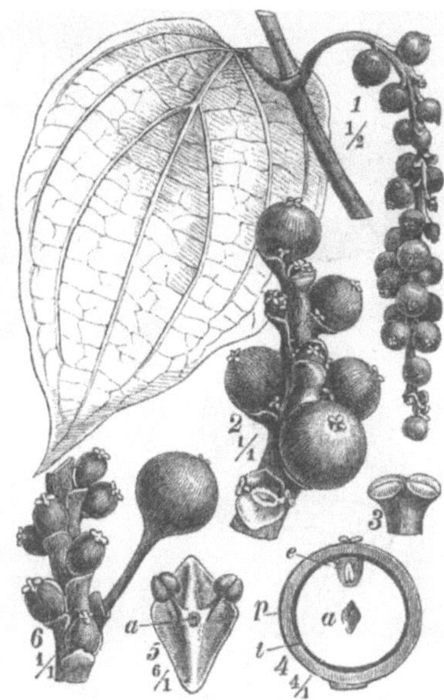

Fig. 113.

Pipereae. 1—4. P. nigrum. 1. Blatt und Aehre. 2. Stückchen der letzteren in natürl. Grösse. 3. Narbe von der Seite gesehen. 4. Längsdurchschn. Frucht, *p* Fruchthaut, *t* Saamenhaut, *e* Embryo im Inneneiweiss, *a* Ausseneiweiss im Centrum hohl. 5—6. Cubeba *(Piper L.)* Cubeba. Ein schildf. Deckbl. trägt die nackte aus 2 Staubgef. bestehende männl. Blm. *a* Anheftungspunkt. 6. Stückchen einer weibl. Aehre.

Chavica (*Piper L.*) **longa** *Krst.*, Ch. Roxburghii *Miquel* ♄. XXII. 2 *L.* Bengalen; und

Ch. officinarum *Miquel.* Sundainseln. — *P. longum, Langer Pfeffer.*

Ch. (*Piper L.*) **Betle** *Miquel.* Ostindien, Sundainseln. — *Betel-Pfeffer, Betel-Blätter.*

Cubeba (*Piper L. fil.*) Cubeba *Krst.*, **C. officinalis** *Miquel.* Fig. 113, *5. 6.* XXII. 2 *L.* Ostindien, Java. — ***Fruct. Cubebae,*** *Piper caudatum: 14 % äth. Oel (Cubebén) mit Cubebencampher, ferner Cubebensäure und Cubebin.*

Ordnung XXIV. Arillosae.

Familie 46. Saliceae.

Salix fragilis *L.*, Bruchweide ♄. Fig. 114. XXII. 2 *L.* **S. pentandra** *L.*, Lorberweide ♄. **S. alba** *L.*, Silberweide ♄. **S. purpurea** *L.*, Purpurweide ♄. — ***Cort. Salicis*** (*A.*): *Salicin, Gerbsäure etc.*

Populus nigra *L.*, Schwarzpappel ♄. Fig. 115. XXII. 8 *L.* **P. pyramidalis** *Rozier* ♄ *u. a. Arten geben* ***Gemmae Populi*** (*H.*), *Pappelknospen: Aeth. Oel, Harz, Chrysin (Chrysinsäure), Tectochrysin.*

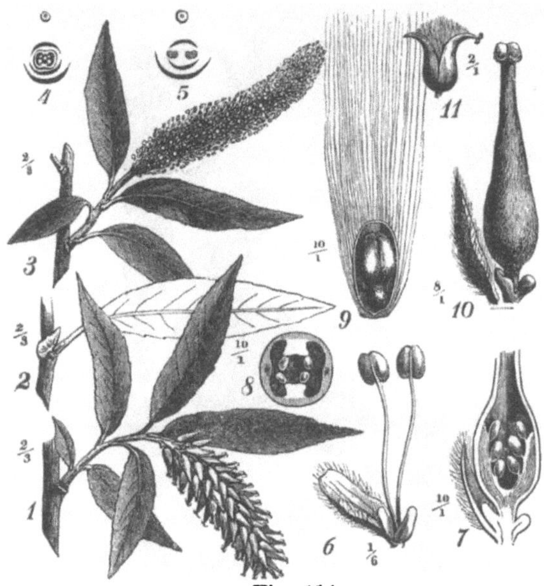

Fig. 114.

Salix fragilis. 1. Weibl., 3. männl. Blüthenzweig. 2. Junges Blatt mit Nebenblt. 4. Diagramm der weibl., 5. der männl. Blumen. 6. Männl. Blm. vergr. 7. Basis der weiblichen Blm. längsdurchschn. 8. Querschnitt des Fruchtknotens. 9. Saame längsdurchschn. 10. Weibl. Blm. 11. Reife Kapsel aufgesprungen.

Fig. 115.

Populus nigra. 1. Weibl., 2. Männl. Blüthenzweig. 3. Männl. Blm. mit Deckblt. vergr. 4. Deckblatt ausgebreitet. 5. Diagramm der männl. Blm. 6. Weibliche Blm. 7. Dieselbe längsdurchschn. 8. Kapsel aufgesprungen. 9. Saame. 10. Arillus. 11. Saame mit Arillus längsdurchschn. 12. Diagramm der weibl. Blm.

Ordnung XXV. Amentaceae. (S. 66.)

1. Kapsel; Fruchtknoten 2fächerig, vieleiig, halboberständig. Fam. 47. **Balsamifluae.**
2. Steinbeere; Fruchtknoten 1fächerig; Nebenblätter fehlen meist. Fam. 48. **Myricaceae.**
3. Flügel-Achene; Fruchtknoten 2fächerig, oberständig. Fam. 49. **Betulaceae.**
4. Nuss; Fruchtknoten 2fächerig, unterständig. Fam. 50. **Coryleae.**
5. Achene; Fruchtknoten 3—8fächerig, unterständig. Fam. 51. **Cupuliferae.**

Familie 47. Balsamifluae.

Fig. 116.

Liquidambar orientalis. 1. Blühender Zweig, *a* männliche Blüthe, *b* abgeblühte weibliche Blüthe. 2. Blume mit halbangewachsenem Kelche. — L. styraciflua. 3. Saame vergrössert. 4. Geöffnete Fruchtkapsel.

Liquidambar orientalis *Miller* ♄. Fig. 116, *1. 2.* XXI. Polyandria *L.* Kleinasien. — ***Styrax liquidus,*** *Cort. Thymiamatis,* ***St. Calamitus*** *(H.). Der off. Balsam enthält: 5 % äth. Oel (Styrol), Zimmetsäure, Styracin (Zimmetsäure-Zimmetester), Storesin, Benzoësäure, Harz, Kautschuk etc.*

L. styraciflua *L.* ♄. Fig. 116, *3. 4.* Südl. Nordamerika bis Guatemala. — *Ambra liquida.*

Altingia excelsa *Noronha*, Liquidambar Altingiana *Blume* ♄. Sundainseln, und **A.** *(Liquidambar Champion)* **chinensis** *Krst.* Insel Hongkong. — *Bals. orientale.*

Familie 48. Myricaceae.

Myrica Gale *L.*, Gagel ♄. Fig. 117. XXII. 4 *L.* Nordeuropa. — *Fol. Myrti Brabanticae.*

M. cerifera *L.* ♄ und **M. caracasana** *Humboldt* ♄. In Nord- und Südamerika. — *Cera vegetabilis.*

Fig. 117.

Myrica Gale. 1. Blühender männl. Zweig. 2. Männl. Blm. vergr. 3. Weibliche Aehrchen, *a* blühend, b nackte weibl. Blüthenstiele (Spindel). 4. Fruchtähre. 5. Stempel und 6. Frucht längsdurchschnitten. 7. Weibl. Blume.

Familie 49. Betulaceae. (S. 69.)

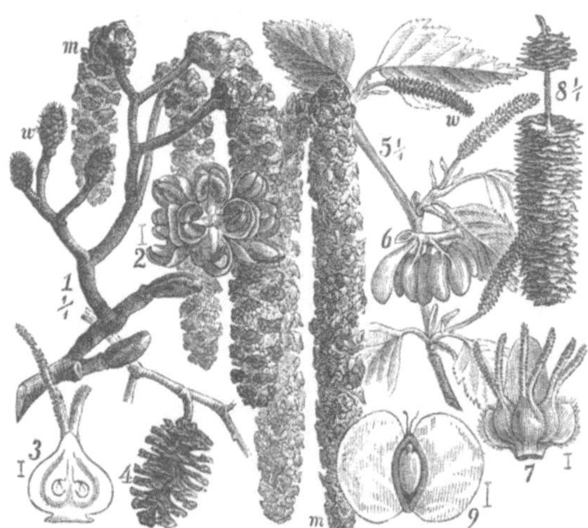

Fig. 118.

1—4. *Alnus glutinosa.* 1. Blühender Zweig, *w* weibl., *m* männl. Kätzchen. 2. Männl. Blume vergr. 3. Fruchtknoten längsdurchschn. 4. Reifer Fruchtzapfen. 5—9. *Betula alba.* 5. Blühender Zweig, *w* weibl. Kätzchen. 6. Männl. Blm. mit ihrem schuppenf. Kelche, vergr. 7. Weibl. Blm. vor dem Deckblatte. 8. Fruchtähre z. Th. mit entblösster Spindel. 9. Reife Frucht längsdurchschnitten.

Betula alba *L.*, Birke ♄. Fig. 118, *5–9*. XXI. 5 *L.* (XXI. 3 *L.*). — *Ol. Rusci s. Pix betulina liquida, Birkentheer „Dagget“.*

Alnus glutinosa *Gaertner*, Schwarz-Erle ♄. Fig. 118, *1–4*. XXI. 4 *L.* — *Fol. et Cort. Alni.*

Familie 50. Coryleae. (S. 69.)

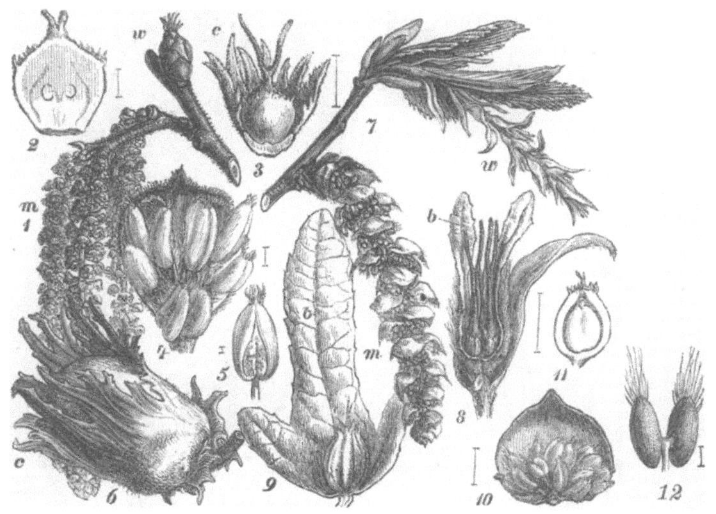

Fig. 119.

Coryleae. 1—6. *Corylus Avellana.* 1. Blühender Zweig, *m* männl., *w* weibl. Blüthe. 2. Weibliche Blm. längsdurchschn.; die Narben abgeschnitten. 3. Dieselbe von aussen, das Becherchen *c* halbweggeschnitten. 4. Männl. Blm. 5. Geöffneter Staubbeutel. 6. Reife Frucht c. cupula. 7—11. *Carpinus Betulus.* 7. Blühender Zweig. 8. Weibliche Blumen in dem halbweggeschn. Deckblättchen *b*. 9. Eine Frucht in dem ausgewachsenen Deckbl. *b*. 10. Männl. Blm. auf dem Deckblättchen. 11. Frucht mit freigelegtem Saamen. 12. Staubgefäss.

Corylus Avellana *L.*, Haselstrauch ♄. Fig. 119, *1–6*. XXI. 5 *L.* — *Nuces Avellanae: Ol. Avellanae.*

Carpinus Betulus *L.*, Hain- oder Weissbuche ♄. Fig. 119, *7–11*.

Familie 51. Cupuliferae. (S. 69.)

Quercus Robur *L.*, Q. pedunculata *Ehrhart*, Sommer-Eiche ♄. Fig. 120, *1. 2.* XXI. 5 *L.* und **Q. sessiliflora** *Smith*, Stein- oder Winter-Eiche ♄. Fig. 120, *3–9.* — ***Cort. et Semen*** *(A.)* ***Quercus,*** *Eichenrinde und Eicheln; auch Gallae germanicae. In Ersterer: Eichenrinden-Gerbsäure und Quercin etc.; die Saamen, welche geröstet den Eichelkaffee, Semen Quercus tostum geben, enthalten 34 %* *Amylum, 3—4 % fettes Oel, Eichelzucker (Quercit).*

Fig. 120.

Quercus. 1. *Q. Robur*, Blatt und weibliche Aehre. 2. Frucht. 3—9. *Q. sessiliflora*. 3. Männl. Aehrchen. 4. Einige männl. Blm. vergr. 5. Zweigstück mit Blatt und weibl. Blm. 6. Ein Knäuel dieser Blume vergrössert. 7. Diagramm der männlichen Blume. 8. Das der weiblichen Blume. 9. Längsdurchschnittene weibliche Blume mit Involucralblättern *i*; Kelch *c*.

Q. lusitanica *Webb*, var. **Q. infectoria** *Olivier*. Kleinasien. — ***Gallae*** *s. Gallae halepenses, Galläpfel: bis 70 % Galläpfel-Gerbsäure, Tannin,* ***Acid. tannicum*** *(A. G.) und Spuren von Gallussäure,* ***Acidum gallicum*****) (H.) und Ellagsäure (vielleicht Zersetzungsproduct), Amylum etc.*

Q. Cerris *L.* **Q. austriaca** *Willdenow* ♄. Im südl. Gebiete. — *Morea-, ungarische-, istrische- und Abruzzen-Gallen.*

Q. Ilex *L.* Wie Vor. — *Französische Gallen. Von beiden letzteren Arten kommen auch Gallae Quercus cupulae, Knoppern, und von der im Taurus wachsenden* ***Q. Vallonea*** *Kotschy die türkischen Knoppern oder Vallonen: 50 % Gerbsäure.*

---

*) Soll wohl Acidum gallo-tannicum heissen.

Q. **Suber** *L.* ♄ und Q. **occidentalis** *Gay*, Kork-Eichen ♄. Spanien, Süd-Frankreich und -Italien, Nord-Afrika. — *Kork.*

Q. **coccifera** *L.*, Kermes-Eiche ♄. Süd-Europa. — *Grana Kermes.*

Q. **tinctoria** *Willdenow* ♄. Nord-Amerika. — *Gelbe Färberrinde „Quercitron“: Quercitrin, Quercetin, Quercitron-Zucker (Isodulcit).*

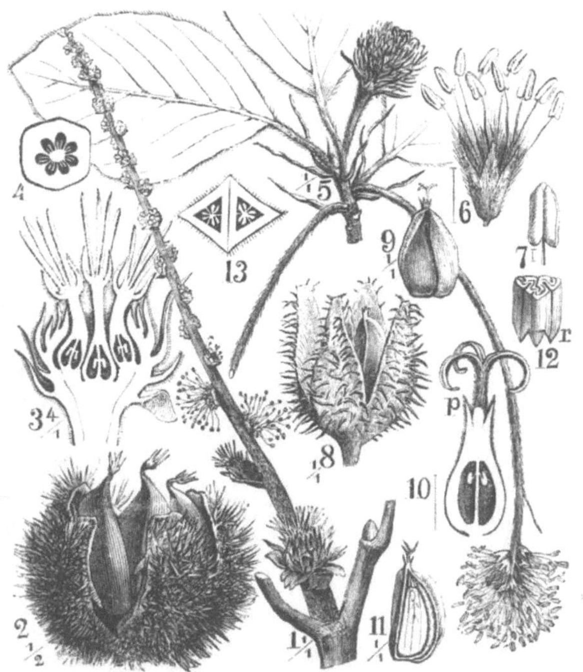

Fig. 121.

1—4. *Castanea (Fagus L.) Castanea.* 1. Blüthe. 2. Drei Früchte in einer Hülle. 3. Weibliche Blüthe längsdurchschn. 4. Fruchtknoten querdurchschn. 5—13. *Fagus silvatica.* 5. Blühender Zweig. 6. Männl. Blm. 7. Staubbeutel. 8. Früchte in der Hülle. 9. Reife Frucht. 10. Fruchtknoten längsdurchschn., *p* Kelchsaum. 11. Frucht längsdurchschn. zeigt ein leeres und ein volles Fach. 12. Querdurchschn. Saamenlappen, *r* Würzelchen. 13. Die beiden Fruchtknoten einer Hülle querdurchschn.

Fagus silvatica *L.*, Rothbuche ♄. Fig. 121, *5—13.* XXI. Polyandria *L.* — ***Pix liquida*** *Fagi (A.) s. Ol. Fagi empyreumaticum, Buchenholztheer; ferner Kreosot, Acetum pyrolignosum, Holzessig und Kohle, Präparate, die auch aus allen übrigen Hölzern durch trockene Destillation bereitet werden können.*

Castanea (*Fagus L.*) Castanea *Krst.*, C. **vulgaris** *Lamarck*, C. **vesca** *Gaertner*, Kastanienbaum ♄. Aus den Pontusgegenden 300 v. Chr. in Griechenland eingeführt. Fig. 121, *1—4.* XXI. Polyandria *L.* — *Kastanien, Maronen.*

Ordnung XXVI. Scabridae. (S. 66.)

A. Blumen diclin oder polygam.

1. Bäume, selten Kräuter, oft mit Milchsaft. Blumen in Köpfen oder Kätzchen, diclin. Keimling im Eiweisse gekrümmt. Fam. 52. **Moreae.**
2. Tropische Bäume meist mit Milchsaft. Blumen meist gedrängt beisammen, diclin. Keimling gerade, eiweisslos. Fam. 53. **Artocarpeae.**
3. Kräuter; Blätter einzeln oder gegenständig. Blumen polygam. Staubfäden elastisch. Keimling gerade im Eiweisse. Fam. 54. **Urticaceae.**
4. Kräuter; Blätter gegenständig. Blumen diöcisch. Keimling gekrümmt, eiweisslos. Fam. 55. **Cannabineae.**

B. Blumen zwitterig oder polygam.

5. Bäume; Blatt einzeln, dreinervig. Blumen polygam. Steinbeere. Keimling gekrümmt im Eiweisse. Fam. 56. **Celtideae.**
6. Bäume; Blatt einzeln, fiedernervig. Blumen zwitterig. Achene oder Flügelfrucht. Keimling gerade. Fam. 57. **Ulmeae.**

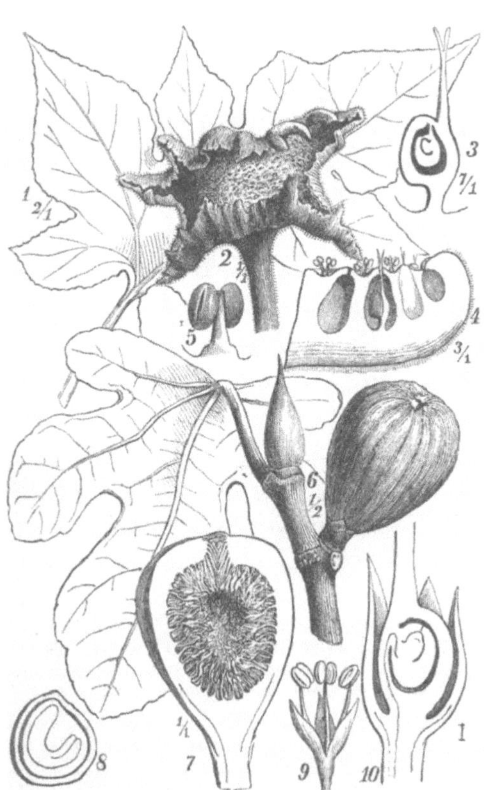

Fig. 122.

1. und 2. Blatt und Blüthe von *Dorstenia Contrajerva*. 3. Weibl. Blm. 4. Stück vom Blüthenboden mit männlichen und weiblichen Blumen. 5. Ein Staubgefäss. 6—10. *Ficus Carica*. 6. Zweig mit Sammelfrucht (Feige) und Blatt, dessen Nebenblt. noch die Gipfelknospe verhüllen. 7. Feige längsdurchschn., die obere Oeffnung durch Schuppen geschlossen, daneben männl., unten weibl. Blume. 8. Saamendurchschnitt. 9. Männliche Blume. 10. Weibl. Blume längsdurchschnitten; das obere Griffelende fehlt.

Familie 52. Moreae.

Dorstenia Contrajerva *L.* ♃ und **D. brasiliensis** *Lamarck* ♃. Westindien und tropisches Süd-Amerika. Fig. 122, *1–5.* XXI. 2 *L.* — *Rhizoma* (*Rad.*) *Contrajervae.*

Ficus Carica *L.*, Feigenbaum, ♄. Mittelmeerländer. Fig. 122, *6–10.* XXI. 3 *L.* — ***Caricae*** (*A. H.*), *Feigen.*

Fig. 123 a.

1. *Morus alba* mit männlichen Kätzchen. 2. *M. nigra* mit weiblichen Kätzchen. 3. Reife, zusammengesetzte Frucht desselben. 4. Saame längs- und querdurchschnitten. 5. Weibliche Blume. 6. Männliche Blume.

Morus nigra *L.*, Maulbeerbaum ♄. Fig. 123 a, *2–6.* XXI. 4 *L.* Orient, häufig angepflanzt. — ***Mora nigra*** (*A. H.*).

M. alba *L.* ♄. Fig. 123 a. Wie Vor. wegen ihrer als Futter für Seidenraupen dienenden Blätter häufig gepflanzt.

Urostigma (*Ficus Roxburgh*) **elastica** *Miquel* ♄. Ostindien. — *Assam-Kautschuk.*

Familie 53. Artocarpeae. (S. 74.)

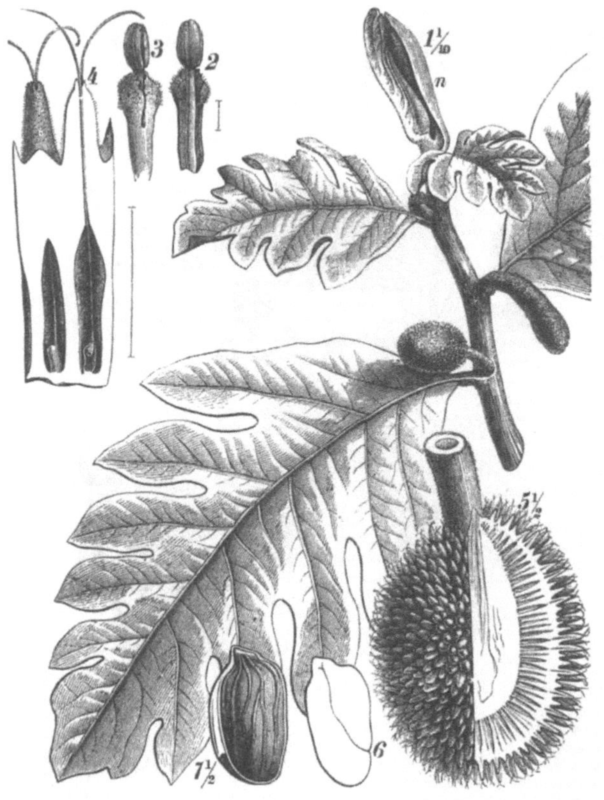

Fig. 123 b.

Artocarpus incisa. 1. Blühender Zweig, *n* die scheidenf. Nebenblt. eben von der Knospe durchbrochen; in ihrer Achsel ein männl. Kätzchen; in der untersten Blattachsel ein weibl. Kätzchen. 2. Eine männl. aufgeschnittene Blume. 3. Eine solche noch geschlossen. 4. Ein Stückchen von dem weibl. Kätzchen mit einem geschlossenen und einem längsdurchschn. Fruchtknoten. 5. Ein solches Kätzchen, die künftige Sammelfrucht, nachdem ein Längenviertel herausgeschnitten. 6. Längsdurchschn. Keimling. 7. Reifer Saame.

Artocarpus incisa *L. fil.*, Brodbaum ♄. Fig. 123 b. XXI. 1 *L.* Austral-Asien und **A. integrifolia** *L.* ♄. *Geben ihre Frucht und Saamen zur Speise.*

Familie 54. Urticaceae. (S. 74.)

Fig. 124.

Urticaceae. 1—11. *Urtica urens*. 1. Blühendes Zweigstück. 2. Männliche Blume blühend von oben, *p* verkümmerter Fruchtknoten. 3. Staubfaden aus der Knospe. 4. Knospe der männlichen Blume von der Seite gesehen. 5. Dieselbe von oben. 6. Weibl. Blume. 7. Fruchtknoten mit der Saamenknospe. 8. Saame durchschn. 9. Frucht in dem vergrösserten Kelche. 10 und 11. Diagramm der männlichen und weibl. Blume. 12—16. *Parietaria off*. 12. Blatt und Blüthe am Stengel. 13. Männliche Blume im Begriff des Aufblühens durchschnitten, *x* Ort des abgeschn. vorderen Kelchblattes. 14. Weibliche Blume längsdurchschn., *c* Kelch. 15. Weibliche Blume. 16. Saame längsdurchschnitten.

Urtica urens *L.*, Brennnessel ⊙. Fig. 124, *1–11*. XXI. 4 *L.* — *Hb. et Sem. Urticae minoris*.

U. dioica *L.* ♃. — *Hb. et Sem. Urticae majoris*.

U. pilulifera *L.* ⊙. Süd-Europa. — *Sem. Urticae romanae*.

Parietaria officinalis *L.*, Glaskraut ♃. Fig. 124, *12–16*. XXIII. 1 *L.* (IV. 1 *L.*) und **P. ramiflora** *Mönch*, **P. diffusa** *Mertens* und *Koch* ♃. — *Hb. Parietariae*.

Familie 55. Cannabineae. (S. 74.)

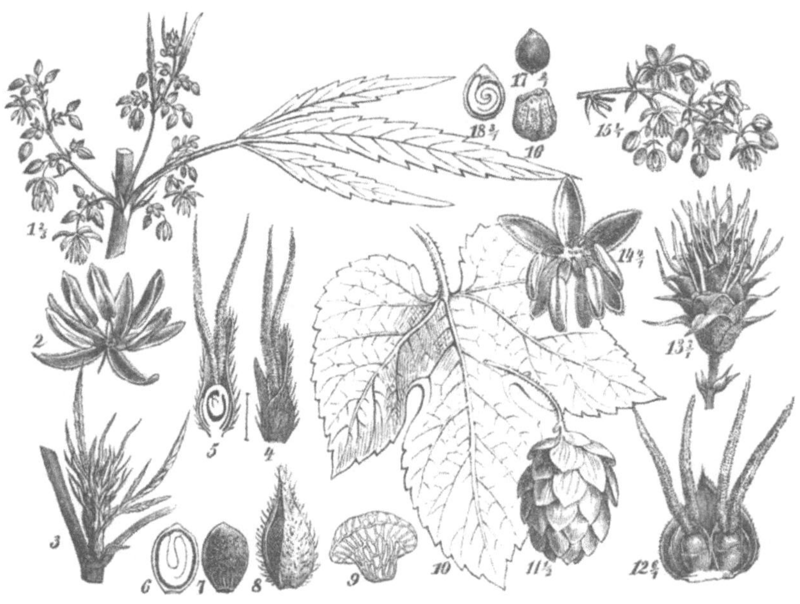

Fig. 125.

Cannabineae. 1—8. *Cannabis sativa.* 1. Blühender männl. Zweig. 2. Männl. Blm. 3. Weibliche Blüthe. 4. Weibl. Blm. in ihrem scheidenf. Deckblättchen; das Hauptdeckblt. mit der Spitze hervorragend. 5. Diese längsdurchschn. 7. Reifer Saamen. 6. längsdurchschn. 8. Derselbe noch vom Deckbl. umhüllt. 9—18. *Humulus Lupulus.* 9. Eine (Lupulin-) Drüse. 10. Blt. 11. Hopfenzapfen. 12. Deckblt. mit den beiden in der Achsel ihrer Deckblättchen stehenden weibl. Blm. 13. Weibl. Blüthe. 14. Männl. Blm. 15. Männl. Blüthe. 16. Frucht. 17. Saamen. 18. Dieser längsdurchschnitten.

Cannabis sativa *L.*, Hanf ⊙. Fig. 125, *1–8*. XXII. 5 *L.* Aus Central-Asien, in Europa *als Gespinnst-, Arznei- und Oel-Pflanze angebaut. — Die in Indien gebaute Pflanze liefert:* ***Hb.*** *(G.)* ***s. Summitates*** *(A.)* ***Cannabis indicae,*** *Bhang; die dort zusammengekneteten blühenden Stengelspitzen der weiblichen Pflanze dienen als Haschisch: Aeth. Oel „Cannabēn", Harz (Cannabin), Cannabissäure und Cannabinin.* ***Fructus Cannabis*** *(H.), Hanfsaamen: 30 % fettes Oel; — Hanffaser.*

Humulus Lupulus *L.*, Hopfen ♃. Fig. 125, *9–18*. XXII. 5 *L.* — ***Strobuli Humuli*** *(H.), Hopfenzapfen und* ***Glandulae Lupuli*** *(A. G.) s.* ***Lupulinum*** *(H.): Aeth. Oel, bitteres Harz, Hopfenbittersäure, Hopfengerbsäure und Hopeïn; nach Griessmayer 2 Alkaloïde.*

Familie 56. Celtideae. (S. 74.)

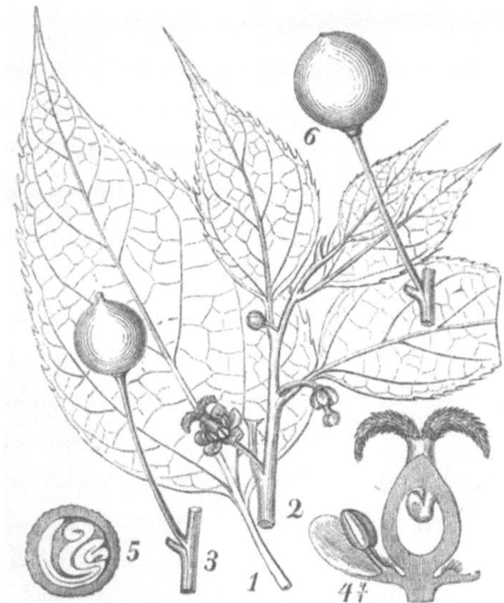

Fig. 126.

Celtis occidentalis. 1. Blt. 2. Blühender Zweig. 3. Unreife Frucht. 4. Blume längsdurchschn. 5. Saame, ebenso; beide vergr. 6. Reife Frucht.

Celtis occidentalis *L.*, Zürgel ♄. Fig. 126. XXIII. 1. Nord-Amerika und **C. australis** *L.* Süd-Europa, Orient, Nord-Afrika. *Die jungen Zweige und die reifen Früchte dienten als Arznei.*

Familie 57. Ulmeae.

Fig. 127.

Ulmus. 1—3. *U. campestris*, 1. Blühender männl. Zweig. 2. Fructificirender Zweig, Frucht mit Saamen, längsdurchschnitten. — Embryo daneben. 3. Zwitter-Blume längsdurchschnitten. 4. Fruchtzweig von *U. effusa.* 5. Blume längsdurchschn. 6 und 7. Saamenknospen längsdurchschn.; letztere die regelmässige Form. 8. Blüthenzweig.

Ulmus campestris *L.*, Rüster ♄. Fig. 127, *1—3*. V. 2 *L.* und **U. effusa** *Willd.* Fig. 127, *4—8*. — *Cortex Ulmi interior: 3 % Gerbstoff, Schleim, Harz, Oxalsäure etc.*

Ordnung XXVII. Calyciflorae. (S. 66.)

A. Kelch grün; Staubbeutel öffnen sich mit Klappen. 1 hängende Saamenknospe. Fam. 58. **Laureae.**

B. Kelch mehr oder minder gefärbt; Staubbeutel öffnen sich mit Längenspalten.

1. Fruchtknoten frei mit hängender Saamenknospe. Fam. 59. **Daphneae.**
2. Fruchtknoten frei mit aufrechter Saamenknospe. Fam. 60. **Elaeagneae.**
3. Fruchtknoten mit dem Kelchrohre verwachsen. Fam. 61. **Santaleae.**

Familie 58. Laureae.

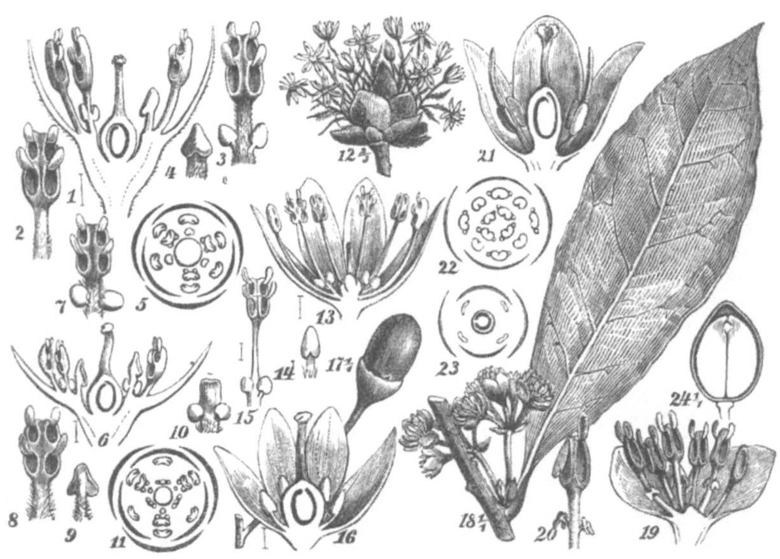

Fig. 128.

Laurae. 1—5. *Cinnamomum (Laurus L.) Cinnamomum.* 1. Blm. längsdurchschn. 2. Aeusseres Staubgefäss von innen gesehen. 3. Aussenseite eines Staubgefässes des dritten Kreises. 4. Drüse. 5. Diagramm. 6—11. *Camphora (Laurus L.) Camphora.* 6. Blm. längsdurchschn. 7. Staubgefäss des dritten Kreises von aussen gesehen. 8. Innere Seite eines äusseren Staubgefässes. 9. Drüse des innersten Kreises. 10. Drüse des nächst äusseren (4.) Kreises. 11. Diagramm. 12—17. *Sassafras (Laurus L.) Sassafras.* 12. Männl. Blüthe. 13. Männl. Blm. längsdurchschn. 14. Drüsig gewordenes Staubgefäss einer weibl. Blm. 15. Staubgefäss des dritten, innersten Kreises der männl. Blm. 16. Weibl. Blm. längsdurchschn. 17. Frucht. 18—24. *Laurus nobilis.* 18. Stück eines blühenden Zweiges. 19. Männl. Blm. längsdurchschn. 20. Ein mit Drüsen besetztes Staubgefäss. 21. Weibl. Blm. längsdurchschn. 22. Diagramm der männl., 23. das der weibl. Blume. 24. Frucht längsdurchschn.

Laurus nobilis *L.*, Lorbeer ♄. Fig. 128, *18—24.* IX. 1 *L.* Klein-Asien, Mittelmeer-Länder. — *Folia et* ***Fructus (Baccae** [H.])* ***Lauri.*** *In Letzteren:* ***Oleum Lauri,*** *ol. laurinum expressum: Laurostearin, fettes Lorbeeröl, äth. Oel, Harz, Lorbeercampher (Stearopten, Laurin), Chlorophyll.*

Fig. 129.

Sassafras (Laurus L.) Sassafras. 1. Fruchtzweig. 2. ♂ Blüthenzweig.

Sassafras (*Laurus L.*) Sassafras *Krst.*, S. **officinalis** *Nees* ♄. Fig. 129 und 128, *12–17*. XXII. 9 *L.* (IX. 1 *L.*). Nord-Amerika. — *Radicis Cort. et* ***Lignum Sassafras*** *(G. H.)*, *Fenchelholz. Die Wurzelrinde und, in geringerer Menge, das Wurzelholz enthalten 3 % äth. Oel, Ol. Sassafras aeth. (Safrōn, Safrēn und Sassafrascampher enthaltend), Harz, Gerbstoff etc.*

Fig. 130.

Camphora (Laurus L.) Camphora. Blühender Zweig.

Camphora (*Laurus L.*) Camphora *Krst.*, C. **officinarum** *Nees*, Cinnamomum Camphora *Nees* ♄. Fig. 128, *6–11* und 130. IX. 1 *L.* Japan, China, Cochinchina. — ***Camphora,*** *chinesischer, japanesischer Campher.*

Fig. 131.

Cinnamomum (Laurus L.) Cinnamomum. 1. Blühender Zweig. 2. Blume.

Cinnamomum *(Laurus L.)* Cinnamomum *Krst.*, **C. zeylanicum** *Breyn* ♄. Fig. 128, *1–5* und 131. IX. 1 *L.* Austral-Asien, in Ceylon gebaut. — ***Cort. Cinnamomi zeylanici*** *(H.)*, *Ceylon-Zimmet*: *2 %* ***Ol. Cinnam. zeyl.*** *(H.)*, *ferner Harz, Gerbstoff, Schleim, Amylum etc.*

C. *(Laurus Fr. Nees)* **Cassia** *Blume*, C. aromaticum *C. G. Nees* ♄. China; in Südost-China und auf Java cultivirt. — ***Cort. Cinnamomi*** *(A. G.)* ***chinensis*** *s.* ***Cassiae*** *(H.)*, *Cassia cinnamomea*, *Zimmetkassie*, *Kaneel. chinesischer Zimmet*: *1 %* ***Ol. Cinnamomi*** *(A. G.)* ***chinensis*** *s.* ***Cassiae*** *(H.)*.

Familie 59. Daphneae. (S. 80.)

Fig. 132.

Daphne Mezereum. 1. Blühender u. fruchttragender Zweig. 2. Aufblühende Blumenknospe. 3. Kelch ausgebreitet mit dem längsdurchschnittenen Fruchtknoten. 4. Frucht mit freigelegtem Saamen. 5. Saamen längsdurchschn.

Fig. 133.

Daphne Laureola. 1. Blühender Zweig. 2. Blume nat. Gr. 3. Fruchtknoten längsdurchschn. 4. Diagramm.

Daphne Mezereum *L.*, Seidelbast ♄. Fig. 132. VIII. 1 *L.* und **D. Laureola** *L.* ♄. Fig. 133. Bergwälder Mittel- und Süd-Europas. — ***Cortex Mezerei*** *(H.)*, *Seidelbastrinde: Resina Mezerei, Wachs, Oel, Daphnin, Umbelliferon.*

Familie 60. Elaeagneae. (S. 80.)

Fig. 134.

Elaeagnus angustifolia. 1. Blt. u. Blüthe. 2. Blm. längsdurchschn. 3. Scheinfrucht. 4. Diese längsdurchschn., *c* äusseres Kelchgewebe, *p* holziger Frucht-Theil, *t* Saamenschaale, *k* Saamenlappen. 5. Nuss. 6. Staubbeutel von der Seite und von vorn gesehen. 7. Diagramm.

Elaeagnus angustifolia *L.* Oelweide ♄. Fig. 134. IV. 1 *L.* Aus Süd-Europa, in Gärten gepflanzt. — *Flores Elaeagni.*

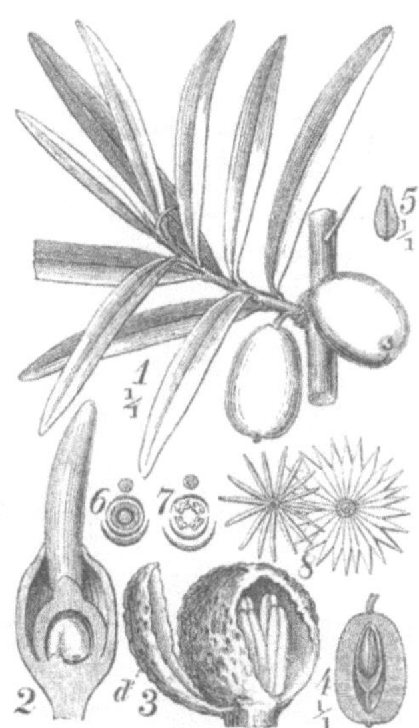

Fig. 135.

Hippóphaë rhamnoides. 1. Fruchtzweig. 2. Weibl. Blm. längsdurchschnitten. 3. Männl. Blm. vergrössert. *d* Deckblt. 4. Reife Frucht von dem fleischigen Kelche umgeben, längsdurchschn. 5. Saame längsdurchschn. 6. und 7. Diagramme der weibl. und männl. Blm. 8. Zwei Schülfern.

Hippophaë rhamnoides *L.*, Seedorn ♄. Fig. 135. XXII. 4 *L.* — *Ramuli Hippophaës.*

Familie 61. Santaleae. (S. 80.)

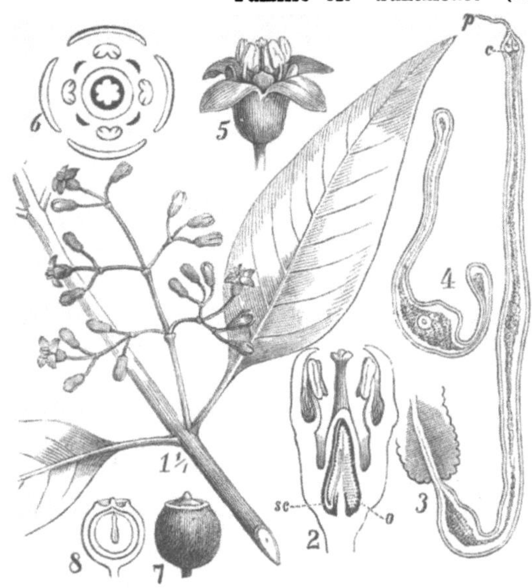

Fig. 136.

Santalum album. 1. Blühender Zweig. 2. Blm. längsdurchschnitten. *o* Saamenknospe, *sc* Embryosack aus der zweiten Saamenknospe hervor- in den Griffelkanal hineingewachsen. 3. Eimund mit dem hervorgewachsenen Embryosack, *p* Pollenschlauch, *c* Keimzellen. 4. Ein jüngerer Embryosack freigelegt. 5. Blm. vergr. 6. Diagramm. 7. Steinbeere. 8. Dieselbe längsdurchschn.

Santalum album *L.* ♄. Fig. 136. IV, 1 *L.* Ostindien, Sundainseln. — ***Lign. Santali citrinum*** *(H.) und album, Sandelholz: Aeth. Oel.*

Ordnung XXVIII. Serpentariae.

Familie 62. Aristolochiaceae.

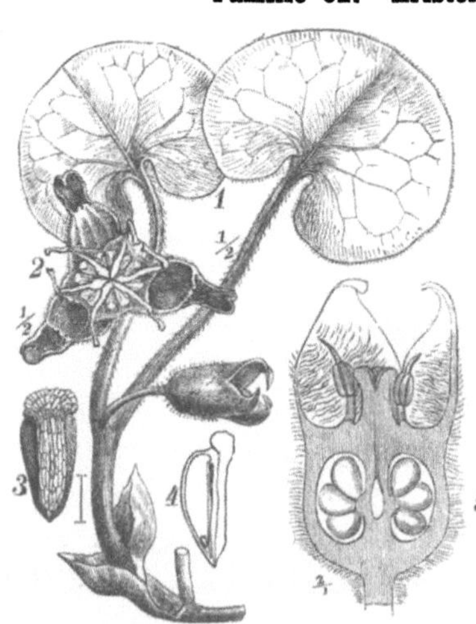

Fig. 137.

Asarum europaeum. 1. Zweig mit Blt. und Frucht. 2. Geöffnete Frucht von oben. 3. Saamen. 4. Ein Saame längsdurchschn.; der kleine Keimling liegt im Grunde des grossen Eiweisses. 5. Blume längsdurchschnitten.

Asarum europaeum *L.*, Haselwurz ♃. Fig. 137. XI. 1 *L.* — ***Rhizoma (Rad.) Asari*** *(H.): Haselwurzcampher „Asarin" (Asaron), äth. Oel.*

Aristolochia Serpentaria *L.* ♃. XX. 5 *L.* Nord-Amerika. — ***Rad. Serpentariae*** *(H.), Schlangenwurzel: Aristolochia-Säure, Aristolochin und äth. Oel „Serpentaria-Oel".*

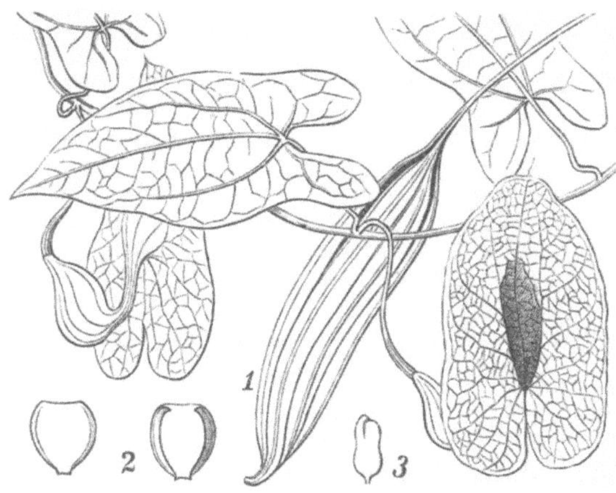

Fig. 138.

Aristolochia pandurata. Zweig mit Blt. und Blm. 1. Reife Frucht. 2. Saamen. 3. Keimling.

A. pandurata *Jacquin* ♄. Fig. 138. Republik Columbien. — *Dient wie Vorige.*

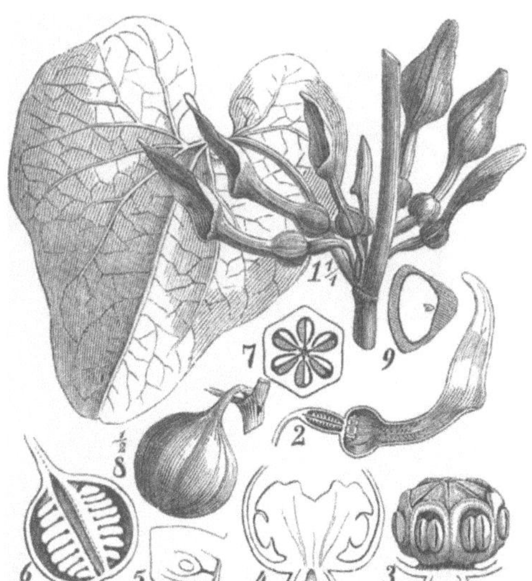

Fig. 139.

Aristolochia Clematitis. 1. Blüthenzweig. 2. Blm. längsdurchschn. 3. Staubbeutel, welche unter der Narbe dem kurzen Griffel angewachsen sind. 4. Diese Organe längsdurchschn. 5. Saamenknospe durchschn. 6. Frucht im Längenschnitt. 7. Fruchtknoten-Querschnitt. 8. Frucht von aussen. 9. Saame durchschnitten.

A. Clematitis *L.*, Osterluzei ♃. Fig. 139. — *Hb. et Rad. Aristolochiae vulgaris: Aeth. Oel, Harz, Aristolochia-Säure, Clematidin und Aristolochia-Gelb.*

Ordnung XXIX. Oleraceae. (S. 66.)

A. Kelch 4—5blätterig, selten fehlend. Saamenknospen gekrümmt. Blumen häufig eingeschlechtlich. Blätter einzeln, nebenblattlos.

1. Kelch krautig oder fehlend, deckblattlos; **Schlauchfrucht.** Fam. 63. **Chenopodieae.**
2. Kelch trockenhäutig mit 2 anliegenden Deckblättchen; **Schlauchfrucht.** Fam. 64. **Amaranteae.**

B. Kelch verwachsen-blätterig. Saamenknospe gerade. Blm. meist Zwitter.

1. Blatt einzeln mit tutenf. Nebenblatt. Saamenknospe aufrecht nicht gewendet; **Schalfrucht.** Fam. 65. **Polygoneae.**
2. Blätter gegenständig, ohne Nebenblätt. Saamenknospe aufrecht umgewendet; **Schliessfrucht.** Fam. 66. **Nyctagineae.**

Familie 63. Chenopodieae.

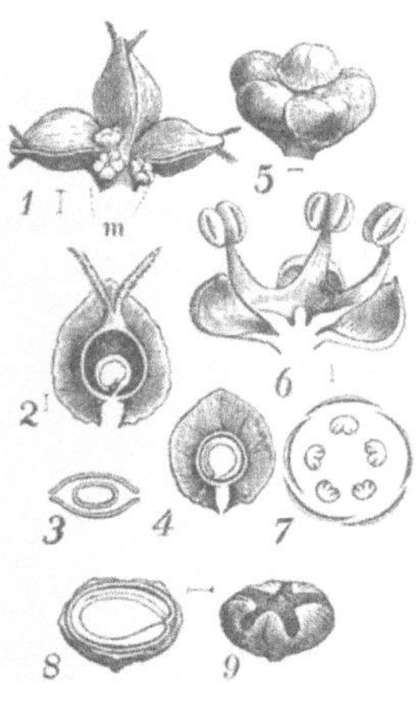

Fig. 140.

Atriplex hortensis. 1. Blumenknäuel, *m* männliche. 2. Weibl. Blm. längsdurchschn. 3. Querschnitt und Diagramm. 4. Frucht vor dem einen Kelchblt., längsdurchschn. 5. Männl. Blm.-Knospe. 6. Männl. Blm., blühend, längsdurchschnitten. 7. Diagramm. 8. Frucht einer Zwitterblume im Kelche. 9. Diese querdurchschn.

Fig. 141.

Spinacia glabra. 1. Weiblicher blühender Zweig. 2. Blm. vergr. 3. Diese längsdurchschn. 4. Früchte am Stengel. 5. und 6. Frucht und diese längsdurchschn. 7. Männl. Blüthenzweig. 8. Eine männliche Blm. vergr.

Atriplex hortensis *L.*, Garten-Melde ☉. Fig. 140. XXIII. 5 *L.* — *Hb. et Semina Atriplicis sativae.*

Spinacia glabra *Miller*, Holländischer oder Sommerspinat ☉, ⊙. Fig. 141. XXII. 4 *L.* und **S. oleracea** *L.*, Spinat, Winterspinat. — *Hb. Spinaciae.*

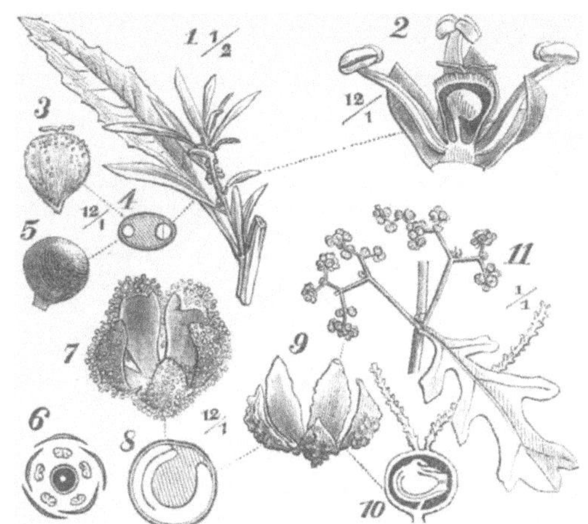

Fig. 142.

Chenopodium. 1–6. *Ch. ambrosioides.* 1. Blühender Zweig in der Blattachsel. 2. Blm. längsdurchschnitten. 3. Frucht. 5. Saame. 4. Derselbe durchschn. 6. Diagramm. 7–11. *Ch. Botrys.* 7. Blumenkelch. 8. Saame querdurchschnitten. 9. Fruchtkelch. 10. Fruchtknoten-Durchschnitt. 11. Blüthe in der Blattachsel.

Chenopodium ambrosioides *L.*, Mexikanisches Traubenkraut, Wohlriechender Gänsefuss ⊙. Fig. 142, *1–6.* V. 2 *L.* Süd-Amerika und Westindien. — *Hb. Chenopodii ambrosioides s. Botryos mexicanae: Aeth. Oel.*

C. Botrys *L.*, Traubiger Gänsefuss ⊙. Fig. 142, *7–11.* Süd-Europa. — *Hb. Botryos: Aeth. Oel.*

C. Vulvaria *L.* ⊙. — *Hb. Vulvariae s. Atriplicis foetidae: Trimethylamin.*

C. Bonus Henricus *L.* ♃. — *Rad. et Hb. Boni Henrici.*

Fig. 143.

Blitum capitatum. 1. Blühender Zweig. 2. Blm. längsdurchschn. 3. Blm. von aussen. 4. Frucht im Kelche. 5. Frucht längsdurchschnitten.

Blitum capitatum *L.*, Erdbeerspinat ⊙. Fig. 143. V. 2 *L.* und **B. virgatum** *L.* ⊙. Beide aus Süd-Europa. *Blätter und Früchte geniessbar.*

Beta vulgaris *L.*, Runkelrübe ⊙, (⊙). Fig. 144. V. 2 *L.* Mittelmeer-Küste; von dort in mehreren Varietäten häufig cultivirt. Var.: *α* rapacea altissima, Zucker-Runkelrübe: ***Saccharum*** *(H. G.)*; *β* rapacea rubra, Rothe Beet-Roonen; *γ* Cicla *L.*, Mangold.

Fig. 144.

Beta vulgaris. α rapacea. 1. Blüthenzweig. 2. Ein Blumenknäuel durchschnitten. 3. Saamenknospe, *f* Nabelstrang, *n* Eikern. 4. Fruchtknäuel. 5. Blühende Blm. von oben gesehen, daneben zwei Knospen. 6. Früchte wie in 4, deren mittlere horizontal durchschn., um die Lage des Keimlings zu sehen.

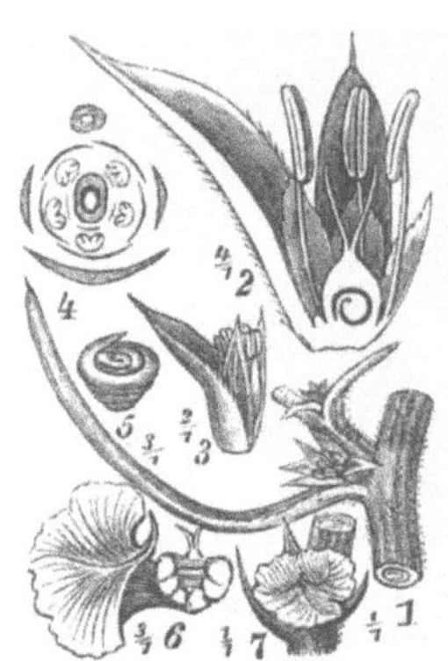

Fig. 145.

Salsola Kali. 1. Stengelstück mit einem Blt. und achselständigen Blm. 2. Eine Blm. mit Deckblt. längsdurchschnitt. 3. Eine andere von aussen gesehen. 4. Diagramm. 5. Keimling. 6. Frucht mit einem geflügelten Kelchzipfel, längsdurchschn. 7. Frucht in den Kelch- und Deckblt. von oben gesehen.

Salsola Kali *L.*, Salzkraut ⊙. Fig. 145. V. 2 *L.* Sandboden, Sandquellen und vorzugsweise am Meeresufer. S. **Soda** *L.* ⊙ und S. **sativa** *L.* Südl. Littorale. *Zur Sodagewinnung benutzt.*

Familie 64. Amaranteae. (S. 86.)

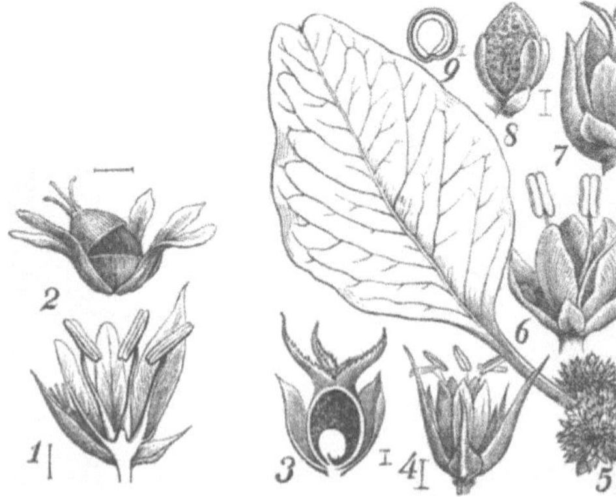

Fig. 146.

Amaranteae. 1—4. *Amarantus retroflexus.* 1. Männl. Blume. 2. Geöffnete Frucht im Kelch. 3. Weibl. Blume längsdurchschn. 4. Männliche Blume von aussen. 5—9. *Albersia Blitum Kth.* 5. Blattachselständige Blüthen-Knäuel. 6. Männliche, 7. Weibliche Blm. vergr. 8. Frucht. 9. Saame längsdurchschnitten.

Albersia (*Amarantus L.*) **Blitum** *Kunth*, Spinat — Fuchsschwanz ⊙. Fig. 146, 5–9. XXI. 3. — *Hb. Bliti albi.*

Amarantus retroflexus *L.*, Rauhhaariger Fuchsschwanz ⊙. Fig. 146, 1–4. XXI. 5 *L.*

Familie 65. Polygoneae. (S. 86.)

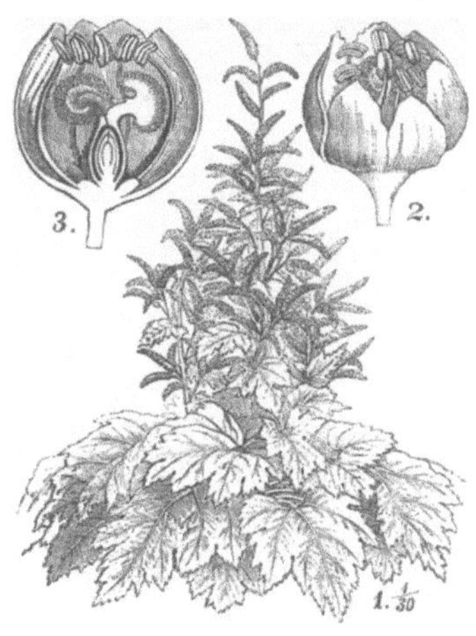

Fig. 147.

1. *Rheum officinale*. 2. Vergr. Blume. 3. Dieselbe längsdurchschnitten.

Rheum officinale *Baillon*, Rhabarber ♃. Fig. 147. IX. 3 *L.* Central-Asien, ferner **R. palmatum** *L.*, **R. australe** *Don.*, **R. Emodi** *Wallich*, **R. undulatum** *L.*, **R. compactum** *L.* und vielleicht noch andere Arten liefern ***Rad. Rhei***, *Rhabarber: Chrysophan, Rhabarbergerbsäure, Phaeoretin, Erythroretin und Aporetin, ferner Oxalsäure, Amylum, Zucker. In R. Emodi: Emodin.*

R. Rhaponticum *L.* ♃. Fig. 148, *1–6.* Sibirien, Altai- und Ural-Gebirge. — ***Rad. Rhei Rhapontici*** *(H.)*.

Rumex Acetosella *L.*, Kleiner Sauerampfer ♃. Fig. 148, *7–15.* VI. 3 *L.* **R. Acetosa** *L.*, Sauerampfer ♃. Rad. et Hb. Acetosae s. pratensis. **R. hispanicus** *Koch* ♃. Aus Spanien, *in Gärten als Sauerampfer gebauet*, und **R. scutatus** *L.*, Römischer oder Französischer Sauerampfer; Gebirge im südlichen Gebiete, in Gärten gebaut. — *Alle reich an Oxalsäure.*

R. alpinus *L.*, Alpengrindwurz, Mönchsrhabarber ♃. Alpen und höhere Gebirge, und **R. Patientia** *L.* ♃. Als englischer Spinat aus dem südl. Gebiete in Gärten cultivirt. — *Von Beiden Rad. Rhei Monachorum, Mönchsrhabarber: Chrysophan, Oxalsäure.*

R. obtusifolius *L.*, Grindwurzel ♃. — *Rad. Lapathi acuti s. Oxylapathi: Chrysophan.* Unter gleichem Namen dienten:

R. sanguineus *L.* R. nemorosus *Schrader*, Haingrindwurz ♃, und

R. conglomeratus *Murray.* R. Nemolapathum *Ehrhart*, Geknäuelte Grindwurz ♃.

R. aquaticus *L.* ♃. — *Rad. et Hb. Britannicae s. Hydrolapathi.*

Fagopyrum (*Polygonum L.*) **Fagopyrum** *Krst.*, Fagopyrum esculentum *Mönch*, Buchweizen ⊙. Fig. 148, *16–20*. VIII. 3 *L.* Aus Asien wegen der mehlreichen Frucht angebaut. *Die ganzen Früchte enthalten: 10 % Proteïn, 1,86 % Fett, 70 % Stärkemehl, 13 % Zellfaser, 2 % Asche.*

Fig. 148.

Polygoneae. 1—6. *Rheum Rhaponticum.* 1. Blüthenzweig. 2. Längsdurchschnittene Blume, *o* Saamenknospe. 3. Frucht. 4. Dieselbe längsdurchschn. Die Cotyledonen des geraden Keimlings von Eiweiss umgeben. 5. Saame. 6. Diagramm. 7—15. *Rumex Acetosella.* 7. Weibl., 8. Männl. Blüthenzweig. 9. Blt. mit Scheide am Stengel. 10. Weibl. Blume längsdurchschn., *c* äussere, *p* innere Kelchblt., *o* Saamenknospe. 11. Männl. Blm., wie Vor., 12. Frucht, 13. Saame, 14. Saame längsdurchschn. 15. Diagramm einer Rumex-Zwitterblume. 16—20. *Fagopyrum (Polygonum L.) Fagopyrum.* 16. Blühender und fructificirender Zweig. 17. Blm. längsdurchschn. 18. Frucht. 19. Diese im Querschnitt. 20. Keimling. 21—26. *Polygonum Bistorta.* 21. Wurzelstock mit einem Blt. 1/3 (nicht 1/2). 22. Blühendes Stengelende. 23. Blm. längsdurchschn. 24. Frucht. 25. Diese längsdurchschn., *a* Eiweiss, *e* Keimling. 26. Diagramm.

Polygonum Bistorta *L.*, Natterwurzel ♃. Fig. 148, *21–26*. VIII. 3 *L.* — *Rad. Bistortae: Gerbstoff, Oxalsäure.*

P. **Hydropiper** *L.*, Wasserpfeffer ⊙. — Hb. Hydropiperis s. Persicariae urentis: enthält einen flüchtigen Insekten-widrigen Stoff.

P. **Persicaria** *L.*, Flohkraut ⊙. — Hb. Persicariae. Wie Vor.

P. **aviculare** *L.*, Knöterich ⊙. — Hb. Centumnodii v. Sanguinalis.

Coccoloba Uvifera *L.*, Seetraube ♄. VIII. 3 *L.* Meeresküste Westindiens. — Westindisches Kino.

Familie 66. Nyctagineae. (S. 56.)

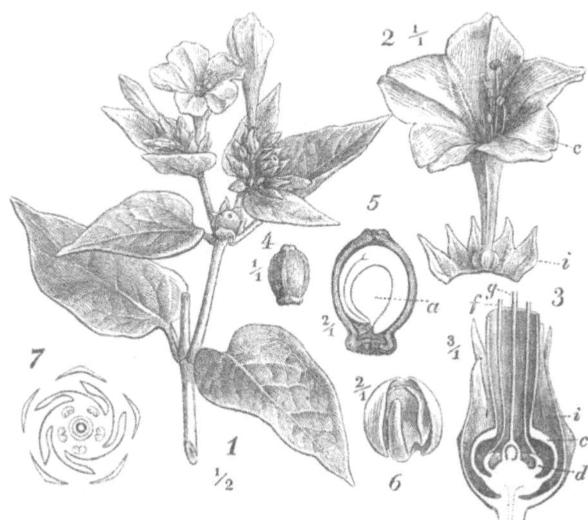

Fig. 149.

Mirabilis Jalapa. 1. Blühender und fruchttragend. Zweig. 2. Blume mit ausgebreiteter Hülle *i* und geöffnetem Kelche *c*. 3. Unterer Theil der Blume längsdurchschnitten, *i* Decke, involucrum, *c* der untere an der Frucht stehenbleibendeTheil des Kelches, perigonium, *p* Drüsenring, auf dem die Staubfäden *f* stehen, *g* Griffel. 4. Reife Frucht. 5. Eine solche längsdurchschnitten, *a* Eiweiss. 6. Keimling freigelegt in umgekehrter Stellung. 7. Diagramm.

Mirabilis Jalapa *L.*, Wunderblume ♃. Fig. 149. V. 1 *L.* Aus Süd-Amerika, bei uns häufig in Gärten gepflanzt. — *Die knollige Wurzel dient statt Jalapa; ebenso diejenige von:*

M. dichotoma *L.* und **M. longiflora** *L.* Beide aus Mexiko und Westindien; bei uns als Gartenblume.

Klasse II. Dichlamydeae.

Blumendecken wenigstens in 2 Kreisen, Kelch und Krone, von denen zuweilen einer, der innere, verkümmert, was dann in der Regel — *wenn nicht gleichzeitig der äussere Staubgefässkreis gleichfalls fehlschlägt, daher der innere Staubgefässkreis mit den Gliedern des einfachen Blumendeckenkreises (Kelches) alternirt* — durch die Stellung der äusseren Staubgefässe vor den Kelchblättern, erkannt werden kann. Zuweilen ist auch ein Kreis, oder sind beide Blumendeckenkreise mehrfach entwickelt.

A. Krone freiblätterig. Unterkl. 1. **Petalanthae.**
B. Krone verwachsen-blätterig. Unterkl. 2. **Corollanthae.**

Unterklasse I. Petalanthae.

Polypetalae, Dialypetalae, Eleuteropetalae, Choripetalae.

A. Kronenblätter stehen auf dem Blumenboden, **hypogyn** (ausgen. einige hierhergestellte Caryophyllinen, Passifloren, Tropaeoleen, Trihilaten, bei denen die Kronenblätter mehr oder minder perigyn eingefügt sind, und Nymphaea, bei der sie z. Th. auf dem Fruchtknoten stehen). — Die unter B. genannten Pflanzen mit hypogyner Stellung der Krone mussten aus Verwandtschaftsrücksichten dort aufgeführt werden.

1. Eiträger **grundständig** oder central, frei oder im Fachwinkel. Keimling **gekrümmt**, das **Eiweiss umgebend** (ausgen. Dianthus). Ordn. 30. **Caryophyllinae.**

2. Eiträger grundständig, *bei Plataneen scheitelständig*, oder an der **Bauchnaht der freien Fruchtblätter**, die selten, *Nigella*, verwachsen, dann central, so auch bei Nymphaeaceen, wo überdies die Fachwandungen mit Eiträgern besetzt sind. Keimling meistens klein, *ausgen. Nelumbo*, und **gerade**, *ausgen. Menispermeae.*
   a. Embryo von doppeltem Eiweisse, *endo- und perispermium*, umgeben. Wasserpflanzen mit grossen schwimmenden herz- oder schildf. Blättern. Ordn. 31. **Hydropeltideae.**
   b. Embryo in einfachem Eiweisse, klein und gerade, *ausgen. Menispermeae, Plataneae*; Früchte in der Regel zahlreich, frei. Blumenorgane häufig in dreigliederigen Kreisen. Ordn. 32. **Polycarpicae.**
3. Eiträger dem **centralen Fachwinkel** der zu einem 2—∞fächerigen Fruchtknoten **verwachsenen Fruchtblätter**, *ausgen. Krameriaceae mit nur 1 Fruchtblatt.* Saamen mit grossem, häufig eiweisslosem Keimlinge.
   * Blumen diclin, *bei Crotoneen zwitterig.* Ordn. 33. **Tricoccae.**
   ** Blumen zwitterig; *bei einigen Trihilaten und Guttiferen z. Th., durch Fehlschlagen, diclin.*
   † Staubgefässe in 1—2 Kreisen.
   a. Nebenblätter fehlen. Fruchtknoten 3gliederig, *excl. Acer, Coriaria.* Blumen regelmässig. Staubfäden frei. Bäume mit meist gegenständigen Blättern. Ordn. 34. **Trihilatae.**
   b. Nebenblätter fehlen. Fruchtknoten 2gliederig. Blumen unregelmässig. Staubgefässe häufig verwachsen. Staubbeutel mit Poren sich öffnend. Blätter einzeln. Meist Stauden oder Sträucher. Ordn. 35. **Polygalinae.**
   c. Nebenblätter oft vorhanden. Fruchtknoten 3—5gliederig. Fruchtfächer sich häufig elastisch trennend oder die Saamen ausschleudernd. Meist Kräuter; einjährig, oder Stauden. Ordn. 36. **Gruinales.**
   †† Staubgefässe in mehreren Kreisen, meistens in Bündeln verwachsen.
   a. Kelchknospenlage klappig; Keimling in geringem fleischigem Eiweisse, gekrümmt oder eiweisslos und dann meistens gerade, *(Theobroma.)* Ordn. 37. **Columniferae.**
   b. Kelchknospenlage ziegeldachig; Keimling meistens gerade, eiweisslos, selten gekrümmt *(Canella).* Ordn. 38. **Guttiferae.**
4. Eiträger **fruchtwandständig** in dem einfächerigen oder durch accessorische Scheidewände oder plattenf. Placenten mehrfächerigen Fruchtknoten.
   a. Eiträger auf der Mittellinie der Fruchtklappen; Keimling gerade, *ausgen. Cisteae.* Ordn. 39. **Parietales.**
   b. Eiträger mit den Fruchtklappen abwechselnd; Keimling gekrümmt, im Eiweisse; *bei Fumariaceen sehr klein und unentwickelt, daher bei ihnen gerade.* Ordn. 40. **Rhoeadeae.**

B. Kronenblätter stehen mehr oder minder hoch auf dem Kelche oder auf dem Fruchtknoten, **peri- oder epigyn** (ausgen. einige hypogyne Papilionaceen, Mimosaceen, Rutaceen, Zygophylleen, Diosmaceen, Simarubaceen, Iliceen, Ampelideen, Crassulaceen).

1. Fruchtblatt einzeln oder mehrere, **frei**, in einem oder mehreren Kreisen mit bauchnahtständigen (bei Punica z. Th. fruchtwandständigen) Eiträgern; selten unter sich, *Spiraeaceen*, oder auch mit den Blumendecken mehr oder minder verwachsen, *Pomeae, Punica.* Saamen eiweisslos. (Eiweisshaltige finden sich bei Arten von Mimosaceen, Caesalpiniaceen, Indigofera, Trigonella.) Blumen zwitterig.

a. Blätter einzeln, nebenblätterig. Blumen meist unregelmässig. Staubgefässe in 2 Kreisen, *bei Ceratonia 1 Kreis, bei Mimosaceen oft* ∞. Ordn. 41. **Leguminosae.**

b. Blätter einzeln, nebenblätterig. Blumen meist regelmässig. Staubgefässe in mehreren Kreisen, *ausgen. Sanguisorba, Alchimilla.* Ordn. 42. **Rosiflorae.**

c. Blätter gegenständig, nebenblattlos. Staubgefässe in mehreren Kreisen. Ordn. 43. **Calycicarpae.**

2. Fruchtblätter in einem Kreise stehend, mit einander zu einem einfachen 1- oder 2—∞ fächerigen Fruchtknoten mehr oder minder vollständig **verwachsen.**

* Eiträger im centralen Fachwinkel des 2—∞ fächerigen Fruchtknotens; *ausgen. Chrysosplenium bei dem zwei wandständige, Hippuris bei dem ein scheitelständiger, Juglandeae und Anacardieae bei denen ein grundständiger Eiträger.*

† Saamen eiweisslos; *mit Eiweiss: Xanthoxyleae, Diosmaceae, Rutaceae, Halorageae, Philadelpheae.*

a. Blumen zwitterig. Staubgefässe, *bei unseren Arten,* in mehreren Kreisen. Keimling meist gekrümmt. Verholzende Gewächse der wärmeren Zonen. Ordn. 44. **Myrtiflorae.**

b. Blumen meist durch Fehlschlagen polygam, selten nur zwitterig, *Rutaceae, Zygophylleae etc.* oder typisch diclin, *Juglandeae.* Staubgefässe in 1—2 Kreisen. Fruchtblätter trennen sich meistens bei der Reife von einander, *ausgen. Juglandeae.* Meistens Bäume der wärmeren Zone, selten Stauden, *Rutaceae.* Ordn. 45. **Terebinthaceae.**

c. Blumen zwitterig. Staubgefässe in der Regel in 2 Kreisen, selten in mehreren. Keimling gerade. Ordn. 46. **Calycanthemae.**

†† Saame eiweisshaltig, *bei Staphylea fast eiweisslos.* Keimling meist klein und gerade, *bei Rhamnus gross und gekrümmt.*

a. Fruchtknoten unterständig, in der Regel von einer grossen, fleischigen Drüsenscheibe bedeckt; Fächer 1eiig. Kronenblt. klappig. Staubgefässe meistens in einem Kreise mit den Kronenblättern wechselnd. Ordn. 47. **Discanthae.**

b. Fruchtknoten oberständig; Fächer 1eiig, selten mehreiig. Kronenblätter meistens, *ausgen. Vitis,* ziegeldachig. Staubgefässe meistens in einem Kreise vor den Kronenblättern stehend. Ordn. 48. **Frangulaceae.**

c. Fruchtknotenfächer meist vieleiig. Fruchtblätter theils frei, theils mehr oder minder mit einander und mit dem Kelche verwachsen. Griffel meist stehenbleibend und verholzend. Staubgefässe meistens in 2 Kreisen. Ordn. 49. **Corniculatae.**

** Eiträger fruchtwandständig in dem einfächerigen Fruchtknoten, der durch Wucherung ihres Gewebes von diesem oft ganz erfüllt ist.

a. Blumen zwitterig; Saamen eiweisshaltig, *Grossulariaceae,* oder eiweisslos, *Cacteae.* Verholzende, meist dornige und blattlose Gewächse. Ordn. 50. **Opuntiae.**

b. Blumen diclin; Saamen eiweisslos. Kräuter und Stauden, seltener verholzende Schlingpflanzen der tropischen und wärmeren Zonen; in der gemässigten selten. Ordn. 51. **Peponiferae.**

Ordnung XXX. Caryophyllinae.

A. Kronenlose und nebenblattlose, meist krautige Pflanzen.
  a. Blätter einzeln; Fruchtknoten frei, mehrfächerig. Ausländ. Pflanzen. Fam. 67. **Phytolaccaceae.**
  b. Blätter gegenständig; Fruchtknoten frei, im Kelchrohre verborgen, einfächerig. Fam. 68. **Sclerantheae.**
  c. Blätter einzeln; Fruchtknoten mit dem Kelchrohre verwachsen, mehrfächerig. Pflanzen der südlichen Hemisphäre. Fam. 69. **Tetragoniaceae.**

B. Kronenblätter vorhanden, wenn auch zuweilen nur pfriemenf. Kräuter.
  a. Fruchtknoten mehr oder minder unterständig, 4—20fächerig. Kronenblätter sehr zahlreich. Pflanzen der südlichen Hemisphäre. Fam. 70. **Mesembryanthemeae.**
  b. Blätter wie Vor. nebenblattlos. Fruchtknoten wie Vor. aber einfächerig. Fam. 71. **Portulacaceae.**
  c. Blätter nebenblätterig. Fruchtknoten frei, einfächerig. 1—∞eiig. Fam. 72. **Paronychiaceae.**
  d. Blätter nebenblattlos. Fruchtknoten frei, einfächerig, vieleiig. Fam. 73. **Caryophylleae.**

Familie 67. Phytolaccaceae.

Fig. 150.

Phytolacca decandra. 1. Blüthe und Blt. 2. Blumendiagramm. 3. Längsdurchschnittene Blm. 4. Frucht. 5. Saame längsdurchschnitten.

Phytolacca decandra *L.*, Kermesbeere ♃. Fig. 150. X. 6 *L.* Nord-Amerika. — *Rad., Hb. et Baccae Phytolaccae s. Solani racemosi. Das Fruchtfleisch enthält Phytolaccinsäure, die Saamen Phytolaccin.*

Familie 68. Sclerantheae.

Fig. 151.

Scleranthus perennis. 1. Blühender Zweig. 2. Staubbeutel von vorne. 3. Derselbe von der Seite. 4. Blühende Blm. 5. Diese längsdurchschn. 6. Deren untere Hälfte stärker vergr. 7. Frucht längsdurchschn. 8. Diagramm.

Scleranthus perennis *L.*, Blutkraut ♃. Fig. 151. X. 2 *L.* — *Hb. Polygoni cocciferi. An der Wurzel lebt die polnische Schildlaus.*

Familie 69. Tetragoniaceae.

Fig. 152.

Tetragonia expansa. 1. Blume am Stengel, in der Achsel des Blattstieles. 2. Diese längsdurchschnitten. 3. Diagramm. 4. Reife Frucht. 5. Diese längsdurchschnitten. 6. Saame. 7. Derselbe längsdurchschnitten, *f* Nabelstrang.

Tetragonia expansa *Aiton*, Neuseeländischer Spinat ⊙. Fig. 152. XII. 5 *L.* Neuseeland, Japan. — *Als Gemüse gebaut.*

Familie 70. Mesembryanthemeae. (S. 94.)

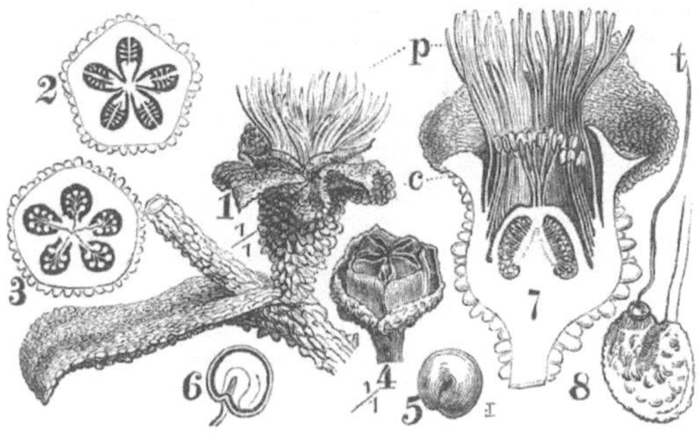

Fig. 153.

Mesembryanthemum crystallinum. 1. Stengel mit Blm. und Blt. 2. Querdurchschnitt des Fruchtknoten-Scheitels. 3. Ein solcher vom Grunde. 4. Frucht. 5. Saame. 6. Dieser längsdurchschn. 7. Blm. längsdurchschn., *c* Kelch, *p* Kronenblt. 8. Saamenknospe, *t* verhärteter Pollenschlauch? oder Embryosack?

† **Mesembryanthemum crystallinum** *L.*, Eispflanze ⊙, ⊙. Fig. 153. XII. 5 *L.* Cap d. g. H. — Bei uns in Gärten. — *Hb. Mesembryanthemi crystallini.*

Familie 71. Portulacaceae. (S. 94.)

Fig. 154.

Montia fontana. 1. Blühender Zweig. 2. Frucht. 3. Fruchtknoten vor der ausgebreiteten Krone. 4. Saamenknospe. *c* Hilum. 5. Krone. 6. Saame längsdurchschnitten.

Portulaca oleracea *L.* ⊙. XI. 1 *L.* Nord-Amerika. — *Sem. et Hb. recens Portulacae.*

P. sativa *Haworth.* — *Als Gemüse cultivirt.*

Montia fontana *L.*, M. minor *Gmelin* ⊙. Fig. 154. III. 1 *L.* (III. 3 *L.*). — *Diese und andere Arten können als Gemüse dienen.*

Familie 72. Paronychiaceae. (S. 94.)

Fig. 155.

Herniaria glabra. 1. Blühender Zweig. 2. Diagramm. 3. Blumenknäuel. 4. Saamenknospe. 5. Saame. 6. Blume, beide längsdurchschnitten.

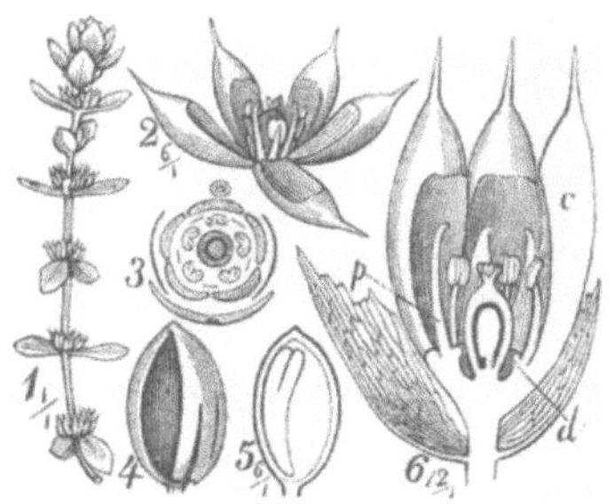

Fig. 156.

Illecebrum verticillatum. 1. Blühend. Zweig. 2. Blm. 3. Diagramm. 4. Halbgeöffnete Frucht. 5. Saame längsdurchschnitten. 6. Blm. längsdurchschn. nebst Deckblätt., *c* Kelchzipfel, *d* Drüsenring, *p* Kronenblt.

Herniaria glabra *L.*, Bruchkraut ♃. Fig. 155. V. 2 *L.* — *Hb. Herniariae.*

Illecebrum verticillatum *L.*, Knorpelblume ♃. Fig. 156. V. 1 *L.* — **I. sessile** *L. Wird in Ostindien und China arzneilich angewendet.*

Fig. 157.

Spergula arvensis. 1. Ein blühendes u. fruchttragendes Zweigende, dahinter eine längsdurchschn. Blume. 2. Geöffnete Frucht. 3. Saame. 4. Dieser längsdurchschn. 5. Saame der *S. Morisoni*.

Spergula arvensis *L.*, Spark ☉. Fig. 157, *1–4.* X. 5 *L.* (V. 5). — *Sem. Spergulae: Spergulin.*

S. pentandra *L.* u. **S. Morisoni** *Boreau*, **S. vernalis** *Willdenow*. Fig. 157, *5.* — *Dienen wie Vor. als Futterkraut.*

Familie 73. Caryophylleae. (S. 94.)

1. Alsineae.

Fig. 158.

Stellaria media var. major. 1. Blühendes und fruchttragendes Stengelstück. 2. Blm. längsdurchschn. 3. Geöffnete reife Frucht. 4. Saame längsdurchschn. 5. Desgl. von aussen. 6. *S. uliginosa.* Blume längsdurchschnitten. *c* Kelchsaum. *d* Drüsenring. *e* Kelchrohr. *p* Kronenblt.

Stellaria *(Alsine L.)* **media** *Cyrillo*, Vogelmiere ⊙. Fig. 158. X. 3 *L.* — *Hb. Alsines s. Morsus gallinae.*

2. Sileneae.

Fig. 159.

Dianthus deltoides. 1. Blüthenzweig. 2. Kronenblatt. 3. Griffel der blühenden Blume. 4. Ders. aus der Knospe. 5. Ein inneres Deckblatt.

Dianthus deltoides *L.*, Haide- oder Feldnelke ♃. Fig. 159. X. 2 *L.* — *Hb. Caryophylli sylvestris.*

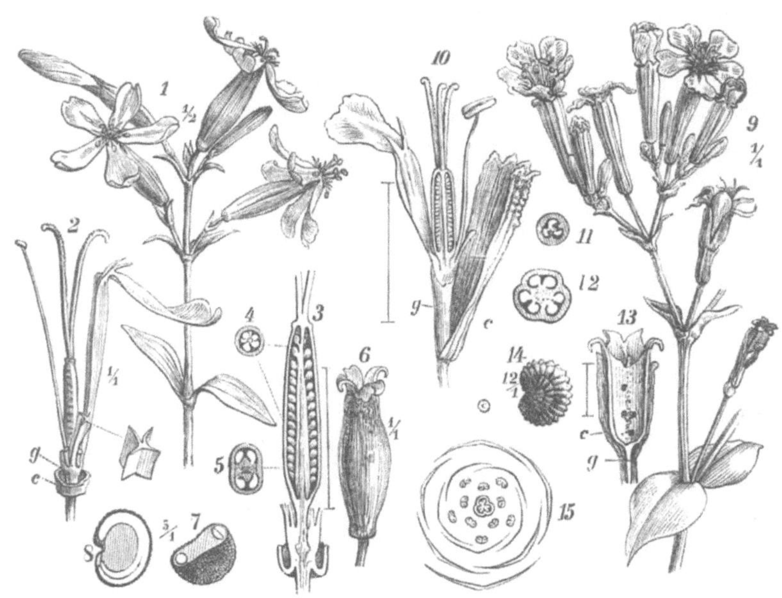

Fig. 160.

1—8. *Saponaria officinalis*. 1. Stengelspitze mit Blüthe. 2. Blm. mit abgeschnittenem Kelche (*c*). *g* Stempelträger mit einem ihm aufsitzenden Kronenblt. und Staubgef. (die übrigen abgeschn.), daneben der Durchschnitt eines Kronenblatt-Nagels. 3. Fruchtknoten längsdurchschn. 4. Querschnitt des oberen —, 5. der des unteren Theiles. 6. Geöffnete Kapsel. 7 und 8. Saamen-Durchschnitte. 9—15. *Silene Armeria*. 9. Stengelspitze u. Blüthe. 10. Blm. mit gespaltenem Kelche (*c*). *g* Stempelträger. Fruchtknoten längsdurchschn. 11 und 12. Querschnitt des Fruchtknotens durch die Spitze und die Basis. 13. Längsdurchschn. Kapsel auf dem Fruchtträger *g* vom Kelche *c* umgeben. 14. Reifer Saame. 15. Blumen-Diagramm.

Saponaria officinalis *L.*, Seifenkraut ♃. Fig. 160, *1—8*. X. 2 *L.* — *Hb. et* ***Rad. Saponariae*** *rubra (H.), Seifenwurzel: Saponin.*

Silene Armeria *L.*, Klebenelke ⊙. Fig. 160, *9—15*. X. 3 *L.* — *Soll zuweilen statt Erythraea Centaurium eingesammelt werden.*

Lychnis Flos Cuculi *L.*, Kukuksblume ♃. Fig. 161, *1—3*. X. 5 *L.* — *Soll wie Vor. mit Tausendgüldenkraut verwechselt werden. Enthält Saponin.*

L. *(Agrostemma L.)* **Githago** *Lamarck*, Kornrade ⊙. Fig. 161, *4. 5.* — *Rad. et Hb. Githaginis s. Nigellastri: Saponin (Githagin). Die Saamen „Semen Lolii officinarum" enthalten Agrostemmin.*

L. **dioica** *L.*, z. Th., L. alba *Miller* ♃. Fig. 162. — *Rad. Saponariae alba: Saponin.*

Fig. 161.

Lychnis. 1. *L. Flos Cuculi*. 2. Kronenblt. *s* Schlundschuppe. 3. Geöffnete reife Frucht im Kelche. 4. *L. Githago*, Blume. 5. Kronenblatt mit dem vor ihm stehenden kleineren Staubgefässe, dessen Faden von den Kronenblatträndern bedeckt ist.

Fig. 162.

Lychnis dioica. 1. Blühender, fruchttragender Zweig. 2. Blume im Längenschnitte, zwei Griffel weggeschnitten. 3. ♂ Blm. 4. Reife geöffnete Frucht. 5. Saame und längsdurchschnitten.

Ordnung XXXI. Hydropeltideae. (S. 92.)

Familie 74. Nymphaeaceae.

Nymphaea alba *L.*, Weisse Seerose ♃. Fig. 163. XIII. 1 *L.* — *Rhiz.*, *(Rad.) Flor. et Sem. Nymphaeae albae s. Nenupharis. Der Wurzelstock ist reich an Gerbstoff.*

N. caerulea *Savi* und **N. Lotus** *L.*, Aegypten, im Niel. — *Saamen und Rhizome dienen als Speise.*

Nuphar *(Nymphaea L.)* **luteum** *Smith* ♃. Fig. 163, *9.* XIII. 1 *L.* — *Rhizoma et Flores Nymphaealuteae.*

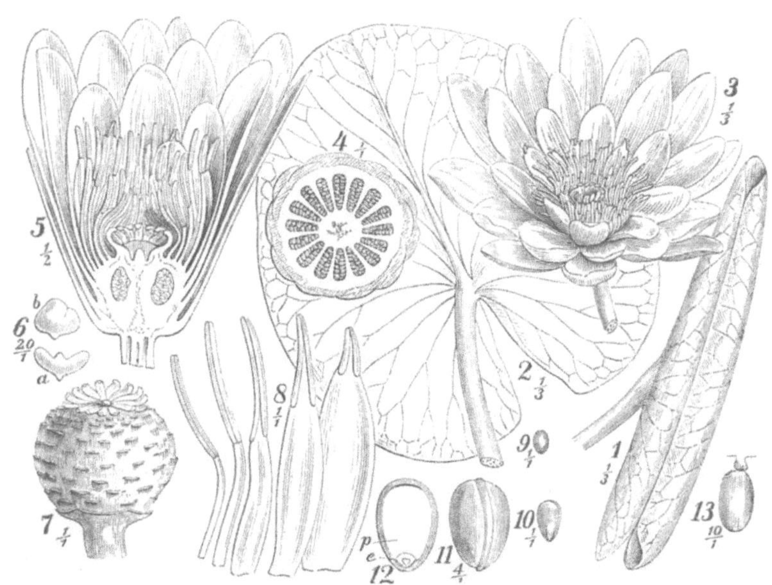

Fig. 163.

Nymphaea alba. 1. Blatt in der Knospenlage. 2. Ein solches ausgebreitet. 3. Blume blühend. 4. Fruchtknoten-Querschnitt. 5. Blumenknospe halbgeöffnet, längsdurchschnitten. 6. Keimling, *a* und *b* verschiedene Entwickelungsstufen. 7. Reife Frucht. 8. Metamorphosen der Kronenblt. zu Staubgefässen. 9. Saame von *Nuphar luteum.* 10 und 11. Saame von *Nymphaea alba.* 12. Dieser längsdurchschnitten, *e* Embryosack mit Inneneiweiss und Keimling, *p* Ausseneiweiss. 13. Saamenknospe.

Ordnung XXXII. Polycarpicae. (S. 92.)

A. Blumen zwitterig.
   a. Blumen oft 5gliederig; Staubbeutel mit Längsspalten; Fruchtknoten ∞; Kräuter. Fam. 75. **Ranunculeae.**
   b. Blumen 3gliederig; Staubbeutel mit Klappen; Fruchtknoten 1. Meist Sträucher. Fam. 76. **Berberideae.**
   c. Blumen 3gliederig; Staubbeutel mit Längsspalten; Fruchtknoten ∞. Bäume. Fam. 77. **Magnoliaceae.**

B. Blumen diclin. Ausländische, verholzende Gewächse.
a. Blätter mit Nebenblättern; Fruchtknoten ∞. Saamen ohne Mantel. Fam. 78. **Plataneae.**
b. Blätter nebenblattlos; Fruchtknoten 1. Saamen mit Mantel. Fam. 79. **Myristicaceae.**
c. Blätter nebenblattlos; Fruchtknoten 1 oder mehrere. Saamen ohne Mantel. Fam. 80. **Menispermeae.**

Familie 75. Ranunculeae.

A. Einsaamige Schliessfrüchte.

Clematis recta *L.* C. erecta *Allioni*, Aufrechte Waldrebe ♃. XIII. 7 *L.* Im südl. Gebiete. — *Hb. Flammulae Jovis.*

Thalictrum flavum *L.*, Wiesenraute ♃. XIII. 7 *L.* — *Rad. Thalictri flavi s. Rhabarbari pauperum: Macrocarpin und Thalictrin.*

Fig. 164.

Hepatica (Anemone L.) Hepatica. 1 und 2. Blatt und Blume von oben und unten gesehen. 3. Letztere längsdurchschnitten. *i* Hüllblätter. *c* Scheibenf. verbreiterter Blumenboden. *p* Kelchblt. 4. Pistill längsdurchschnitten.

Hepatica *(Anemone L.)* Hepatica *Krst.*, **H. triloba** *Gilibert* ♃. Fig. 164. XIII. 7 *L.* — *Hb. et Flores Hepaticae nobilis.*

Pulsatilla *(Anemone L.)* **pratensis** *Miller*, Küchenschelle ♃. Fig. 165a. XIII. 7 *L.* — *Hb. Pulsatillae nigricantis s. venti s. Nolae culinariae.*

P. *(Anemone L.)*, Pulsatilla *Krst.*, **Pulsatilla vulgaris** *Miller* ♃. — *Rad. et* ***Hb. Anemones Pulsatillae*** *(H.) s. vulgaris. In beiden Arten Anemonen- oder Pulsatillencamphor, der in Anemonsäure, Anemonin zerfällt.*

Ranunculus acer *L.*, Scharfer Hahnenfuss ♃. XIII. 7 *L.* — *Hb. Ranunculi pratensis.*

R. bulbosus *L.* ♃ — *Bulbi Ranunculi.*

R. sceleratus *L.* ⊙, ⊙ — *Hb. Ranunculi palustris.*

R. Lingua *L.*, Grosser Sumpf-Hahnenfuss ♃. Fig. 165b. — *Rad. et Hb. Flammei majoris.*

R. Flammula *L.* ♃. — *Hb. Flammulae s. Flammulae Ranunculi.*

R. arvensis *L.* ⊙. **R. aquatilis** *L.* ♃ *und viele andere Arten dieser Gattung enthalten den scharfen, narkotischen in Anemonin und Anemonsäure zerfallenden Anemonencamphor.*

Fig. 165a.

Pulsatilla pratensis. 1. Blühende Blume. 2. Dieselbe fructificirend. 3. Wurzelstockblatt. 4. Blume längsdurchschn. 5. Stempel. 6. Derselbe längsdurchschnitten. 7. Reife Frucht längsdurchschnitten, *K* Keimling. 8. Staubbeutel von vorne. 9. Derselbe vom Rücken.

Fig. 165b.

Ranunculus Lingua. 1. Blühende Stengelspitze. 2. Kronenblatt von Innen gesehen. 3. Sammelfrucht. 4. Einzelnes Achänium.

Ficaria (*Ranunculus L.*) Ficaria *Krst.*, F. **ranunculoides** *Mönch*, Scharbock ♃. XIII. 7 *L.* — *Rad. et Hb. Ficariae s. Chelidonii minoris.*

Caltha palustris *L.*, Dotterblume ♃. XIII. 7 *L.* — *Hb. et Flores Calthae palustris s. Populaginis.*

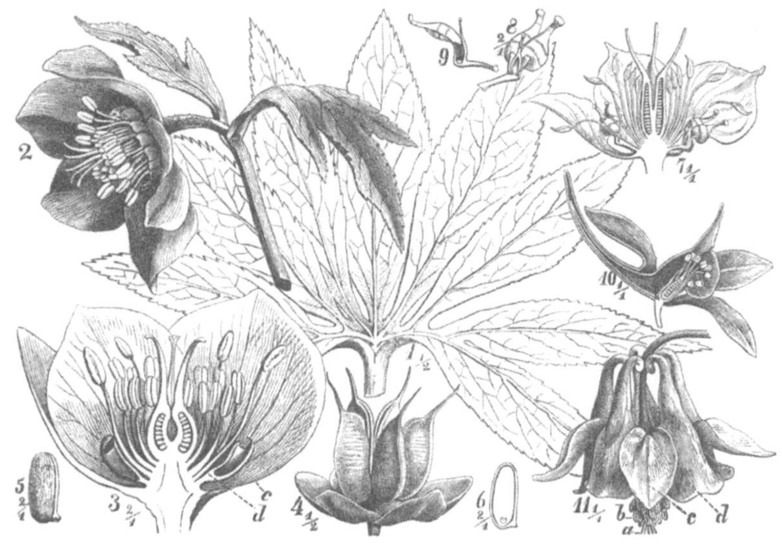

Fig. 166.

1—6. *Helleborus viridis*. 1. Blatt. 2. Blume. 3. Diese längsdurchschnitten, *c* Kelch-, *d* Kronenblätte. 4. Reife Frucht. 5 und 6. Saame. 7. *Nigella arvensis*. Blume längsdurchschnitten. 8 und 9. Kronenblatt derselben. 9. längsdurchschnitten. 10. *Delphinium Consolida*. Blume längsdurchschnitten. 11. *Aquilegia vulgaris*. Blume. *a* Griffel, *b* Staubgef., *c* Kelch, *d* Kronenblatt.

Fig. 167.

Helleborus foetidus. 1. Blühende Pflanze. 2. Kronenblatt vergrössert. 3. Blume längsdurchschn. 4. Fruchtknoten von den Kelchblättern umgeben.

Helleborus viridis *L.*, Nieswurz ♃. Fig. 166, *1–6*. XIII. 5 *L.* Gebirgswälder. — ***Rhiz.*** *(cum Rad.)* ***Hellebori*** *viridis (A.): Helleboreïn und Helleboracrin (Helleborin); Beides auch in den beiden folgenden Arten.*

H. niger *L.*, Christwurz ♃. Laubwälder der Voralpen und Gebirgsgegenden. — ***Rhiz.*** *(cum Rad.)* ***Hellebori nigri*** *(H.).*

H. foetidus *L.* ♃. Fig. 167. Abhänge der Alpen-, Rhein- und Main-Gegenden. — *Rad. Hellebori foetidi.*

B. Mehrsaamige Hülsen.

Nigella arvensis *L.*, Schwarzkümmel ♃. Fig. 166, *7–9*. XIII. 5 *L.* und **N. sativa** *L.* Aus dem Orient im südl. Gebiete bisweilen angebaut. — *Sem. Nigellae: Aeth. Oel, fettes Oel (Melanthin), mehrere unbekannte Glycoside und Alkaloide (Nigellin).*

Aquilegia vulgaris *L.*, Akelei ♃. Fig. 166, *11*. XIII. 5 *L.* — *Rad., Hb., Flores et Summitates Aquilegiae.*

Delphinium Consolida *L.*, Rittersporn ⊙. Fig. 166, *10*. XIII. 5 *L.* — *Hb., Flores et Sem. Consolidae regalis s. Calcatrippae: Aconitsäure in dem Kraute.*

D. Staphisagria *L.*, Stephanskraut ⊙. Süd-Europa. — *Sem. Staphisagriae: Delphinin, Delphinoidin, Delphisin und Staphisagrin.*

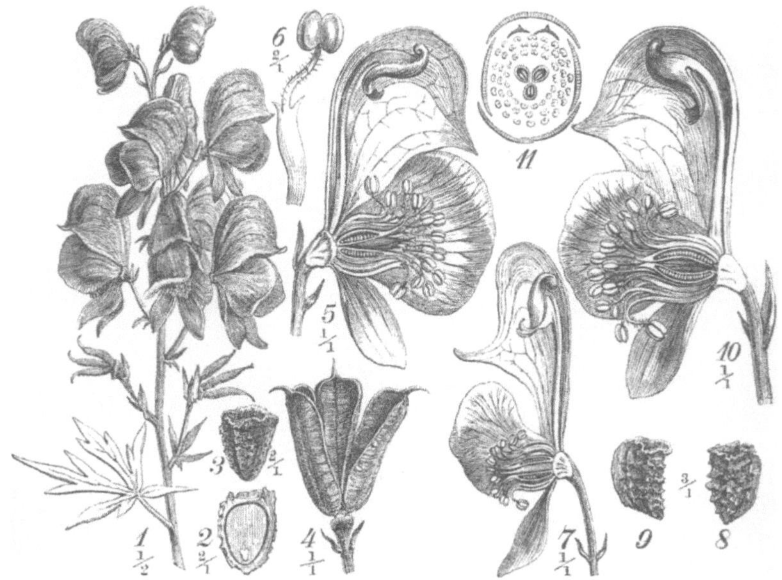

Fig. 168.

1—6. *Aconitum Napellus.* 1. Blühende Traube. 2. Saame längsdurchschnitten. 3. Derselbe ganz. 4. Geöffnete Früchte. 5. Blume längsdurchschnitten. 6. Staubgef. von der Rückenseite. 7 und 9. *A. variegatum.* 7. Blume längsdurchschnitten. 9. Reifer Saame. 8. *A. Cammarum L.* Saame. 10. Dessen Blume längsdurchschnitten. 11. Diagramm.

Aconitum Napellus *L.*, Eisenhut, Sturmhut ♃. Fig. 168, *1–6*. XIII. 3 *L.* Gebirge des mittleren und südl. Gebietes. — ***Folia*** *(H.) et* ***Tubera***

Aconiti *(A. G.): die 4 Alkaloide* ***Aconitin,*** *Acolyctin, Napellin (Acolyctin?), Aconellin (?); Aconitsäure, Citronen- und Apfelsäure etc. — Nach Wright und Luff nur 2 Alkaloide: Aconitin und Pseudaconitin neben ihren schon in der Knolle enthaltenen Spaltungsproducten Aconin und Pseudaconin.*

A. variegatum *L.*, A. Cammarum *Jacquin* ♃. Fig. 168, *7 u. 9*, und **A. Cammarum** *L.*, A. Stoerkeanum *Reichenbach*, A. neomontanum *Willd.* Fig. 168, *8. 10. 11.* — *Wie Vor. Auch die Blt.* ***Folia Aconiti*** *(H.) sind von den genannten Arten off. Sie enthalten die gleichen Stoffe, aber in geringerer Menge.*

A. ferox *Wallich.* Himalaya, Nepal. — *Pseudaconitin (Nepalin) und Aconitin.*

Paeonia officinalis *L.* P. peregrina *Miller*, Gichtrose ♃. XIII. 2 *L.* Süd-Europa; in Gärten gepflanzt. — *Rad., Sem. et* ***Flores Paeoniae*** *(H.).*

C. Beere.

Actaea spicata *L.*, Christophskraut ♃. XIII. 1 *L. Rhiz. (Rad.) Christophorianae s. Aconiti racemosi, Hellebori nigri falsi. Wurde zuweilen mit Rad. Hellebori verwechselt.*

Familie 76. Berberideae. (S. 101.)

Fig. 169.

Berberis vulgaris. 1. Blühender Zweig. 2. Blume längsdurchschnitten. 3. Kronenblatt von oben gesehen. 4. Reife Frucht. 5. Saame längsdurchschnitten. 6. Diagramm.

Berberis vulgaris *L.*, Sauerdorn, Berberitze ♄. Fig. 169. VI. 1 *L.* — *Rad., Cort., Bacc. et Sem. Berberidis. Die beiden ersteren enthalten Berberin und Oxyacanthin. Die Beeren sind reich an Apfelsäure.*

Podophyllum peltatum *L.* ♃. XIII. 1 *L.* Nordamerika. — *Rhizoma Podophylli:* ***Podophyllin*** *(G. H.)* ***(Resina Podophylli,*** *Calomel vegetabile) enthält Podophyllotoxin, Picropodophyllin und Podophyllinsäure, Podophylloquercetin und Fett.*

Familie 77. Magnoliaceae. (S. 101.)

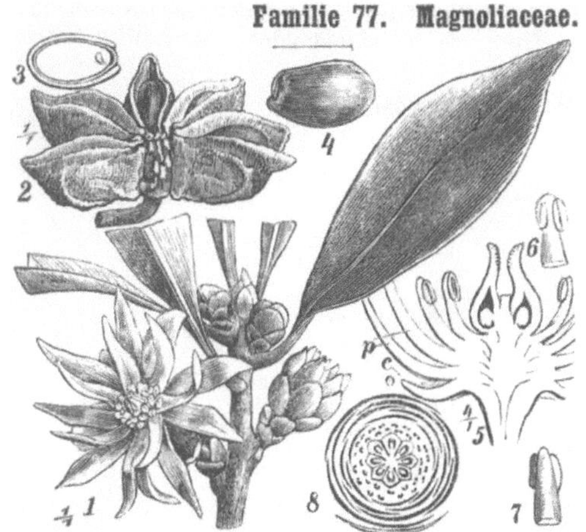

Fig. 170.

1. *Illicium religiosum* blühend. 2. Reife Frucht von *I. anisatum.* 3 und 4. Saame und ders. längsdurchschnitten. 5. Blume längsdurchschnitten, *c* Kelch- und *p* Kronenblätter. 6 und 7. Staubgefässe von der Vorder- u. Rückseite. 8. Diagramm.

Illicium anisatum *L.* ħ, ♄. Fig. 170, *2–4.* XIII. 7 *L.* China. — ***Fructus v. Sem. Anisi stellati*** *s. Badiani (A. H.), Sternanis: 4,6% äth. Oel, Harz, Gallussäure.*

I. religiosum *Siebold* ħ, ♄. Fig. 170, *1 u. 5–8.* Japan. — *Fruct. Sikkimi: Sikkimin.*

Drimys Winteri *Forster* ♄. XIII. 7 *L.* Cordilleren von Chili bis Cap Horn. — *Cort. Winteranus s. Cinnamomum Magellanicum.*

Familie 78. Plataneae. (S. 101.)

Fig. 171.

Platanus occidentalis. 1. Junger Trieb, *a* blühender weibl. Blumen-Knäuel, *b* vorjährig. von Früchten entkleideter Blüthenboden. 2. Männliche Blüthe, deren oberer Knäuel blühend, die beiden unteren in Knospen. 3. Männl. Blm., deren Kelch ausgebreitet vergrössert; *b* Kelch-, *p* Kronenblatt. 4. Querschnitt eines nicht geöffneten Staubbeutels. 5 und 6. Diagramme männl. Blm. 7. Weibliche Blumen nach theilweiser Entfernung der Kelchzipfel *p* und der metamorphosirten Staubgef. *st* (Kronenblt. *L.*). 8. Längsdurchschnittener Fruchtknt., *p* Kelch. 9. Saamenknospe. 10. Diagramm der weiblichen Blume. 3—10. Vergrössert. 11. Frucht längsdurchschn. 12. Saame. 13. Embryo. 11—13. In doppelter Grösse.

Platanus occidentalis *L.* ♄. Fig. 171. XXI. 1 *L.* Aus Nord-Amerika, bei uns häufig gepflanzt.

P. orientalis *L.* ♄. Asien, Griechenland. *Im Vaterlande werden alle Organe med. angewendet. Die Rinde enthält Phlobaphen; die jungen Triebe Asparagin und Allantoin.*

Familie 79. Myristicaceae. (S. 101.)

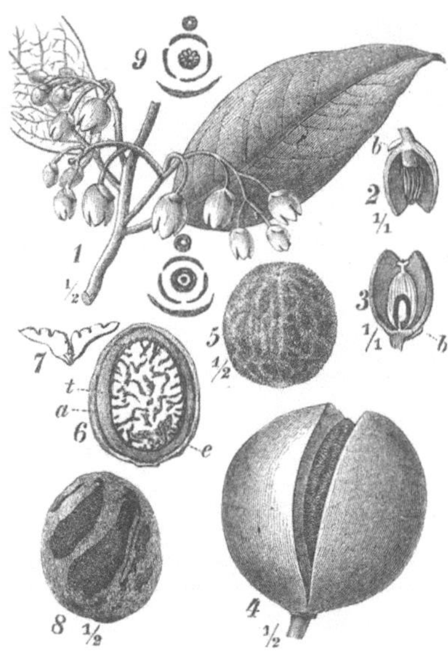

Fig. 172.

Myristica fragrans. 1. ♂ blühender Zweig. 2. ♂. 3. ♀ Blume, beide längsdurchschn, *b* Deckblatt. 4. Reife, etwas geöffnete Frucht. 5. Saame ohne Mantel. 6. Saame längsdurchschn., *a* Mtel., *t* Schale, *e* Keimling. 7. Letzterer freigelegt. 8. Saame mit Mantel. 9. Diagramm der ♂, 10. das der weibl. Blume.

Myristica fragrans *Houttoyn*, M. moschata *Thunbg.* ♄. Fig. 172. XXII. 3 *L.* Molukken, Mauritius, Philippinen. — ***Macis*** *(A. H.), Muskatblüthe.* ***Ol. Macidis*** *aether. und Harz enthaltend und* ***Nux Moschata*** *(A. H.) s.* ***Sem. Myristicae*** *(G. H.), Muskatnuss:* ***Oleum Nucis Moschatae*** *(A.) s.* ***Ol. Nucistae*** *expressum (G. H.), Muskatbutter. Aus 25 % fettem und 8 % äth. Oele bestehend.*

Familie 80. Menispermeae. (S. 101.)

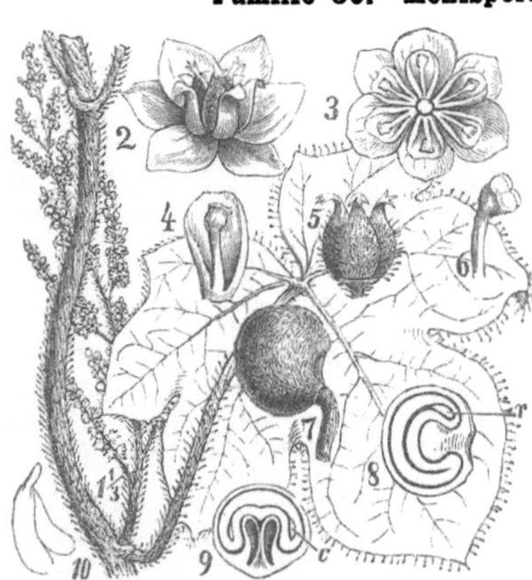

Fig. 173.

1—6. *Jateorrhiza Calumba.* 1. Zweig mit Blatt und Blüthe. 2. ♀. 3. ♂ Blume. 4. Kronenblatt und Staubgef. 5. Pistille; beide vergr. 6. Staubgef. 7—10. Frucht von *Anamirta Cocculus.* 8 und 9. Dieselbe im Längen- u. Querschnitte, *r* Würzelchen, *c* Saamenlappen. 10. Keimling.

Jateorrhiza (*Menispermum Roxburgh*) **Calumba** *Miers*, Cocculus palmatus *Wallich* ♄. Fig. 173, *1–6*. XXII. 6 *L.* Ost-Afrika; auf Isle de France und Ostindien cultivirt. — ***Rad. Columbo*** *(G.) s.* ***Calumbae*** *(H.) v.* ***Calumba*** *(A.), Columbowurzel: Schleim, Berberin, Columbin und Columbosäure, Amylum etc.*

Anamirta (*Menispermum L.*) **Cocculus** *Wight* und *Arnott* ♄. Fig. 173, *7–10*. XXII. Monadelphia *L.* Ceylon, Malabar, Sunda-Inseln. — *Fruct. Cocculi indici s. levantici s. piscatorii: in der Fruchtschale Menispermin und Paramenispermin, im Saamen Picrotoxin (Picrotoxinsäure).*

Cissampelos Pareira *L.* ♄. XXII. Monadelphia *L.* Westindien. — *Rad. Pareirae bravae: Buxin (Pelosin, Bebeerin).*

Chondodendron tomentosum *Ruiz et Pav.* Cocculus Chondodendron *DC.* ♄. Brasilien, Peru. — *Rad. Pareirae bravae.*

Ordnung XXXIII. Tricoccae. (S. 92.)

A. Saamenknospen einzeln, aufsteigend. Fruchtknoten ∞ fächerig.
Fam. 81. **Empetreae.**

B. Saamenknospen 1 oder 2 hängend. Fruchtknoten meist 3fächerig.
Fam. 82. **Euphorbiaceae.**

Familie 81. Empetreae.

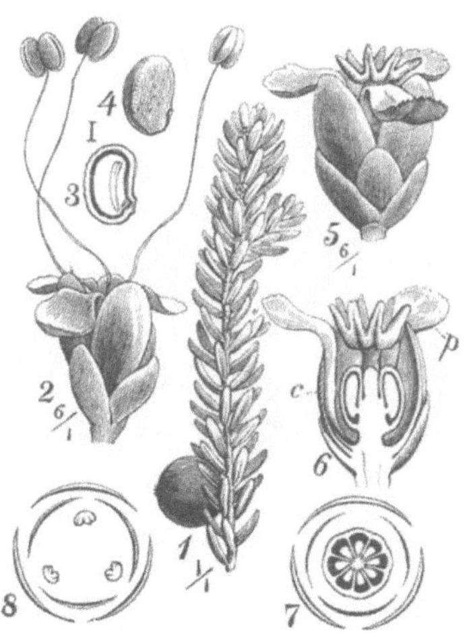

Fig. 174.

Empetrum nigrum. 1. Fruchttragender Zweig. 2. ♂ Blume. 3. Saame längsdurchschnitten. 4. Saame. 5. ♀ Blm. 6. Diese längsdurchschnitten. *c* Kelch-, *p* Kronenblätter. 7 u. 8. Diagr. der ♀ und ♂ Blm.

Empetrum nigrum *L.* ♄. Fig. 174. XXII. 3 *L.* — *Hb. et Sem. Empetri.*

Familie 82. Euphorbiaceae. (S. 109.)

Fig. 175.

1. *Euphorbia canariensis*. 2. Blüthenzweig längsdurchschnitten. 3. Blüthen-Gabel. 4. Staubgefäss. 5. *E. officinarum*, blühendes Zweigende.

Euphorbia canariensis *L.* ♄, Fig. 175, XI. 3 *L.*, **E. officinarum** *L.* ♄, Fig. 175, **E. resinifera** *Berg,* und noch andere Arten West-Afrikas und der Canarischen Inseln *liefern* ***Euphorbium:*** *22 % Euphorbon, 38 % Euphorbinsäure, 18 % Bassorin, Apfelsäure, Wachs etc.*

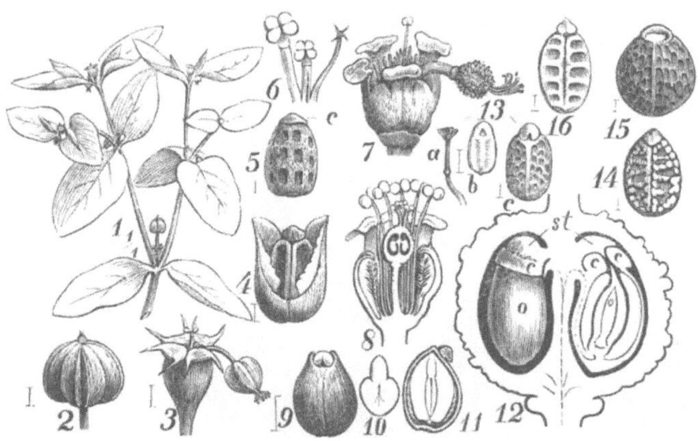

Fig. 176.

Tithymalus. 1—6. *T. Peplus.* 1. Blühender Zweig. 2. Reife Frucht. 3. Blüthe. 4. Saame in der geöffneten Theilfrucht. 5. Saame vom Rücken gesehen, *c* Nabelwarze. 6. Staubgefässe auf ihren Stielen neben einem Deckblatte, Fächer der Beutel zweiklappig geöffnet. 7—12. *T. palustris.* 7. Blüthe. 8. Diese längsdurchschn. 9. Saame. 10. Embryo. 11. Saame längsdurchschnitten. 12. Fruchtknoten-Durchschnitt, *o* Saamenknospe, *c, c, c* Eimundwarze, *st* Nabelwarze. — In dem Keimsack sieht man die Embryoanlage. 13. *T. segetalis.* *a* Fruchtstiel mit der Mittelsäule, *b* und *c* Saamen. 14. *T. exiguus.* Saame. 15. *T. helioscopius.* Saame. 16. *T. falcatus.* Saame.

Tithymalus *(Euphorbia L.)* **Lathyris** *Scopoli*, **Kreuzblätterige Wolfsmilch** ⊙. XI. 3 *L.* Aus Süd-Europa, in Gärten gepflanzt. — *Sem. Cataputiae minoris, Kleine Springkörner, Purgirkörner, Ol. Cataputiae.*

T. *(Euphorbia L.)* **Peplus** *Gaertner*, Gartenwolfsmilch ⊙. Fig. 176, *1—6. Hb. Esulae rotundifoliae.*

T. (*Euphorbia L.*) **palustris** *Lamarck* ♃. Fig. 176, 7–12. — *Rad.*, *Cort. radicis et Hb. Esulae majoris.*

T. (*Euphorbia L.*) **segetalis** *Klotzsch* und *Garcke* ⊙, Fig. 176, 13, T. (*Euphorbia L.*) **exiguus** *Mönch* ⊙, Fig. 176, 14, und T. (*Euphorbia L.*) **falcatus** *Klotzsch* und *Garcke* ⊙, Fig. 176, 16. *Dienten als Purgans und Emeticum.*

T. (*Euphorbia L.*) **helioscopius** *Scopoli* ⊙. Fig. 176, 15. — *Rad. et Hb. Esulae s. Tithymali.*

T. (*Euphorbia L.*) **Esula** *Scopoli* ♃. — *Cortex radicis Esulae minoris.*

Excoecaria (*Croton L.*) **sebifera** *Müller*, Stillingia sebifera *Michaux* ♄. XII. 3 *L.* China. — *Chinesischer Talg, fettes Oel.*

Manihot (*Jatropha L.*) Manihot *Krst.*, **Manihot utilissima** *Pohl* ♃. XXI. 10 *L.* — *Tapiocca (Rio- oder brasilianisches Arrowroot).*

Jatropha Curcas *L.*, Curcas purgans *Medicus* ♄. XXI. Monadelphia *L.* Tropisches Amerika. — *Sem. Ricini majoris s. Nuces catharticae americanae, Brechnüsse: Ol. infernale, Jatropha-Oel, englisches Crotonöl.*

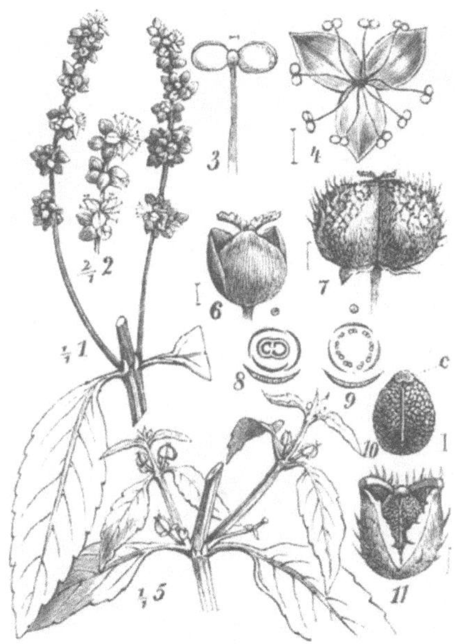

Fig. 177.

Mercurialis annua. 1. Theil einer ♂ blühenden Pflanze. 2. Spitze einer Blüthe in doppelter Grösse. 3. Staubgefäss. 4. ♂ Blm. 5. Theil einer ♀ blühenden Pfl. 6. ♀ Blm. 7. Frucht. 8 u. 9. Diagramme der ♀ und ♂ Blm. 10. Saame. c Nabelwarze. 11. Geöffnete Theilfrucht mit Saamen.

Mercurialis annua *L.*, Bingelkraut ⊙, Fig. 177, XXII. 9 *L.* und **M. perennis** *L.* ♃. — ***Hb. Mercurialis*** *(H.) s. Cynocrambes: Mercurialin, äth. Oel (Bingelkrautöl).*

Mallotus (*Croton Lamarck*) **philippinensis** *Müller*, Rottlera tinctoria *Roxburgh* ♄. XXII. Monadelphia *L.* Malabar, China, Philippinen. — ***Kamala***, *Glandulae Rottlerae: Harz (Rottleraroth) und Rottlerin.*

Hevea guyanensis *Aublet*, Siphonia (*Jatropha L.*) elastica *Persoon* ♄, XXI. Monadelphia *L.* und andere Hevea-Arten des tropischen Amerika *liefern brasil. Kautschuk.*

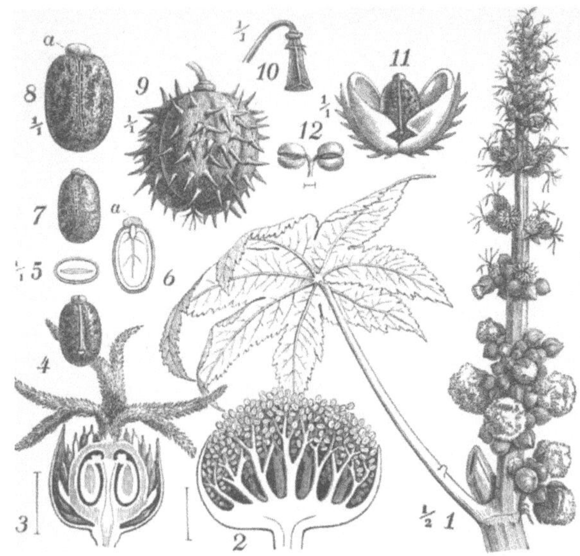

Fig. 178.

Ricinus communis. 1. Blatt und Blüthe. 2. ♂ Blume. 3. ♀ Blm., beide längsdurchschn. 4. Saame, Bauchseite. 5 u. 6. Quer- u. Längendurchschnitt, *a* Nabelwarze. 7. Saamen-Rückseite. 8. Grosse Saamenvarietät, *a* Nab.-warze. 9. Reife Frucht. 10. Fruchtmittelsäule. 11. Geöffnete Theilfrucht mit Saamen von innen. 12. Staubgef.

Fig. 179.

1—3. *Croton glabellum.* 1. Blatt mit achselständiger Blüthe. 2. ♂ 3. ♀ Blume vergrössert. 4—11. *C. Tiglium.* 4. Blühender Zweig. 5. ♂ Blm. 6. Fruchtknot.-Querschnitt. 7. Geöffnete reife Frucht. 8. Staubgefäss von der Seite. 9. Saamen-Längendurchschnitt. 10. ♀ Blm. 11. Saame von aussen.

Ricinus communis *L.*, Christuspalme. Tropisches Asien, bei uns ⊙. Fig. 178. XXI. Monadelphia *L.* — *Sem. Ricini*, ***Oleum Ricini***, *Ol. Palmae Christi*, *Ol. Castoris.*

Croton Eluteria *Bennett* ♄. XXI. Monadelphia. Antillen. — ***Cort. Cascarillae***, *Cascarillrinde: Ol. aeth.*, *Harz und Cascarillin.*

C. glabellum *L.* Clutia Eluteria *L.* herb. C. Eluteria *Swartz* ♄. Fig. 179, 1–3. Süd-Mexiko. Dem Vor. ähnlich; *galt als Mutterpflanze der Cascarillrinde.*

C. niveum *Jacquin*, C. Pseudochina *Schlechtendal* ♄. Antillen-Küsten. — ***Cort. Copalchi*** *(G.)*, *Falsche Cascarillrinde: Copalchin.*

Fig. 180.

Croton Malambo. 1. Blühender Zweig in halber Grösse. 2. ♂ Blm. 3. ♀ Blm., beide vergrössert. 4. Diese längsdurchschnitten. 5. Fruchtkelch mit dem Drüsenringe und der Mittelsäule. 6. Staubgefässe. 7. Frucht in nat. Gr. 8. Geöffneter Fruchtknopf. 9. Saame.

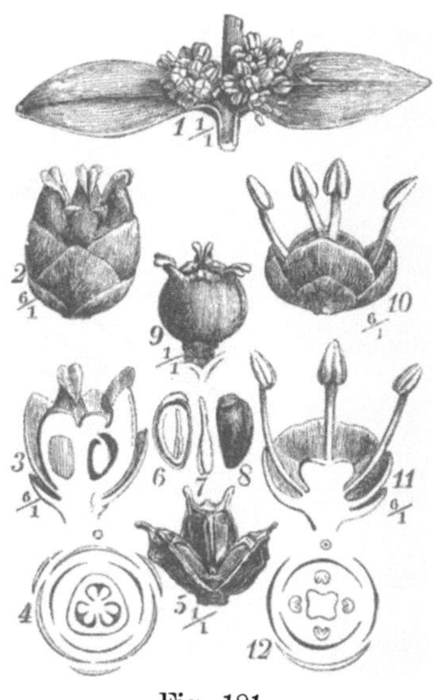

Fig. 181.

Buxus sempervirens. 1. Zweigstück mit einem Blattpaare und Blumen. 2. ♀ Blm. 3. Diese längsdurchschnitten. 4. Diagramm. der ♀ Blm. 5. Geöffnete reife Frucht. 6. Saame im Längenschnitte. 7. Keimling. 8. Saame von der Seite gesehen. 9. Frucht vor dem Oeffnen. 10. ♂ Blm. 11. Diese längsdurchschnitten. 12. Diagramm ders.

C. Malambo *Krst.* ♄. Fig. 180. Nord-Columbien (Süd-Amerika). — *Cort. Malambo.*

C. Tiglium *L.*, Tiglium officinale *Klotzsch* ♄. Fig. 179, 4–11. Ceylon, Sunda-Inseln, China. — *Sem. Tiglii*, ***Ol. Crotonis*** *Tiglii (G. A.) s.* ***Ol. Tiglii*** *(H.): Crotonol und Glyceride verschiedener Fettsäuren (auch Tiglinsäure).*

Buxus sempervirens *L.*, Buchsbaum ♄. Fig. 181. XXI. 4 *L.* Süd-Europa. — *Cort.*, *Lignum et Folia Buxi: Buxin*, *Parabuxin*, *Buxinidin*, *Parabuxinidin.*

Ordnung XXXIV. Trihilatae. (S. 92.)

A. **Frucht 2knöpfig,** geflügelt. Blumen regelmässig. Blätter gegenständig. Fam. 83. **Acereae.**

B. **Frucht 5knöpfig,** steinbeerenartig. Blumen regelmässig. Blätter gegenständig. Fam. 84. **Coriariaceae.**

C. **Frucht** eine meist 3fächerige **Kapsel.** Blumen unregelmässig. Fam. 85. **Sapindeae.**

D. **Frucht** eine 2—3fächerige **Beere.** Blumen regelmässig. Blätter abwechselnd. Fam. 86. **Erythroxyleae.**

Familie 83. Acereae.

Fig. 182.

1. Blühender Zweig von *Acer campestre.* 2. ♂ Blume. 3. Zwitterblume längsdurchschnitten. 4. Diagramm. 5. Saamenknospe durchschnitten, *st* Nabelwarze. 10. Reife Frucht. 7. Fruchtfach aufgeschnitten, von dem Keimlinge der obere Cotyledo abgenommen. 6. Frucht von *Acer platanoides.* 8. *A. Pseudoplatanus.* 9. *A. tataricum.* 10. *A. campestre.*

Acer campestre *L.*, Massholder ♄. Fig. 182, *1—5, 7. 10.* XXIII. 1 *L.* — *Cort. Aceris minoris.*

A. platanoides *L.*, Spitz-Ahorn, Deutscher Zuckerbaum ♄. Fig. 182, *6.*

A. Pseudoplatanus *L.*, Berg-Ahorn ♄. Fig. 182, *8.* — *Cort. Aceris majoris.*

A. tataricum *L.*, Zwerg-Ahorn ♄. Fig. 182, *9.* — *Samarae Aceris tatarici.*

A. saccharinum *L.*, Zucker-Ahorn ♄. Nord-Amerika. — *Sein Frühlingssaft enthält gegen 3 % Rohrzucker, der im Vaterlande daraus gewonnen wird, ebenso wie aus mehreren anderen dortigen Arten. Die deutschen Ahorne enthalten im Safte gegen 1 % Rohrzucker.*

Familie 84. Coriariaceae.

Coriaria myrtifolia *L.*, Gerberstrauch ♄. XXII. 10 *L.* Mittelmeergebiet. — *Fol. et Fruct. Coriariae: Coriamyrtin. Die Blätter sollen unter Sennesblättern vorgekommen sein!*

Familie 85. Sapindeae.

Fig. 183.

Aesculus Hippocastanum. 1. Blüthe und Blatt. 2. Blume. 3. Diese ohne Krone. 4. Blume längsdurchschnitten. 5 und 6. Staubgef. 7 und 8. Fruchtknoten längs- und querdurchschnitten. 9. Diagramm. 10. Reife Frucht, etwas geöffnet. 11 und 12. Saame. 11. Längsdurchschnitten, *r* Würzelchen, *c* Cotyledo, *gm* Knöspchen. 12. *h* Saamennabel, *r* Wulst über dem Würzelchen.

Aesculus Hippocastanum *L.*, Rosskastanie ♄. Fig. 183. VII. 1 *L.* Aus Persien über Griechenland und Mittel-Europa verbreitet. — *Cortex, Sem. vel Nuces Hippocastani: Die Rinde enthält Kastaniengerbsäure, Aesculin (Polychrom, Aesculinsäure), Aesculetinhydrat und Spuren von Fraxin (Paviin) und Aesculetin. Die Fruchtschalen: Capsulaescinsäure. Die Saamen: Argyraescin, Aphrodaescin und Aescinsäure neben Propaescinsäure. In Blättern und Blumen ist Queraescitin enthalten, in den Blattknospen Phyllaescitannin.*

Paullinia sorbilis *Martius* ♄. XXIII. 1 *L.* (VIII. 3 *L.*). Brasilien. — ***Guarana*** *(A. H.): 1—3 % Coffeïn (Guaranin), Gerbstoff, Amylum, Gummi, Fett etc.*

Fig. 184.

Erythroxylon Coca. 1. Blühender Zweig. 2. Blume vergrössert. 3. Diese längsdurchschnitten. 4. Pollen. 5. Diagramm. 6. Frucht. 7. Querschnitt derselben. 8. Keimling.

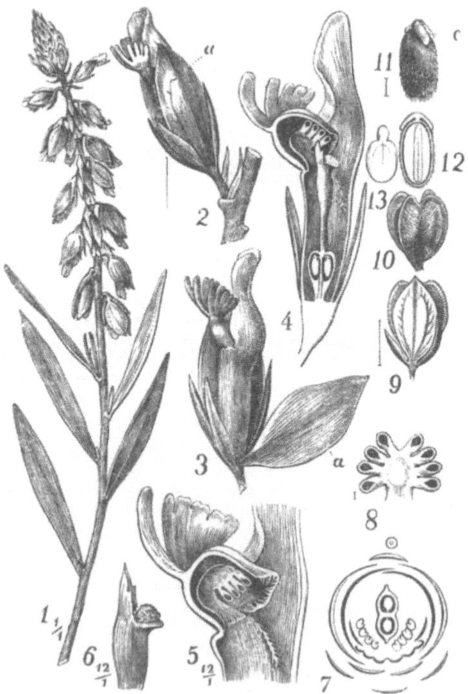

Fig. 185.

Polygala comosa. 1. Blühender Zweig. 2. Blühende Blume in nat. Stellung. 3. Kelchflügel, *a* zurückgeschlagen. 4. Blm. längsdurchschn. 5. Oberes Ende der Krone und Staubgef., stärker vergr., Spitze des hinteren Kronenblatts abgeschn. 6. Narbe. 7. Diagramm mit Deckblatt und Vorblättern. 8. Staubbeutel. 9. Frucht vom Kelche bedeckt. 10. Kapsel geöffnet. 11. Saame, *c* Nabelwarze. 12. Saame längsdurchschnitten. 13. Embryo.

Familie 86. Erythroxyleae. (S. 114.)

Erythroxylon Coca *Lamarck* ♄. Fig. 184. X. 3 *L.* Anden der Tropen. — *Fol. Cocae: Cocaïn (Erythroxylin) und Hygrin.*

Ordnung XXXV. Polygalinae. (S. 92.)

A. Fruchtknoten 2fächerig; Saamenknospen einzeln. Fam. 87. **Polygalaceae.**

B. Fruchtknoten 1fächerig; Saamenknospen 2. Fam. 88. **Krameriaceae.**

Familie 87. Polygalaceae.

Polygala Senega *L.* ♃. XVII. Octandria *L.* (XVI. 8). Nord-Amerika. — ***Rad. Senegae*** *s. Polygalae Virginianae: Senegin (Saponin, Polygalin, Polygalasäure), Harz, Fett, bitteren Farbstoff.*

P. amara *L.* ♃. — *Hb. cum radice Polygalae amarae: Polygamarin, äth. und fettes Oel, Schleim. Ebenso:*

P. vulgaris *L.*, Kreuzblume ♃, **P. comosa** *Schkuhr* ♃, Fig. 185, und **P. major** *Jacquin* ♃. — *Rad. Polygalae Hungaricae s. Polygalae amarae.*

Familie 88. Krameriaceae.

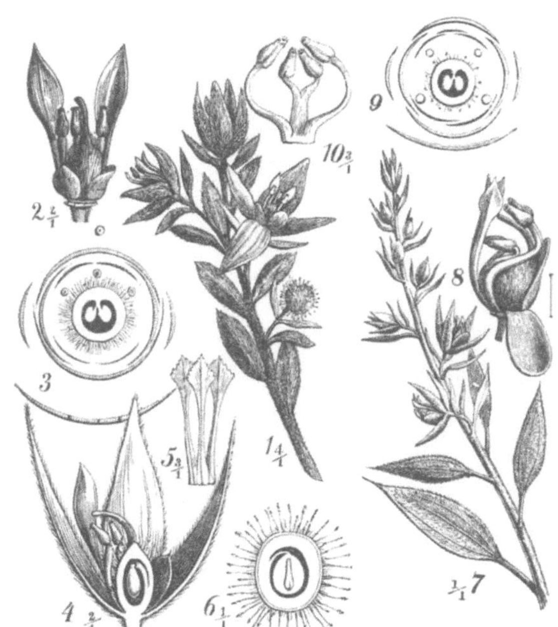

Fig. 186.

Krameria. 1. *K. triandra.* Blühender und fructificirender Zweig. 2. Blm. nach Hinwegnahme der Kelchblt. 3. Diagramm. 4. Blume. 6. Frucht; beide längsdurchschnitt. 7. Blüthenzweig von *K. Ixina.* 8. Blume ohne Kelchblätter. 5. Die 3 oberen, am Grunde etwas verwachsenen Kronenblt. 9. Diagramm. 10. Die 4 Staubgefässe.

Krameria triandra *Ruiz et Pavon* ♄. Fig. 186, *1–4 und 6.* IV. 1 *L.* (III. 1 *L.*, XVI. 4 oder 3). Peru, Bolivia. — ***Rad. Ratanhae*** *s.* ***Ratanhiae*** *(G.), Peru-Ratanhia: Ratanhiagerbsäure, Ratanhin, Tyrosin, Amylum etc.*

K. Ixina *L.* ♄. Fig. 186, *5 und 7—10.* Domingo und Nordküste Süd-Amerikas. — *Antillen Ratanhia.*

K. tomentosa *St. Hilaire* ♄. Wie Vor. — *Savanilla- oder Granada-Ratanhia. Beide enthalten die gleichen Bestandtheile der Peru-Ratanhia.*

K. secundiflora *Fl. mex.* ♄. — *Texas-Ratanhia.*

Ordnung XXXVI. Gruinales. (S. 92.)

A. Saamen eiweisshaltig. Blumen regelmässig. Fam. 89. **Oxalideae.**

B. Saamen eiweisslos.

- a. Blumen regelmässig; Keimling gerade. Fam. 90. **Lineae.**
- b. Blumen regelmässig und unregelmässig; Saamenknospen zu 2; Keimling gebogen oder gekrümmt. Fam. 91. **Geranieae.**
- c. Blumen unregelmässig; Saamenknospen zu ∞; Staubgefässe monadelphisch; Keimling gerade. Fam. 92. **Balsaminaceae.**
- d. Blumen unregelmässig; Saamenknospen einzeln; Staubgefässe frei; Keimling gerade. Fam. 93. **Tropaeoleae.**

Familie 89. Oxalideae.

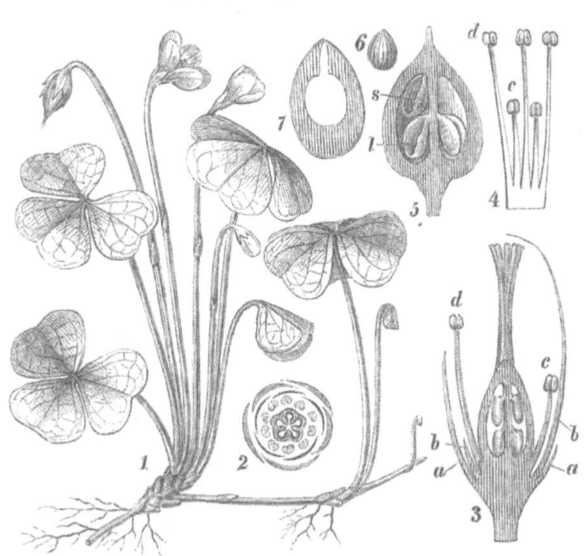

Fig. 187.

Oxalis Acetosella. 1. Blühende und fruchttragende Pflanze in natürlicher Grösse. 2. Diagramm. 3. Blume längsdurchschnitten, 4mal vergrössert, *a* Kelch-, *b* Kronenblatt, *c* Staubgefäss des inneren, *d* ein solches des äusseren Kreises. 4. Theil der monadelphischen Staubgef. 5. Längendurchschnitt der Frucht. *l* entleerte Aussenhaut. *s* Saame in derselben liegend. 6. Saame 2mal vergrössert. 7. Längenschnitt desselben.

Oxalis Acetosella *L.*, Sauerklee ♃. Fig. 187. X. 5 *L.* (XVI. 10). — *Hb. Acetosellae: Saures kleesaures Kali.*

Familie 90. Lineae.

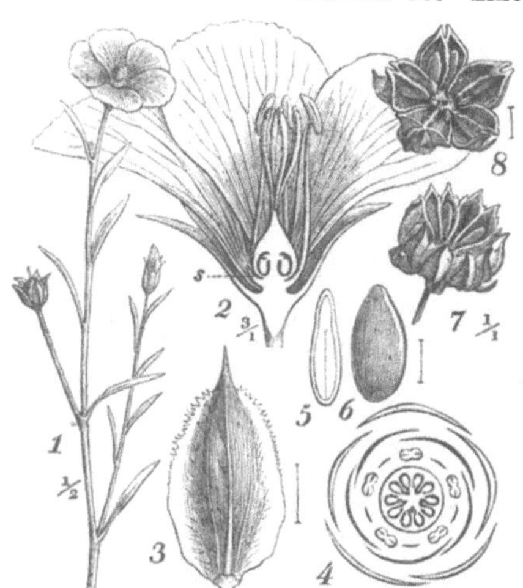

Fig. 188.

Linum usitatissimum. 1. Blühende Pflanze. 2. Blume im Längenschnitt. 3. Kelchblatt. 4. Diagramm. 5 und 6. Saame und dessen Längenschnitt. 7. Geöffnete Frucht. 8. Diese von oben gesehen.

Linum usitatissimum *L.*, Lein, Flachslein ⊙. Fig. 188. X. 5 *L.* (XVI. 5). Aus dem Orient *seit ältester Zeit als Gespinnstpflanze cultivirt.* — ***Sem. Lini,*** *Leinsaamen:* *26 %* ***Ol. Lini,*** *Schleim;* ***Placenta Lini seminum*** *(G.), Leinfaser (Flachs).*

L. catharticum *L.*, Purgirlein ⊙. — *Hb. Lini cathartici: Linin.*

Familie 91. Geranieae.

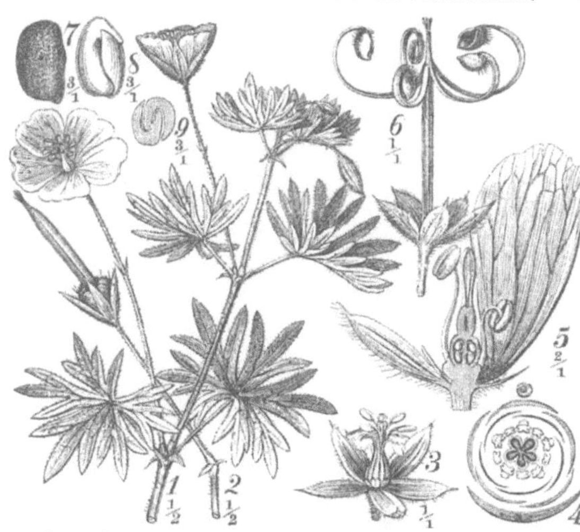

Fig. 189.

Geranium sanguineum. 1. Blühender Zweig. 2. Reife Frucht auf ihrem Stiele. 3. Blume, von der die Kronenblätter weggeschnitten. 4. Diagramm. 5. Blume im Längenschn. 6. Reife, geöffnete Frucht. 7. Saame. 8. Keimling. 9. Querschnitt der Cotyledonen.

Geranium sanguineum *L.*, Kranichschnabel ♃. Fig. 189. XVI. Decandria *L.* — *Rad. et Hb. Sanguinariae: Gerbstoff.*

G. pratense *L.* ♃. — *Hb. Geranii batrachioides.*

G. Robertianum *L.*, Ruprechtskraut ⊙. — *Hb. Ruperti.*

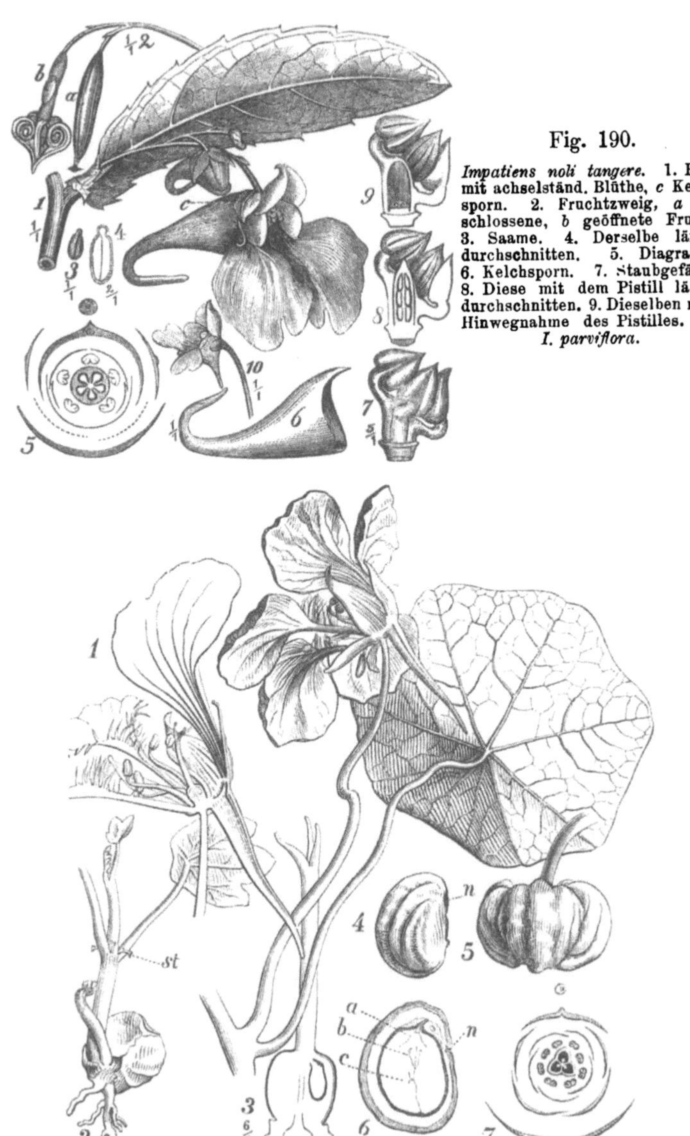

Fig. 190.

Impatiens noli tangere. 1. Blatt mit achselständ. Blüthe, *c* Kelchsporn. 2. Fruchtzweig, *a* geschlossene, *b* geöffnete Frucht. 3. Saame. 4. Derselbe längsdurchschnitten. 5. Diagramm. 6. Kelchsporn. 7. Staubgefässe. 8. Diese mit dem Pistill längsdurchschnitten. 9. Dieselben nach Hinwegnahme des Pistilles. 10. *I. parviflora.*

Fig. 191.

Tropaeolum majus. Blatt mit achselständiger Blm. 1. Diese längsdurchschn. 2. Keimender Saame, *st* rudimentäre Nebenblt. 3. Fruchtknoten vergr. 4. Reifer Fruchtknopf, *n* Fruchtnabel. 5. Ganze Knopffrucht. 6. Frucht mit Saamen längsdurchschnitten, *n* Fruchtnabel, *a* Würzelchen, *b* Knöspchen, *c* Keimblatt. 7. Diagramm.

Familie 92. Balsaminaceae. (S. 118.)

Impatiens noli tangere *L.*, Springkraut ⊙. Fig. 190, 1–9. XIX. 6 *L.* (V. 1). — *Fol. et Flores Balsaminae luteae.*

I. **Balsamina** *L.*, Balsamina hortensis *Desportes*, Balsamine ⊙. Gartenpflanze aus Ostindien.

Familie 93. Tropaeoleae. (S. 118.)

Tropaeolum majus *L.*, Kapuzinerkresse, Spanische Kresse ⊙. Fig. 191. VIII. 1 *L.* Gartenpflanze aus Peru. — *Hb. et Flores Nasturtii indici s. Cardami majoris: Tropaeolsäure, äth. Tropaeolumöl.*

Ordnung XXXVII. Columniferae.

A. Staubbeutel einfächerig; Staubgefässe ∞, unter sich monadelphisch und mit der Krone verwachsen; Blumen meist mit Aussenkelch. Fam. 94. **Malvaceae.**

B. Staubbeutel 2fächerig; Staubgefässe 5—∞ monadelphisch, in der Regel auf dem Blumenboden stehend. Fam. 95. **Büttneriaceae.**

C. Staubbeutel 2fächerig; Staubgefässe ∞, frei oder polyadelphisch. Fam. 96. **Tiliaceae.**

Familie 94. Malvaceae.

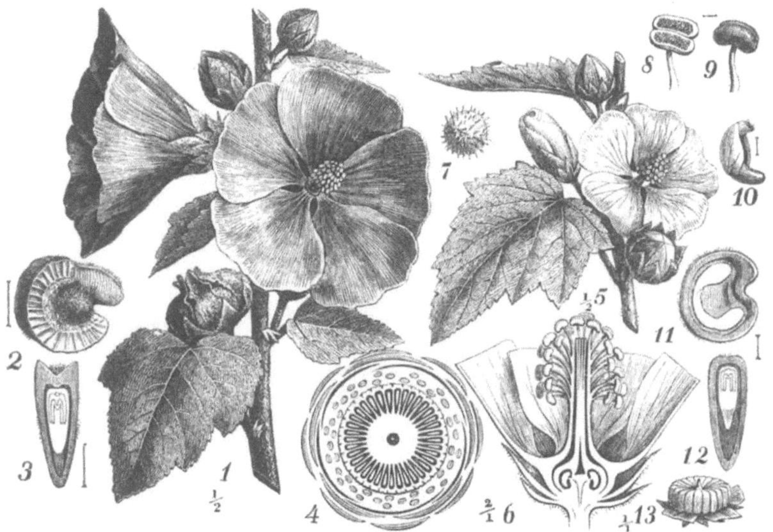

Fig. 192.

Althaea. 1—4. *A. rosea.* 1. Stück einer Blüthe. 2. Saame. 3. Querschnitt desselb. 4. Diagramm. 5—13. *A. officinalis.* 5. Stück einer Blüthe. 6. Blume längsdurchschnitten. 7. Pollen. 8 und 9. Staubgefässe. 10. Keimling. 11 und 12. Saame längs- und querdurchschnitten. 13. Frucht, deren Kelch z. Th. weggeschnitten.

Althaea officinalis *L.*, Eibisch ♃. Fig. 192, 5–13. XVI. Polyandria *L.* — ***Rad. et Fol. Althaeae:*** *25 % Schleim.*

A. *(Alcea L.)* **rosea** *Cavanilles*, Stockrose ♃. Fig. 192, 1–4. Gartenpflanze aus dem Orient. — *Flores Malvae arboreae: Schleim.*

Fig. 193.

Malva. 1—6. *M. silvestris.* 1. Blumenbüschel in der Blattachsel. 2. Blume längsdurchschnitten, *i* Aussenkelch, *o* Innenkelch. 3 und 4. Saame und dessen Quer- und Längenschnitt. 5. Keimling. 6. Frucht längsdurchschnitten, *i* Aussen-, *o* Innenkelch. 7. Blm. von *M. neglecta.*

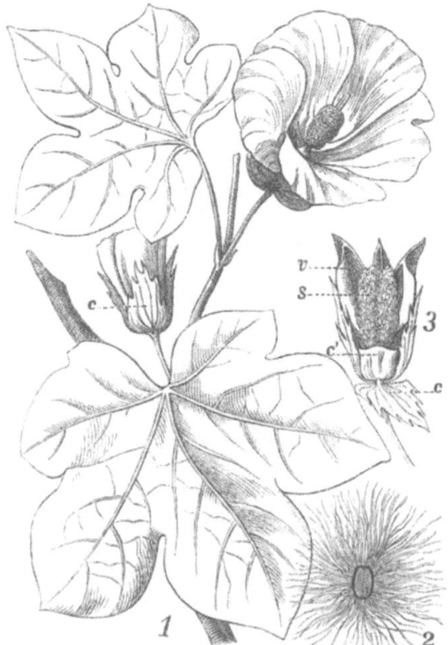

Fig. 194.

Gossypium herbaceum. 1. Blühender Zweig, *c* äusserer Kelch einer halbentfalteten Blm. 2. Saame längsdurchschnitten. 3. Frucht geöffnet, *c* äusserer, *c'* innerer Kelch. *s* Saamen in ihre Haare eingewickelt. *v* Fruchtklappen.

Malva silvestris *L.*, Grosse Käsepappel ⊙. Fig. 193, 1–6. XVI. Polyandria *L.* — ***Fol. et Flores Malvae*** *s. Malv. majoris v. vulgaris: Schleim.*

M. neglecta *Wallroth*, M. vulgaris *Fries* ♃, Fig. 193, 7 und **M. rotundifolia** *L.*, M. pusilla *With.*, M. borealis *Wallmann.* — ***Fol. Malvae*** *(G. H.) minoris.*

M. Alcĕa *L.* ♃. — *Rad. et Hb. Alceae.*

Gossypium herbaceum *L.* ⊙. Fig. 194. XVI. Polyandria *L.* Aus Ostindien über alle Länder der warmen Zone verbreitet. — *Baumwolle,* ***Gossypium depuratum*** *(G.). Die Saamen: bis 40 % fettes Oel und Melitose.*

G. arboreum *L.* ♄ und **G. religiosum** *L.* ♄. Beide aus Ostindien, *geben gelbe Baumwolle.*

G. hirsutum *L.* ♄ und **G. barbadense** *L.* ♄. Beide in Westindien, *geben lange, weisse Baumwolle.*

Abelmoschus *(Hibiscus L.)* Abelmoschus *Krst.*, **A. moschatus** *Mönch* ♄. XVI. Polyandria *L.* Ostindien, Aegypten. — *Sem. Abelmoschi s. Alceae aegyptiacae.*

Familie 95. Büttneriaceae. (S. 121.)

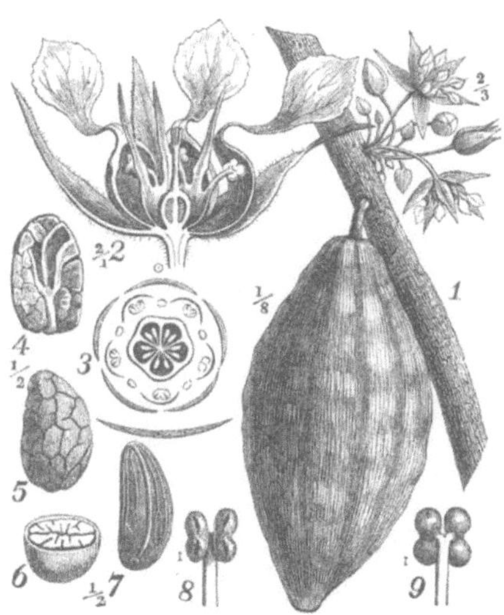

Fig. 195.

Theobroma Cacao. 1. Zweig mit Blumen und Frucht. 2. Blume längsdurchschn. 3. Diagramm. 4 und 5. Keimblatt. 6. Saame querdurchschnitten. 7. Saame von der Nahtseite gesehen. 8 und 9. Staubgefässe.

Theobroma Cacao *L.* ♄. Fig. 195. XVI. 10 *L.* Tropisches Süd-Amerika. — *Sem. Cacao: bestehend (ausser der Schale) aus 50 % Butyrum s.* ***Oleum Cacao,*** *Cacaobutter und Chocolade, Chocolata tabulata: 1,5 % Theobromin, 0,35 % Coffeïn, 10 % Amylum, Rohrzucker, Cacaoroth.*

Familie 96. Tiliaceae. (S. 121.)

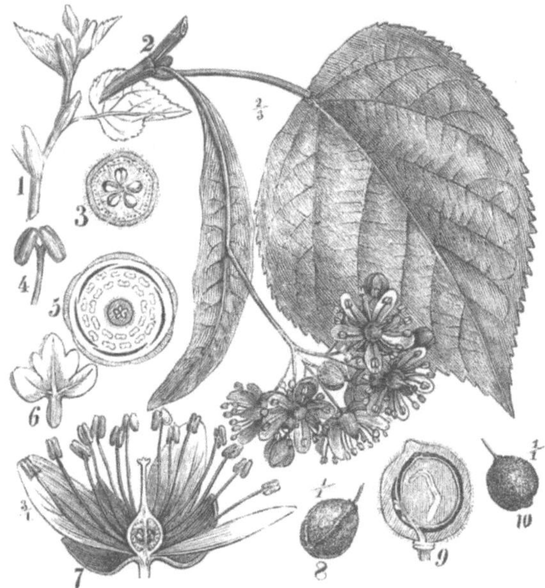

Fig. 196.

Tilia. 1—7. und 10. *T. ulmifolia.* 1. Junge Zweigspitze, deren Blätter noch Nebenblätter haben. 2. Blatt und Blüthe mit dem angewachsenen Deckblatte. 3. Fruchtknoten-Querschnitt. 4. Staubgefäss. 5. Diagramm. 6. Keimling. 7. Blumen-Längsdurchschn. 10. Reife Frucht. 8. Frucht von *T. platyphyllos.* 9. Längsdurchschnitt durch dieselbe.

Tilia cordata *Miller*, T. ulmifolia *Scopoli*, T. parvifolia *Ehrhart*, Spät- oder Winterlinde ♄. Fig. 196, *1–7* und

T. platyphyllos *Scop.*, T. grandifolia *Ehr.*, Sommerlinde ♄. Fig. 196, *8. 9.* XIII. 1 *L.* — ***Flores Tiliae*** *(sine bracteis, H.): Schleim, äth. Oel.*

T. tomentosa *Mönch*, T. argentea *Desfontaines* ♄. Aus Ungarn häufig angepflanzt. — *Flor. Tiliae falsi.*

Ordnung XXXVIII. Guttiferae. (S. 92.)

A. Blätter nebenblattlos, einzeln.
   a. Blätter einfach; Frucht eine Kapsel. Fam. 97. **Ternstroemiaceae.**
   b. Blätter zusammengesetzt, durchscheinend-punktirt; Frucht eine Beere. Fam. 98. **Aurantieae.**
   c. Blätter einfach; Frucht eine Beere. Fam. 99. **Canellaceae.**

B. Blätter nebenblattlos, gegenständig.
   a. Ausländische Bäume mit gegliederten Organen; Narben sitzend, schildförmig. Fam. 100. **Clusiaceae.**
   b. Kräuter oder *(in den Tropen)* verholzende Gewächse. Narben klein, auf langen Griffeln. Fam. 101. **Hypericeae.**

C. Blätter mit Nebenbltt., meist gegenständig. Tropen-Bäume; Staubgef. ∞; Saamenknospen 2 in jedem Fache. Fam. 102. **Dipterocarpeae.**

Familie 97. Ternströmiaceae.

Fig. 197.

Thea chinensis. *a.* viridis. 1. Blühender Zweig. 2. Blm. längsdurchschnitten. 3 und 4. Staubgefässe von vorne und hinten. 5. Reife geöffnete Frucht mit Saamen. 6. Ein solcher, *x* Eindrücke der verkümmerten Saamenknospen. 7. Saame querdurchschnitten. 8. Diagramm.

Thea chinensis *Sims*, *α* T. viridis *L.* und *β* T. Bohea *L.* ♄. Fig. 197. XIII. 1 *L.* China, wild und angepflanzt, ebenso auch in Japan, Bengalen, den Sunda-Inseln. — ***Folia Theae*** *(A.)*, *Chinesischer Thee: 1,5 % **Coffeïn** (Theïn), flüchtiges Oel, 12 % Gerbstoff, Boheasäure und bis 7 % Asche.*

Familie 98. Aurantieae.

Fig. 198.

Citrus Aurantium. 1. Blühendes Zweigende. 2. Blm. längsdurchschnitten. 3. Ovulum längsdurchschnitten. 4. Saame. 5. Dieser längsdurchschn. 6. Diagramm.

Citrus Aurantium *L.*, C. vulgaris *Risso*, Pomeranze ♄. Fig. 198. XVIII. Polyandria *L.* Aus Süd-Asien über die warme und heisse Zone verbreitet. — ***Folia Aurantii*** *(A. H.), Poma s.* ***Fructus Aurantii immaturi*** *(G.),* ***Cortex Aurantiorum (Malicorium Aurantii,*** *A.),* ***Aqua Flor. Aurantii*** *(Aq. Fl. Naphae),* ***Ol. Florum Aurantii*** *(Ol. Neroli),* ***Ol. Cort. Aurantiorum*** *(A. H.): Alle genannten Organe enthalten Hesperidin, verschiedene äth. Oele und Bitterstoff, das Fruchtfleisch Citronensäure.*

C. Aurantium var. sinensis *L.*, C. Aurantium *Risso*, Apfelsine. — *Die gleichfalls Hesperidin enthaltenden Blätter und Fruchtschalen dieser Varietät dürfen nicht med. angewendet werden, da ihre äth. Oele von denen der Pomeranze verschieden sind.*

Citrus Medica *L.*, Citrone, und var. *α* Limon *L.*, C. Limonum *Risso* ♄. Wie Vor. aus Asien über die wärmeren Gegenden der Erde verbreitet. — ***Succus Citri recens*** *(A.),* ***Acidum citricum, Cort. Fruct. Citri, Ol. Citri.***

C. Bergamia *Risso.* — ***Ol. Bergamottae*** *(A. H.). Fruchtschalen und Blumen enthalten Narangin.*

Familie 99. Canellaceae. (S. 124.)

Canella *(Winterania L.)* Canella *Krst.* **Canella alba** *Murray*, Weisser Zimmet-Baum ♄. XI. 1 *L.* (XVI. Dodecandria). Westindien. — *Cort. Canellae albae, Cortex Winteranus spurius: Aeth. Oel, Harz, Mannit (Canellin).*

Familie 100. Clusiaceae. (S. 124.)

Fig. 199.

Garcinia. 1. *G. Hanburyi.* Zweig mit Blumen u. Früchten. 2 u. 3. *G. monosperma Bg.* 2. Männliche Blume. 3. Zwitter-Blume. Beide längsdurchschnitten.

Garcinia Hanburyi *Hooker fil.* Garcinia Morella *Desrousseaux*, var. pedicellata *Hanbury* ♄. Fig. 199. XI. 1 *L.* (XXI. oder XXII. Monadelphia). Süd-Asien (Ceylon, Siam). — *Gummi Guttae,* ***Gutti*** *(G. H.), Gummi-resina Gutti: 80—85 % Harz, 15—20 % Gummi.*

G. Cambogia *Desrousseaux*, Cambogia Gutta *L.*, z. Th. Malabar und:

G. *(Hebradendron Graham)* **cochinchinensis** *Choisy*, **G. elliptica** *Wallich*, und wohl noch andere Arten *geben weniger harzreiche, z. Th. Amylum enthaltende Gutti-Sorten, Siam-, Malabar-Gutti.*

Calophyllum Inophyllum *L.* ♄. XIII. 1 *L.* Ostindien, Cochinchina. — *Tacamahaca orientalis.*

C. Tacamahaca *Willdenow* ♄. Madagascar. — *Tacamahaca Bourbonensis.*

C. Calaba *Jacquin* und **C. longifolium** *Willdenow.* — *Antillen-Tacamahac oder Anime.*

Familie 101. Hypericeae. (S. 124.)

Fig. 200.

Hypericum. 1. *H. perforatum.* Blühender Zweig. 2. Blühende Blume von oben. 3. Deren Kelch und Fruchtknoten nach dem Blühen. 4. Diese Organe von *H. quadrangulum.* 5. Reife geöffnete Kapsel von *H. perforatum.* 6. Saame längsdurchschnitten. 7. Fruchtknoten desgl. 8. 9. 10. Querschnitte desselben. 11. Blume längsdurchschnitten. 12. Staubbeutel. 13. Diagramm. 14. Stengelstückchen. 15. Ein solches von *H. tetrapterum.*

Hypericum perforatum *L.*, Hartheu, Johannisblut ♃. Fig. 200, *1—3*, *5—14*. XVIII. Polyandria *L.* — *Hb. et* ***Flores Hyperici*** *(H.): Aeth. Oel, Hypericumroth etc. Aehnlich verhalten sich:*

H. quadrangulum *L.*, H. dubium *Leers* ♃, Fig. 200, *4*, **H. tetrapterum** *Fries* ♃, Fig. 200, *15* u. a. Arten.

Familie 102. Dipterocarpeae. (S. 124.)

Fig. 201.

1. *Dryobalanops aromatica.* 2. Blume längsdurchschnitten.

Dryobalanops aromatica *Gaertner*, D. Camphora *Colebrooke* ♄. Fig. 201. XIII. 1 *L.* Sumatra, Borneo. — *Borneocampher.*

Dipterocarpus turbinatus *Gaertner* ♄. XIII. 1 *L.* Molukken. **D. alatus** *Roxburgh*, **D. trinervis** *Blume u. a. Arten geben den Gurgunbalsam, der dem Copaivabalsam ähnlich wirkt und zur Verfälschung desselben dient.*

Hopea splendida *Hooker fil.* ♄, XIII. 1 *L.*, Indien, und **H. micrantha** *Hooker f. geben ein dem Dammarharz ähnliches Harz* ***Resina Dammar*** *(G.).*

Vateria indica *L.* ♄. XIII. 1 *L.* Indien. — *Ostindischer Copal und Vateriatalg.*

Ordnung XXXIX. Parietales. (S. 92.)

I. Krone auf dem Blumenboden stehend.
  A. Saamen eiweisshaltig.
    a. Sträucher oder Halbsträucher, selten Kräuter; Blätter gegen-, selten wechselständig; Blumen regelmässig; Staubbeutel nach innen aufspringend; Kapsel unterwärts meistens fächerig; Keimling gekrümmt. Fam. 103. **Cisteae.**
    b. Tropische Bäume oder Sträucher; Blätter abwechselnd; Blumen und Staubbeutel wie in *a.* Keimling gerade. Fam. 104. **Bixaceae.**
    c. Kräuter; Blätter abwechselnd; Blumen regelmässig; Staubbeutel nach aussen sich öffnend. Fam. 105. **Droseraceae.**
    d. Blumen unregelmässig; Blätter wechselständig mit Nebenblättern. Fam. 106. **Violaceae.**
  B. Saamen eiweisslos, mit einem Haarschopf; Sträucher. Fam. 107. **Tamarisceae.**

II. Krone auf dem Kelche stehend; meistens Schlingsträucher. Fam. 108. **Passifloraceae.**

Familie 103. Cisteae.

Fig. 202.

Helianthemum (Cistus *L.*) *Helianthemum.* 1. Blühender Zweig. 2. Längsdurchschnittene Blume. 3. Geöffnete reife Frucht. 4 und 6. Reife Saamen. 7. Derselbe längsdurchschn. 5. Diagramm.

Cistus ladaniferus *L.* ♄. XIII. 1 *L.* Süd-Spanien, **C. cyprius** *Lamarck* ♄. Cypern, **C. creticus** *L.* ♄. Creta, Kleinasien. — *Diese und wohl noch andere Arten geben Ladanum.*

Helianthemum *(Cistus L.)* **Helianthemum** *Krst.*, H. Chamaecistus *Miller*, H. vulgare *Gaertner* ♄. Fig. 202. XIII. 1 *L.* — *Hb. Helianthemi s. Chamaecisti vulgaris.*

Familie 104. Bixaceae.

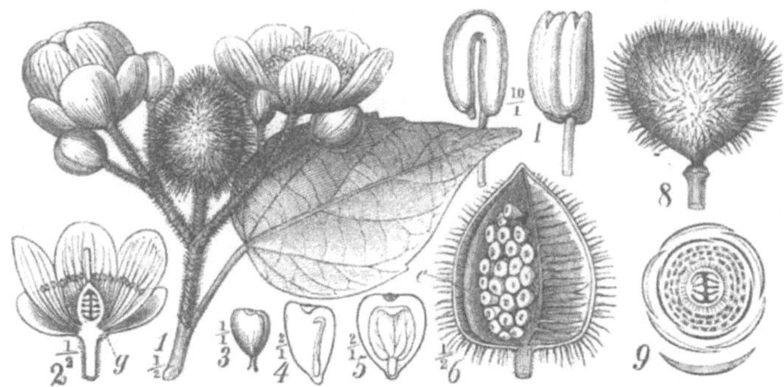

Fig. 203.

Bixa Orellana. 1. Blühende Zweigspitze. 2. Längsdurchschnittene Blume, *g* Drüse. 3. Halbreifer Saame. 4 und 5. Derselbe ganz reif ohne Saamenfuss, in verschiedenen Richtungen längsdurchschnitten. 6. Fruchtklappe von innen gesehen mit den reifen Saamen. *e* Innenfruchtschicht, von der Aussenfruchtschicht während der Reife getrennt. 7. Staubgefässe von der Seite und von vorne. 8. Frucht in halber Grösse. 9. Diagramm.

Bixa Orellana *L.* ♄, ♄. Fig. 203. XIII. 1 *L.* Central- und Süd-Amerika. — ***Orleana*** *(H.)*.

Familie 105. Droseraceae. (S. 128.)

Fig. 204.

Drosera intermedia. 1. Blühende Pflanze. 2. Reife geöffn. Frucht. 3. Saame längsdurchschn. 4 und 5. Blume vergrössert und längsdurchschnitten. 6. Reife Frucht in den vertrockneten Blumendecken und Staubgefässen. 7. Diagramm.

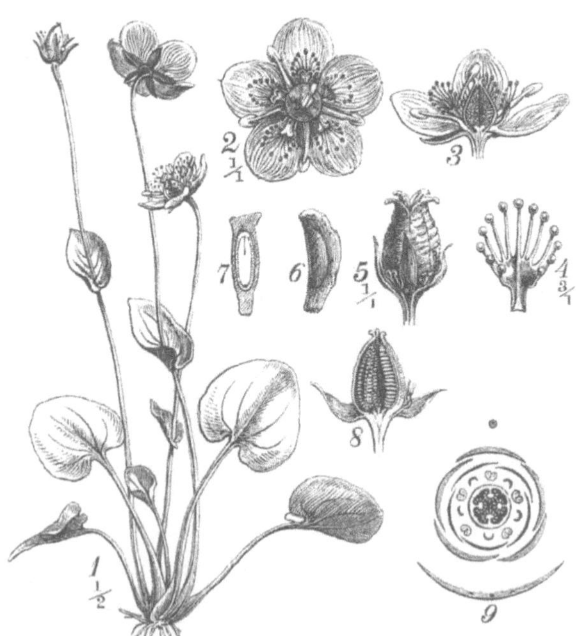

Fig. 205.

Parnassia palustris. 1. Blühende Pflanze. 2. Blume von oben, in 3. längsdurchschnitt. 4. Unfruchtbares Staubgefäss-Bündel. 5. Reife geöffnete Kapsel. 6. und 7. Saame und längsdurchschnitten. 8. Frucht längsdurchschnitten. 9. Diagramm.

Drosera rotundifolia *L.*, Sonnenthau ♃, V. 5 *L.*, **D. intermedia** *Hayne* ♃, Fig. 204 und **D. anglica** *Hudson.* — *Hb. Rorellae.*

Parnassia palustris *L.*, Herzblatt ♃. Fig. 205. V. 4 *L.* — *Hb. et Flor. Hepaticae albae.*

Familie 106. Violaceae. (S. 128.)

Fig. 206.

1. *Viola odorata* blühend mit Wurzelausläufer. 2. Geöffnete Frucht. 3. Saamen längsdurchschnitten. 4. Fruchtknoten-Querschnitt. 5. Diagramm. 6. Pistill von *Viola tricolor.* 7. Pistill und Staubgefässe von *V. odorata,* längsdurchschnitten. 8. Staubgefäss von innen. 9. Blume längsdurchschnitten. 10. Blühender Zweig von *V. tricolor.* 11. Diese nach der Blüthe.

Viola odorata *L.*, Märzveilchen ♃. Fig. 206, *1–5*, *7–9*. XIX. 6 *L* (V. 1). — *Flor. Violae: Violin (Emetin?).*

Viola tricolor *L.*, var. arvensis, Stiefmütterchen ⊙, ⊙ und ♃. Fig. 206, *6. 10. 11.* — ***Hb. Violae tricoloris*** *(G. H.)* s. ***Jaceae*** *(A.)* s. *Trinitatis: Violaquercitrin, Salicylsäure, Harz, Schleim, bitteren Extractivstoff; die Wurzel: Violin.*

Ionidium Barcelonense *Krst.* ♄, Fig. 207, V. 1 *L.*, Venezuela. **I. Ipecacuanha** *St. Hilaire,* ♄, Brasilien, *u. a. Arten liefern Rad. Ipecacuanhae albae: Emetin, Salicylsäure.*

Fig. 207.

Ionidium Barcelonense. 1. Blühender Zweig. 2. Wurzel, beide in halber Grösse. 3. Blm. 4. Pistill. 5. Staubgefässe. 6. Reife Frucht. 7. Saame. 8. Dieser längsdurchschnitten.

Familie 107. Tamarisceae. (S. 128.)

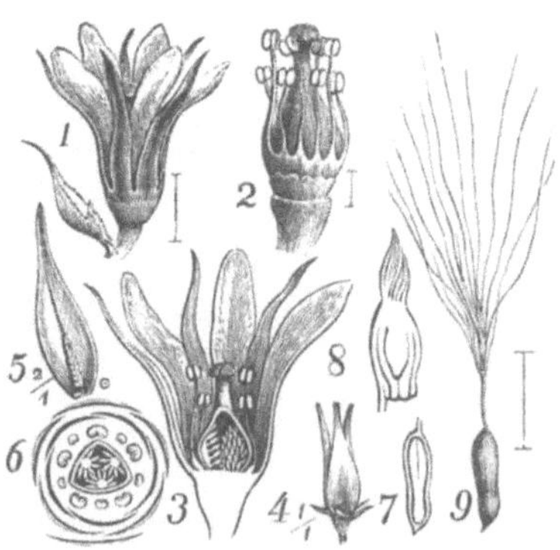

Fig. 208.

Myricaria germanica. 1. Blühende Blume mit ihrem Deckblatt. 2. Geschlechtsorgane. 3. Blume längsdurchschnitten. 4. Geöffnete reife Frucht. 5. Klappe derselben mit Saamenträger von innen. 6. Diagramm. 7. Saame. 8. Saamenknospe, beide längsdurchschnitten. 9. Saame mit Schopf.

Myricaria (*Tamarix L.*) **germanica** *Desvaux* ♄. Fig. 208. XVI. 10 *L.* Alpenfluss-Ufer. — *Cort. Tamarisci v. Tamaricis germanici.*

Tamarix gallica *L.* ♄. V. 3 *L.* Mittelmeergebiet; in Gärten gepflanzt. — *Cort. Tamarisci s. Tamaricis.*

Familie 108. Passifloraceae. (S. 128.)

Fig. 209.

Passiflora racemosa. 1. Blühender Zweig. 2. Geöffnete Pollenzelle, stark vergrössert. 3. Blume längsdurchschn. 4. Trockener, von dem fleischigen Mantel befreiter Saame, vergr.; *a* und *b* nat. Grösse. 5. Derselbe längsdurchschnitten. 6. Diagramm der Blume mit Deckblatt. 7. Frucht der *Tacsonia mollissima Kth. in Hmb. Bpl.*

Passiflora racemosa *Brotero* ♄. Fig. 209. XX. 5 *L.* (V. 3). Tropisches Süd-Amerika, sowie Folgende:

P. caerulea *L.* ♄, bei uns häufig als Ziergewächs, **P. quadrangularis** *L.*, **P. maliformis** *L. u. a. A. haben einen säuerlichen, wohlschmeckenden Fruchtbrei.* Die Frucht der **P. laurifolia** *L.* und die Wurzeln der **P. quadrangularis** *L. wirken anthelminthisch. In letzteren Passiflorin.*

Ordnung XL. Rhoeadeae. (S. 92.)

A. Saamen eiweisshaltig.

* Blumen regelmässig; Staubgefässe zahlreich, frei. Fam. 109. **Papavereae.**

** Blumen unregelmässig; Staubgefässe 6, 2brüderig. Fam. 110. **Fumariaceae.**

B. Saamen eiweisslos, *ausgen. einige Cruciferen.*

* Blumen regelmässig; Frucht 2fächerig; meist Kräuter. Fam. 111. **Cruciferae.**

** Blumen regelmässig; Frucht einfächerig; häufig verholzend. Fam. 112. **Capparideae.**

*** Blumen unregelmässig; Frucht einfächerig. Fam. 113. **Resedaceae.**

Familie 109. Papavereae. (S. 133.)

Chelidonium majus *L.*, Schöllkraut ♃. Fig. 210. XIII. 1 *L.* — ***Hb. Chelidonii majoris recens*** *(A. H.): Chelidonin, Sanguinarin (Chelerythrin, Pyrrhopin), Chelidonsäure, Chelidoninsäure (Bernsteinsäure?), Apfel- und Citronensäure, Chelidoxanthin.*

Fig. 210.

Chelidonium majus. 1. Zweig mit Blumen und unreifen Früchten. 2 und 3. Aufblühende Blumenknospen. 4. Reife Frucht. 5. Solche geöffnet. 6 und 8. Fruchtknoten. 7. Reifer Saame längsdurchschn. 9. Diagramm. 10. Staubgefäss.

Papaver somniferum *L.*, Mohn ⊙. Fig. 211, *1–8.* XIII. 1 *L.* Aus dem Orient häufig; cultivirt. — ***Fruct., Capsulae*** *s.* ***Capita*** *(A.)* ***Papaveris immaturi*** *(G.): bis 0,1 % Morphium, Narcotin, Codeïn, Narceïn, Papaverin, Meconsäure.* ***Sem. Papaveris*** *(G. H.): bis 50 %* ***Ol. Papaveris*** *(G. H.).* ***Opium*** *(Laudanum, Meconium): bis 15 %* ***Morphin*** *(Morphium),* ***[Apomorphin*** *(A.)***]*** *0,2—0,5 %* ***Codeïn*** *(G. H.), 0,1—0,4 %* ***Narceïn*** *(H.), bis 10 %* ***Narcotin*** *(H.), Oxynarcotin, Papaverin, Thebaïn (Paramorphin), Rhoeadin (Oxymorphin?), Hydrocotarnin, Gnoscopin, Codamin, Laudanin, Lanthopin, Protopin, Cryptopin, Laudanosin, Meconidin; ferner Meconin und Meconoisin, Meconsäure, Thebolactinsäure, Kautschuk, Harz, Wachs, Schleim, Zucker etc.*

P. Rhoeas *L.*, Klatschrose ⊙. Fig. 211, *9–13.* Aus dem Süden; unter dem Getreide. — ***Flores Rhoeados*** *(A. H.) s. Papaveris erratici: Rhoeadin, Rhoeadinsäure und Klatschrosensäure, Fett, Gummi etc.*

Glaucium *(Chelidonium L.)* Glaucium *Krst.*, **G. luteum** *Scopoli*, Hornmohn ⊙. XIII. 1 *L.* Im südl. Gebiete. — *Hb. Chelidonii Glaucii v. Papaveris corniculati: Glaucin, Fumarsäure. Die Wurzel enthält Glaucopicrin und Sanguinarin.*

Sanguinaria canadensis *L.* ♃. XIII. 1 *L.* Nordamerika. — *Rhiz. Sanguinariae: Sanguinarin, Puccin (Sanguinarin?), Sanguinaria-Porphyroxin (Rhoeadin?).*

Fig. 211.

Papaver. 1. *P. somniferum* mit Blume und Frucht. 2. Diagramm. 3. Fruchtknoten querdurchschnitten. 4. Derselbe längsdurchschnitten. 5. Reife geöffnete Frucht. 6 und 8. Saame und derselbe längsdurchschnitten. 7. Staubgefäss. 9. *P. Rhöas* blühend. 10. Staubbeutel auf dem oberen Fadenende. 11. Reife Frucht. 12 und 13. Saame von aussen und im Längenschnitte.

Familie 110. Fumariaceae. (S. 133.)

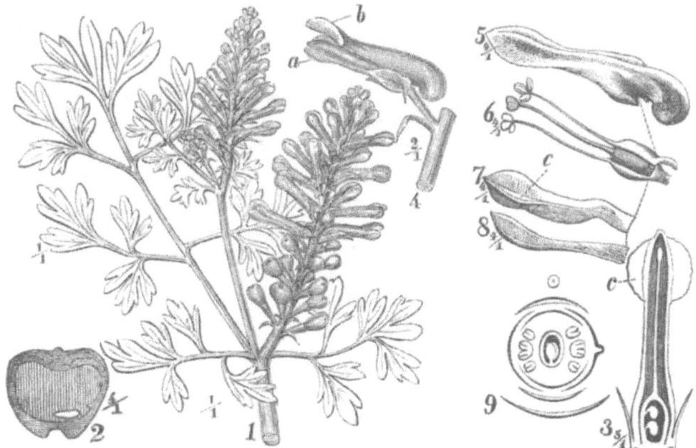

Fig. 212.

Fumaria officinalis. 1. Blühender Zweig. 2. Längsdurchschn. Frucht. 3. Längsdurchschn. Blm. 4. Blm.: *a* oberes oder hinteres, *b* unteres oder vorderes Kronenblt. 5. Oberes Kronenblatt, halb vom Rücken. 6. Staubgefässbündel und Pistill. 7 und 8. Unteres Kronenblatt vom Rücken und von der Seite, *c* Kiel, 9. Diagr.

Fumaria officinalis *L.*, Erdrauch ⊙. Fig. 212. XVII. Hexandria *L.* — ***Hb. Fumariae*** *(H.): Fumarin, Fumarsäure.*

Fig. 213.

Corydalis. 1. *C. solida.* Blüthe und ein oberes Blatt. 2. Knolle mit dem unteren Stengeltheile und Scheidenblt. 3. Diagramm. 4. Saum eines äusseren Kronenblattes mit einem Staubgefässbündel. 5. Reife geöffn. Frucht. 6. Querschnitt durch die Verwachsungsstelle der äusseren Kronenblt. *a*, der inneren *b* und der Staubgef.-Bündel *c*. 7. Saame. 8. Blume mit längsdurchschnittenem Sporn. 9. Blume von *C. bulbosa.*

Corydalis (*Fumaria bulbosa α L.*) **bulbosa** *Persoon*, C. **cava** *Schweigger*, Hohlwurz ♃. Fig. 213, *9*. XVII. Hexandria *L.* — *Rad. Aristolochiae rotundae cavae: Corydalin, Apfelsäure, Harz etc. Im Kraute: Fumarsäure.*

C. (*Fumaria bulbosa β L.*) **intermedia** *Merat*, C. fabacea *Pers.*, und **C.** (*Fumaria bulbosa γ L.*) **solida** *Smith*, C. digitata *Pers.*, Lerchensporn ♃. Fig. 213, *1–8*. — *Beide geben Rad. Aristolochiae fabaceae: Corydalin etc.*

Familie 111. Cruciferae. (S. 133.)

Siliquosae. Cl. XV, Tetradynamia *L.*

I. Pleurorrhizae ○= Würzelchen am Rande der flachen geraden Saamenlappen.

- a. Schote. Gruppe 1. **Arabideae.**
- b. Gliederschote. Gruppe 2. **Cakileae.**
- c. Schötchen mit breiter Scheidewand. Gruppe 3. **Alysseae.**
- d. Schötchen mit schmaler Scheidewand. Gruppe 4. **Thlaspideae.**

II. Notorrhizae. Würzelchen auf dem Rücken der Saamenlappen.

A. Saamenlappen gerade und flach, Notorrhizae genuinae O‖.

a. Schote. Gruppe 5. **Sisymbrieae.**

b. Schötchen vom Rücken zusammengedrückt. Gruppe 6. **Camelinaceae.**

c. Schötchen von der Seite zusammengedrückt. Gruppe 7. **Lepidieae.**

d. Nüsschen. Gruppe 8. **Isatideae.**

B. Saamenlappen gerade, über dem Würzelchen längsgefaltet, Orthoploceae O≫.

a. Schote. Gruppe 9. **Brassicaceae.**

b. Trockne schotenförmige Beere. Gruppe 10. **Raphaneae.**

c. Gliederschote. Gruppe 11. **Raphanistreae.**

d. Gliederschötchen. Gruppe 12. **Crambeae.**

C. Saamenlappen spiralig gebogen. Spirolobeae O‖‖. Gruppe 13. **Buniadeae.**

D. Saamenlappen gerade, 1 oder 2 mal quer gefaltet. Diplecolobeae O‖‖‖. Gruppe 14. **Senebieraceae.**

Gruppe 1. Arabideae.

Barbarea *(Erysimum L.)* Barbarea *Krst.*, **Barbarea vulgaris** *R. Brown*, Winterkresse (••). XV. 2 *L.* — *Hb. Barbareae. Von allen Barbarea-Arten dienen die jungen Blätter als Salat.*

Nasturtium *(Sisymbrium L.)* Nasturtium aquaticum *Krst.*, **N. aquaticum** *Wahlenberg*, N. officinale *R. Brown*, Brunnenkresse ♃. XV. 2 *L.* — ***Hb. Nasturtii aquatici recens*** *(H.), Salat: Aetherisches Oel.*

Cardamine amara *L.*, Bitteres Schaumkraut ♃. XV. 2 *L.* — *Hb. Nasturtii majoris amari s. Cardamines amarae. Salat: Gerbstoff und eine Art Myronsäure, die mit Myrosin in Meerrettichöl ähnliches, äth. Oel zerfällt.*

C. pratensis *L.* ♃. — *Hb. Nasturtii pratensis s. Cuculi.*

Gruppe 2. Cakileae.

Fig. 214.

Cakile (Bunias *L.*) *Cakile.* 1. Reife Frucht. 2. Saame. 3. Derselbe vergrössert. *c* Keimblätter, *r* Würzelchen.

Cakile *(Bunias L.)* Cakile *Krst.*, **Cakile maritima** *Scopoli*, Meersenf ⊙. Fig. 214. XV. 2 *L.* — *Hb. Cakiles s. Erucae maritimae s. Raphani marini.*

Gruppe 3. Alysseae.

Cochlearia Armoracia *L.*, Meerrettich ♃. Ost-Europa; häufig angepflanzt und verwildert. — ***Rad. Armoraciae recens*** *(H.) vel Raphani rusticani: Aeth. Oel (Allyl-Senföl).*

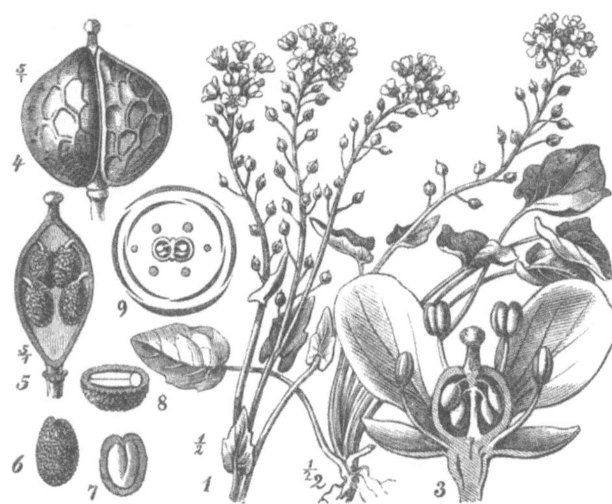

Fig. 215.

Cochlearia officinalis. 1. Blüthenzweig. 2. Pflanze vor dem Blühen. 3. Blm. längsdurchschnitten. 4. Reife Frucht. 5. Diese geöffnet von vorne. 6. Saame. 7 und 8. Dieser längs- u. querdurchschnitt. 9. Diagramm.

Cochlearia officinalis *L.*, Löffelkraut ⊙. Fig. 215. XV. 1 *L.* Auf Salzboden, besonders an der Nord- und Ostsee. — ***Hb. Cochleariae recens:*** *Aeth. Oel (Isobutyl-Senföl).*

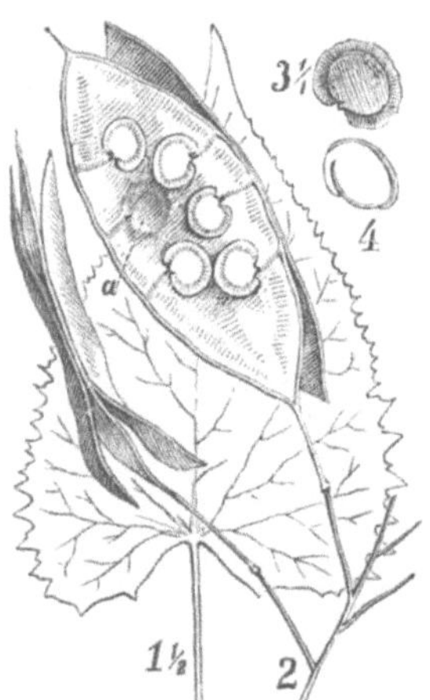

Fig. 216.

Lunaria rediviva. 1. Blatt. 2. Geöffnete Früchte. 3. Saame. 4. Keimling.

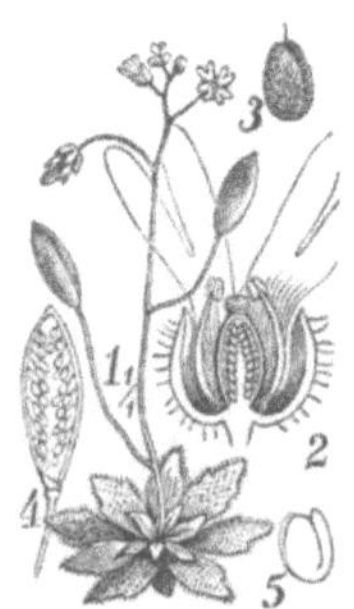

Fig. 217.

Erophila verna. 1. Ganze Pflanze. 2. Blume längsdurchschnitten. 3. Saame. 4. Frucht geöffnet. 5. Keimling.

Lunaria rediviva *L.*, Silberblatt, Mondviole ♃. Fig. 216. XV. 1 *L.* — *Sem. Violae Lunariae s. Lunariae graecae: Aeth. Oel.*

Erophila *(Draba L.)* **verna** *E. Meyer*, Hungerblume ⊙. Fig. 217. XV. 1 *L.* — *Hb. Bursae pastoris minimae.*

Gruppe 4. Thlaspideae.

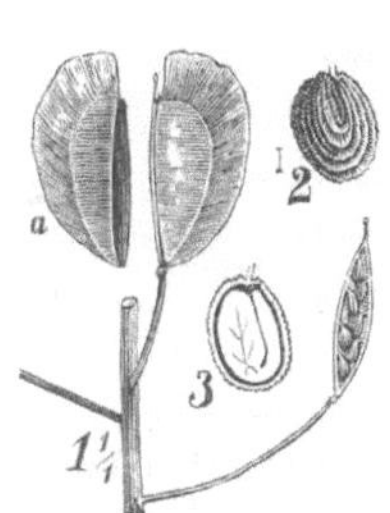

Fig. 218.

Thlaspi arvense. 1. Zweig mit geöffnet. Früchten, *a* abgetrennte Klappe. 2. Saame. 3. Derselbe längsdurchschnitten.

Fig. 219.

Teesdalia nudicaulis. 1. Blüthe. 2. Zwei Blt. der Rosette, ein unteres *a* und ein oberes *b*. 3. Blühende Blume, vergrössert. 4. Staubgefäss. 5. Halbreife Frucht querdurchschnitten.

Thlaspi arvense *L.*, Pfennigkraut ⊙. Fig. 218. XV. 1 *L. Sem. Thlaspeos: Senföl und Schwefelallyl.*

Teesdalia *(Iberis L.)* **nudicaulis** *R. Brown* ⊙. Fig. 219. XV. 1 *L.* — *Salatpflanze.*

Gruppe 5. Sisymbrieae. (S. 137.)

Fig. 220.

Sisymbrium officinale. 1. Unteres und oberes blühendes Stengelende. 2. Reife Frucht. 3. Deren Spitze längsdurchschnitten. 4. Saamen-Querschnitt.

Sisymbrium *(Erysimum L.)* **officinale** *Scopoli*, Raukensenf ⊙. Fig. 220. XV. 2. — *Hb. et Sem. Erysimi: Senföl.*

S. Sophia *L.* ⊙. — *Hb. et Sem. Sophiae chirurgorum.*

S. *(Erysimum L.)* **Alliaria** *Scopoli*, Knoblauchkraut (··). — *Hb. et Sem. Alliariae: Senföl und Schwefelallyl. Die Wurzel enthält nur Senföl.*

Gruppe 6. Camelinaceae.

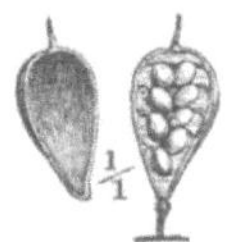

Fig. 221.
Camelina sativa.
Reife Frucht neben der abgefallenen Klappe.

Camelina *(Myagrum L.)* **sativa** *Crantz*, Dotterkraut, Leindotter ⊙. Fig. 221. XV. 1 *L.* — *Hb. et Sem. Sesami vulg.: Aeth. Oel; im Saamen 30 % fettes Oel.*

Gruppe 7. Lepidieae.

Fig. 222.
Lepidium sativum. 1. Zweig mit Blumen und Früchten. 2. Blume längsdurchschn. 3. Saame. 4. Keimling. 5. Keimpflanze. 6. Frucht längsdurchschnitten.

Lepidium sativum *L.*, Gartenkresse ⊙. Aus Italien, verbreitet. Fig. 222. XV. 1 *L.* — *Hb. et Sem. Nasturtii officinalis: Aeth. Oel; im Saamen fettes Oel.*

Capsella *(Thlaspi L.)* **Bursa pastoris** *Mönch*, Hirtentäschel ⊙. XV. 1 *L.* — ***Hb. Bursae pastoris*** *(H.).*

Gruppe 8. Isatideae.

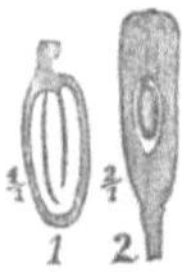

Fig. 223.
Isatis tinctoria. 1. Saame u. 2. Frucht, beide längsdurchschnitten.

Isatis tinctoria *L.*, Färber-Waid (··). Fig. 223. XV. 1 *L.* Süd- u. Mittel-Europa. — *Fol. Glasti s. Isatidis: Indican und Indigo.*

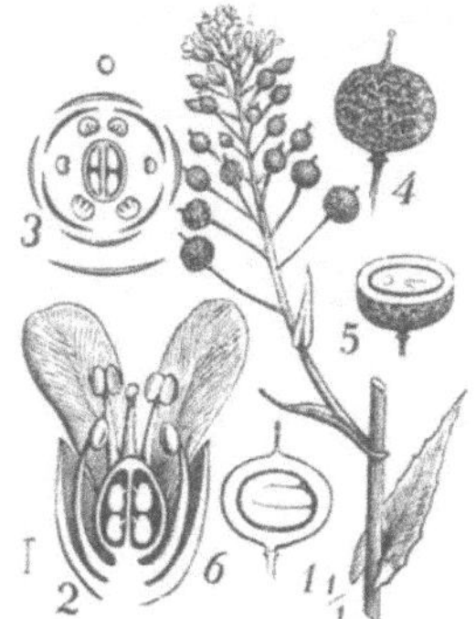

Fig. 224.

Neslia paniculata. 1. Blüthenzweig. 2. Blm. längsdurchschn. 3. Diagramm. 4. Reife Frucht. 5. Diese querdurchschn. 6. Dieselbe längsdurchschnitten.

Neslia *(Myagrum L.)* **paniculata** *Desvaux* ⊙. Fig. 224. — *Wie Isatis angewendet.*

Gruppe 9. Brassicaceae.

Fig. 225.

Brassica campestris L. 1. Blühende Stengelspitze. 2. Stengelblätter.

Brassica Napus *L.*, var. oleïfera praecox *Reichenbach*, Rübsaamen, Oelraps, und var. oleïfera *DC.*, Winterraps ⊙, ⊙. XV. 2 *L.* — *Häufig angebauet wegen der ölreichen Saamen: 32—42* % ***Ol. Rapae*** *(G.), Myronsäure.*

B. Rapa *L. Koch*, var. B. campestris *L.*, B. R. oleïfera annua *Metzger*, Sommerölrübe ⊙. Fig. 225. — *31—41* % ***Ol. Rapae*** *(G.), Myronsäure.*

B. *(Sinapis L.)* **nigra** *Koch*, Schwarzer Senf ⊙. Fig. 226, *1—10*. Häufig gebaut. — ***Sem. Sinapis:*** *Myronsäure, Myrosin, die mit Wasser* ***Ol. Sinapis aethereum*** *(Schwefelcyan-Allyl) geben; ferner 24—30* % *fettes Oel.*

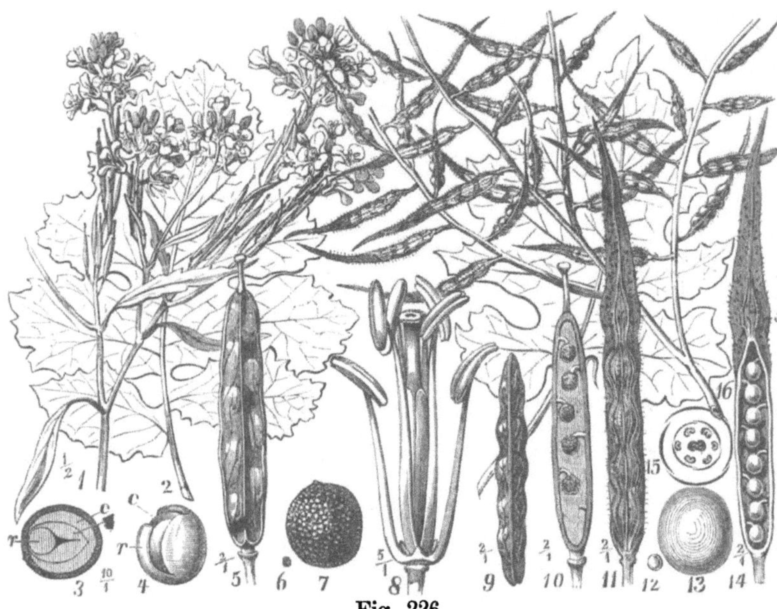

Fig. 226.

1—10. *Brássica nigra.* 1. Blühender Zweig. 2. Stengelblatt. 3. Saame querdurchschnitten, *r* Würzelchen. *c c* Keimblättchen. 4. Keimling etwas gequollen, *r* das hervorgetretene Würzelchen, *c* Keimblatt. 5. Frucht. 6 und 7. Saame. 8. Blühende Blume ohne Kelch und Krone. 9 und 10. Geöffnete reife Frucht und deren Klappe. 11—16. *Sinapis alba.* 11. Reife Frucht. 14. Diese geöffnet. 12 und 13. Saame. 15. Diagramm. 16. Fruchtzweig.

Sinapis alba *L.*, Weisser Senf ⊙. Fig. 226, *11—16.* Häufig gebaut. — ***Sem. Sinapis albae*** *(H.) s. Sem. Erucae: 30—36 % **Fettes Oel**, Erucin Sinalbin neben Myrosin, welche beiden Körper mit Wasser Sinalbin-Senföl (Schwefelcyan-Acrinyl) und saures, schwefelsaures Sinapin geben.*

S. juncea *L.* ⊙. China, Aegypten, Südost-Russland. — *Die Saamen, der Sarepta-Senf, statt des schwarzen Senfes.*

Gruppe 10. Raphaneae.

Fig. 227.

Raphanus sativus. Reife Frucht längsdurchschnitten.

Raphanus sativus *L.*, Gartenrettich ⊙, (··). Fig. 227. XV. 2 *L.* Aus Süd-Asien, häufig cultivirt. — *Rad. et Sem. Raphani nigri s. hortensis.* — *Var. Radicula, Radieschen.*

Gruppe 11. Raphanistreae.

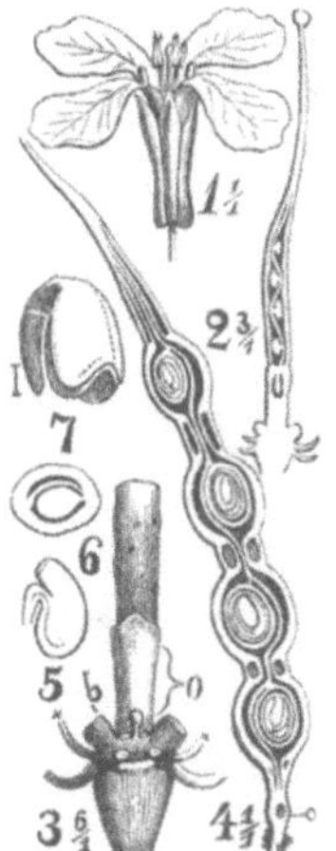

Fig. 228.

Raphanistrum (Raphanus L.) *Raphanistrum*. 1. Blühende Blume. 2. Fruchtknoten längsdurchschnitten. 3. Dessen unteres Ende, *o* das untere Glied, eine Saamenknospe enthaltend), * unteres Ende des Staubfadens, *b* Drüse.

Raphanistrum *(Raphanus L.)*, Raphanistrum *Krst.*, **R. Lampsana** *Gaertner*, R. arvense *Wallroth*, Hederich ⊙. Fig. 228. XV. 2 *L.* — *Sem. Rapistri: Myronsäure (Senföl).*

Gruppe 12. Crambeae.

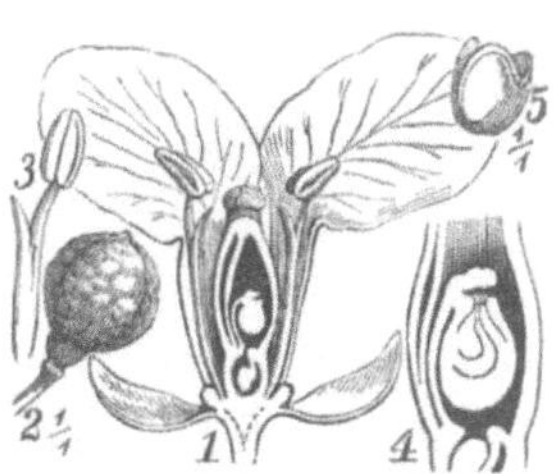

Fig. 229.

Crambe maritima. 1. Blume längsdurchschnitten. 2. Reife Frucht. 3. Staubgefäss. 4. Untere Fruchtknotenhälfte längsdurchschn. 5. Keimling freigelegt.

Crambe maritima *L.*, Meerkohl ♃. Fig. 229. **XV.** 1 *L.* Meeresküsten, *in England cultivirt und die jungen Triebe und Blätter ein beliebtes Gemüse.*

Gruppe 13. Buniadeae.

Fig. 230.

Bunias. 1. *B. orientalis.* Reife Frucht und diese längsdurchschnitten. 2. *B. Erucago.* Wie Vor. 3. Keimling.

Bunias Erucago *L.*, Zackenschote ⊙. Fig. 230. XV. 1 *L.* Südl. Gebiet. — *Hb. et Semen Erucaginis.*

B. **orientalis** *L.* ⊙. Fig. 230, 2. 3. — *Das junge Kraut dient als Gemüse.*

Gruppe 14. Senebieraceae.

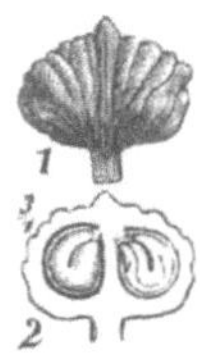

Fig. 231.

Coronopus (Cochlearia L.) *Coronopus.* 1. Reife Frucht. 2. Dieselbe längsdurchschnitten.

Coronopus *(Cochlearia L.)* Coronopus *Krst.*, **Coronopus Ruellii** *Allioni*, Senebiera Coronopus *Poiret* ⊙. Fig. 231. XV. 1 *L.* — *Hb. Coronopi v. Nasturtii verrucosi.*

Familie 112. Capparideae. (S. 133.)

Fig. 232.

Capparis spinosa. 1. Blühender Zweig. 2. Diagramm. 3. Frucht querdurchschnitten. 4. Saame. 5. Keimling.

Capparis spinosa *L.* ♃. Fig. 232. XIII. 1 *L.* Süd-Europa: *Cort. rad. Capparidis und Blumenknospen als „Kappern“: Rutin (Rutinsäure) und äth. Oel.*

Familie 113. Resedaceae.

Fig. 233.

Reseda Luteola. 1. Blühender Zweig. 2. Längsdurchschn. Blm., *c c* Kelchblätter, *d* Drüsenscheibe, *p* oberes Kronenblt. 3. Letzteres ausgebreitet. 4. Seitenständiges Kronenblatt. 5. Reife Frucht. 6. Diese von oben gesehen. 7. Saame. 8. Dieser längsdurchschnitten. 9. Diagramm.

Reseda Luteola *L.*, Wau ⨀. Fig. 233. XI. 3 *L.* Wild und angebaut. — *Rad. et Hb. Luteolae: Luteolin; in den Saamen Allyl-Senföl.*

Ordnung XLI. Leguminosae. (S. 93.)

1. Kelch in der Knospe ziegeldachig, Krone meistens auf dem Kelche.
   * Krone **unregelmässig**, sog. schmetterlingsförmig. Fam. 114. **Papilionaceae.**
   ** Krone **fast regelmässig**, in der Knospe ziegeldachig. Fam. 115. **Caesalpiniaceae.**
2. Kelch klappig, Krone gewöhnlich auf dem Blumenboden, **regelmässig**, in der Knospe klappig. Fam. 116. **Mimosaceae.**

Familie 114. Papilionaceae.

A. Staubgefässe alle frei; Frucht meist geschlossen bleibend. Gruppe 1. **Sophoraceae.**

B. Staubgefässe ein- oder zweibrüderig.
   a. Keimblättchen (Cotyledones) blattartig; Gliederhülse. Gruppe 2. **Hedysareae.**
   b. Keimblättchen blattartig; Hülse. Gruppe 3. **Loteae.**
   c. Keimblättchen fleischig; Blätter unpaar-gefiedert; Frucht meist geschlossen bleibend. Gruppe 4. **Dalbergiaceae.**
   d. Keimblättchen fleischig; Blätter paarig-gefiedert, meistens in eine Wickelranke endend; alle abwechselnd. Gruppe 5. **Viciaceae.**
   e. Keimblättchen fleischig; Blätter gedreiet, die ersten gegenständig; Theilblättchen mit Nebenblättchen. Gruppe 6. **Phaseoleae.**

Fig. 234.

Toluifera Balsamum (nach *Baillon*). Blühender Zweig. 1. Blume. 2. Dieselbe $^{4}/_{1}$, längsdurchschn., *a* Flügel-, *c* Schiffchen-Kronenblatt. 3. Frucht $^{1}/_{3}$.

Fig. 235.

Caronilla varia. 1. Blüthe. 2. Reife Frucht. 3. Saame. 4. Derselbe längsdurchschnitten. 5. Blume längsdurchschn., *a* Flügel, *v* Fahne, *c* Schiffchen. 6—8. *Hippocrepis comosa.* 6. Frucht. 7. Saame. 8. Keimling. 9. Frucht von *Hedysarum obscurum.* 10. Saamenknospe vergröss., längsdurchschn. 4 und 7. *h* Saamennabel.

Fig. 236.

Ornithopus sativus. 1. Blüthe u. Blatt. 2. Blm. längsdurchschn. 3. Blume nach Hinwegnahme der Krone. 4. Reife Frucht. 5. Deren unterer Theil im Längenschnitt. 6. Keim.

Gruppe I. Sophoraceae.

Toluifera *(Myrospermum Jaquin)* **frutescens** *Krst.* ♄. X. 1 *L.* Nördl. Süd-Amerika. — *Bals. peruvianum album: Myroxocarpin.*

T. **Balsamum** *L.*, Myroxylon Toluifera *Kth.* ♄, Fig. 234, Tolubalsam-Baum. Tropisches Süd-Amerika. — ***Balsamum tolutanum*** *(H.), Tolubalsam, Opobalsamum siccum: Aeth. Oel (Tolen, Benzoësäure und Zimmetsäure); der zu Opobalsamum eingetrocknete auch Harze.*

T. *(Myrospermum Royle)* **Pereirae** *Baillon*, Myroxylon Sonsonatense *Klotzsch* ♄. Westküste von Central-Amerika, besonders von S. Salvador. — ***Bals. peruvianum*** *nigrum, Schwarzer Perubalsam: 60 % Perubalsamöl (Cinnameïn, Spuren von Styracin), Zimmetsäure, Benzoësäure und Harze (Myroxylin).*

Gruppe 2. Hedysareae.

Coronilla varia *L.* ♃, Fig. 235, *1–6*, und **C. Emerus** *L.*, Kronwicke ♄. XVII. 10 *L.* Südl. Gebiet. — *Folia Coluteae scorpioïdis.*

Hippocrepis comosa *L.*, Hufeisenklee ♃. Fig. 235, *6–8*. XVII. 10 *L.* Mittl. und südl. Gebiet.

Hedysarum obscurum *L.*, Hahnenkopf ♃. Fig. 235, *9. 10.* XVII. 10 *L.* Feuchte Gebirgstriften. — *Wie Vor. bitteres blutreinigendes Kraut.*

Ornithopus perpusillus *L.*, Vogelfuss, Klauenschote ⊙. XVII. 10 *L.* — *Sem. et Hb. Ornithopodii s. Pedis avis.*

O. sativus *Brotero* ⊙. Fig. 236. *Aus Süd-Europa; als Futterpflanze gebauet.*

Gruppe 3. Loteae.

Sarothamnus *(Spartium L.)* **scoparius** *Koch*, Besenginster ♄. Fig. 237. XVI. 10 *L.* — *Hb., Flor. et Sem. Genistae s. Spartii scoparii: Sparteïn und Scoparin.*

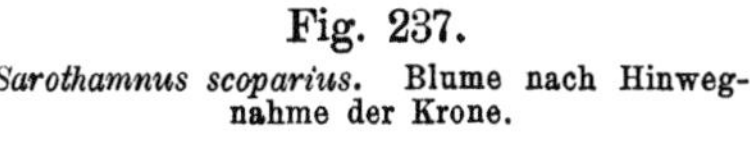

Fig. 237.

Sarothamnus scoparius. Blume nach Hinwegnahme der Krone.

Fig. 238.

Genista tinctoria. 1. Blühender Zweig. 2. Blm. längsdurchschnitten, *a* Flügel, *c* Schiffchen, *v* Fahne. 3. Reife geöffnete Hülse. 4. Saame und dessen Längenschnitt.

Genista tinctoria *L.*, Färber-Ginster ♄. Fig. 238. XVI. 10 *L.* — *Hb. Genistae tinctoriae.*

Cytisus Laburnum *L.*, Goldregen ♄. XVI. 10 *L.* Alpenwälder; häufig in Parks angepflanzt. — *Fol. et Sem. Laburni: Laburnin und Cytisin.*

Lupinus albus *L.*, **L. luteus** *L.*, **L. angustifolius** *L.* ⊙. XVI. 10 *L.* Aus Süd-Europa angebaute Futterkräuter. — *Sem. Lupini: Ausser 30 % Proteïnsubstanz, 4,9 % Fett, 35 % stickstofffreie Extractivstoffe, 4 % Asche in L. luteus noch Lupinin und Lupinidin, in L. angustifolius: Lupanin. — (Lupinenkaffee).*

Fig. 239.

Ononis spinosa. 1. Blühender Zweig. 2. Blm. längsdurchschnitten ohne Krone. 3. Dieselbe mit Krone. 4. Reife Frucht. 5. Saame. 6. Derselbe längsdurchschnitten.

Anthyllis Vulneraria. 1. Blühende Blüthe. 2. Blume nach Hinwegnahme des Kelches. 3. Schiffchen. 4. Staubgefäss mit hervorragendem Griffel. 5 und 6. Obere Enden der Staubgefässe. 7. Fruchtkelch.

Ononis spinosa *L.*, Hauhechel ♃. Fig. 239. XVI. 10 *L.* — ***Rad. Ononidis:*** *Ononin, Ononid, Onocerin, citronensauren Kalk, Zucker etc.*

Anthyllis Vulneraria *L.*, Wundklee ♃. Fig. 239. XVI. 10 *L.* — *Hb. Anthyllidis s. Vulnerariae rusticae.*

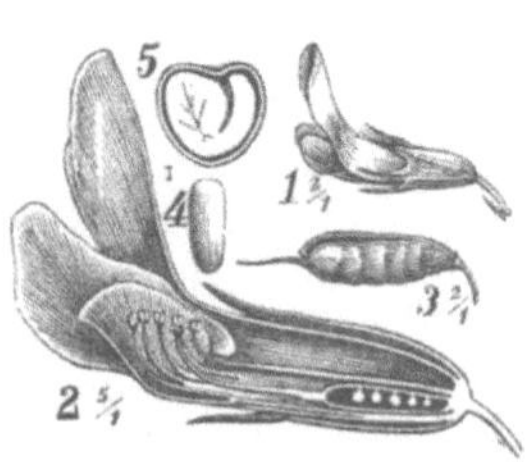

Fig. 240.

Trifolium repens. 1. Blühende Blume. 2. Dieselbe längsdurchschnitten. 3. Reife geöffnete Frucht. 4. Saame vom Rücken gesehen. 5. Derselbe längsdurchschnitten.

Trifolium repens *L.*, Weisser Klee ♃. Fig. 240. XVII. 10 *L.* — *Flor. Trifolii albi.*

Melilotus altissimus *Thuillier*, M. macrorrhizus *Persoon*, M. officinalis *Willdenow*, Steinklee ⊙. Fig. 241. XVII. 10 *L.* und

M. officinalis *Desrousseaux*, M. arvensis *Wallroth*, M. Petitpierreanus *Willdenow* ⊙ *geben* ***Hb. cum Floribus Meliloti*** *(A. G.),* ***Flores Meliloti*** *(H.): Melilotsäure (Hydrocumarinsäure), melilotsaures Cumarin und Melilotol.*

M. caeruleus *Desrousseaux*, Schabziegerkraut ⊙. Aus Nord-Afrika; im südl. Gebiete hier und da gebauet. — *Hb. cum florib. Meliloti caerulei s. Hb. aegyptiaca vel Loti odorati.*

Fig. 241.

Melilotus altissimus. 1. Blüthe u. Blt. 2. Blm. längsdurchschn. 3. Blühende Blume. 4. Staubgefässe und Stempel. 5. Fahne. 6. Flügel. 7. Kiel. 8. Frucht längsdurchschn. *c* Keimblättchen. 9. Saame.

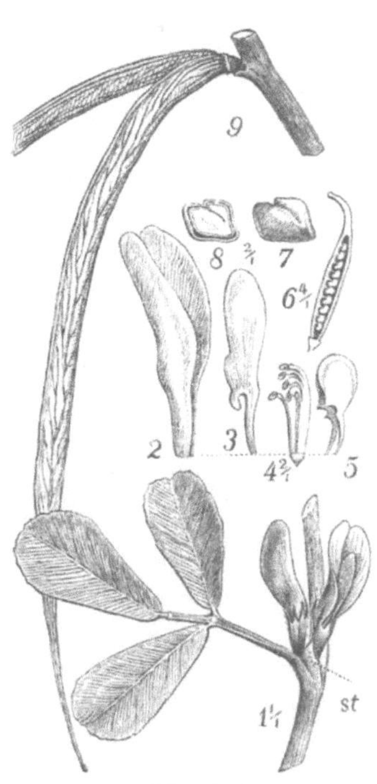

Fig. 242.

Trigonella Foenum graecum. 1. Blume in der Blattachsel, *st* Nebenblatt. 2. Fahne. 3. Flügel. 4. Staubgefässe und Stempel. 5. Schiffchen. 6. Stempel längsdurchschn. 7. Saame. 8. Derselbe längsdurchschnitten. 9. Reife Frucht.

Trigonella Foenum graecum *L.*, Bockshorn ⊙. Fig. 242. Aus Süd-Europa; hier und da angebaut. — ***Sem. Foenugraeci*** *(G. H.): Aeth. und fettes Oel, Schleim und mehrere Alkaloïde (Cholin, Trigonellin) etc.*

Medicago sativa *L.*, Luzerne ♃. Fig. 243, 4 u. 9. XVII. 10 *L.* Aus dem Kaukasus; in Süd-Europa cultivirt. — *Hb. medicae. — Ueberdies vortreffliche Futterpflanze. Andere Arten* z. B. **M. falcata** *L.*, Fig. 243, 8, **M. lupulina** *L.*, Fig. 243, 7 u. a. m. *wurden als Futterpflanze empfohlen.*

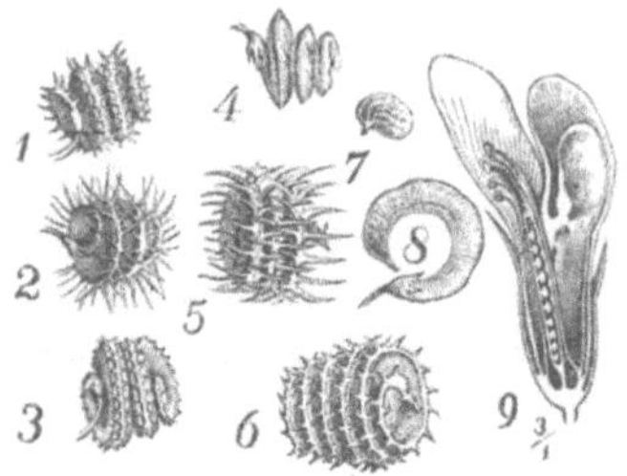

Fig. 243.

Medicago. 1. Frucht von *M. denticulata.* 2. Frucht von *M. minima.* 3. *M. apiculata.* 4. *M. sativa.* 5. *M. arabica.* 6. *M. Terebellum.* 7. *M. lupulina.* 8. *M. falcata.* 9. Blume von *M. sativa* längsdurchschnitten und die Befruchtungsorgane aufwärts gebogen.

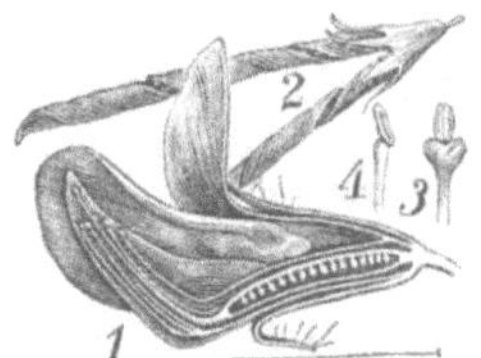

Fig. 244.

Lotus uliginosus. 1. Längsdurchschnittene Blume. 2. Reife, völlig geöffnete Hülse. 3 und 4. Obere Enden zweier Staubgefässe.

Lotus corniculatus *L.* und **L. uliginosus** *Schkuhr*, Schotenklee ♃. Fig. 244. — *Hb. et Flores Meliloti silvestris s. Trifolii corniculati.*

Indigofera tinctoria *L.* ♃, **I. disperma** *L.* ♃, **I. argentea** *L.* ♃, Ostindien, **I. Anil** *L.* ♃, Tropisches Amerika, *und wohl noch andere Arten enthalten Indican, welches durch Säuren und Fermente in Indigglycin und* ***Indigo*** *(A.) zerfällt; Letzteres besteht aus Indigblau, Indigbraun, Indigroth, Indigleim, Proteïn und Asche.*

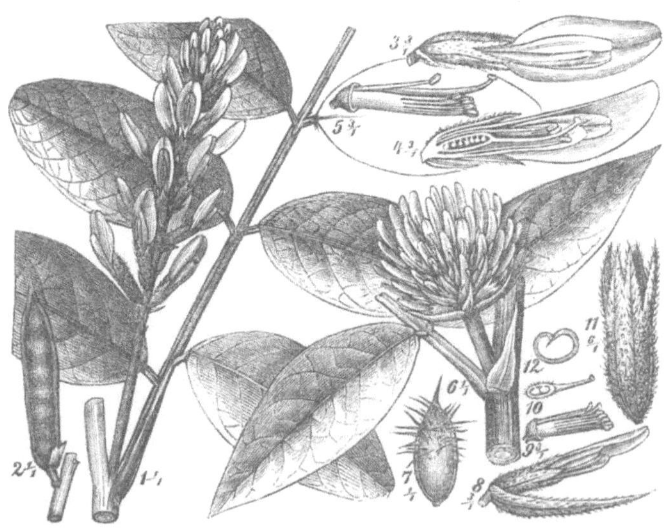

Fig. 245.

1. *Glycyrrhiza glabra.* Blüthe in der Blattachsel. 2. Reife Frucht. 3. Blume mit dem Deckblatte. 4. Dieselbe längsdurchschn. 5. Staubgefässe und Stempel. 6. *G. echinata,* Blüthe in der Blattachsel. 7. Reife Frucht. 8. Blume mit dem Deckblatte. 9. Staubgefässe und Stempel. 10. Letzterer mit längsdurchschnittenem Fruchtknoten. 11. Kelch. 12. Saame längsdurchschn.

Glycyrrhiza glabra *L.* ♃. Fig. 245, *1–5.* XVII. 10 *L.* Aus Süd-Europa, besonders Spanien und Calabrien; auch in Deutschland (Bamberg) cultivirt und verwildert. — ***Rhiz.*** *s.* ***Rad. Liquiritiae,*** *Spanisches Süssholz.* — ***Succus Liquiritiae,*** *Lakritzensaft: Glycyrrhizin (saures, glycyrrhizinsaures Ammon), Asparagin, Amylum, Gummi etc.*

G. echinata *L.* ♃. Fig. 245, *6–12.* Südost-Europa. — ***Rad. Liquiritiae mundata*** *(A.) Russisches Süssholz,* ***Succus Liquiritiae*** *(A.).*

G. glandulifera *Waldstein* u. *Kitaibel* ♃. Ungarn, Kaukasus. — *Wie Vor. (G.).*

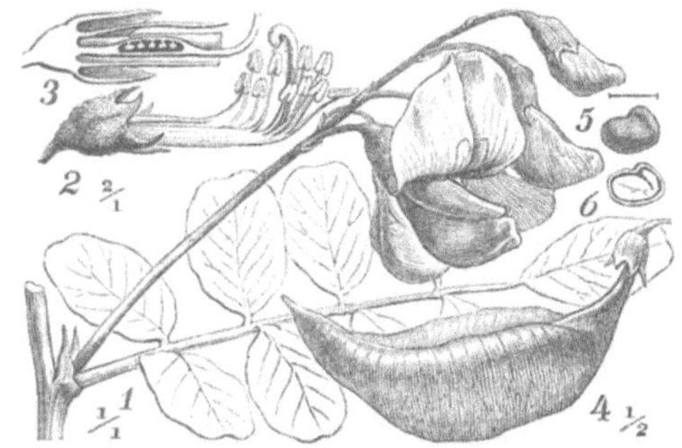

Fig. 246.

Colutea arborescens. 1. Blüthe in der Blattachsel. 2. Blm. nach Hinwegnahme der Krone. 3. Unterer Theil der Blume längsdurchschnitten. 4. Reife Frucht. 5. Saame. 6. Derselbe längsdurchschnitten.

Colutea arborescens *L.*, Blasenstrauch ♄. Fig. 246. XVII. 10 *L.* Aus Süd-Europa; in Parks angepflanzt und hier und da verwildert, und **C. orientalis** *Lam.* Wie Vor. — *Von beiden Folia Coluteae s. Sennae germanicae.*

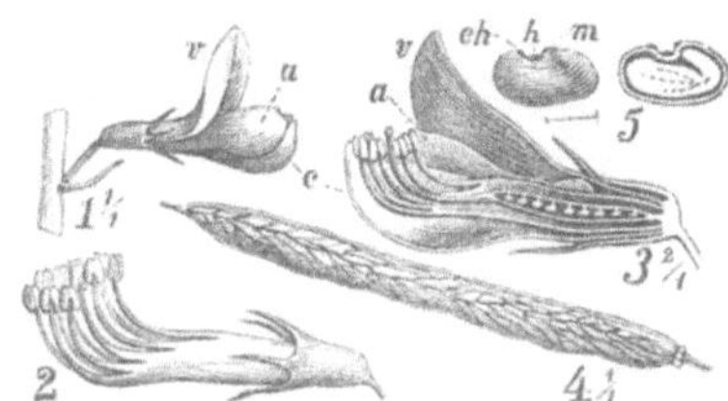

Fig. 247.

Galega officinalis. 1. Blühende Blume, *v* Fahne, *a* Flügel, *c* Schiffchen. 2. Dieselbe nach Hinwegnahme der Krone. 3. Dieselbe längsdurchschnitten. 4. Reife Frucht. 5. Saame u. ders. längsdurchschn., *ch* innerer-, *h* äusserer Nabel. *m* Micropyle.

Galega officinalis *L.*, Gaisraute ♃. Fig. 247. XVI. 10 *L.* Aus Süd-Europa eingewandert. — *Hb. Galegae s. Rutae Caprariae.*

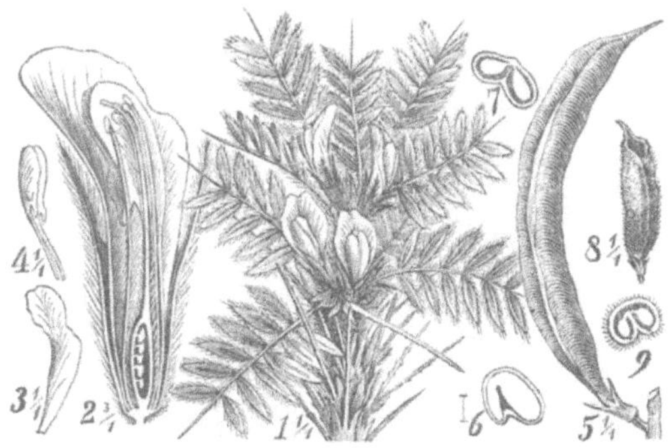

Fig. 248.

1—7. *Astragalus creticus.* 1. Blühende Zweigspitze. 2. Blumen im Längenschnitt. 3. Fahne. 4. Schiffchen. 5. Frucht. 6. Saame längsdurchschnitten. 7. Frucht-Querschnitt. 8. *Oxytropis pilosa*, Frucht. 9. Deren Querschnitt.

Astragalus creticus *Lamarck* ♄. Fig. 248, *1–7.* XVII. 10 *L.* Kreta. — *Morea- oder wurmförmigen Traganth,* ***Tragacantha*** *s.* ***Gm. Tragacantha*** *(G. H.): Bassorin, Arabin, Amylum.*

A. gummifer *Labillardiere* ♄. Klein-Asien. — *Syrischer Traganth; ebenso* **A. strobiliferus** *Royle* u. a. Arten mehr, von denen die deutsche Pharmacopöe aufführt: **A. ascendens** *Boissier* und *Hausknecht*, **A. leiocladus** *Boiss.*, **A. brachycalyx** *Fischer*, **A. microcephalus** *Willdenow*, **A. pycnoclados** *Boiss.* u. *Hausk.*

A. verus Oliv. ♄. Orient. — *Smyrna- oder Blätter-Traganth.*

A. excapus *L.* ♃. Mittl. und südl. Gebiet. — *Rad. Astragali excapi.*

A. glycyphyllos *L.* ♃. — *Rad. et Hb. Glycyrrhizae silvestris.*

Oxytropis *(Astragalus L.)* **pilosa** *DC.*, Fahnen-Wicke ♃. Fig. 248. Mittel- und Süd-Europa. — *Gutes Futterkraut.*

Gruppe 4. Dalbergiaceae.

Pterocarpus Marsupium *Roxburgh* ♄. XVII. 10 *L.* Ostindien. — ***Kino*** *(H.) Malabaricum s. Amboinense: 75 % Kinogerbsäure, Kinoïn und Brenzcatechin, vielleicht auch Catechin (Catechusäure).*

P. santalinus *L. fil.* ♄. Ostindien. — ***Lignum Santali*** *(H.) s. santalinum rubrum, echtes rothes Sandelholz: Harz, Santalsäure (Harzsäure, Santalin) und Santal.*

Andira Araroba *Aguiar* ♄. XVII. 10 *L.* Brasilien. — *Goapulver: 60 bis 80 %* ***Chrysarobinum*** *(G.), 7 % Glycose, Bitterstoff, Arabin, Harz etc.*

Dipteryx odorata *Willdenow*, Coumarouna odorata *Aublet* ♄. XVII. 10 *L.* Guiana. — *Fabae Tonka majores s. Batavae, grosse holländische Tonkabohnen.*

D. oppositifolia *Willd.* Wie Vor. — *Fabae Tonka minores s. anglicae, kleine englische Tonkabohnen. — Beide enthalten Cumarin, äth. und fettes Oel.*

Gruppe 5. Viciaceae.

Fig. 249.

Cicer arietinum. 1. Blatt mit der achselständigen Blume. 2. Oberes Ende eines Staubgefässes. 3. Blume längsdurchschnitten. 4. Saame, *h* Hilum, *c* Chalaza. 5. Derselbe längsdurchschnitten. 6. Reife Frucht.

Cicer arietinum *L.*, Kichererbse ⊙. Fig. 249. XVII. 10 *L.* Süd-Europa. — *Fol. et Sem. Ciceris. Letztere auch als nahrhafte Speise geschätzt.*

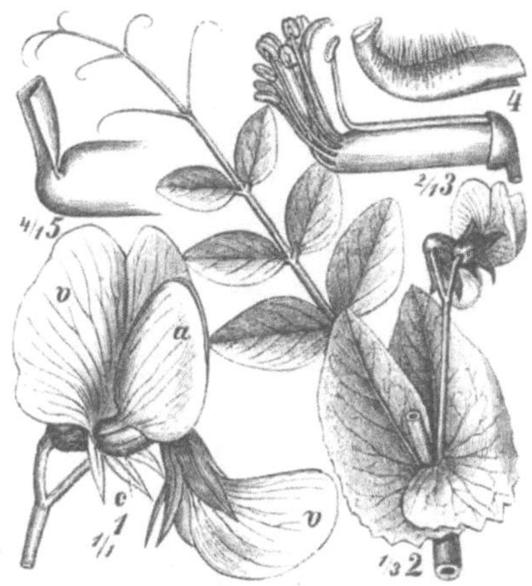

Fig. 250.

Pisum sativum. 1. Zwei Blumen, die eine blühend. *v* Fahne, *a* Flügel, *c* Schiffchen. 2. Blatt mit achselständiger Blüthe. 3. Blume nach Entfernung der Krone und des freien Kelchtheils. 4. Griffel und Narbe. 5. Oberer Theil des Fruchtknotens mit einem Theil des Griffels.

Pisum sativum *L.*, Erbse ⊙. Fig. 250. XVII. 10 *L.* Aus Asien; allgemein wegen der nahrhaften Saamen cultivirt. — *Sem. Pisi: 15—30 % Legumin, 33—66 % Amylum nebst Phytosterin, Inosit. Bestandtheil der Revalenta arabica.*

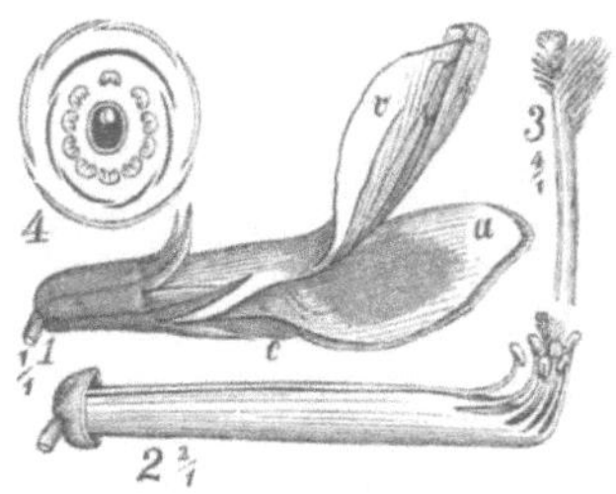

Fig. 251.

Vicia Faba. 1. Blühende Blume, *v* Fahne, *a* Flügel, *c* Schiffchen. 2. Dieselbe nach Entfernung der Krone und des freien Kelchrohres. 3. Oberes Griffelende mit der Narbe. 4. Diagramm der Blm.

Vicia Faba *L.*, Saubohne, Puffbohne ⊙. Fig. 251. XVII. 10 *L.* Aus Asien; häufig angebaut.— *Stipites, Flores et Semina Fabarum. Die Saamen enthalten: 24,23 % Proteïn (Legumin etc.), 2,28 % Fett, 8,11 % Zellfaser, 2,6 % Asche, 50 % stickstofffreie Extractivstoffe (Stärkemehl etc.).*

Fig. 252.

Vicia sativa. 1. Blumen in der Blattachsel. 2. Blumen nach Entfernung der Krone und des freien Kelches. 3. Oberer Theil des Fruchtknotens mit Griffel und Narbe.

V. sativa *L.*, Futterwicke ⊙. Fig. 252. Aus dem Süden; als Futterpflanze häufig gebauet und verwildert. — *Sem. Viciae: 68 % Amylum, 2 % Kleber, 11 % Zucker, Eiweiss, Schleim nebst Vicin und Convicin. Die Saamen der var. leucosperma sind Hauptbestandtheil der Revalenta arabica.*

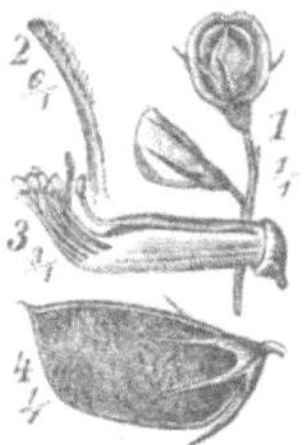

Fig. 253.

Ervum Lens. 1. Blumen, eine blühend. 2. Ende des Griffels mit der Narbe. 3. Geschlechtsorgane. 4. Reife Frucht.

Ervum Lens *L.*, Linse ⊙. Fig. 253. XVII. 10 *L.* Aus dem Süden häufig angebauet. — *Sem. Lentilium. Auch als nahrhafte Speise beliebt; enthalten die Bestandtheile der Erbsen in grösster Menge; Eiweissstoffe 25—30 %, 1,8 % Fett, 53,46 % stickstofffreie Extractivstoffe (darunter Amylum), 3,04 % Asche etc.*

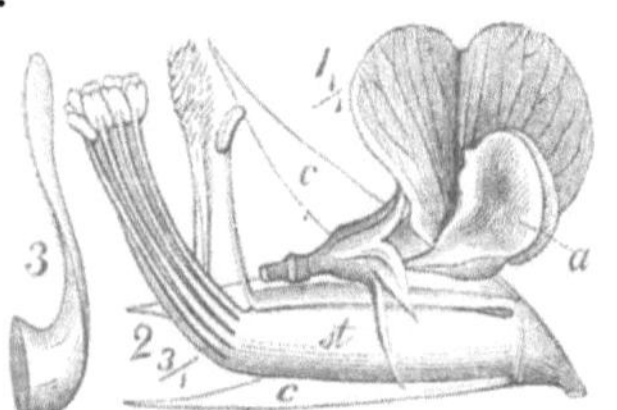

Fig. 254.

Lathyrus sativus. 1. Blühende Blume, *a* Flügel. 2. Dieselbe nach Entfernung der Krone. *c c* Zipfel des Kelchsaumes, die vorderen sind weggeschnitten, *st* die 9 verwachsenen Staubfäden. 3. Griffel von aussen.

‡ **Lathyrus sativus** *L.*, Essbare Platterbse, Deutsche Kicher ⊙. Fig. 254, XVII. 10 *L.* — *Aus dem Orient, wegen der essbaren Saamen im Süden angebauet.*

Gruppe 6. Phaseoleae.

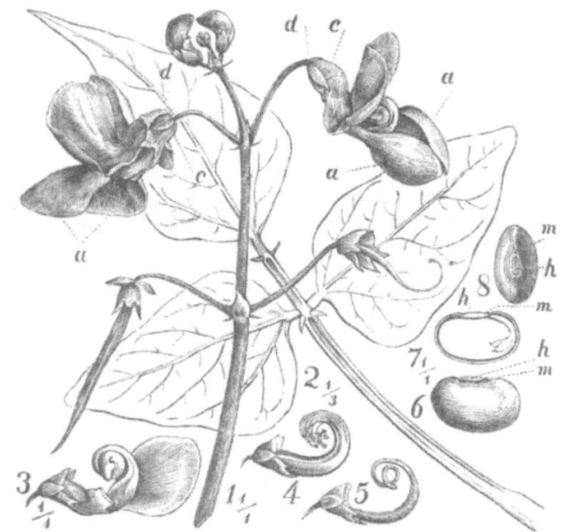

Fig. 255.

Phaseolus nanus. 1. Blüthe, *d* Blumen-Deckblatt, *c* Kelch, *a* Flügel. 2. Blatt. 3. Blume, von der ein Flügel u. die Fahne abgeschnitten sind, um das eingerollte Schiffchen zu zeigen. 4. Blume nach Entfernung der Krone. 5. Kelch und Stempel. 6. Saame, *h* Nabel, *m* Saamenmund. 7. Derselbe längsdurchschnitten. 8. Derselbe von der Bauchseite.

Phaseolus vulgaris *L.* und **P. nanus** *L.*, Bohne, Schminkbohne ⊙. Fig. 255. XVII. 10 *L.* Aus Ostindien; überall im gemässigten und warmen Klima in zahlreichen Variationen cultivirt. — *Sem. Phaseoli s. Fabae albae: 38 % Amylum, 25 % Legumin, 3 % Fett, Zucker, Gummi, Pectin etc. neben Phaseolin. In den unreifen Bohnen: Inosit.*

Fig. 256.

1. *Physostigma venenosum*. Blühendes Zweigstück. 2. Saame. 3. Pistill, *c* Kelch-Rest, *d* Drüsenring.

Physostigma venenosum *Balfour* ♄. Fig. 256. XVII. 10 *L.* West-Afrika. — *Faba calabarica:* ***Physostigminum*** *s. Eserinum (G. A.), Calabarin, fettes Oel, Gummi, Amylum, Phytosterin etc.*

Mucuna *(Dolichos L.)* **urens** *DC.* und **M.** *(Dolichos L.)* **pruriens** *DC.*, Stizolobium *pr. Persoon* ♄. XVII. 10 *L.* Schlingsträucher des tropischen Amerika. — *Setae Siliquae hirsutae.*

Butea frondosa *Roxburgh* ♄. XVII. 10 *L.* Coromandel. — *Kino bengalense s. orientale.*

Soja *(Dolichos L.)* Soja *Krst.*, **S. hispida** *Mönch* ⊙. China, Japan. — *Sojabohnen, Sojakaffee, Sojasauce. Die Saamen enthalten: 34,08 % Proteïnstoffe, 16,45 % Fett, 29,58 % stickstofffreie Extractstoffe (darunter 19,40 % Stärke, Zucker, Dextrin), 4,7 % Asche.*

Familie 115. Caesalpiniaceae. (S. 145.)

Fig. 257.

Copaifera officinalis. 1. Blatt und Fruchttraube. 2. Diagramm. 3. Fruchthälfte mit dem Saamen, *a* Arillus. 4. Blume. 5. Saame ohne Mantel. 6. Derselbe querdurchschnitten.

Copaifera officinalis *L.* ♄. Fig. 257. X. 1 *L.*, **C. Guyanensis** *Desf.*, **C. Langsdorffii** und andere Copaifera-Arten des tropischen Amerika *liefern den Copaivabalsam*, ***Balsamum Copaivae:*** *Aeth. Oel und Harz (Copaivasäure und Oxycopaivasäure), ferner ein noch unbekannter Bitterstoff.*

Fig. 258.

Ceratonia Siliqua. 1. Blühender und fruchttragender Zweig. 2. Zwitterblume. 3. Diese längsdurchschnitten. 4. Spitze der reifen Frucht längsdurchschn.

Ceratonia Siliqua *L.* 5. Fig. 258. XXIII. 3 *L.* (V. 1 *L.*). Mittelmeer-Gegenden. — ***Siliqua dulcis*** *(H. A.)*, *Fructus Ceratoniae*, *Johannisbrod*, *Karobe: Isobuttersäure, Schleim, Gummi, Pectin, Gerbstoff, Rohr- und Traubenzucker.*

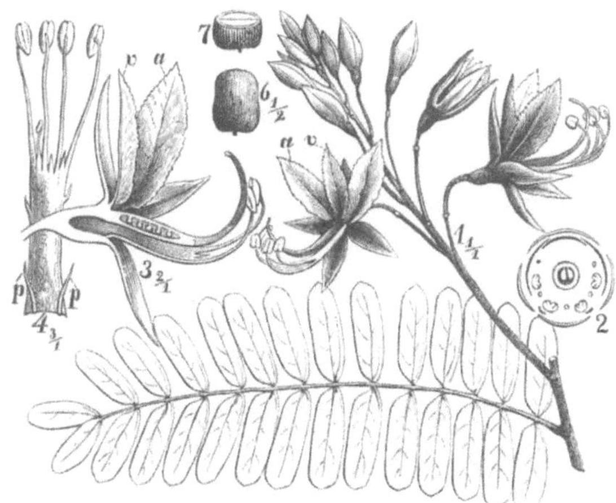

Fig. 259.

Tamarindus indica. 1. Blatt u. Blüthentraube. 2. Diagramm. 3. Blume längsdurchschn., *v* Fahne, *a* Flügel. 4. Staubgefässe mit den beiden verkümmerten Blumenblättern *p p.* 5. Frucht, *r* Kelchrest, *a* Epicarpium, *b* Endocarpium freigelegt, *c* Frucht längsdurchschn., *s* Saame, *i* leeres Fach, *e* Keim längsdurchschnitten. 6. Saame. 7. Derselbe querdurchschn.

Tamarindus indica *L.* 5. Fig. 259. III. 1 *L.* (XVI. 3 *L.*). Aus Ostindien; über die Tropen verbreitet. — *Fructus Tamarindi*, ***Tamarinda*** *(H.)*

Pulpa Tamarindorum *(A. G.), Tamarinden-Fruchtmark, -Brei: Citronen-, Wein- und Apfelsäure, Zucker, Gummi, Pectin; der gegohrene Fruchtbrei auch Butter-, Ameisen- und Essigsäure.*

Hymenaea Courbaril *L.* ♄. X. 1 *L.* Diese und andere Arten dieser tropischen Gattung südamerikanischer Bäume *geben den brasilianischen Copal, der aus wenig äth. Oel und aus 5 verschiedenen Harzen besteht.*

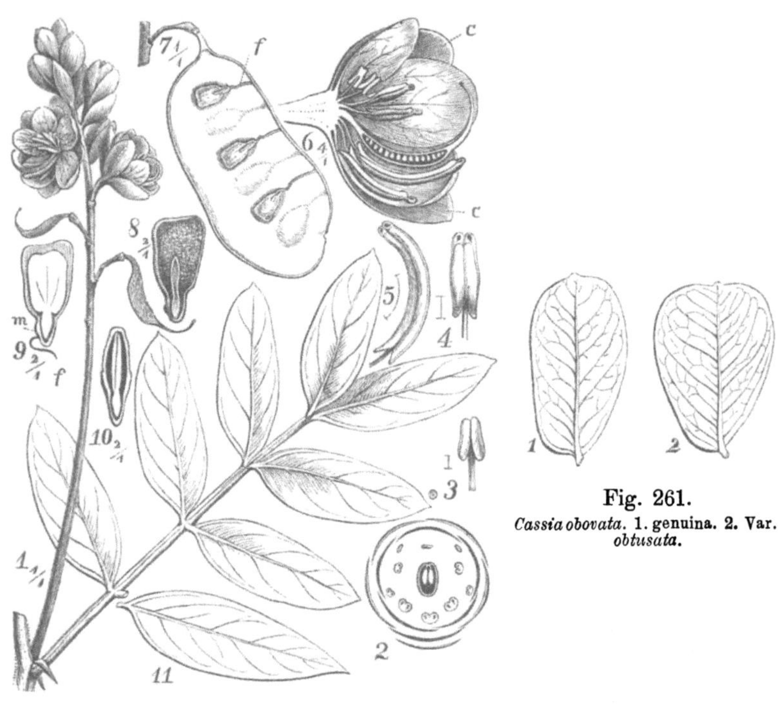

Fig. 261.
Cassia obovata. 1. genuina. 2. Var. *obtusata.*

Fig. 260.

Cassia lenitiva α obtusifolia. 1. Blatt und Blüthentraube. 2. Diagramm. 3. Oberes, unfruchtbares-, 4. Mittleres-, 5. Unteres, fruchtbares Staubgefäss. 6. Blumen längsdurchschn., *c c* Kelchblätter. 7. Fruchthälfte mit Saamen, *f* Nabelschnur. 8. Saame. 9. und 10. Derselbe längsdurchschnitten, *m* Keimloch, *f* Nabelschnur. 11. Blättchen von Var. *β acutifolia.*

Cassia lenitiva *Bischoff* ♄. Fig. 260. X. 1 *L.* Sennastrauch. Nubien. Var. *α* obtusifolia *Bischoff*, Fig. 260, *1. 10*, *β* acutifolia *Delille*, Fig. 260, *11* (und nach der österreichischen Pharmacopoe auch C. obovata *Colladon*, Fig. 261, *1. 2*) *geben die mit Blättern von Solenostemma Argel vermischten* ***Folia Sennae Alexandrinae:*** *Cathartinsäure, Sennacrol, Sennapicrin, Cathartomannit und Sennin (?), auch Spuren ätherischen Oeles, Fettes etc. (Chrysophansäure?).*

C. medicinalis *Bischoff*, α genuina, Fig. 262, II, *kam als spitze Mecca-Senna in den Handel.* Var. β angustifolia *Vahl* (C. medicinalis var. Ehrenbergii *Bisch.*). Fig. 262. IV. Arabien, *giebt in Ostindien cultivirt* ***Folia Sennae Indicae*** *(G. H.) vel* ***Senna Tinnevelly*** *(A.), ostindische Senna, die (nach A.) auch von der Var. Royleana Bisch., Fig. 262, III, gesammelt wird.* —

Fig. 262.
Cassia medicinalis. II. *genuina.* III. *Royleana.* IV. *angustifolia.*

C. marilandica *L.* ♄. Südstaaten von Nordamerika. *Fol. Sennae Pharm. Americ.*

C. Fistula *L.*, Bactyrilobium Fistula *Willd.*, Cathartocarpus Fistula *Pers.* ♄. Ostindien. — ***Fruct. Cassiae Fistulae*** *(A. H.), Röhrenkassie;* ***Pulpa Cassiae fistulae*** *(A.): Zucker, Gerbstoff, Gummi etc.*

C. Absus *L.* ⊙. Ostindien. *Sem. Cismae.*

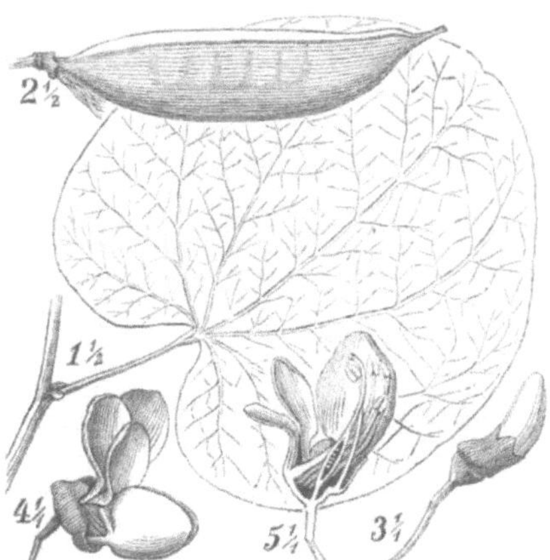

Fig. 263.
Cercis siliquastrum. 1. Blatt. 2. Reife Frucht. 3. Blumenknospe. 4. Blühende Blume. 5. Dieselbe längsdurchschnitten.

Cercis Siliquastrum *L.*, Judasbaum ♄. Fig. 263. X. 1 *L.* Süd-Europa. — ***Folia et Alabastra Cercidis.*** —

Haematoxylum campechianum *L.* ♄. X. 1 *L.* Campechebai. — ***Lignum campechianum*** *(A. H.) vel. caeruleum, Blauholz: Haematoxylin.*

H. Brasiletto *Krst.* ♄. Fig. 264. St. Marta. — *Lignum brasiliense rubrum, Westindisches Brasilien- oder Fernambukholz, Bluthholz: Brasilin.*

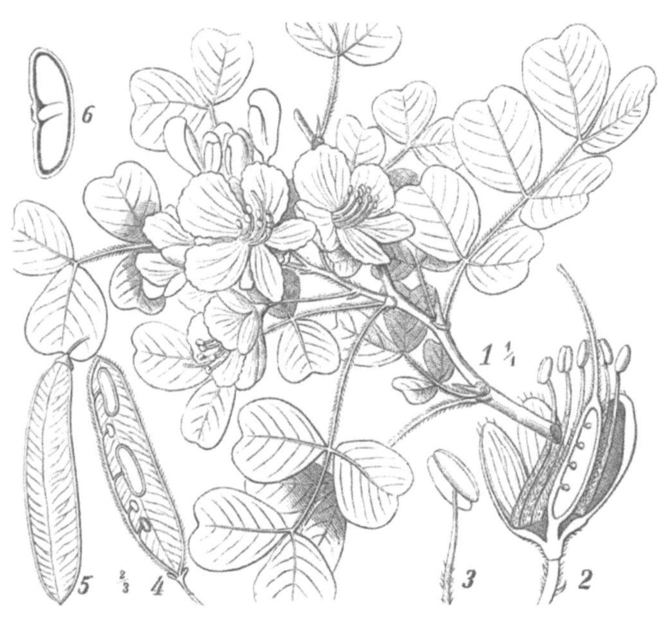

Fig. 264.

Haematoxylum Brasiletto. 1. Blühender Zweig. 2. Blume längsdurchschnitten, Krone abgeschn. 3. Staubgefäss, die obere Hälfte; vergr. 4. Frucht längsdurchschnitten, von Innen mit den Saamen. 5. Dieselbe von Aussen. 6. Saame längsdurchschnitten; vergrössert.

Caesalpinia brasiliensis *L.* ♄. X. 1 *L.* Westindien, vielleicht auch Brasilien. — *Lignum Brasiliense s. Fernambuci, Westindisches Bluthholz, Fernambukholz.*

C. echinata *Lamarck* ♄. Brasilien, Pernambuco. — *Lignum brasiliense, Rothholz, Fernambukholz: Brasilin.*

C. Crista *L.* ♄. Jamaica. — *Safrangelbes Brasilholz.*

C. Sappan *Rhede* ♄. Ostindien. — *Lignum Sappan, indisches Brasilholz.*

— **C. Coriaria** *Willdenow.* Tropisches Südamerika. — *Fruct. Dibidibi: 50* % *Gerb- und Gallussäure.*

Familie 116. Mimosaceae. (S. 145.)

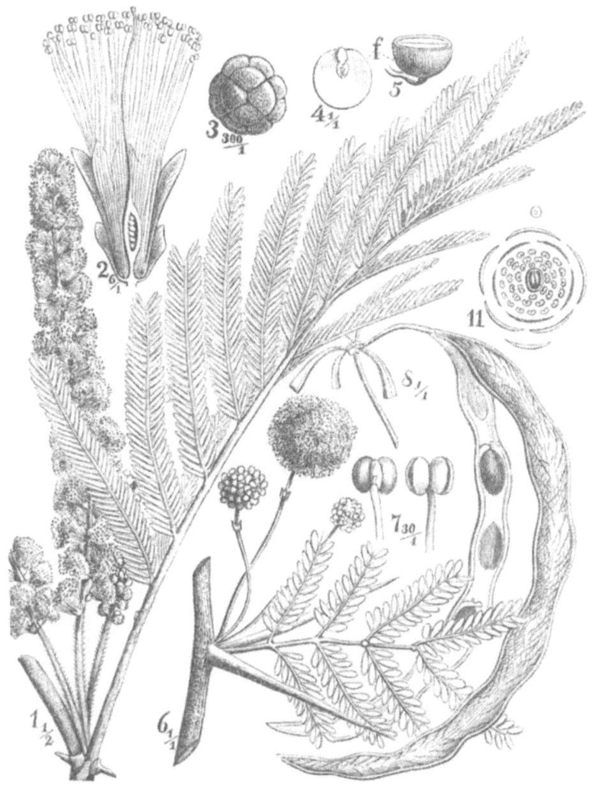

Fig. 265.

Acacia. 1—5. *A. Catechu.* 1. Blatt und Blüthe. 2. Blume längsdurchschnitten. 3. Pollen. 4. Saamenlappen mit dem Würzelchen und Knöspchen. 5. Saame querdurchschnitten, *f* Nabelstrang. 6—11. *A. Seyal.* 6. Blatt und Blüthe. 7. Staubbeutel auf dem Fadenende, von hinten und vorne gesehen. 8. Geöffnete Hülse. 9. Pollen. 10. Knospe. 11. Diagramm.

Acacia *(Mimosa L. fil.)* **Catechu** *Willdenow* ♄. Fig. 265, *1—5.* XVI. Polyandria *L.* Ostindien, Ceylon. — ***Catechu*** *(H.) Pegucatechu: 60% Gerbstoffe (1. Catechu- oder Tanningensäure, Catechin, 2. Catechugerbsäure, 3. Quercetin), ferner Catechuroth, Catechuretin, Catechuretin-Hydrat etc.*

A. Seyal *Delille* ♄, Fig. 265, *6—11*, **A. arabica** *Willdenow*, **A.** nilotica *Delille* ♄, Fig. 266. Aegypten, **A. Verek** *Guillemin* und *Perrottet* ♄, Aegypten, A. *(Mimosa L.)* **Senegal** *Willdenow*, Arabien, *u. a. Arten geben* ***Gummi arabicum*** *s. Gm. Mimosae: 80 % Arabin (Arabinsäure, an Erden und Kali gebunden) mit Wasser.*

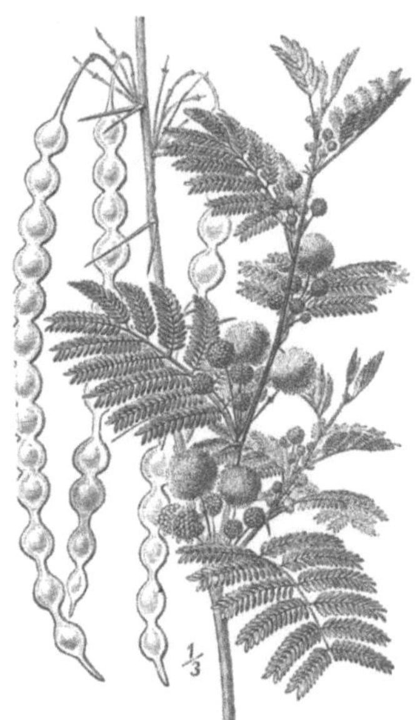

Fig. 266.
Acacia arabica.

Stryphnodendron Barbatimao *Martius* ♄. X. 1 *L.* Brasilien. — *Cort. adstringens Brasiliensis.*

Pithecolobium Auaremotemo *Martius* ♄. XVI. Polyandria *L.* Brasilien. — *Liefert gleichfalls Cort. adstringens Brasiliensis.*

P. *(Acacia Willd.)* **parvifolium** *Bentham*, *Inga Marthae Sprengel* ♄. Tropisches Südamerika. — *Fruct. Algarrobilla.*

Ordnung XLII. Rosiflorae. (S. 93.)

A. Fruchtknoten frei, oberständig.
- a. Frucht eine Steinbeere — Fam. 117. **Amygdaleae.**
- b. Frucht nussartig; Pistille auf dem Blumenboden stehend — Fam. 118. **Dryadeae.**
- c. Frucht nussartig; Pistille meistens auf dem krugförmigen Kelchrohre stehend — Fam. 119. **Rosaceae.**
- d. Frucht kapselartig — Fam. 120. **Spiraeaceae.**

B. Fruchtknoten mit dem Kelchrohre vereinigt, unterständig — Fam. 121. **Pomeae.**

Familie 117. Amygdaleae.

Fig. 267.

Amygdalus communis. 1. Blühender-, 2. fruchttragender Zweig. 3. Reife Frucht, von der die obere Hälfte des Epicarpium entfernt wurde. 4. Saame. 5. Blume längsdurchschn. 6. Saame längsdurchschnitten.

Amygdalus communis *L.*, Prunus Amygdalus *Baillon*, Mandelbaum ♄. Fig. 267. XII. 1 *L.* Aus Syrien in den Mittelmeerländern häufig cultivirt. Var. α amara *DC.* und β dulcis *DC.* — ***Amygdalae amarae et dulces,*** *bittere und süsse Mandeln: 50 % fettes Oel,* ***Oleum amygdalarum,*** *24% eigenthümliche Albuminsubstanz (Emulsin, Synaptase) neben Zucker, Asparagin, Gummi etc.; die bitteren Mandeln enthalten weniger fettes Oel, überdies 2 % Amygdalin (Bittermandelöl, Blausäure und Zucker).*

A. persica *L.*, Pfirsichbaum ♄. Aus China in vielen Varietäten cultivirt. — *Fol.,* ***Flor. Persicorum recentes*** *(H.) et Sem. Persicorum. Letztere haben die Bestandtheile der bitteren Mandeln.*

Prunus Cerasus *L.*, Saure Kirsche ♄. Fig. 268. XII. 1 *L.* Aus Kleinasien über Europa verbreitet. — *Die reifen Früchte* ***Fructus Cerasorum nigrorum acidorum recentium*** *(H.),* ***Cerasa acida nigra*** *(G.): Citronen- und Apfel-Säure, Zucker, Pectin, Farbstoff etc.; die Saamen Amygdalin und fettes Oel; die Blätter neben Laurocerasin Citronensäure, Quercetin etc.*

P. spinosa *L.* ♄, Schlehe, Schwarzdorn. — *Cortex, Fructus et* ***Flores Pruni spinosae*** *(H.) s. Acaciae nostratis vel germanicae.*

P. Laurocerasus *L.*, Lorbeerkirsche ♄. Fig. 269. Aus Persien; im südlichen Gebiete in Parks gepflanzt. — ***Folia Laurocerasi*** *recentes (H.),* ***Aqua Laurocerasi*** *(A.). Die Blätter enthalten: Laurocerasin (amorphes Amygdalin), Emulsin, Blattsäure (Phyllinsäure) etc.*

P. Padus *L.*, Trauben-, Ahl-Kirsche ♄. — *Cortex Pruni Padi: Laurocerasin.*

P. Mahaleb *L.*, Steinweichsel ♄. Gebirgsgegenden des mittl. und südl. Gebietes. — *Lign. et Fructus Mahaleb; Weichselrohr; Cumarin (in der Rinde).*

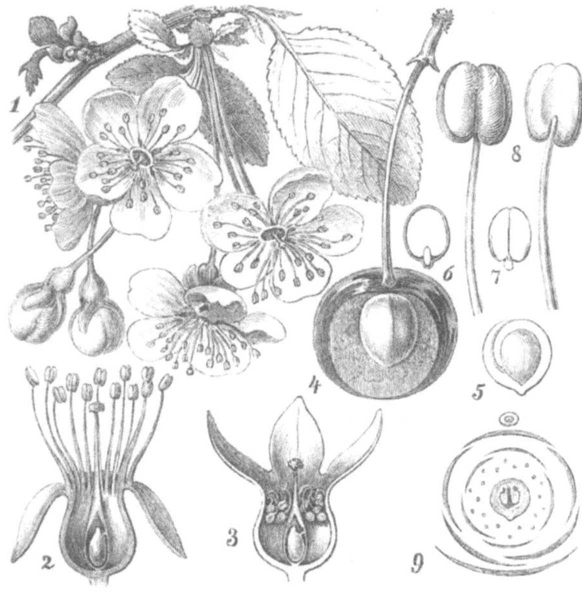

Fig. 268.

Prunus Cerasus.
1. Blühender Zweig. 2. Blume längsdurchschnitten. 3. Knospe längsdurchschnitten. 4. Frucht angeschn., mit freigelegt. Steinkerne. 5. Steinkern mit freigel. Saamen. 6. und 7. Keimling. 8. Staubgef. 9. Diagr.

Fig. 269.

Prunus Laurocerasus.

P. Armeniaca *L.*, Aprikose ♄. Aus Armenien; in allen gemässigten Klimaten gepflanzt. — *Die theils süssen, theils bittern Saamen dienen gleich Mandeln.*

P. domestica *L.* ♄, Pflaume, Zwetschke. Aus Kleinasien; in zahlreichen Varietäten cultivirt. — *Fructus Prunorum.*

Familie 118. Dryadeae. (S. 162.

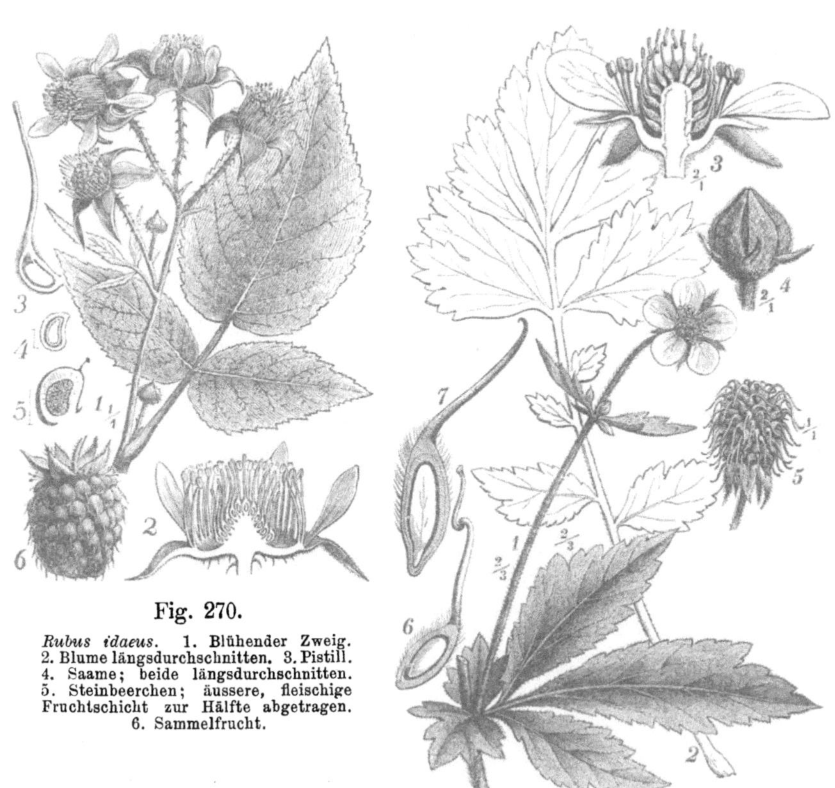

Fig. 270.

Rubus idaeus. 1. Blühender Zweig. 2. Blume längsdurchschnitten. 3. Pistill. 4. Saame; beide längsdurchschnitten. 5. Steinbeerchen; äussere, fleischige Fruchtschicht zur Hälfte abgetragen. 6. Sammelfrucht.

Fig. 271.

Geum urbanum. 1. Blume in der Blattachsel. 2. Unteres Stengelblatt. 3. Blume längsdurchschnitten. 4. Knospe. 5. Fruchtköpfchen. 6. Befruchtetes Pistill. 7. Reife Schliessfrucht, beide längsdurchschnitten.

Rubus idaeus *L.*, Himbeerstrauch ♄. Fig. 270. XII. Polygynia *L.* — ***Fructus Rubi Idaei recentes*** s. *Baccae Rubi Idaei: Citronen- und Apfelsäure, Spuren äth. Oeles, Himbeercampher, Zucker, Farbstoff, Pectin.*

R. fruticosus *L.*, Brombeerstrauch ♄. — *Fol. et Fruct. Rubi vulgaris v. nigri, Mora Rubi.*

Geum urbanum *L.*, Nelkenwurz ♃. Fig. 271. XII. Polygynia *L.* — ***Rhizoma Caryophyllatae*** *(H.): Aeth. Oel, Harz, Gerbstoff, Gummi, Geumbitter, Amylum etc.*

G. rivale *L.*, Wassernelkenwurz ♃. Fig. 272. Rhiz. (*Rad.*) Caryophyllatae aquaticae.

Fragaria vesca *L.*, Erdbeerpflanze ♃ u. **F. viridis** *Duchesne*, F. collina *Ehrhart* ♃. Fig. 273. XII. Polygynia *L.* — *Rad.* et *Hb.* Fragariae vescae. *Die Früchte (Scheinfrüchte) : Citronen- u. Apfelsäure, Rohrzucker, Cissotannsäure.*

Fig. 272.

Geum rivale. Reifes Fruchtköpfchen längsdurchschnitten, oberes Griffelglied abgefallen, *a* Fruchtträger.

Fig. 274.

Potentilla erecta. 1. Blühender Zweig. 2. Wurzelstock, aufrecht gestellt, *g* Blt.-knospe. 3. Blume längsdurchschnitten.

Fig. 273.

Fragaria. 1. *F. vesca.* Blatt und Blüthe. 2. Blume längsdurchschnitten. 3. *F. viridis.* Reifer Fruchtboden. 4—6. Nüsschen und dasselbe längsdurchschnitten. 7. Pistill im Längenschnitt.

Potentilla (*Tormentilla L.*) **erecta** *Krst.*, P. silvestris *Necker*, P. Tormentilla *Schrank*, Ruhrwurz ♃. Fig. 274. XII. Polygynia *L.* — ***Rhizoma Tormentillae*** (*H. G.*): *Harz, Tormentillgerbsäure, Tormentillroth, Ellagsäure, Chinovasäure (vielleicht Chinovin), Gummi etc.*

P. reptans *L.*, Fünffingerkraut ♃. — *Hb. Pentaphylli s. Quinquefolii.*

P. Anserina *L.* ♃. — *Hb. Anserinae.*

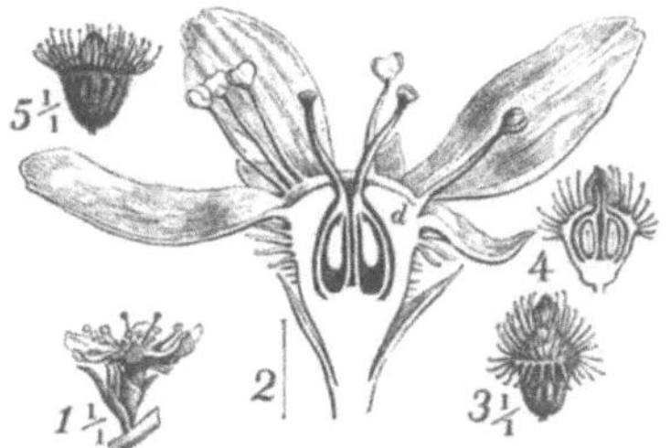

Fig. 275.

Agrimonia. 1—3. *A. odorata.* 1. Blume. 2. Diese längsdurchschnitten. 3. Fruchtkelch. 4. und 5. Fruchtkelch von *A. Eupatoria* in 4 mit den beiden Früchten längsdurchschnitten.

Agrimonia Eupatoria *L.*, Odermennig ♃. Fig. 275, *4. 5.* XI. 2 *L.* und **A. odorata** *Miller* ♃. Fig. 275, *1–3. Hb. Agrimoniae s. Lappulae hepaticae.*

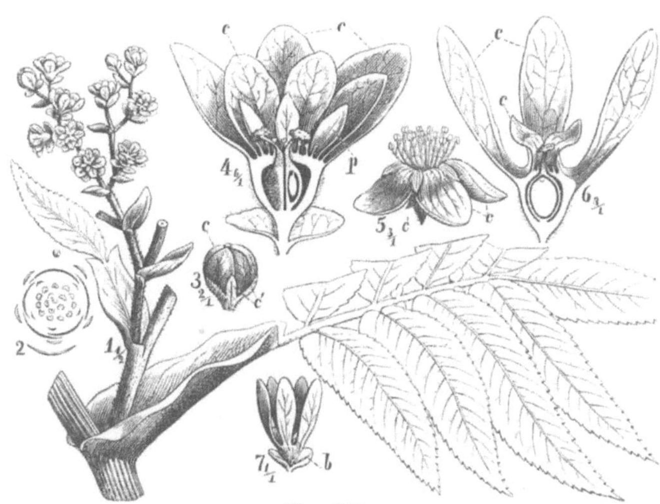

Fig. 276.

Hagenia abyssinica. 1. Blatt und Theil der Blüthe. 2. Diagramm der ♂ Blume. 3. Blumenknospe, *c'* äusserer-, *c* innerer Kelch. 4. ♀ Blume längsdurchschnitten, *p* Kronenblatt, *c* und *c'* wie in 3. 5. ♂ Blume. 6. Frucht im vergrösserten Kelch längsdurchschnitten. 7. Dieselbe von aussen gesehen mit den beiden Deckblättern *b*.

Hagenia abyssinica *Willd.*, **Brayera anthelminthica** *Kunth* ♄. Fig. 276. XI. 2 *L.* (XXII. 10). Abyssinien. ***Flores Koso,*** *Fl. Kusso,* ***Kousso*** *(A.), Weibliche Kussoblüthen: 7,5 % Kosin (Kussin), Koseïn, aeth. Oel, Hagensäure, Gerbsäure, Baldriansäure etc.*

Poterium Sanguisorba *L.*, Becherblume ♃. Fig. 277. XXI. Polyandria *L.* (XXIII. 1). — *Hb. et Rhizoma Pimpinellae italicae minoris: Eisenbläuender Gerbstoff, äth. Oel, Bitterstoff, Schleim.*

Sanguisorba officinalis *L.*, Wiesenknopf ♃. IV. 1 *L.* (XI. 1). — *Rhiz. (Rad.) Pimpinellae italicae: Eisenbläuender Gerbstoff.*

Fig. 277.

Poterium Sanguisorba. 1. Blüthe und Blatt. 2. Weibliche Blume. 3. Diese längsdurchschnitten. 4. Zwitterblume längsdurchschnitt. 6. Fruchtkelch ganz und querdurchschnitten mit den eingeschlossenen Nüsschen. 7. Diagramm der ♀ Blm. 8. Diagramm der ♂ Blm.

Fig. 278.

Alchimilla vulgaris. 1. Blühender Zweig mit Blatt. 2. Diagr. 3. Fruchtkelch. 4. Saame längsdurchschnitten. 5. Stempel. 6. Blume längsdurchschnitten, *u* äusserer-, *v* innerer Kelch. 7. Blumenknospe, *u* äusserer-, *v* innerer Kelch.

Alchimilla vulgaris *L.*, Löwenfuss, Frauenmantel ♃. Fig. 278. IV. 1 *L.* — *Hb. et Rad. Alchimillae: Eisenbläuender Gerbstoff.*

Familie 119. Rosaceae. (S. 162.)

Fig. 279.

Rosa canina. 1. Blühendes Zweigende. 2. Geöffnete Blumenknospe längsdurchschn. 3. Stempel desgl. 4. Fruchtkelch. 5 u. 6. Frucht und im Längenschnitt. 7. Diagramm.

Rosa canina *L.*, Hagebutte ♄. Fig. 279. XII. Polygynia *L.* — *Fruct. et Sem. Cynosbati; Folia et cortex rad. Rosae silvestris;* ***Fungus Rosarum*** *s. Spongia* ***Cynosbati*** *(H.). Die auch in der Haushaltung gebrauchten reifen Hagebutten enthalten: Fruchtzucker, Citronen- und Apfelsäure, Gummi, Gerbstoff, Harz etc.*

R. gallica *L.*, Essigrose ♄. Aus Südeuropa; in Gärten cultivirt. — ***Flor. Rosarum rubrarum*** *(H.).*

R. centifolia *L.*, Rosa gallica var. centifolia *Regel*, Gartenrose ♄. Aus dem Orient; seit ältesten Zeiten in Gärten cultivirt. — ***Flores rosae*** *(G.).*

R. damascena *Miller.* Wie Vor. — ***Flores Rosarum*** *(A.). Diese wie die Vor. enthalten: Aeth. Oel,* ***Oleum Rosae,*** *Farbstoff, eisenbläuenden Gerbstoff, Schleim, Zucker.*

R. indica *L.*, Monatsrose. Wie Vor. und mit dieser besonders in Bulgarien und der Türkei in grosser Menge angepflanzt: ***Ol. Rosae,*** *Levantisches Rosenöl; besteht aus kräftig riechendem Elaeopten und bis 54% Rosencamphor.*

Familie 120. Spiraeaceae. (S. 162.)

Fig. 280.

Spiraea L. 1—6. *S. Filipendula.* 1. Blüthe. 2. Blt. mit Nebenblt. 3. Blume längsdurchschnitten. 4. Frucht. 5. und 6. Saame längsdurchschnitten. 7. Frucht von *Aruncus (Spiraea L.) Aruncus.* 8. Frucht von *Spiraea Ulmaria.*

Spiraea Ulmaria *L.*, Gaisbart ♃. Fig. 280, *8.* XII. 5 *L.* — *Rad., Hb. et Flores Ulmariae v. Reginae prati. — Die Blumen enthalten: Aeth. Spiraeaöl, bestehend aus Salicyliger Säure (Ulmarsäure, spirige Säure), Salicylsäure (Spiraeasäure) und einigen Stearoptenen; ferner enthalten sie Spiraeagelb (Spirsäure, Spiraein). Die Blumenknospen enthalten Salicin. Auch die Blt. und der Wurzelstock enthalten Ulmarsäure neben eisengrünendem Gerbstoffe.*

S. Filipendula *L.* ♃. Fig. 280, *1–6.* — *Rad., Hb. et Flores Filipendulae s. Saxifragae rubrae. — Enthält gleichfalls Ulmarsäure.*

Aruncus *(Spiraea L.)* **Aruncus** *Krst.*, A. silvester *Kosteletzky*, Waldbocksbart ♃. Fig. 280, 7. Mittl. und südl. Gebiet. — *Rad., Folia et Flores Barbae caprae. — Aeth. Oel, Gerbstoff; in den Blättern, nach Wicke, Amygdalin.*

Quillaja Saponaria *Molina* ♄. XXIII. 2 *L.* Chili, Peru. — *Cort. Quillajae: Saponin (Quillajin).*

Familie 121. Pomeae.

Fig. 281.

Cydonia (Pyrus L.) Cydonia. 1. Zweig mit Blume und Blatt. 2. Frucht. 3. Blumenknospe, beide längsdurchschnitten. 4. Diagramm. 5. Saamenballen eines Faches. 6. Saame längsdurchschnitten.

Cydonia *(Pyrus L.)* Cydonia *Krst.*, **Cydonia vulgaris** *Persoon*, Quitte ♄. Fig. 281. XII. 2—5 *L.* Aus Creta; über die gemässigte Zone verbreitet. — ***Sem. Cydoniae*** *(A.): Schleim;* ***Fructus*** *et* ***Succus Cydoniorum recens*** *(H.): Pectin, Apfelsäure, Zucker, Gummi etc.*

Pirus Malus *L.*, Apfelbaum ♄. XII. 2—5 *L.* In Wäldern zerstreuet als Holzapfel, cultivirt in sehr zahlreichen Varietäten. — *Fructus Mali et* ***Succus Pomorum acidulorum maturorum*** *(A. G.): Apfelsäure, Gerbsäure, Zucker; die Saamen enthalten fettes Oel und Amygdalin; die Wurzelrinde Phlorrhizin; die Blätter Isophlorrizin; die Stammrinde Quercetin.*

P. communis *L.*, Birnbaum ♄. In Wäldern als Holzbirne Achras *Wallr.* — *Fructus Piri silvestris: Apfelsäure, Zucker, Gummi, Pectin, eisenbläuenden Gerbstoff; die Blumen: Trimethylamin; die Wurzelrinde Phlorrhizin.*

P. *(Sorbus L.)* **Aucuparia** *Gaertner*, Eberesche, Vogel- oder Quitschbeerbaum ♄. Aus dem Süden; angepflanzt und verwildert. — *Baccae Sorbi Aucupariae. — Sorbin-, Citronen- und Apfelsäure, Sorbin und Sorbit. Die Blumen enthalten Amygdalin und Trimethylamin.*

Amelanchier *(Mespilus L.)* Amelanchier *Krst.*, **A. ovalis** *Medicus*, Aronia rotundifolia *Persoon*, Am. vulgaris *Pers.*, Felsenmispel ♄. Fig. 282, 5—7. XII. 3—5 *L.* Im südl. und westl. Gebiete. — *Die Blumenknospen enthalten Amygdalin.*

Fig. 282.

1—4. *Cotoneaster (Mespilus L.) Cotoneaster*. 1. Blatt und Blüthe. 2. Blume längsdurchschnitten. 3. Staubgefäss. 4. Fruchtknoten-Querschnitt. 5—7. *Amelanchier (Mespilus L.) Amelanchier*. 5. Blume. 6. Fruchtknoten-Querschnitt. 7. Desselben Längenschnitt.

Cotoneaster *(Mespilus L.)* Cotoneaster *Krst.* **C. integerrima** *Medicus*, C. vulgaris *Lindley*, Zwergmispel ♄. Fig. 282, *1—4*. XII. 2—5 *L*. Südl. und mittl. Gebiet. — *Die Blumenknospen enthalten Amygdalin.*

Mespilus germanica *L.*, Mispel ♄, ♄. XII. 2—5 *L*. Aus Persien; in ganz Europa gepflanzt und hie und da verwildert. — *Fruct. Mespili.*

M. *(Crataegus L.)* **Oxyacantha** *Gaertner*, Haagdorn, Weissdorn. — *Folia, Flores et Baccae Spinae albae. — Die Blumen enthalten Amygdalin und Trimethylamin.*

Ordnung XLIII. Calycicarpae. (S. 93.)

A. Pistille unterständig. Fam. 122. **Granateae.**
B. Pistille oberständig, frei im Kelchrohre. Fam. 123. **Calycantheae.**

Familie 122. Granateae.

Punica Granatum *L.* ♄. Fig. 283. XII. 1 *L*. Nordafrika; bei uns häufig in Gewächshäusern. — ***Cortex Granati*** *(G. H.)*, ***Cort. rad. Granati*** *(A.)*, *Flores s. Balaustii et Cortex fruct. Granatorum. Alle Organe sind reich an Gerbstoff; in der Stamm- und Wurzelrinde: Punicotannin, Mannit (Granatin), Punicin (Pelletierin), Isopunicin, Methylpunicin und Pseudopunicin.*

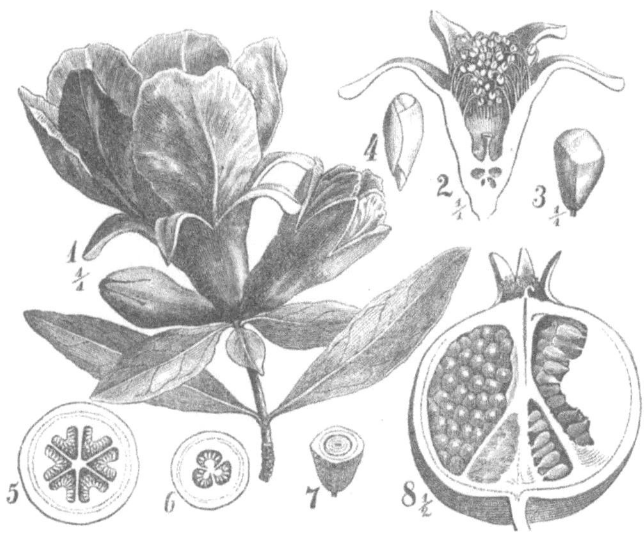

Fig. 283.

Punica Granatum. 1. Blühender Zweig. 2. Blumen-Längendurchschnitt, ohne Krone. 3. Saame. 4. Keimling. 5. Querschnitt durch den Fruchtknoten im oberen Drittel. 6. Desgl. durch dessen unteres Drittel. 7. Saamen-Querschnitt. 8. Frucht längsdurchschnitten.

Familie 123. Calycantheae. (S. 171.)

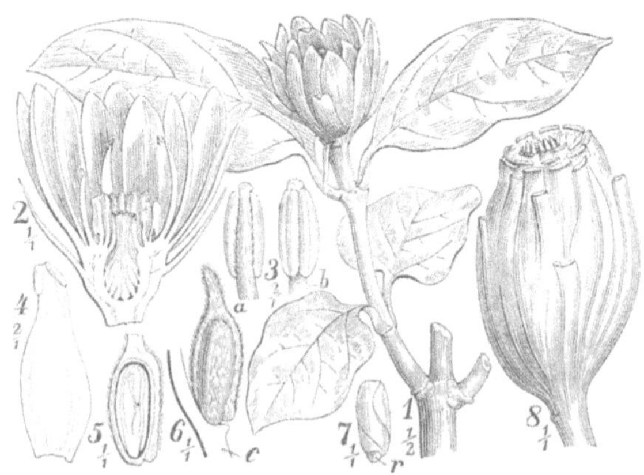

Fig. 284.

Calycanthus floridus. 1. Blühender Zweig. 2. Blume längsdurchschnitten. 3. Staubbeutel, *a* von Innen-, *b* von Aussen gesehen. 4. Ein äusseres Staubgefäss. 5. Früchtchen längsdurchschnitten. 6. Früchtchen, auf dem Kelche *c* stehend. 7. Keimling. 8. Fruchtkelch.

Calycanthus floridus *L.* ♄. Fig. 284. XII. Polygynia *L.* Nordamerika. — *Cort. Calycanthi*: *Aeth. Oel, Harz, Gerbstoff etc.*

Ordnung XLIV. Myrtiflorae. (S. 93.)

Familie 124. Myrteae.

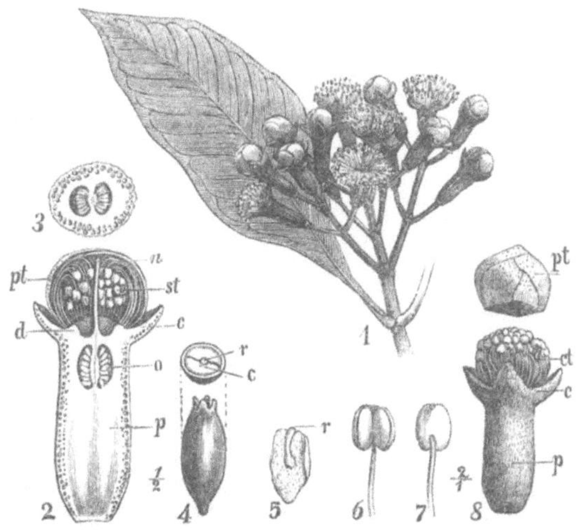

Fig. 285.

Caryophyllus aromatica. 1. Blühender Zweig. 2. Blumenknospe längsdurchschnitten, *p* Blumenstiel, *o* Saamenknospen, *c* Kelch, *d* Drüsenring, *st* Staubgefässe, *n* Narbe, *pt* Kronenblätter. 3. Fruchtknoten-Querschnitt. 4. Frucht, darüber ihr Querschnitt, *c* Keimblatt, *r* Würzelchen. 5. Keimling, von dem ein Keimblatt entfernt wurde. 6 und 7. Staubgefässe in doppelter Grösse. 8. Blumenknospe, von der die Kronenblätter *pt* abgehoben wurden, *p* Stiel, *c* Kelch, *ct* Staubgefässe.

Caryophyllus aromatica *L.* Eugenia caryophyllata *Thunbg.*, Gewürznelkenbaum ♄. Fig. 285. XII. 1 *L.* Molukken, Sundainseln in Ost- und Westindien cultivirt. — *Alabastra Caryophylli s.* ***Caryophylli:*** *22% **Ol. Caryophyllorum** in den besten Amboina-Nelken (Zanzibar-Nelken bis 17%, Cajenne-Nelken bis 12%), ferner 4—8% Harz, bis 13% Gerbstoff, Gummi etc. — Anthophylli, Mutternelken.*

Pimenta *(Myrtus L.)* **Pimenta** *Krst.*, P. officinalis *Lindley* ♄. XII. 1 *L.* Westindien; in Ostindien angepflanzt. *Sem. v.* ***Fructus Amomi*** *(H.). Englisches Gewürz, Jamaica-Pfeffer, Nelkenpfeffer: 2,34% Aeth. Oel, Harz, Gerbsäure, fettes Oel, Gummi etc.*

Eucalyptus resinifera *Smith* ♄. XII. 1 *L.* Neuholland. — *Kino australe, Botanybai-Kino: Kinogerbsäure, Catechin und Brenzcatechin; ferner australische Manna: Melitose.*

E. Globulus *Labillardiere*, Vandiemensland; im südl. Europa angepflanzt. — *Ol. aeth. et* ***Folia Eucalypti Globuli*** *(H.): Aeth. Oel, Gerb-, Harz- und Fettsäuren, Wachs etc.*

Fig. 286.

Melaleuca minor. 1. Blühender Zweig. 2. Blume längsdurchschn. 3. Querschnitt durch den Fruchtknoten vergrössert.

Melaleuca minor *Smith*, M. Cajuputi *Roxburgh* (?) 5. Fig. 286. XVIII. Polyandria *L.* und **M. Leucadendron** *L.* Beide: Sundainseln u. Molukken. — ***Ol. Cajeputi*** *äth. (G. H.)*

Ordnung XLV. Terebinthaceae. (S. 93.)

A. In jedem Fruchtknotenfache nur eine Saamenknospe.
  a. 1 einfächeriges Pistill; Blumen typisch diclin. Fam. 125. **Juglandeae.**
  b. 1 einfächeriges Pistill; Blumen durch Fehlschlagen diclin; Saamen aufrecht. Fam. 126. **Anacardieae.**
  c. 5 einfächerige, mehr oder minder vereinigte Pistille; Blumen meist ☿ oder durch Fehlschlagen diclin; Saamen hängend. Fam. 127. **Simarubaceae.**

B. Fruchtknotenfächer 2eiig, Blätter durchsichtig-punktirt, *ausgenommen Burseraceae.*
  a. Fruchtknoten einfächerig; Blumen **polygam**; Steinbeere **einkernig**; Saamen eiweisslos. Fam. 128. **Amyrideae.**
  b. Fruchtknoten 2—5fächerig; Steinbeere 1—5kernig; Blumen **polygam**, *ausgen. Boswellia*; Saamen eiweisslos. Fam. 129. **Burseraceae.**
  c. Fruchtknoten 2—5fächerig; Frucht eine Flügelfrucht, Kapsel oder Steinbeere; Blumen **polygam**; Saamen **eiweisshaltig.** Fam. 130. **Xanthoxyleae.**
  d. Fruchtknoten 1—5fächerig; Frucht kapselartig, die Innenschicht trennt sich elastisch von der Aussenschicht; Blm. meist **zwitterig.** Fam. 131. **Diosmaceae.**

C. In jedem Fruchtknotenfache mehrere Saamenknospen; Blumen zwitterig.
  a. Blt. einzeln stehend, einfach, nebenblattlos, punktirt. Fam. 132. **Rutaceae.**
  b. Blt. gegenständig, zusammengesetzt, mit Nebenblättern, nicht punktirt. Fam. 133. **Zygophylleae.**

Familie 125. Juglandeae.

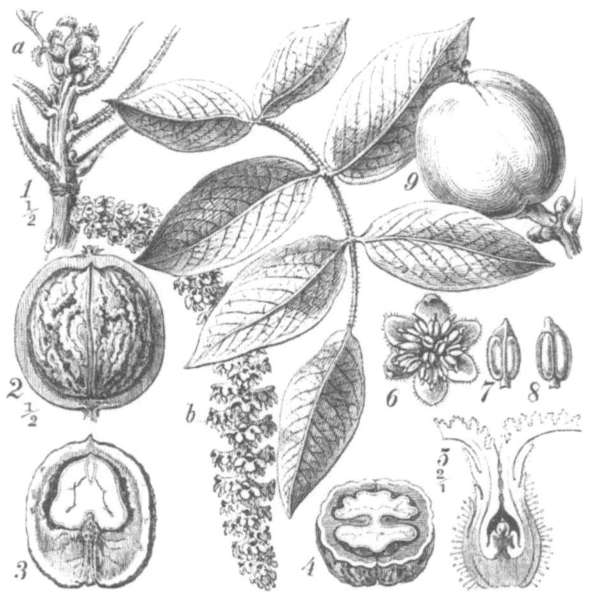

Fig. 287.

Juglans regia. 1. Zweig mit ♂ *a* und ♀ *b* Blüthe und Blatt. 2. Reife Frucht von der Seite gesehen, nachdem das Exocarpium der zugewendeten Hälfte abgeschält wurde. 3. Längendurchschnitt, und 4. Querdurchschnitt der Frucht ohne Exocarpium. 5. ♀ Blume längsdurchschnitten 6. ♂ Blume. 7 und 8. Staubgefäss von Aussen und von Innen. 9. Halb erwachsene Frucht.

Juglans regia *L.*, Wälschnuss-, Wallnussbaum ♄. Fig. 287. XXI. 5 *L.* Aus dem Orient (Pontusgegenden); häufig angepflanzt und im südl. Gebiete auch verwildert. — ***Folia Juglandis*** *(G. H.): Gerbstoff (Nucitannin), Inosit-Zucker (Nucit), Juglandin. Cort. fructus Juglandis: Nucitannin, fettes Oel, Nucin (Regianin, Juglon). Die unreifen Fruchtschalen enthalten Hydrojuglon; die reifen Saamen bis 60 % fettes Oel.*

Familie 126. Anacardieae.

Pistacia Lentiscus *L.*, Mastixbaum ♄, ♄. Fig. 288. XXII. 5 *L.* Oestliche Mittelmeerländer; auf Chios cultivirt. — ***Mastix*** *(A. H.): bis 2 % äth. Oel, Harze (Mastixsäure und Masticin).*

Fig. 288.

Pistacia Lentiscus. 1. Blühender Zweig. 2. Reife Frucht. 3. Diese querdurchschn. 4. ♀. 5. ♂ Blm.

P. Terebinthus *L.* Wie Vor. — *Terebinthina Chia s. Cypria, Terpentin von Chios: 14 % äth. Oel, Harz (Mastixsäure?) Benzoësäure.*

P. vera *L.* Wie Vor. und in allen Mittelmeerländern cultivirt. — *Sem. Pistaciae s. Amygdalae virides, Pistazie, Pimpernuss.*

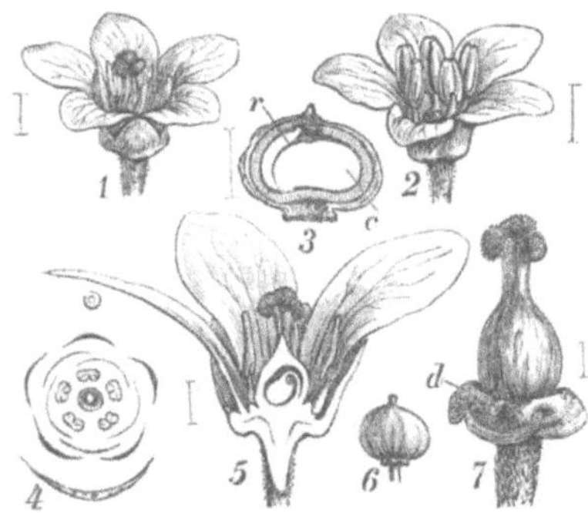

Fig. 289.

Rhus Toxicodendron. 1. Weibliche, 2. männliche Blume. 3. Frucht längsdurchschn., *c* Keimblättchen, *r* Würzelchen. 4. Diagramm. 5. Weibliche Blume längsdurchschnitten. 6. Frucht. 7. Pistill von dem Drüsenringe *d* umgeben.

Rhus Toxicodendron *L.*, Giftsumach ♄. Fig. 289. V. 3 *L.* (XXII. 5, XXIII. 1). Nordamerika. — ***Folia Rhois Toxicodendri*** *(H.): Toxicodendronsäure, Cardol und Gerbsäure.*

R. Coriaria *L.*, Gerbersumach ♄. Südeuropa. — *Baccae et Folia Sumach, Schmack: Galläpfelgerbsäure und Gallussäure.*

R. semialata *Murray* ♄. Ostindien, Cochinchina. — *Gallae chinenses: Gerbsäure.*

R. succedanea *L.* ♄. *Japantalg, Japanisches Wachs.* **R. vernicifera** *DC.* ♄. Japan. — *Soll, wie auch die beiden vor. Arten, Schellack geben.*

Anacardium occidentale *L.* Acajou. IX. 1 *L.* (XXIII. 2). Westindien und tropisches Südamerika; in Ostindien und Afrika angepflanzt. — *Sem. Anacardii occidentalis, Westindische Elephantenlaus: Cardol, Anacardsäure, Gerbsäure; fettes Oel; ferner Gummi-Acajou.*

Semecarpus Anacardium *L. fil.* ♄. V. 3 *L.* (XXIII. 2). Ostindien. — *Sem. Anacardii orientalis, Ostindische Elephantenlaus: Wie Vor.*

Familie 127. Simarubaceae. (S. 174.)

Fig. 290.

1—8. *Quassia amara.* 1. Blühende Zweigspitze. 2. Diagramm. 3. Längendurchschnitt durch die Blume, Kelchblatt fast-, Krone gänzlich fehlend. 4. Ein Fruchtknopf längsdurchschnitten, *c* Keimblättchen, *p* Knöspchen. 5. Ganze Frucht. 6. Eine Steinbeere querdurchschnitten. 7 und 8. Unterer, schuppenf. verbreiteter Theil eines kurzen, äusseren und eines längeren Staubgefässes. 9—12. *Simaruba amara.* 9. ♀ Blume. 10. Deren Staubgefässrudiment. 11. ♂ Blume. 12. Staubgefäss.

Quassia amara *L.* ♄, ♄. Fig. 290, *1—8.* X. 1 *L.* Tropisches Südamerika. — ***Cort.*** *(H.)* ***et Lignum Quassiae surinamense:*** *Quassiin (Quassit), Spuren äth. Oeles, Gummi etc.*

Picraena *(Quassia Sw.)* **excelsa** *Lindley,* Simaruba exc. *DC.* ♄. XXIII. 1 *L.* (V. 1 *L.*). Antillen, besonders Jamaica. — *Cort. et* ***Lignum Quassiae jamaicense*** *(G., nach A. zu verwerfen): Wie Vor.*

Simaruba amara *Aublet,* Quassia Simaruba *L. fil.,* S. guyanensis *Richard* ♄. Fig. 290, *9—12.* XXII. 10 *L.* Tropische Niederungen Guyana's und Venezuela's. — *Cort. Simarubae guyanensis.*

Simaba Cedron *Planchon* ♄. IV. 1 *L.* (V. 1). Neu-Granada. — *Sem. Simabae: Cedrin.*

Ailanthus glandulosa *Desfontaine,* Götterbaum ♄. XIII. 1 *L.* (X. 1). China, Japan. — *Fol. et Cort. radicis Ailanthi.*

Familie 128. Amyrideae.

Amyris Elemifera *L.* und **A. Plumieri** *DC.* VIII. 1 L. (XXIII. 1 *L.*). Westindien. — Elemi.

Familie 129. Burseraceae. (S. 174.)

Fig. 291.

Balsamea. 1. *B. Myrrha*. Fruchttragender Zweig. 2—5. *B. meccanensis*. 2. Reife Frucht. 3. ♂ und 4. ♀ Blume längsdurchschnitten. 5. Keimling.

Fig. 292.

Bursera. 1—7. *B. tomentosa*. 1. Blüthe mit Stützblatt. 2. ♂ Blm., *c* Kelch, *p* Kronenblatt. 3. Dieselbe längsdurchschnitten. 4 u. 5. Diagramm der ♂ und Zwitter-Blume. 6. Reife geöffnete Frucht. 7. Der Steinkern freigelegt. 8—11. *Bursera (Elaphrium Kth.) graveolens*. 8. Steinkern. 9. Saame längsdurchschnitten. 10 und 11. ♀ Blume und diese längsdurchschnitten.

Balsamea *(Balsamodendron Nees)* **Myrrha** *Engler*, Commiphora Myrrha *Engler* ♄, ♄. Fig. 291 *1*. XIII. 1 *L.* (VIII. 1 *L.*) Länder am rothen Meere. — ***Myrrha*** *(G. A.): 2—4 % äth. Oel (Myrrhol), 27—40 % Harz (Myrrhin), Gummi.*

B. meccanensis *Gleditsch*, Balsamodendron Gileadense *Kunth*, 291, *2–5*, B. Opobalsamum *Kth.*, B. Ehrenbergianum *Berg.* Fig. 291, *3–5*. Wie Vor. — ***Myrrha*** *(A. H.); diese Art wird aber von den Pharmacognosten für die Mutterpflanze des Balsamum Gileadense gehalten.*

Bursera (*Elaphrium Jacquin*) **tomentosa** *Triana* und *Planchon* ♄. Fig. 292, *1–7*. XXIII. 1 *L.* (VIII. 1). Tropisches Amerika. — *Westindische Tacamahaca. (Auch S. 127.)*

B. *(Elaphrium (?) Kunth)* **graveolens** *Krst.* ♄. Fig. 292, *8–11*. Wie Vor. — *Caraña.*

Icica Icicariba *DC.* ♄ und **I. Tacamahaca** *Kth.* ♄. XXIII. 1 *L.* (X. 1 und VIII. 1 *L.*) Tropisches Südamerika. ***Elemi*** *(A. H.)*.

Fig. 293.

Boswellia Carterii. 1. Blühender Zweig. 2. Blume. 3. Diese längsdurchschnitten.

Boswellia serrata *Colebrook* ♄, **B. Carterii** *Birdwood* ♄, Fig. 293, und wohl noch mehrere andere Arten dieser Gattung der Südostküste Afrikas *liefern Weihrauch,* ***Olibanum*** *(A. H.): 4—5 % äth. Oel, 56 % Harz, 30—36 % Gummi, 6 % Bassorin.*

Familie 130. Xanthoxyleae. (S. 174.)

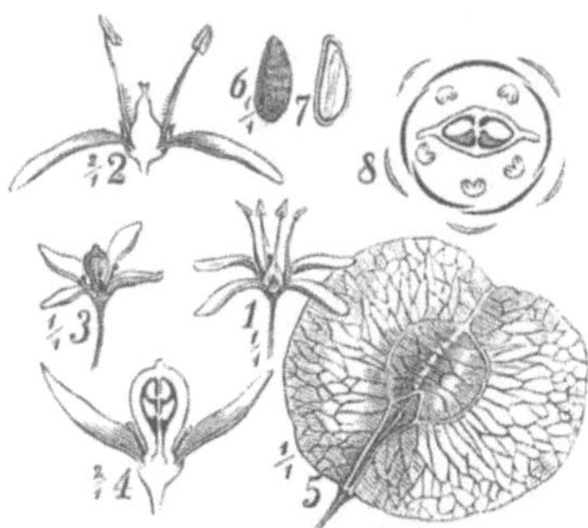

Fig. 294.

Ptelea trifoliata. 1. ♂ Blume. 2. Dieselbe längsdurchschnitten. 3. ♀ Blume. 4. Dieselbe längsdurchschnitten. 5. Frucht. 6 u. 7. Saame u. längsdurchschnitten. 8. Diagramm.

Ptelea trifoliata *L.* ♄, ♄. Fig. 294. IV. 1 *L.* (XXIII. 2.) Aus Nordamerika; häufig in Parks gepflanzt. — *Fruct. Pteleae.*

Familie 131. Diosmaceae. (S. 174.)

Barosma crenata *Kunze* ♄, **B. crenulata** *Hooker* ♄, Fig. 295, *1–7*, **B. betulina** *Bartling*. V. 1 *L*. ♄. Cap d. g. Hoffnung. — *Folia Bucco: Aeth. Oel, Harz, Barosma-Camphor (Diosphenol), Diosmin.*

B. serratifolia *Willdenow*. Wie Vor. und:

Empleurum serrulatum *Aiton* ♄, Fig. 295, *8–11*, XXI. 4 *L* (IV. 1), Cap d. g. Hoffnung *geben Folia Bucco longa:* Wie Vor.

Fig. 295.

1—7. *Barosma crenulata*. 1. Blühender Zweig. 2. Längsdurchschnittene Blume. 3. Reife, sich öffnende Frucht. 4. Geöffnetes, isolirtes fruchtknopfartiges Fach mit getrennter Aussen- und Innenfruchtblattschicht. 5. Saame. 6. Derselbe querdurchschn. 7. Diagramm. 8—11. *Empleurum serrulatum*. 8. Blume in der Blattachsel. 9. Zwitterblume längsdurchschnitten. 10. Weibliche, 11. Männliche Blume längsdurchschnitten.

Pilocarpus pennatifolius *Lemaire* ♄, **P. Sellowianus** *Engler* ♄, **P. heterophyllus** *A. Gray* ♄. V. 1 *L*. Trop. Amerika. — ***Folia Jaborandi*** *(G.)*: ***Pilocarpin*** *(G.), Pilocarpidin, Jaborin, Jaboridin, 0,5 % äth. Oel (Pilocarpēn).*

Galipea *(Bonplandia Willd.)* **trifoliata** *Krst.*, G. officinalis *Hancock*, Cusparia febrifuga *Humboldt*, C. trifoliata *Engler* ♄. V. 1 *L*. Venezuela. — *Cort. Angusturae verus: Aeth. Oel, Cusparin, Galipeïn etc.*

Dictamnus albus *L.*, D. Fraxinella *Pers.* ♃. X. 1 *L*. Südl. und mittl. Gebiet. — *Rad. Dictamni s. Diptamni Fraxinellae: Aeth. Oel, Harz, Bitterstoff.*

Familie 132. Rutaceae. (S. 174.)

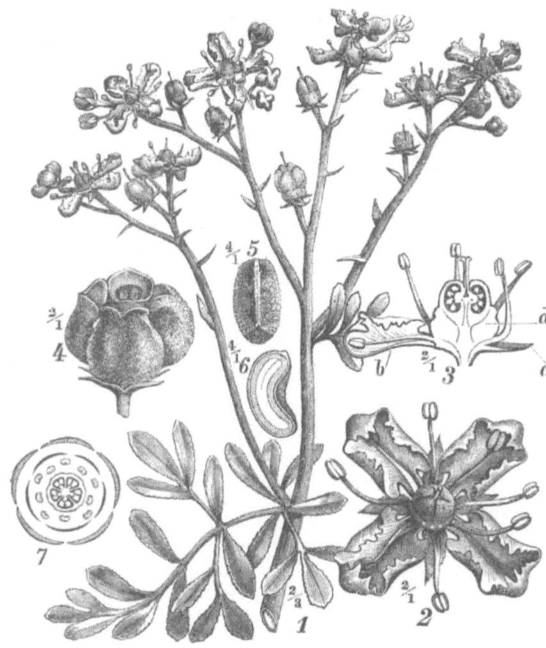

Fig. 296.

Ruta graveolens. 1. Blühender Zweig. 2. Blume von oben gesehen. 3. Blume längsdurchschn., *c* Kelchblatt, *b* Kronenblatt, *d* Drüsenscheibe. 4. Reife geöffnete Frucht. 5. Saame von der Bauchseite. 6. Derselbe längsdurchschn. 7. Diagramm, die Stellung der Blumen-Organe, nicht die Knospenlage von Kelch und Krone angebend.

Ruta graveolens *L.*, Gartenraute ♄. Fig. 296. X. 1 *L.* Aus Süd-Europa, häufig in Gärten. — *Folia seu* ***Hb. Rutae*** *(H.)*: ***Ol. Rutae*** *(H.) äthereum*, *Rutin* (*Rutinsäure*).

Familie 133. Zygophylleae. (S. 174.)

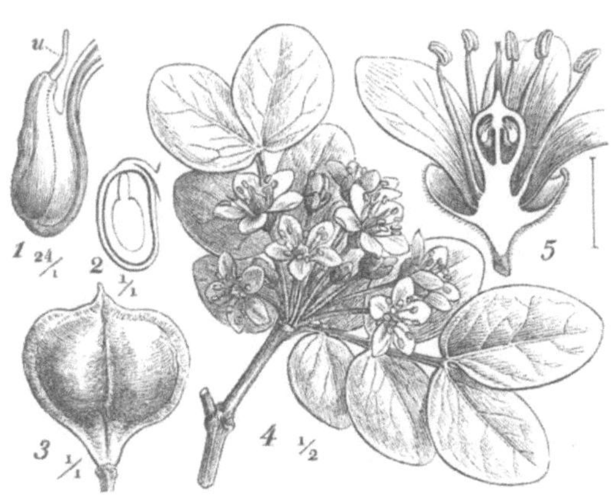

Fig. 297.

Guajacum officinale. 1. Saamenknospe, *u* innere Eihülle. 2. Saame längsdurchschnitten. 3. Reife Frucht. 4. Blühender Zweig. 5. Blm. längsdurchschnitten.

Guajacum officinale *L.*, Pockenholz, Franzosenholz ♄, Fig. 297, X. 1 *L.*, und:

G. sanctum *L.* ♄. Beide auf den westind. Inseln und der Küste Südamerikas. — ***Lignum Guajaci*** *(G. H.)*: ***Resina Guajaci*** *(A. H.)*.

Ordnung XLVI. Calycanthemae. (S. 93.)

A. Fruchtknoten frei, oberständig; Frucht eine Kapsel. Fam. 134. **Lythreae.**

B. Fruchtknoten dem Kelche angewachsen, unterständig, (*halbunterständig bei Trapa*).

1. Saame eiweisslos.
   a. Fruchtknoten 2–4fächerig; Frucht eine Kapsel oder eine fleischige oder trockene Beere. Fam. 135. **Oenotheraceae.**
   b. Fruchtknoten halb-2fächerig, oberwärts frei; Frucht eine Nuss. Wasserpflanzen der alten Welt. Fam. 136. **Trapaceae.**
2. Saamen eiweisshaltig.
   a. Fruchtknotenfächer 1—∞, eineiig. Fam. 137. **Halorageae.**
   b. Fruchtknotenfächer 3—∞, vieleiig. Fam. 138. **Philadelpheae.**

Familie 134. Lythreae.

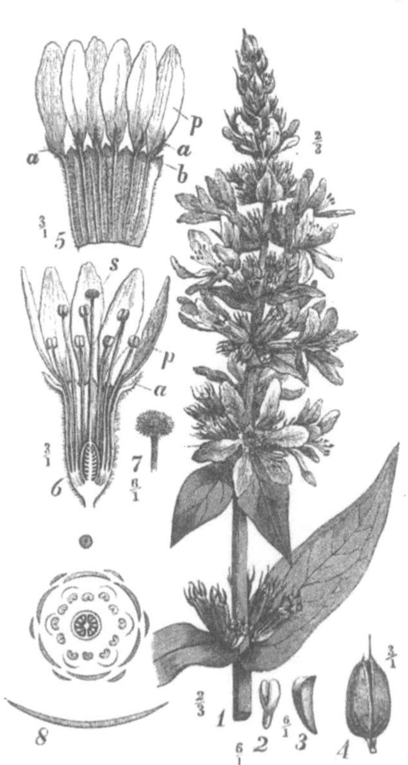

Fig. 298.

Lythrum Salicaria. 1. Blüthe. 2. Keimling. 3. Saame. 4. Reife geöffnete Frucht. 5. Kelch mit Krone, längsaufgeschnitten und ausgebreit., von Aussen; *a* äussere, *b* innere Kelchzipfel, *p* Kronenblt. 6. Blume längsdurchschnitten. 7. Narbe auf dem Griffelende. 8. Diagramm.

Lythrum Salicaria *L.*, Weiderich ♃. Fig. 298. XI. 1 *L.* (VI. 1 und III. 1). — *Rad. et Hb. Salicariae vel Lysimachiae purpureae.*

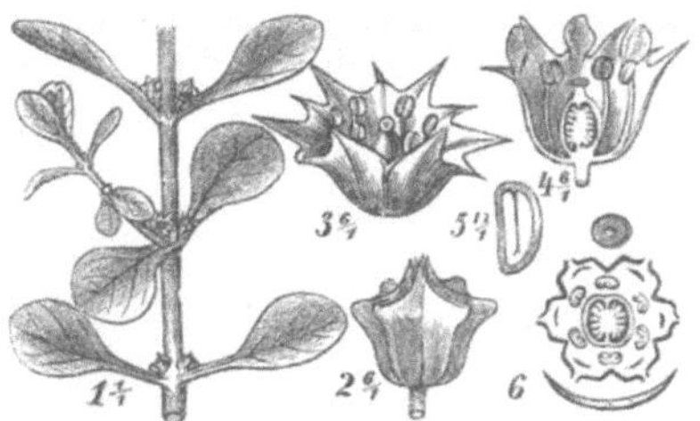

Fig. 299.

Peplis Portula. 1. Stück eines blühenden Stengels. 2. Knospe. 3. Blume blühend. 4. Blume längsdurchschnitten. 5. Saame dgl. 6. Diagramm.

Peplis Portula *L.*, Bachburgel, Afterquendel ⊙. Fig. 299. VI. 1 *L.* — *Das Kraut wird wie Spinat genossen.*

Familie 135. Oenotheraceae.

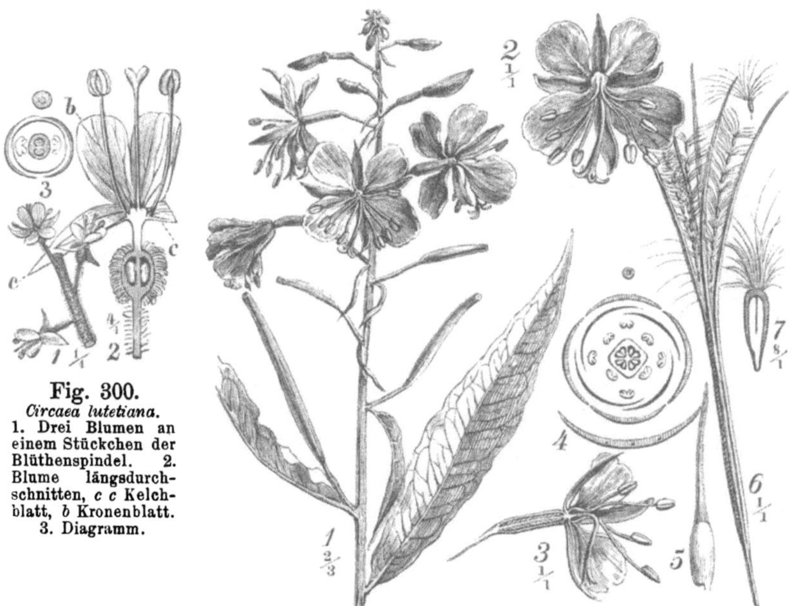

Fig. 300.
Circaea lutetiana.
1. Drei Blumen an einem Stückchen der Blüthenspindel. 2. Blume längsdurchschnitten, *c c* Kelchblatt, *b* Kronenblatt. 3. Diagramm.

Fig. 301.

Epilobium angustifolium. 1. Blühende Zweigspitze. 2. Blume in natürl. Grösse, von oben gesehen. 3. Blume längsdurchschnitten. 4. Diagramm. 5. Saamenknospe. 6. Reife geöffnete Frucht. 7. Saame längsdurchschnitten.

Circaea lutetiana *L.*, Hexenkraut ♃. Fig. 300. II. 1 *L.* — *Folia Circaeae.*

Epilobium angustifolium *L.*, Weidenröschen ♃. Fig. 301. VIII. 1 *L.* — *Rad. et Hb. Lysimachiae Chamaenerion.*

Oenothera biennis *L.*, Nachtkerze ♃, u. O. muricata *L.* ♃. Fig. 302. Nordamerika; bei uns verwildert. — *Hb. et Rad. Onagrae s. Rapunculi.*

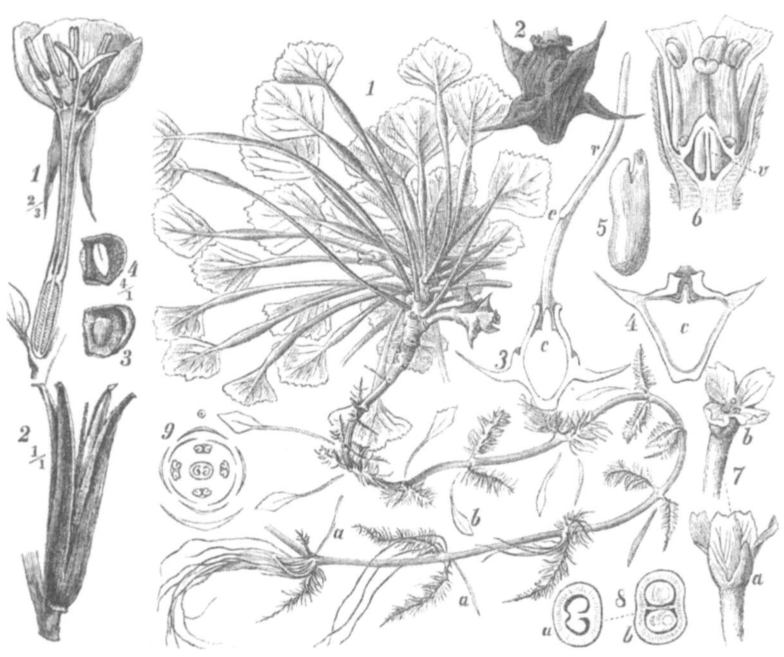

Fig. 302.

Oenothera muricata. 1. Blume längsdurchschnitt. 2. Reife geöffnete Frucht. 3. Saame. 4. Dieser längsdurchschnitten.

Fig. 303.

Trapa natans. 1. Blühende und fructificirende Pflanze in halber Grösse, *a b* untergetauchte Blätter. 2. Reife Frucht. 3. Keimender Saame in der Fruchthülle längsdurchschnitten, *c c* die beiden ungleichgrossen Keimblättchen, *r* Würzelchen. 4. Frucht von der Keimung längsdurchschnitten. 5. Saamenknospe vergrössert. 6. Blume längsdurchschn., *v* Saamenknospe. 7. Blumen in natürl. Grösse, *a* Kelch, *b* Kronenblatt. 8. Fruchtknoten querdurchschn., *a* durch den oberen freien, *b* durch den unteren mit den übrigen Blumenorganen verwachsenen Theil. 9. Diagramm.

Familie 136. Trapaceae. (S. 182.)

Trapa natans *L.*, Wassernuss. Fig. 303. IV. 1 *L.* — *Nuces aquaticae s. Semina Tribuli aquatici.*

Familie 137. Halorageae.

Myriophyllum spicatum *L.* ♃, Fig. 304, **M. verticillatum** ♃ *L.* und **M. alterniflorum** *DC.* Tausendblatt ♃. XXI. 5 *L.* — *Hb. Millefolii aquatici s. pennati.*

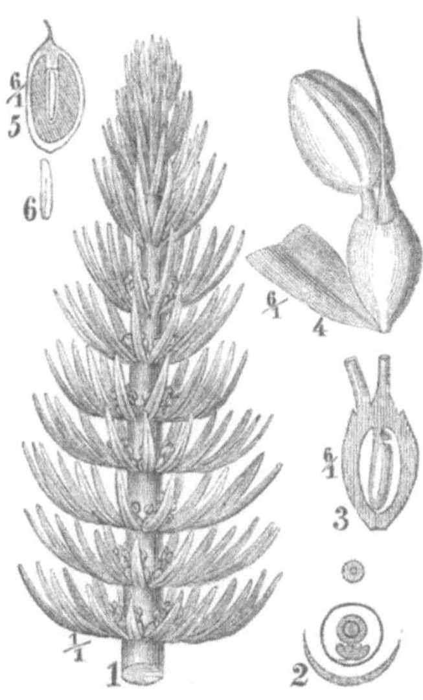

Fig. 305.

Hippuris vulgaris. 1. Blühendes Stengel-Ende. 2. Diagramm. 3. Längendurchschnitt des Fruchtknotens. 4. Blume mit hervorgezogenem Griffel und dem unteren Theil des Stützblattes. 5. Frucht längsdurchschnitten. 6. Keimling.

Fig. 304.

Myriophyllum spicatum. 1. Blühende Pflanze. 2. Weibl. Blume, *d* u. *d'* Deckblatt erster u. zweiter Ordnung. 3. Dieselbe längsdurchschnitten, *c* Kelchzipfel. 4. Diagramm derselb. 5. Frucht längsdurchschnitten. 6. Männliche Blume, *d* u. *d,* wie bei 2. 7. Deren Diagramm.

Hippuris vulgaris *L.*, Tannenwedel ♃. Fig. 305. I. 1 *L.* — *Hb. recens Hippuridis.*

Familie 138. Philadelpheae. (S. 182.)

Philadelphus Coronarius *L.*, Pfeifenstrauch, Wilder Jasmin ♄. Fig. 306. XII. 1 *L.* Aus dem Süden, häufig in Gärten. — *Flores Philadelphi s. Jasmini silvestris v. Syringae albae: Aeth. Oel.*

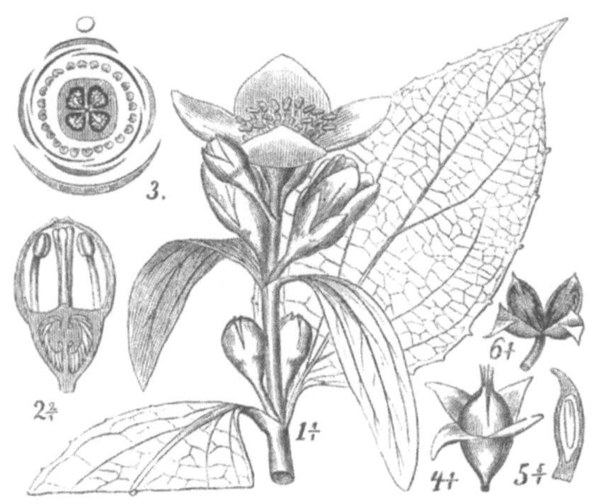

Fig. 306.

Philadelphus Coronarius. 1. Blühende Zweigspitze. 2. Blumenknospe, längsdurchschnitten. 3. Diagramm. 4. Reife Frucht im Beginn des Oeffnens. 5. Saame längsdurchschn. 6. Völlig geöffnete Frucht.

Ordnung XLVII. Discanthae. (S. 93.)

1. Blumen 4gliederig; Frucht eine Steinbeere; Blätter gegenständig. Fam. 139. **Corneae.**
2. Blumen 5gliederig; Frucht eine Beere; Blt. einzeln. Fam. 140. **Araliaceae.**
3. Blumen 5gliederig; Frucht eine Doppelcaryopse; Blätter einzeln. Fam. 141. **Umbelliferae.**

Familie 139. Corneae.

Fig. 307.

Cornus mas L. 1. Reife Frucht, längsdurchschnitten. 2. Fruchtzweig. 3. Blüthenzweig. 4. Blm. längsdurchschn. 5. Diagramm.

Cornus mas *L.*, Kornelkirsche ♄. Fig. 307. IV. 1 *L.* Südl. Gebiet. *Fruct. Corni.*

C. florida *L.* und **C. sericea** *L.* Beide in Nordamerika. — *Cort. Corni floridae.*

Familie 140. Araliaceae.

Fig. 308.

Hedera Helix. 1. Blühender Zweig, hinter demselben ein Blatt eines nichtblühenden Zweiges. 2 und 3. Blume und diese längsdurchschnitten. 4. Längsdurchschnittene Frucht. 5. Diagramm. 6. Saame. 7. Reife Frucht.

Hedera Helix *L.*, Epheu ♄. Fig. 308. V. 1 *L.* — *Folia, Baccae, Lignum et Gm.-Resina Hederae arboreae: Die Blätter enthalten Hederotannsäure und Hederit; die Früchte (in den Saamen?) Hederin und Hederinsäure; das Gummi-Harz enthält äth. Oel.*

Panax Schinseng *Nees*, Aralia Ginseng *Decaisne* et *Planchon* ♃. XXIII. 2 *L.* (V. 2) China, Japan. — *Rad. Ginseng.*

P. quinquefolium *L.*, Nordamerika. — *Rad. Ginseng americ.: Panaquilon (dessen Zersetzungsproduct Panacon).*

Familie 141. Umbelliferae (V. 2 *L.*).

I. Eiweiss auf der Fugenfläche flach, oder gewölbt *(bei Meum rinnig)*. Orthospermae.

A. Dolden einfach oder unentwickelt, kopfförmig.

1. Frucht von der Seite stark zusammengepresst; Fruchtträger fehlt. Gruppe 1. **Hydrocotyleae.**

Hydrocotyle.

2. Frucht stielrund oder fast stielrund; Fruchtträger fehlt. Gruppe 2. **Saniculaceae.**

Eryngium. Sanicula. Astrantia.

3. Frucht vom Rücken zusammengepresst; Fruchtträger 2theilig. Gruppe 3. **Doremaceae.**

Dorema.

B. Dolde zusammengesetzt.

§ Frucht nur mit 5 Hauptrippen ohne Nebenrippen.

1. Frucht von der Seite deutlich zusammengedrückt.
Gruppe 4. **Ammineae.**

† Kelchsaum kaum erkennbar.

* Kronenblätter ganz.

Helosciadium. Apium. ***Petroselinum.*** Bupleurum.

** Kronenblätter verkehrt-herzförmig.

Aegopodium. **Carum.** Ammi. **Pimpinella.**

†† Kelchsaum deutlich 5zähnig; Kronenblätter meist verkehrt-herzf.

Falcaria. Cicuta. Sium.

2. Frucht im Querschnitte mehr oder minder kreisrund.
Gruppe 5. **Seselineae.**

† Kelchsaum undeutlich, nicht gezähnt.

Silaus. ***Foeniculum.*** Aethusa. Meum.

†† Kelchsaum 5zähnig, Thälchen einstriemig, *bei Seseli selten 2- oder 3striemig.*

Oenanthe. Seseli. Libanotis.

3. Frucht vom Rücken zusammengedrückt, nur in der Mittellinie verwachsen; am Rande ringsum zweiflügelig, da jedes Theilfrüchtchen von einem auswärts abstehenden Flügelrande umgeben ist.
Gruppe 6. **Angelicaceae.**

† Kelchsaum 5zähnig.

Ostericum. ***Archangelica.***

†† Kelchsaum undeutlich.

Angelica. ***Levisticum.*** Selinum.

4. Frucht vom Rücken zusammengepresst, in ihrer ganzen Breite verwachsen, ringsum geflügelt durch die enganeinander liegenden, flachen, selten verdickten Flügelränder der Theilfrüchtchen.
Gruppe 7. **Peucedaneae.**

□ Blumen polygam, gelb; Dolde oft sprossend.

Scorodosma. Ferula. Opopanax. Pastinaca.

□ □ Blumen zwitterig, weiss (ausgenommen Anethum), die mittleren oft verkümmernd; Astdolden oft kleiner und unfruchtbar.

† Kelchsaum undeutlich.

Imperatoria. Anethum.

†† Kelchsaum 5zähnig.

Heracleum. Tordylium. Peucedanum. Thysselinum.

§§ Frucht mit 4 Nebenrippen zwischen den 5 Hauptrippen.

1. Frucht vom Rücken mehr oder minder zusammengedrückt; Nebenrippen stachelicht, bedeutender als die borstigen Hauptrippen, deren seitliche auf der Commissuralfläche stehen.
Gruppe 8. **Dauceae.**

Daucus.

2. Frucht wie Vor., Nebenrippen meistens geflügelt; die 5 Hauptrippen fadenf., meist kahl. Gruppe 9. **Thapsiaceae.**

Laserpitium. Thapsia.

3. Frucht von der Seite etwas zusammengedrückt; Nebenrippen bedeutender als die Hauptrippen. Gruppe 10. **Cumineae.**

Cuminum.

II. Eiweiss an der Fugenfläche jederseits eingebogen oder eingerollt, daher rinnig. Campylospermae.

1. Frucht meist **gestreckt**, von der Seite deutlich zusammengedrückt, oft **geschnäbelt**. 5 Hauptrippen zuweilen nur an der Spitze sichtbar, unterwärts verschwindend, selten schwach geflügelt, die seitlichen neben der Naht stehend; Nebenrippen fehlen; Thälchen striemenlos oder mit undeutlichen Striemen. Gruppe 11. **Scandiceae.**

Anthriscus. **Scandix.** Chaerophyllum. **Myrrhis.**

2. Frucht oval oder **fast kugelf.**, **schnabellos**, von der Seite etwas zusammengedrückt; Nebenrippen fehlen. Gruppe 12. **Smyrneae.**

Conium. Smyrnium.

III. Eiweiss der halbkugeligen Theilfrüchtchen an der Fugenfläche concav, durch Krümmung des ganzen Randes nach innen; die Frucht daher innen hohl. Coelospermae.

Frucht kugelig; Hauptrippen eingesenkt oder kaum vorstehend; Nebenrippen etwas hervorragend. Gruppe 13. **Coriandreae.**

Coriandrum.

I. Orthospermae.

Gruppe I. Hydrocotyleae.

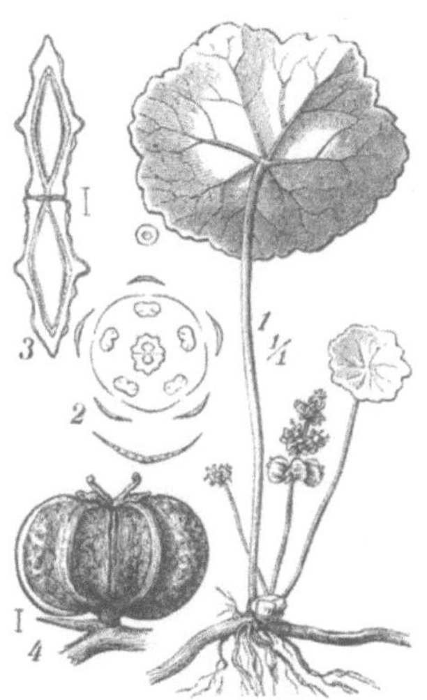

Fig. 309.

Hydrocotyle vulgaris L. 1. Blühende Pflanze. 2. Diagramm. 3. Fruchtquerschnitt. 4. Reife Frucht, Seitenansicht.

Hydrocotyle vulgaris *L.*, Wassernabel ♃. Fig. 309. — *Hb. Cotyledonis aquaticae.*

H. asiatica *L.* Tropen. — *Enthält Vellarin.*

Gruppe 2. Saniculaceae.

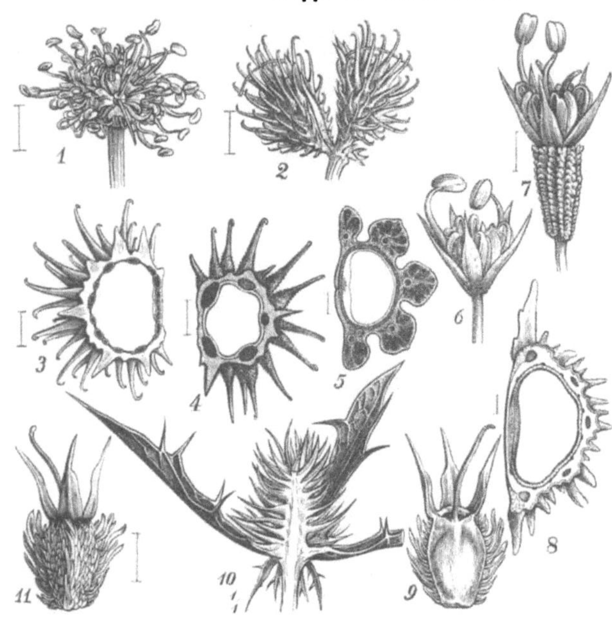

Fig. 310.
1. *Sanicula europaea*, Dolde. 2. Reife Frucht. 3. Querschnitt drs. 4. Querschnitt der Frucht von *S. marylandica*. 5. Ein solcher von *Astrantia major*. 6. Deren ♂ Blm. 7. ♀ Blm. 8. Querschnitt der reifen Frucht von *Eryngium maritimum*. 9 und 11. Dessen Mericarpien. 10. Köpfchen desselben nach Entfernung der Früchte längsdurchschn.

Sanicula europaea *L.*, Saunickel ♃. Fig. 310, 1–3 und 311. — ***Rad.*** *et Hb. Saniculae.*

S. **marylandica** *L.* ♃. Fig. 310, 4. Südl. Nordamerika. — ***Rad.*** *Saniculae americanae.*

Fig. 311.
Sanicula europaea. 1. Blühendes Individuum. 2. ☿ Blume vergrössert. 3. Kronenblätter.

Fig. 312.

Astrantia major. 1. Oberes und unteres Stengelende. 2. ♀ Blume, ohne Kronenblätter, längsdurchschnitten. 3 und 4. Kronenblt.

Astrantia major *L.* ♃, Fig. 310, 5–7, und 312. *Rad. Astrantiae v. Imperatoriae nigrae.*

Fig. 313.

Eryngium maritimum. 1. Blühende Stengelspitze. 2. Blume vergrössert. 3. Kronenblatt. 4. Reifes Achoenium längsdurchschnitten.

Eryngium maritimum *L.* ♃, Fig. 310, 8–10, und Fig. 313. — *Rad. Eryngii maritimi.*

E. campestre *L.* ♃. — *Rad. Acus veneris s. Eryngii campestris.*

Gruppe 3. Doremaceae. (S. 187.)

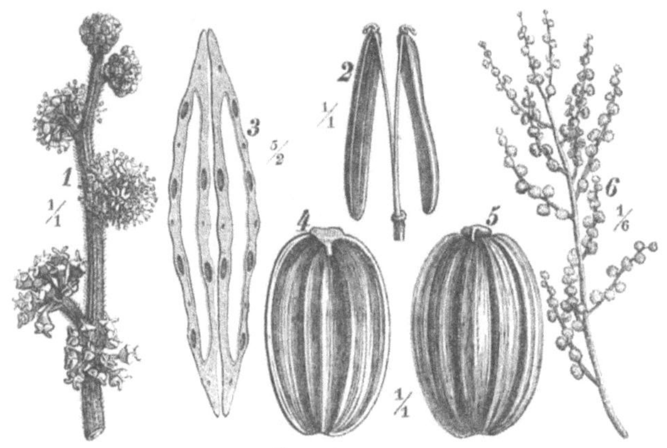

Fig. 314.

Dorema Ammoniacum. 1. Ende eines Blüthenzweiges. 2. Reife Frucht. 3. Deren Querschnitt in doppelter Gr. 4 u. 5. Theilfrüchte von der Fugen- u. Rückseite. 6. Ende der Blüthe, 1/6 verkl.

Dorema Ammoniacum *Don* ♃. Fig. 314. Wüsten und Steppen Persiens und der Tartarei. — ***Ammoniacum,*** *Gm.-Resina Ammoniacum in granis et in massis: 70 % Harz, 19 % Gummi (Bassorin), äth. Oel etc.*

Gruppe 4. Ammineae. (S. 188.)

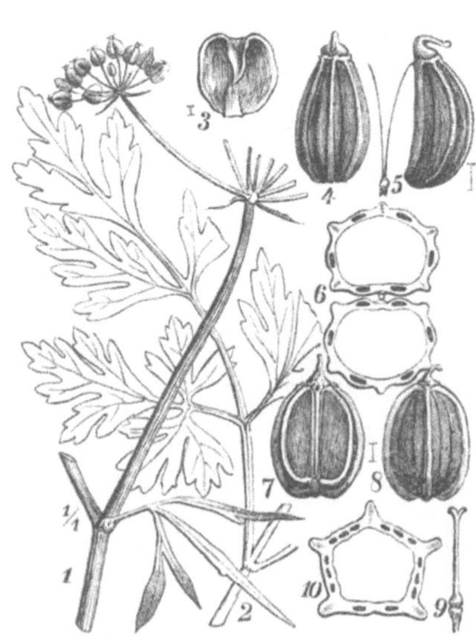

Fig. 315.

1—6. *Petroselinum (Apium L.) Petroselinum.* 1 und 2. Stückchen vom Fruchtzweig und Blatt. 3. Kronenblatt. 4 und 5. Frucht. 6. Diese im Querschnitte. 7 bis 10. *Apium graveolens.* 7 und 8. Mericarpien von der Fugen- und Rückenseite. 9. Fruchtträger. 10. Querschnitt durch eine Caryopse.

Petroselinum *(Apium L.)* Petroselinum *Krst.*, P. **sativum** *Hoffmann*, Carum Petros. *Bentham* und *Hooker*, Petersilie ⊙. Fig. 315, *1–6.* Mittelmeerländer; in vielen Variationen cultivirt. — *Rad.*, *Hb.* *et (Sem.)* ***Fructus Petroselini*** *(H.)*: *Aeth. Oel*, *im Kraute Apiin*, *und Petersiliencamphor*; *diesen* ***auch*** *in den Früchten neben Apiol.*

Fig. 316.

Apium graveolens. 1. Blühender Zweig. 2. Unteres Stengelende mit einem Blatte. 3. Fruchtknoten vergrössert. 4. Blume.

Apium graveolens *L.*, Sellerie ⊙. Fig. 315, *7–10* und 316. Auf salzigem Boden wild, und häufig cultivirt. – *Rad.*, *Hb. et* ***Fructus Apii***: *Aeth. Oel*; *im Kraute Apiin.*

Fig. 317.

Helosciadium nodiflorum. 1. Blühende u. fruchttragende Pflanze. 2. Blm. vergrössert. 3. Frucht-Querschnitt. 4. Reife Theilfrucht am Träger.

Helosciadium *(Sium L.)* **nodiflorum** *Koch*, Kleiner Eppich ♃. Fig. 317. — *Hb. Sii nodiflori.*

Bupleurum rotundifolium *L.*, Hasenohr ⊙. Mittelmeergebiet; hier und da verwildert. — *Hb. et Sem. Perfoliatae.*

B. falcatum *L.* ♃. — *Hb. Bupleuri s. Costae bovis s. Auriculae leporis.*

Ammi majus *L.* ⊙. Aus dem Süden; hier und da verwildert. — *Fruct. Ammeos vulgaris.*

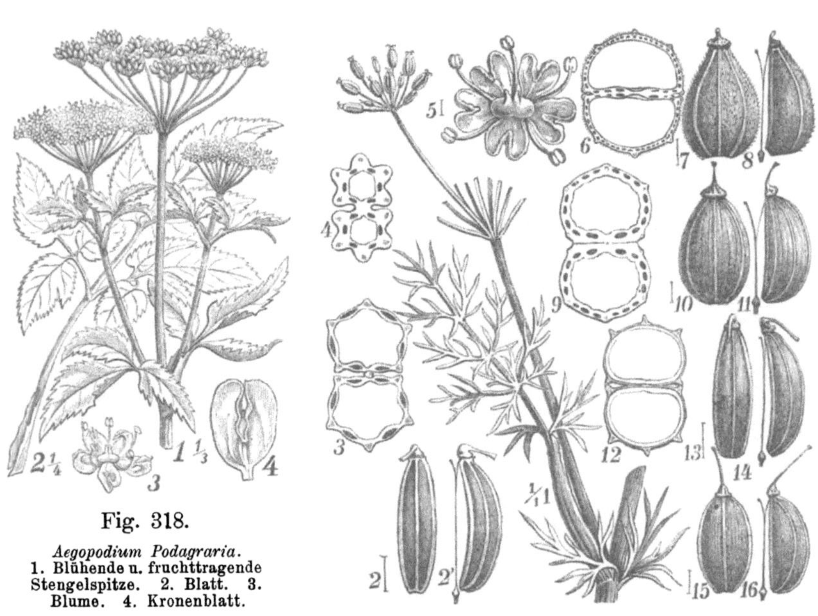

Fig. 318.

Aegopodium Podagraria. 1. Blühende u. fruchttragende Stengelspitze. 2. Blatt. 3. Blume. 4. Kronenblatt.

Fig. 319.

1—5. *Carum Carvi.* 1. Blatt mit einem Fruchtdöldchen als Rest der Dolde. 2. Reife Frucht. 3. Deren Querschnitt. 4. Ein Querschnitt durch den Fruchtknoten, vergr. 5. Blm. 6—8. *Pimpinella Anisum.* 6. Fruchtquerschnitt. 7 u. 8. Reife Frucht. 9—11. *Pimpinella saxifraga.* Die gleichen Ansichten wie Vor. 12—14. *Aegopodium Podagraria* wie Vor. 15 und 16. *Pimpinella magna.* Reife Frucht.

Aegopodium Podagraria *L.*, Geissfuss ♃. Fig. 318 und 319, *12—14.* — *Hb. Podagrariae vel Gebhardi: Aeth. Oel.*

Carum Carvi *L.*, Kümmel ⊙. Fig. 319, *1—5.* Wild und angebauet. — ***Fructus Carvi*** *(A. G.): 3—5 %* ***Oleum Carvi*** *aethereum, welches Carvēn und Carvol enthält.*

C. *(Ammi L.)* **coptica** *Krst.*, Ptychotis copt. *DC.* Var. Ajowan *Bentham* und *Hooker* ⊙. Ostindien; in Aegypten und auf Creta cultivirt. — *Fruct. Ammeos veri vel cretici: Aeth. Oel, welches Cymēn und Thymēn enthält.*

Fig. 320.
Pimpinella saxifraga.

Pimpinella saxifraga *L.*, Bibernelle ♃. Fig. 319, *9–11* und 320. — ***Rad. Pimpinellae*** *(G. H.) albae s. hircinae s. Tragoselini: Aeth. Oel.* — *Var. nigra.* — *Rad. Pimp. nigrae.*

Fig. 321.
Pimpinella magna.

P. magna *L.* ♃. Fig. 319, *15. 16* und 321. — ***Rad. Pimpinellae*** *(G. H.) albae seu Tragoselini majoris.*

Fig. 322.

Pimpinella Anisum. 1. Blühendes Stengelende. 2. Unterer Stengeltheil. 3. Blume. 4. Fruchtknoten längsdurchschnitten.

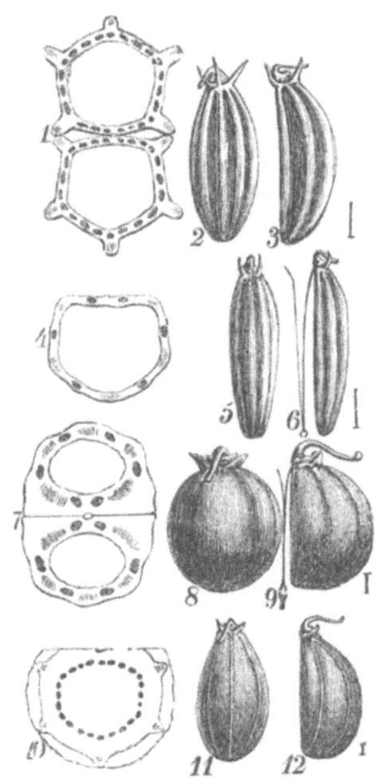

Fig. 323.

1—3. *Sium latifolium.* 1. Querschnitt durch die in 2 und 3. vom Rücken und von der Seite gezeichnete reife Frucht. 4—6. *Falcaria (Sium L.) Falcaria.* Die gleichen Darstellungen. 7—9. *Cicuta virosa* desgl. 10—12. *Sium angustifolium* desgl.

Fig. 324.

Sium latifolium. 1. Blühender Zweig. 2. Stengelblatt. 3. Fruchtknoten und 4. Blume; beide vergrössert.

P. Anisum *L.*, Anis ⊙. Fig. 319, *6–8* und 322. Orient; im südlichen Gebiete gebauet. — *Fruct. s. Sem.* ***Anisi vulgaris:*** ***Ol. Anisi*** *aeth. (Gemenge flüssigen und festen Anethols).*

Sium latifolium *L.*, Merk ♃. Fig. 323, *1–3* und 324. — *Hb. et Rad. Sii palustris s. Pastinacae aquaticae.*

S. *(Berula Koch)* **angustifolium** *L.* ♃. Fig. 323, *10–12.* — *Rad. Berulae vel Sii angustifolii.*

S. **Sisarum** *L.*, Zuckerwurzel ♃. Aus Asien eingeführt, *wegen der angenehm schmeckenden Wurzel.*

Falcaria *(Sium L.)* Falcaria *Krst.*, **F. vulgaris** *Bernhard*, F. Rivini *Host*, Sichelmöhre ♃. Fig. 323, *4–6.* — *Hb. et Rad. Falcariae.*

Fig. 325.

Cicuta virosa. 1. Blühender und fruchttragender Zweig. 2. Unterer Abschnitt eines Stengelblattes. 3. Wurzelstock, längsdurchschnitten 1/4. 4. Blume vergr.

Cicuta virosa *L.*, Wasserschierling ♃. Fig. 323, *7–9* und 325. — *Hb. Cicutae aquaticae, Rhizoma (Rad.) Cicutae: Cicutin (Cicutoxin), äth. Oel (enthält ein Camphēn „Cicutēn"). Die Früchte enthalten äth. Oel (aus Cuminol und Cymol (Cymen) bestehend).*

Gruppe 5. Seselineae. (S. 188.)

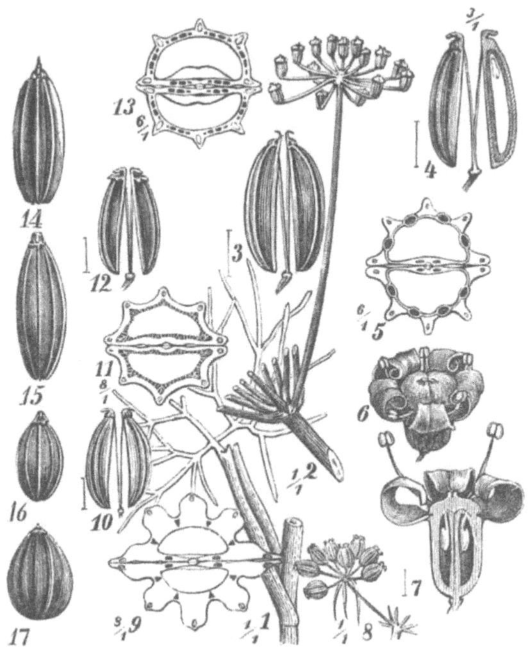

Fig. 326.

1. Stück vom Stengel und Blatte von *Foeniculum (Anethum L.) Foeniculum.* 2. Ein Fruchtdöldchen mit dem Reste einer Dolde. 3. Frucht von *Meum (Athamanta L.) Meum.* 4. Frucht von *Foeniculum.* 5. Deren Querschnitt. 6. Blume. 7. Diese längsdurchschnitten. 8. Fruchtdöldchen von *Aethusa Cynapium.* 9. Querschnitt durch den Fruchtknoten. 10. Deren reife Frucht. 11. *Silaus (Peucedanum L.) Silaus.* Querschnitt durch den Fruchtknoten. 12. Reife Frucht desselben. 13 und 15. Dieselben Theile von *Meum.* 14. Fruchtrücken von *Foeniculum.* 16. Derselbe von Silaus. 17. Derselbe von *Aethusa.*

Silaus *(Peucedanum L.)* Silaus *Krst.*, **S. pratensis** *Besser*, Rosskümmel ♃. Fig. 326, *11. 12 u. 16.* — *Rad.*, *Hb. et Sem. Silaï- vel Seseleos pratensis s. Saxifragae anglicae.*

Foeniculum *(Anethum L.)* Foeniculum *Krst.*, F. **capillaceum** *Gilibert*, F. officinale *Allioni*, F. vulgare *Gaertner*, Fenchel ⊙, (··). Fig. 326, *1. 2. 4—7 u. 14.* Aus Südeuropa; angebaut und im südlichen Gebiete verwildert. — *Sem. seu* ***Fructus Foeniculi****: Bis 4 % **Ol. Foeniculi** aethereum, 10—12 % fettes Oel, Zucker etc.*

F. **dulce** *DC.*, Römischer oder cretischer Fenchel ⊙. Südeuropa. — *Fruct. Foeniculi cretici s. romani.*

F. **Paumorium** *DC.*, Indischer Fenchel ⊙. Ostindien.

Aethusa Cynapium *L.*, Gleisse, Hundspetersilie ⊙. Fig. 326, *8–10. 17.* — *Cynapin.*

Meum *(Athamanta L.)* Meum *Krst.*, **M. athamanticum** *Jacquin*, Bärenfenchel, Bärendill, Mutterwurz ♃. Fig. 326, *8. 13. 15.* Gebirgswiesen. — *Rad. Mei s. Meu s. Anethi- v. Foeniculi ursini: Harz, äth. Oel.*

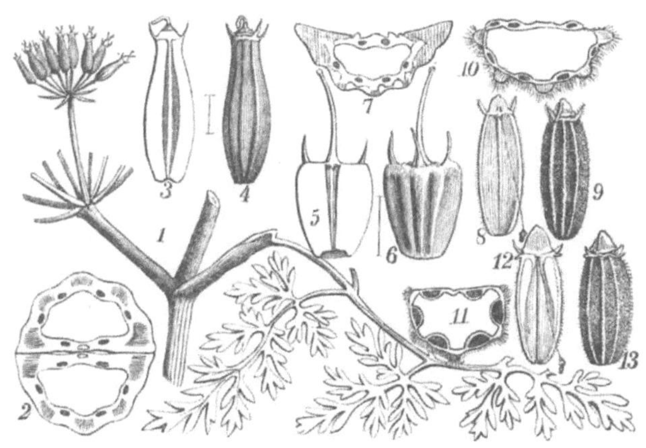

Fig. 327.

1—4. *Oenanthe aquatica.* 1. Stückchen vom Stengel und Blatte mit einem Fruchtdöldchen 2. Querschnitt durch die Frucht. 3 und 4. Reife Theilfrüchte von der Fugen- und Rückenseite. 5—7. *Oenanthe fistulosa.* 5 und 6. Theilfrüchte wie Vor. 7. Fruchtquerschnitt. 8—10. Dieselben Theile von *Libanotis (Athamanta L.) Libanotis.* 11—13. Dieselbe von *Seseli tortuosum.*

M. *(Phellandrium L.)* **Mutellina** *Gaertner*, Alpenbärwurz ♃. Wiesen höherer Gebirge. — *Rad. Mutellinae.*

Oenanthe *(Phellandrium L.)* **aquatica** *Lamarck*, O. Phellandrium *Lam.* Rossfenchel, Wasserfenchel ⊙. Fig. 327, *1–4.* – ***Fructus*** *(Sem.)* ***Phellandrii*** *(G. H.) s. Phellandrii aquatici: bis 1,5 % äth. Oel, 5 % fettes Oel, Harz, Wachs etc.*

O. fistulosa *L.* ♃. Fig. 327, *5–7.* — *Rad. et Hb. Oenanthes vel Filipendulae aquaticae.*

Libanotis *(Athamanta L.)* Libanotis *Krst.*, **L. montana** *Allioni*, Seseli Libanotis *Koch*, Heilwurz ⊙. Fig. 327, *8–10.* — *Die aromatischen Früchte sind Volksheilmittel.*

Seseli tortuosum *L.* ♃. Fig. 327, *11–13.* Süd-Europa. — *Fruct. Seseleos massiliensis.*

Gruppe 6. Angelicaceae. (S. 188.)

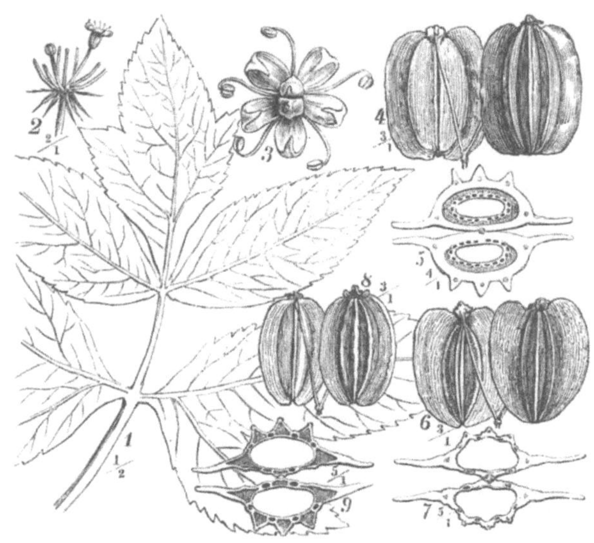

Fig. 328.

1—5. *Archangelica (Angelica L.) Archangelica.* 1. Blattspitze. 2. Döldchenrest mit einer Blume. 3. Blm. von oben gesehen, vergröss. 4. Frucht. 5. Frucht-Querschn. 6 u. 7. Diese Theile von *Agelica silvestris.* 8 u. 9. Dieselben von *Ostericum palustre.*

Fig. 329.

1—7. *Levisticum (Legusticum L.) Levisticum.* 1. Blattspitze. 2 und 3. Fruchtknoten im Längen- und Querschnitte. 4. Doldenrest mit drei Blumen. 5. Blm. von oben gesehen. 6. Reife Frucht. 7. Fruchtquerschnitt. 8 u. 9. Diese Fruchttheile von *Selinum Carvifolia.*

Archangelica (*Angelica L.*) Archangelica *Krst.*, A. sativa *Besser*, A. officinalis *Hoffm.*, Engelwurz ⊙. Fig. 328, *1–5*. Im nördl. Gebiete, auch hier und da angebauet. — ***Rad. Angelicae:*** *Angelicacamphor (Angelicin), Angelicasäure, Angelicabitter, äther. Oel, Apfelsäure, Pectin, Gerbsäure, Wachs, überdies Hydrocarotin, Baldriansäure, Umbelliferon haltendes Harz etc.*

Ostericum palustre *Besser*, Mutterwurz ♃. Fig. 328, *8. 9.* Im nördl. und mittl. Gebiete.

Angelica silvestris *L.*, Brustwurz ⊙. Fig. 328, *6. 7.* — *Rad. Angelicae silvestris.*

Levisticum (*Ligusticum L.*) Levisticum *Krst.*, **Levisticum officinale** *Koch*, Liebstöckel ♃. Fig. 329, *1–7*. Aus Süd- und West-Europa; bei uns in Gärten gepflanzt. — ***Rad. Levistici*** *(G. H.) s. Ligustici et Fistulae, Folia et Fruct. Levistici. — Die Wurzel enthält: Aeth. Oel, Apfelsäure, Harze, Zucker, Amylum etc.*

Selinum Carvifolia *L.*, Silje ♃. Fig. 329, *8. 9.*

Gruppe 7. Peucedaneae. (S. 188.)

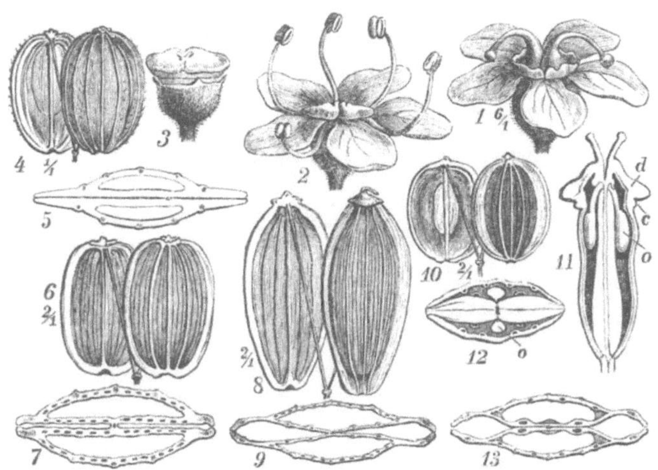

Fig. 330.

1—5. *Scorodosma (Ferula L.) Assa foetida.* 1 u. 2. ♂ und ♀ Blume. 3. Fruchtknoten. 4. Reife Frucht. 5. Deren Querschnitt. 6 u. 7. Letztere Theile von *Opopanax (Pastinaca L.) Opopanax.* 8 u. 9. Dieselben von *Ferula communis.* 10—13. *Pastinaca sativa L.* 10. Reife Frucht. 11 und 12. Fruchtknoten-Längen- und Querdurchschnitt, *o* Saamenknospe, *d* Drüsenring, *c* Kelchsaum. 13. Fruchtquerschnitt.

Scorodosma (*Ferula L.*) **Assa foetida** *Krst.*, F. Scorodosma *Bentham* und *Hooker*, Stinkasantpflanze ♃, Fig. 330, *1–5.* Hochebenen Persiens. — ***Assa foetida,*** *Gm. resina Assae foetidae, Teufelsdreck: Aeth. Oel (schwefelhaltiges), Harz (Ferulasäure und Umbelliferon), Gummi, Bassorin.*

Fig. 331.

Ferula Asa foetida. 1. Habitusbild. 2. Fruchtquerschnitt.

Ferula (Narthex *Falconer*) **Asa foetida** *Krst.*, F. Narthex *Boissier* ♃. Fig. 331. • Wie Vor. — *Soll gleichfalls* ***Assa foetida*** *geben (G.).*

F. communis *L.* ♃, Fig. 330, *8. 9.* Mittelmeergegenden. *Rad. Ferulae.*

F. tingitana *Hermann* (*L.*). Wie Vor. *Gm.-resina Ammoniacum africanum.*

F. rubricaulis *Boissier* (F. erubescens *Boiss.* z. Th.), **F. galbaniflua** *Boissier* und *Buhse*, und **F. Schair** *Borszczow*, Steppenpflanzen Nordpersiens bis zum Aralsee, *werden als Mutterpflanzen des Mutterharzes, Gm.-resina* ***Galbanum*** *angegeben: 6 % farbloses äth. Oel, 67 % Harz (das ein blaues äth. Oel und Umbelliferon enthält), 19 % Gummi.*

F. persica *Willdenow* ♃, Persien. — *Gm.-resina Sagapenum.*

F. (Euryangium *Kaufmann*) **Sumbul** *Hooker*, Sumbulus moschatus *Reinsch*, Angelica moschata *Wiggers* ♃, Bucharei. — *Moschuswurzel, Rad. Sumbul: Aeth. Oel, Harz (Umbelliferon und äth. Oel enthaltend), Angelicasäure, Baldriansäure etc.*

Opopanax (*Pastinaca L.*) Opopanax *Krst.*, **Opopanax Chironium** *Koch* ♃. Fig. 330, *6. 7.* Süd-Europa. — *Wurde für die Mutterpflanze des obsoleten Gm.-resina Opopanax gehalten.*

Pastinaca sativa *L.* ⊙, Fig. 330, *10—13.* — *Fruct. Pastinacae silvestris: Pastinacin und äth. Oele.*

Imperatoria Ostruthium *L.*, Meisterwurz ♃. Fig. 332 und 333, *4. 5.* Gebirgswiesen. — ***Rhizoma Imperatoriae*** *(G. H.): Aeth. Oel, Harz (Oxypeucedanin), Imperatorin (Peucedanin) und Ostruthin.*

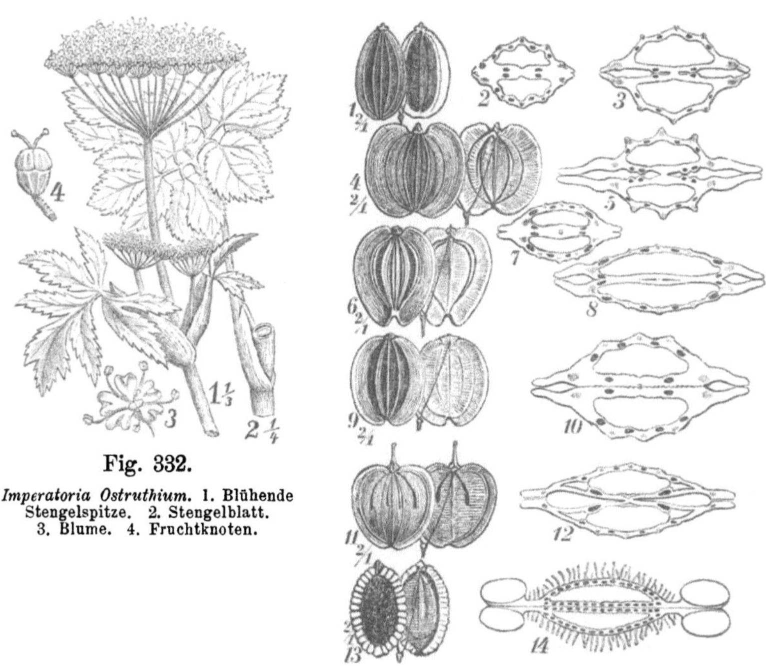

Fig. 332.

Imperatoria Ostruthium. 1. Blühende Stengelspitze. 2. Stengelblatt. 3. Blume. 4. Fruchtknoten.

Fig. 333.

1—3. *Anethum graveolens.* 1. Reife Frucht. 2 und 3. Fruchtknoten- und Frucht-Querschnitt. 4—5. Die entsprechenden Theile von *Imperatoria Ostruthium.* 6—8. *Peucedanum Oreoselinum.* 6. Reife Frucht. 7 und 8. Querschnitt vom Fruchtknoten und von der Frucht. 9—10. *Thysselinum palustre.* Frucht und deren Querschnitt. 11—12. Dieselben Theile von *Heracleum Sphondylium.* 13—14. Diese Theile von *Tordylium apulum.*

Anethum graveolens *L.*, Dill ⊙. Fig. 333, *1—3.* Aus dem Orient; in Gärten gebauet. — *Fructus Anethi: Aeth. Oel (enthält Anethēn und Carvol).*

Peucedanum *(Athamanta L.)* **Oreoselinum** *Mönch*, Berg-Haarstrang ♃. Fig. 333, *6—8.* Gebirgswiesen. — *Rad., Hb. et Sem. Oreoselini: Athamantin, Imperatorin (Peucedanin), äth. Oel, Baldriansäure etc.*

P. officinale *L.*, Saufenchel ♃. Wie Vor. — *Rad. Peucedani s. Foeniculi porcini.*

Thysselinum *(Selinum L.)* **palustre** *Hoffmann* ⊙. Fig. 333, *9. 10.* — *Rad. Olsnitii s. Selini palustris.*

Heracleum Sphondylium *L.*, Bärenklau ♃. Fig. 333, *11. 12.* — *Hb. et Rad. Brancae ursinae germanicae vel Sphondylii.*

Tordylium officinale *L.*, Zirmet ⊙ und **T. apulum** *L.* ⊙. Fig. 333, *13. 14.* Am adriatischen Meere. — *Sem. Tordylii vel Seseleos cretici minoris.*

Gruppe 8. Dauceae. (S. 188.

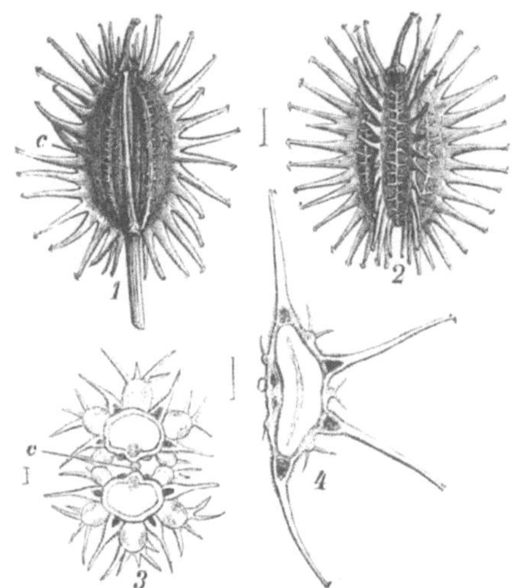

Fig. 334.

Daucus Carota. 1 und 2. Fruchthälften von der Bauch- u. Rückenseite, *c* Fruchtträger. 3. Fruchtknoten-Querschnitt. 4. Querschnitt eines Mericarpium.

Daucus Carota *L.*, Moorrübe, Möhre, Gelbe Rübe ⊙. Fig. 334. Wild und häufig cultivirt. — *Sem. et Rad. Dauci: Aeth. Oel, Carotin, Hydro- und Chlorocarotin.*

Gruppe 9. Thapsiaceae.

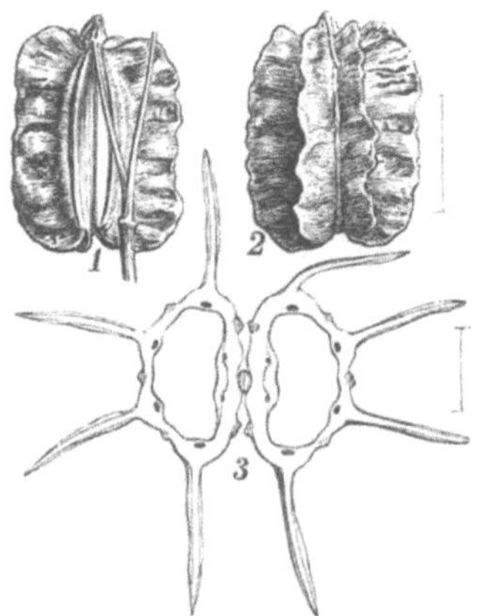

Fig. 335.

Laserpitium latifolium L. 1 und 2. Reife Frucht. 3. Fruchtquerschnitt.

Laserpitium latifolium *L.*, Laserkraut ♃. Fig. 335. Gebirgswaldungen. — *Rad. Gentianae albae, Weisse Enzianwurzel: Laserpitin.*

L. Siler *L.* ♃. Gebirgsabhänge. — *Rad. et Fruct. Sileris montani.*

Thapsia garganica *L.*, Spanischer Turpith ♃. Mittelmeerküsten-Gegenden. — *Rad. Thapsiae s. Turpethi spurii: Harz, Thapsiasäure und äth. Oel enthaltend.*

Gruppe 10. Cumineae.

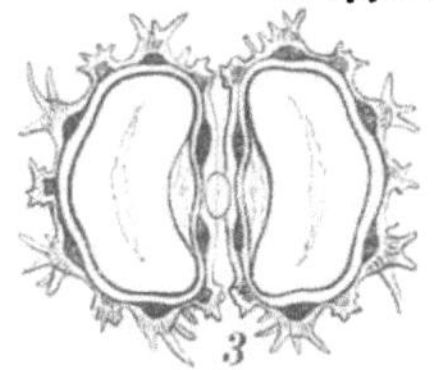

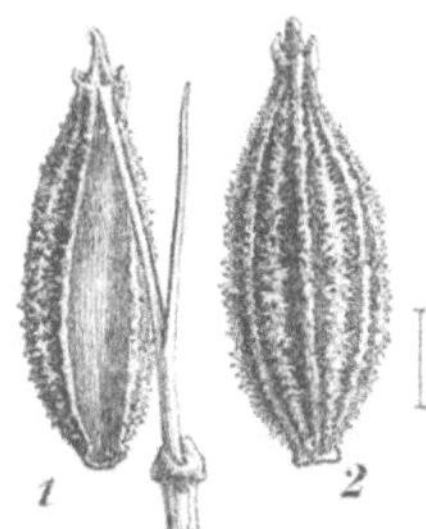

Fig. 336.

Cuminum Cyminum. Frucht und deren Querschnitt.

Cuminum Cyminum *L.*, Mutterkümmel ⊙. Fig. 336. Aus Nord-Afrika; in Süd-Europa cultivirt. — *Sem. Cumini vel Cymini: Aeth. Oel (Cymol und Cuminol).*

II. Campylospermae. (S. 189.)

Gruppe 11. Scandiceae.

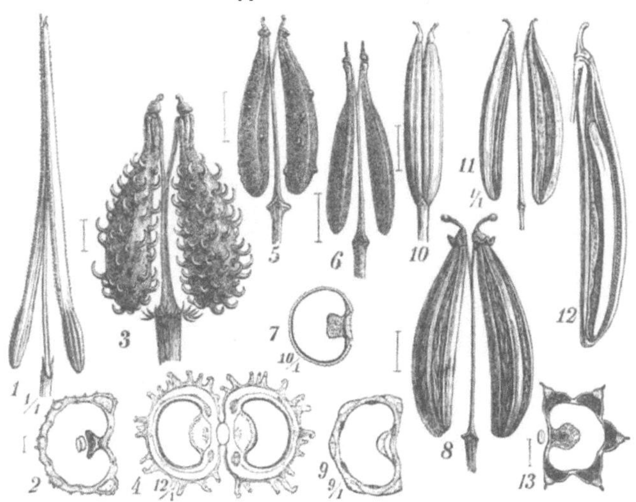

Fig. 337.

1—2. *Scandix Pecten.* Reife Frucht und Querschnitt einer Theilfrucht. 3—4. *Anthriscus (Scandix L.) Anthriscus.* Dieselben Theile. 5. *Anthriscus sylvestris.* Reife Frucht. 6—7. *Anthriscus Cerefolium.* Reife Frucht u. Querschnitt eines Mericarpium. 8—9. *Chaerophyllum bulbosum.* Die gleichen Theile. 10. *Chaerophyllum temulum.* Reife Frucht. 11—13. *Myrrhis odorata.* 11. Reife Frucht. 12 und 13. Längen- und Querschnitt eines Mericarpium.

Scandix Pecten *L.*, Nadelkerbel ⊙. Fig. 337, *1. 2.* Mittel-Europa. — *Hb. Scandicis vel Pectinis Veneris.*

Anthriscus *(Scandix L.)* **Cerefolium** *Hoffmann*, Gartenkerbel ⊙. Fig. 337, *6. 7.* Aus dem Orient; gebauet und verwildert. — *Hb. Cerefolii.*

Anthriscus *(Scandix L.)* Anthriscus *Krst.*, **Anthriscus vulgaris** *Persoon*, Torilis Anthriscus *Gaertner*, Klettenkerbel ⊙. Fig. 337, *3. 4.* — *Wird wie Anthriscus Cerefolium angewendet.*

Chaerophyllum bulbosum *L.*, Rübenkerbel, Kerbelrübe (..). Fig. 337, *8. 9.* Wild, und im Süden der geniessbaren Wurzel wegen cultivirt. — *Die Früchte enthalten Chaerophyllin.*

Chaerophyllum temulum *L.*, Taumelkerbel (..). Fig. 337, *10.* — *Hb. Chaerophylli temuli.*

Myrrhis *(Scandix L.)* **odorata** *Scopoli*, Aniskerbel, Süsskerbel ♃. Fig. 337, *11–13.* Gebirgswiesen. — *Rad., Hb. et Sem. Cerefolii hispanici: Aeth. Oel, Glycyrrhizin.*

Gruppe 12. Smyrneae.

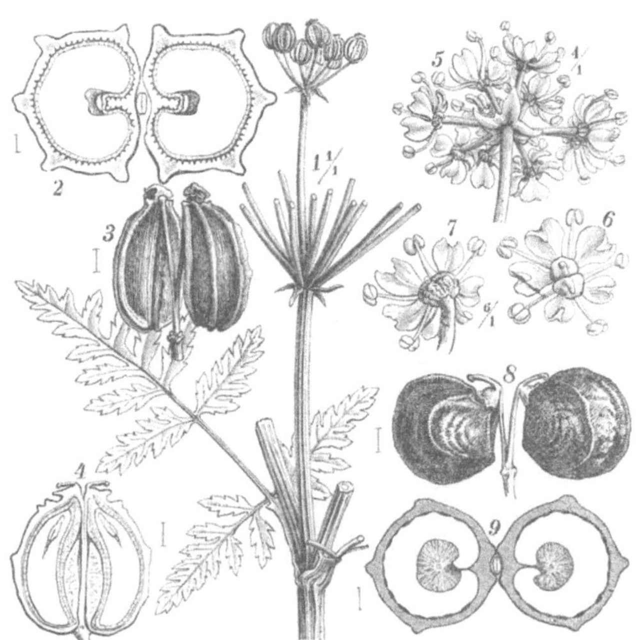

Fig. 338.

1—7. *Conium maculatum.* 1. Stengelstück mit einem oberen Blatte und dem Reste einer Dolde. 2. Frucht-Querschnitt. 3. Reife Frucht. 4. Diese längsdurchschnitten. 5. Döldchen von unten gesehen. 6 und 7. Eine Blume von oben und unten gesehen. 8 und 9. *Smyrnium perfoliatum.* Reife Frucht und deren Querschnitt.

Conium maculatum *L.*, Schierling (..). Fig. 338, *1–7.* — ***Hb. Conii maculati,*** *Hb. Cicutae terrestris v. majoris:* ***Coniin*** *(H.), Conydrin (Conhydrin), Kaffeesäure, Apfelsäure (?), flüchtiges und fettes Oel etc.*

Smyrnium perfoliatum *L.*, Myrrhenkraut ⊙. Fig. 338, *8. 9.* Mittelmeer-Länder.

S. Olusatrum *L.* ⊙. Wie Vor. — *Rad., Hb. et Sem. Smyrnii s. Olusatri.*

III. Coelospermae. (S. 189.)

Gruppe 13. Coriandreae.

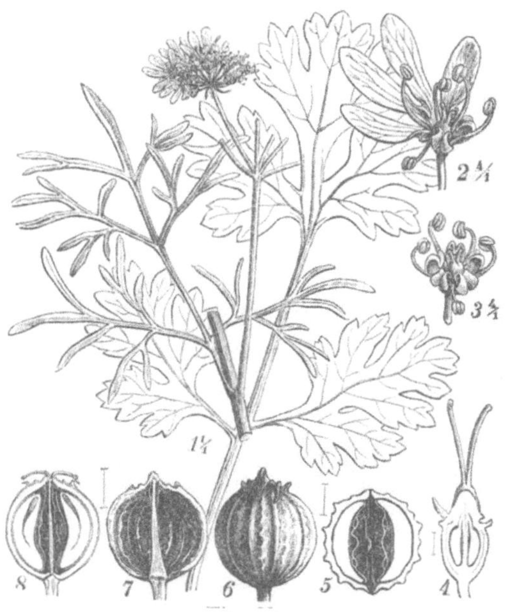

Fig. 339.

Coriandrum sativum. 1. Blattspitze und Stückchen vom Stengel. 2 und 3. Blume des Strahles und der Mitte der Dolde. 4. Längenschnitt durch einen Fruchtknoten. 5. Frucht-Querschnitt. 6. Reife Frucht. 7. Eine Caryopsis von der Fugenfläche mit der Fruchtträgerhälfte. 8. Frucht-Längendurchschnitt.

Coriandrum sativum *L.*, Koriander ⊙. Fig. 339. Aus Süd-Europa angebauet und bisweilen verwildert. — *Sem. s.* ***Fructus Coriandri*** *(A. H.): 1,1 % äth.- und 13 % fettes Oel.*

Ordnung XLVIII. Frangulaceae. (S. 93.)

A. Krone auf dem Blumenboden; Keimling klein.
  1. Staubgefässe wechseln mit den Kronenblättern, diese meist am Grunde verwachsen, in der Knospe ziegeldachig; Saamenknospen je 1, hängend; Frucht eine 2–8kernige Steinbeere. Fam. 142. **Iliceae.**
  2. Staubgefässe stehen vor den Kronenblättern, diese an der Spitze zusammenklebend, mit klappiger Knospenlage; Saamenknospen je 2, aufrecht; Frucht eine Beere. Fam. 143. **Ampelideae.**

B. Krone auf dem Kelche, *perigyn;* Keimling gross.
  1. Staubgefässe wechseln mit den Kronenblt. Fam. 144. **Celastreae.**
  2. Staubgefässe stehen vor den Kronenblt. Fam. 145. **Rhamneae.**

Familie 142. Iliceae.

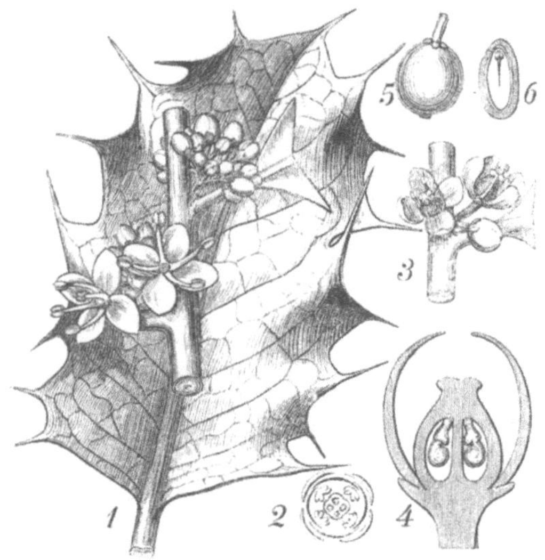

Fig. 340.

Ilex Aquifolium. 1. Blatt und Stückchen ♂ Blüthenzweig. 2. Blumen-Diagramm. 3. ♀ Blume. 4. Längendurchschnitt. 5. Steinbeere. 6. Steinkern.

Ilex Aquifolium *L.*, Stechpalme ♄, ♄. Fig. 340. IV. 4 *L.* — *Folia Aquifoliae: Ilicin, Chinasäure, Ilexsäure und Ilixanthin.*

I. paraguayensis *Lambert* ♄, ♄. Paraguay. — *Folia St. Barthelemi s. Mate. Paraguay-Thee: bis 1,8 % Coffeïn, Kaffeegerbsäure und Chinasäure.*

I. Bonplandiana *Münter*, **I. nigro-punctata** *Miers*, *und andere Arten dienen ebenso.*

Familie 143. Ampelideae.

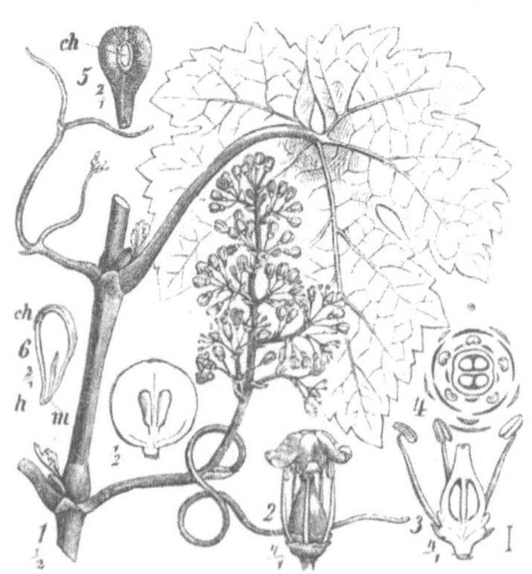

Fig. 341.

Vitis vinifera. 1. Blühender Zweig. 2. Blume im Aufblühen begriffen. 3. Dieselbe längsdurchschnitten. 4. Diagramm. 5. Saame, *ch* Nabel. 6. Derselbe längsdurchschn., *m* Eimund, *h* innerer, *ch* äusserer Nabel. 7. Beere längsdurchschnitten.

Vitis vinifera *L.*, Weinrebe ♄. Fig. 341. V. 1 *L.* Aus dem Orient südwärts vom caspischen Meere), über die gemässigte Zone verbreitet. — *Folia, Pampini (capreoli) et Fructus Vitis:* ***Vinum xerense*** *(G.)*, ***V. generosum album*** *(G. H.)*, ***V. malacense*** *(A. H.)*, ***Spiritus vini Cognac*** *(G.)*, ***Passulae majores*** *(H.)*, *Rosinen, und* ***P. minores*** *(H.)*, *Korinthen*, ***Tartarus, Acid. tartaricum.***

Familie 144. Celastreae. (S. 207.)

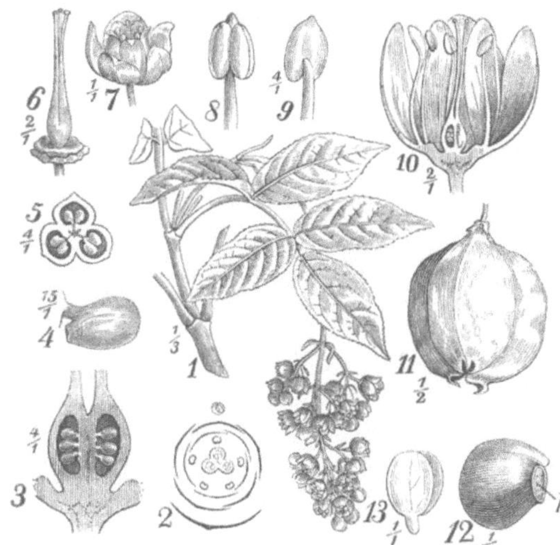

Fig. 342.

Staphylea pinnata. 1. Blühender Zweig mit Blatt. 2. Diagramm. 3. Fruchtknoten längsdurchschn. 4. Saamenknospe. 5. Querschnitt des Fruchtknotens. 6. Fruchtknoten. 7. Blühende Blume. 8 und 9. Staubgefässe. 10. Blume längsdurchschnitten. 11. Reife Kapsel. 12. Saame, *h* Nabel. 13. Keimling.

Staphylea pinnata *L.*, Pimpernuss ♄. Fig. 342. V. 3 *L.* Im südl. Gebiete, im nördl. in Parks angepflanzt. — *Alabastra et Sem. Staphyleae.*

Fig. 343.

1—4. *Evonymus europaeus.* 1. Blühender Zweig. 2. Blm. längsdurchschnitten. 3. Reife Frucht geöffnet. 4. Saame längsdurchschnitten, *ar* Mantel. 5. *E. verrucosus.* Blume längsdurchschn. 6. Reife geöffn. Frucht. 7. *E. latifolius.* Fruchtknoten längsdurchschnitten

Evonymus europaeus *L.*, Spindelbaum ♄, Fig. 343, *1–4*. **E. verrucosus** *Scopoli*, Fig. 343, *5. 6*. **E. latifolius** *L.* ♄ und ħ, Fig. 343, *7*. — *Früchte und Saamen: Gerbstoff, fettes Oel und Harz, Bitterstoff, Evonymin (?), Dulcit (Evonymit). Untersuchung noch ungenügend.*

E. atropurpureus *Jacquin*, E. carolinensis *Marshall* ħ. Nordwest-Amerika. — *Cort. Evonymi americani: Evonymin (verschieden von dem in E. europaeus gefundenen).*

Familie 145. Rhamneae. (S. 207.)

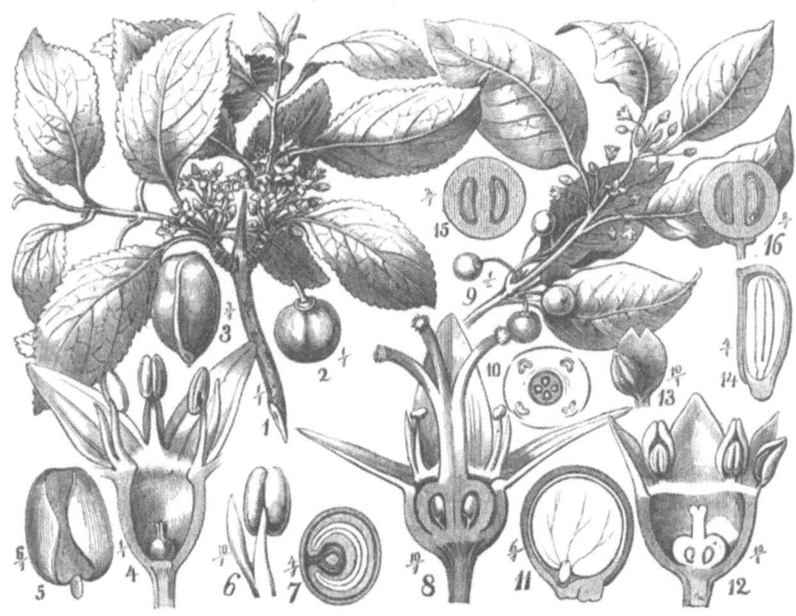

Fig. 344.

1–8. *Rhamnus cathartica.* 1. Blühender Zweig. 2. Steinbeere. 3. Steinkern. 4. ♂ Blume längsdurchschnitten. 5. Keimling. 6. Kronenblatt und Staubgefäss vom Rücken. 7. Steinkern querdurchschnitten. 8. ♀ Blume längsdurchschn. 9–16. *Frangula (Rhamnus L.) Frangula.* 9. Zweig mit Blumen und Früchten. 10. Diagramm. 11. Steinkern und 12. Blume längsdurchschnitten. 13. Staubgefäss und ausgebreitetes Kronenblatt. 14. Steinkern längsdurchschnitten. 15. Querschnitt und 16. Längenschnitt der Steinbeere.

Rhamnus cathartica *L.*, Kreuzdorn ♄, ħ. Fig. 344, *1–8*. IV. 1 *L.* (XXIII. 2 *L.*). — ***Fruct. (baccae) Rhamni catharticae recentes*** *(G. H.)*: *Rhamnin, Rhamnocathartin, Frangulin, Frangulinsäure, Rhamnogerbsäure.*

R. saxatilis *L.*, **R. tinctoria** *Waldstein* und *Kitaibel*, **R. infectoria** *L.*, Süd-Europa, *geben die persischen- und Avignon-Gelbbeeren, Grana persica* s. *Gr. Lycii gallici; enthalten Rhamnin.*

Frangula (*Rhamnus L.*) Frangula *Krst.*, **Frangula Alnus** *Miller*, Faulbaum, Pulverholz ♄, ♄. Fig. 344, *9–16*. V. 1 *L.* — ***Cort. Frangulae*** *(G.) v. Rhamni Frangulae s. Alni nigrae: Rhamnocathartin, äth. Oel, Frangulin (Rhamnoxanthin, Avornin) und sein Zersetzungsproduct Frangulinsäure.*

Zizyphus (*Rhamnus L.*) Zizyphus *Krst.*, **Zizyphus vulgaris** *Lamarck*, Judendorn ♄, ♄. V. 1 *L.* Orient; in den Mittelmeerländern cultivirt und verwildert. — ***Nuclei Jujubarum mundatarum*** *(H.), Jujubae Gallicae.*

Z. (*Rhamnus L.*) **Lotus** *Lamarck* ♄. Nord-Afrika. — *Jujubae Italicae s. minores.*

Ordnung XLIX. Corniculatae. (S. 93.)

A. Kelch und Pistille frei, in gleicher-, Staubgefässe meist in doppelter Anzahl der Kronenblätter. Fam. 146. **Crassulaceae.**

B. Kelch mit dem Pistille mehr oder minder vereinigt, Staubgefässe meist mit den Kronenblättern gleichzählig, Fruchtblätter in geringer Anzahl. Fam. 147. **Saxifrageae.**

Familie 146. Crassulaceae.

Sedum acre *L.*, Mauerpfeffer ♃. X. 5 *L.* — *Hb. Sedi minoris acris: Rutin, Schleim, apfelsauren Kalk.*

Fig. 345.

Sedum boloniense. 1. Blühende Pflanze. 2. Diagramm durch die Basis der Blumen-Organe. 3. Längendurchschnitt durch die Blm., *c* Kelch, *g* Drüsenschüppchen, *p* Kronenblatt. 4. Desgleichen durch den Saamen. 5. Reife Frucht.

S. **boloniense** *Loiseleur* ♃, dem Vor. sehr ähnlich, Fig. 345, *aber nicht scharf.*

S. **Telephium** *L.* ♃. — *Hb. et Rad. Fabariae s. Crassulae majoris.*

Sempervivum tectorum *L.*, Hauswurz ♃. XI. Dodecagynia *L.* Felsige Gebirge; auf Mauern und Dächern angepflanzt. — *Hb. Sedi majoris v. Sempervivi: Ameisensäure, Schleim etc. (?).*

Familie 147. Saxifrageae. (S. 211.)

Fig. 346.

Saxifraga granulata. 1. Blüthe. 2. Wurzelstock mit Blatt und Brutknospen. 3. Blumen-Längenschnitt. 4. Diagramm. 5. Reife Frucht. 6 und 7. Saame und derselbe längsdurchschnitten.

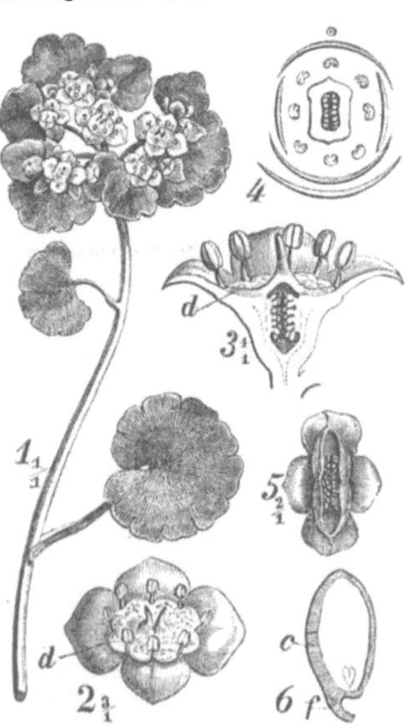

Fig. 347.

Chrysosplenium alternifolium. 1. Blühender Stengel. 2. Blume von oben, *d* Discus. 3. Diese längsdurchschnitten. 4. Diagramm. 5. Reife, sich öffnende Frucht, von oben gesehen. 6. Saame längsdurchschnitten, *c* Schale, *f* Nabelstrang.

Saxifraga granulata *L.* ♃, Steinbrech. Fig. 346. X. 2 *L.* — *Hb. et bulbilli Saxifragae albae.*

Chrysosplenium alternifolium *L.*, Goldmilzkraut ♃, Fig. 347 und **C. oppositifolium** *L.* ♃, VIII. 2 *L.* — *Hb. Nasturtii petraei, Saxifragae aureae s. Hepaticae aureae.*

Ordnung L. Opuntiae. (S. 93.)

A. Blumenorganenkreise 1fach; Saamen eiweisshaltig; beblätterte Pflanzen. Fam. 148. **Grossulariaceae.**

B. Blumenorganenkreise 2—∞fach; Saamen fast eiweisslos; meist blattlose, fremdländische Gewächse. Fam. 149. **Cacteae.**

Familie 148. Grossulariaceae.

Fig. 348.

Ribes Uva-crispa Var. *Grossularia*. 1. Blühender Zweig. 2. Eben geöffnete Blume längsdurchschnitten. 3. Diagramm. 4. Frucht. 5. Saame längsdurchschnitten. 6. Fruchtknoten-Querschnitt.

Ribes Uva-crispa *L.* var. Grossularia, Stachelbeere ♄. Fig. 348. V. 1 *L.* — *Fol. et Fruct. (baccae) Grossulariae s. Uva crispae.*

R. rubrum *L.*, Johannisbeere ♄. Süd-Europa; häufig angepflanzt. — ***Fruct. Ribium*** *(A.) s. Ribesiorum rubrorum: Citronensäure, Apfelsäure Zucker etc.*

R. nigrum *L.*, Gicht- oder Ahlbeere ♄. — *Stipites, Folia et Baccae Ribis nigri.*

Familie 149. Cacteae. (S. 213.)

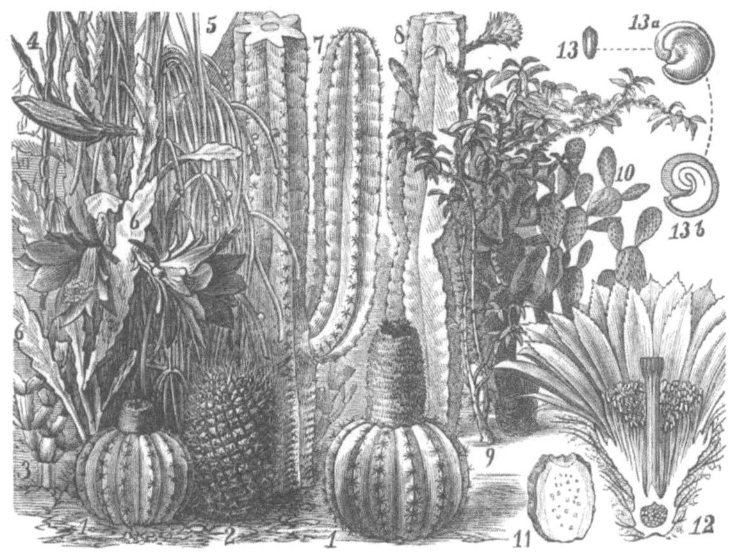

Fig. 349.

Cacteae. 1. *Melocactus communis.* 2. *Mammillaria dolichocentra.* 3. *Epiphyllum truncatum.* 4. *Rhipsalis paradoxa.* 5. *Rhipsalis Cassytha.* 6. *Phyllocactus Ackermanni.* 7. *Cereus Alacripontanus.* 8. *Cereus Jamacaru.* 9. *Pereskia Bleo.* 10. *Opuntia Ficus-indica.* 11. Frucht der Letzteren längsdurchschn., $^1/_4$. 12. Blume von *Echinocactus tenuissimus*, $^1/_2$. 13. Saame von *Opuntia dulcis.* 13*a* Derselbe vergrössert, und 13*b* längsdurchschnitten.

Amerikanische fleischige, verholzende Gewächse ♄, ♄. Fig. 349. XII. 1 *L.* — *Reich an Schleim, Bassorin, oxalsauren Salzen; wesshalb sie frisch zerrieben äusserlich als kühlende Mittel dienen. Die Früchte, z. Th. Zucker und Farbstoffe enthaltend, dienen als Speise.*

Opuntia *(Cactus L.)* **cochenillifer** *Krst.*, O. cochinillifera *Miller*, **O. Tuna** *Miller* und **O. Ficus-indica** *Haworth, sind Nährpflanzen der Carmin-Schildlaus, Coccus Cacti, Cochenille.*

Ordnung LI. Peponiferae. (S. 93.)

A. Klimmende Kräuter oder Schlingsträucher; Beere unterständig, selten gedeckelt; Saamen eiweisslos. Fam. 150. **Cucurbitaceae.**

B. Aufrecht, meist baumf., wenig verästelt; Beere frei; Saamen eiweisshaltig. Fam. 151. **Papayaceae.**

Familie 150. Cucurbitaceae.

Citrullus *(Cucumis L.)* **Colocynthis** *Schrader*, Coloquinte. Fig. 350, *1.* XXI. Triadelphia *L.* Nord-Afrika, Arabien, Klein-Asien. — ***Fructus Colocynthidis:*** *Colocynthin, Colocynthidin (Citrullin), Harz, fettes Oel, Gummi, Pectin.*

Fig. 350.

1. *Citrullus Colocynthis*. Zweigstück mit Blatt und ♀ Blume. 2. *Bryonia alba*. Zweigstück mit Blatt und ♂ Blüthe. 3. ♀ Blume von *Bryonia dioica*. 4. Diagramm der ♀ Blume. 5 u. 6. ♀ Blume von *B. alba* und deren Längendurchschnitt. 7. Ein einfaches und 2 verwachsene Staubgefässe. 8. Diagramm der ♂ Blume. 9—14. *Ecbalium Elaterium*. 9. Zweigstück mit Blatt und Blüthe. 10 u. 11. Saamenknospen längsdurchschnitten. 12. Reife Frucht vom Stiele abgebrochen, mit hervorspritzenden Saamen. 13 und 14. Saame und derselbe längsdurchschnitten.

C. *(Cucurbita L.)* Citrullus *Krst.*, **Citrullus vulgaris** *Schrader*, Wassermelone ⊙. Aus Süd-Asien; über die Tropen verbreitet, *wegen der geniessbaren, kühlenden Frucht.*

Bryonia alba *L.*, Zaunrübe ♃. Fig. 350, *2. 5–8.* XXI. Triadelphia *L.* und

B. dioica *Jacquin* ♃. Fig. 350, *3. 4.* — *Rad. Bryoniae: Bryonin, Harz, Gummi, Amylum „Faecula Bryoniae".*

Ecbalium *(Momordica L.)* **Elaterium** *Richard*, E. agreste *Rchb.*, Spritzgurke, Eselsgurke ⊙. Fig. 350, *9–14.* XXI. Triadelphia *L.* Süd-Europa. — *Rad. et Fruct. Cucumeris asinini, Elaterium: Elaterin. Die ganze Pflanze enthält nach Walz: Prophetin, Ecbalin (Elaterinsäure), Hydroelaterin und Elaterid.*

Cucumis sativus *L.*, Gurke ⊙. XXI. Syngenesia *L.* Aus dem Orient; überall cultivirt. — *Sem. Cucumeris.*

C. Melo *L.*, Melone ⊙. Wie Vor. — *Sem. Melonum; in der Wurzel: Melonen-Emetin.*

C. Prophetarum *L.* Arabien. — *Die Frucht enthält Prophetin.*

Cucurbita Pepo *L.*, Kürbis ⊙. XXI. Syngenesia *L.* Aus dem Orient, verbreitet. — *Sem. Cucurbitae.*

Familie 151. Papayaceae.

Papaya *(Carica L.)* Papaya *Krst.*, **Papaya vulgaris** *DC.*, Melonenbaum ♄. XXII. 10 *L.* Tropisches Süd-Amerika. — *Fructus Papayae: Pflanzenpepsin (Papayin s. Papayotin s. Papaïn).*

Unterklasse 2. Corollanthae. (S. 91.)

Monopetalae. Gamopetalae. Sympetalae.

A. Staubgefässe in 2 Kreisen (der äussere zuweilen, *Azalea*, *Primulaceae*, *Plumbagines*, verkümmert); Fruchtknoten frei, *ausgen. Vaccinieae.*

1. Fruchtknoten 5fächerig, *selten 2—4fächerig;* Pollen meist zu 4 vereinigt. Staubgefässe meistens neben der Krone auf dem Blumenboden oder dem Fruchtknoten. Ordn. 52. **Bicornes.**
2. Fruchtknoten 1fächerig, *ausgen. Sapotaceae*, oder fast 1fächerig, Styraceae; Pollen einzeln. Ordn. 53. **Diplostemones.**

B. Staubgefässe in einfachem Kreise.

1. Fruchtknoten oberständig, frei.

* Knospenlage der Kronenzipfel ziegeldachig; sehr selten klappig oder gedreht, *bei Solaneen und Convolvuleen.*

a. Fruchtknotenfächer ∞eiig, *ausgen. Plantagineae;* Krone unregelmässig, *ausgen. Plantagineae, Limosella;* Kapsel. Ordn. 54. **Personatae.**

b. Fruchtknotenfächer ∞eiig, *1eiig bei Convolvulaceae*, *2eiig bei Cuscutaceae;* Krone regelmässig, *ausgen. Hyoscyamus;* Keimling gekrümmt, *bei Polemonium gerade;* Frucht eine Kapsel oder Beere. Ordn. 55. **Tubiflorae.**

c. Fruchtknoten aus 4, häufig getrennten, 1eiigen Fächern bestehend; Nüsschen, selten Spaltfrucht oder Steinbeere. Ordn. 56. **Nuculiferae.**

** Knospenlage der Kronenzipfel klappig oder gedreht, *bei Jasminium z. Th. ziegeldachig.* Ordn. 57. **Contortae.**

2. Fruchtknoten unterständig.

a. Frucht einfächerig, einsaamig; Saamen eiweisslos, *ausgen. Dipsaceae.* Ordn. 58. **Aggregatae.**

b. Frucht 2—5fächerig, vielsaamig; Saamen eiweisshaltig; Staubgefässe neben der Krone, auf dem Fruchtknoten oder dem Kelche. Milchende Kräuter; Blätter einzeln. Ordn. 59. **Campanaceae.**

c. Frucht 2—5fächerig, Fächer 1—mehrsaamig; Saamen eiweisshaltig; Staubgefässe auf der Krone. Pflanzen ohne Milchsaft. Blätter gegen- oder quirlständig. Ordn. 60. **Stellatae.**

Ordnung LII. Bicornes.

A. Kräuter, seltener Halbsträucher mit freier, meist 5blätteriger Blumenkrone, fachspaltiger Kapsel und einfachem, blattlosem, eiweisslosem Keimlinge. Fam. 152. **Monotropaceae.**

B. Sträucher und Halbsträucher mit verwachsen-blätteriger Krone, *ausgen. Ledum*; Frucht frei, *ausgen. Vaccinieae*; Kapsel, Beere oder Steinbeere; Keimling im Eiweisse, cylinderisch mit kleinen Cotyledonen. Fam. 153. **Ericaceae.**

Familie 152. Monotropaceae.

Monotropa Hypopitys *L.*, Ohnblatt, Fichtenspargel ♃. Fig. 351. — *Wird in der Thierarzneikunde gegen Husten der Schaafe und Rinder empfohlen. Enthält eine Art Indigo und äth. Oel (meist salicylsaures Methyloxyd).*

Pirola *(Pyrola L.)* **rotundifolia** *L.*, **Pirola minor** *L.*, **Pirola uniflora** *L.* Fig. 352, und andere Arten der Gattung „Wintergrün“ ♃. X. 1 *L.* — *Geben Hb. Pirolae majoris und minoris.*

Chimaphila *(Pyrola L.)* **umbellata** *Nuttal*, Winterlieb ♃. X. 1 *L.* — *Hb. Pirolae umbellatae: Arbutin, Ericolin, Urson, Chimaphilin.*

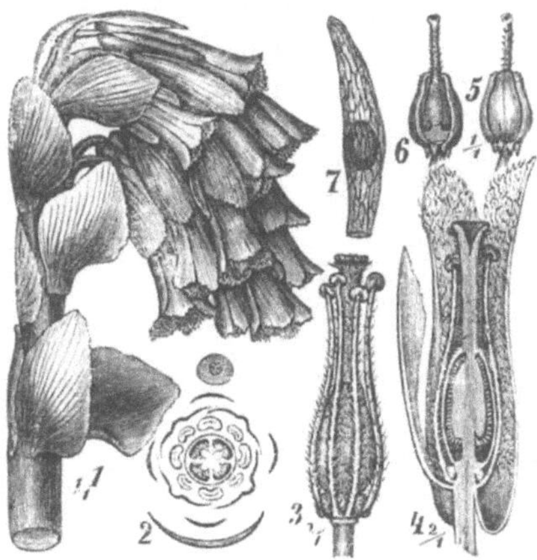

Fig. 351.

Monotropa Hypopitys. 1. Blühende Stengelspitze. 2. Diagramm einer seitenständigen Blume. 3. Blume nach Hinwegnahme des Kelches und der Krone. 4. Blume längsdurchschn. 5. Reife geöffnete Kapsel. 6. Diese nach Hinwegnahme der vorderen Klappen. 7. Saamen vergrössert.

Fig. 352.

Pirola uniflora. 1. Blühende Pflanze. 2. Reife Frucht. 3. Saame. 4. Kapsel, von der 2 Klappen abgebrochen wurden, *s* Saamenträger. 5. Blumenknospe längsdurchschnitten, ohne Kelch und Krone. 6. Diagramm.

Familie 153. Ericaceae. (S. 216.)

Fig. 353.

Arctostaphylos Uva Ursi. 1. Blühender Zweig. 2. Steinkern mit Saamen. 3. Dieser längsdurchschnitten. 4. Reife Steinbeere. 5. Keimling. 6. Pollen. 7. Blume längsdurchschnitten. 8 und 9. Staubgefässe.

Arctostaphylos *(Arbutus L.)* **Uva ursi** *Sprengel*, A. officinalis *Wimmer* und *Grabowski*, Bärentraube ♄. Fig. 353. X. 1 *L.* — ***Folia Uvae ursi:*** *Arbutin, Urson, Methylarbutin, Tannin, Gallussäure.*

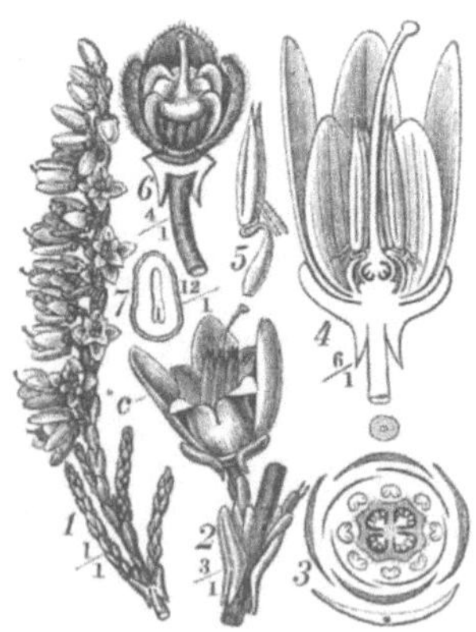

Fig. 354.

Calluna vulgaris. 1. Blühende Zweigspitze. 2. Blume vergrössert, *c* Kelchblätter. 3. Diagramm. 4. Blume längsdurchschnitten. 5. Staubgefässe von der Seite. 6. Kapsel, die Deckblättchen und die vordere Klappe weggeschnitten. 7. Saame längsdurchschnitten.

Calluna *(Erica L.)* **vulgaris** *Salisbury*, Haidekraut ♄. Fig. 354. VIII. 1 *L.* — *Hb. Ericae s. Callunae: Callutannsäure, Quercetin, Ericolin.*

Andromeda Polifolia *L.* ♄. X. 1 *L.* — *Folia Andromedae: Andromedotoxin.*

Gaultheria Procumbens *L.*, Wintergrün ♄. X. 1 *L.* Nord-Amerika. — *Fol. et Oleum Gaulteriae: Salicylsaures Methyloxid und Gaultherilēn.*

Fig. 355.

Ledum palustre. 1. Blühende Zweigspitze. 2. Blumenknospe längsdurchschnitten, *p* Eiträger. 3. Diagramm. 4. Reife, geöffnete Kapsel. 5. Dieselbe nach Hinwegnahme der Klappen, *p* Saamenträger. 6. Saame längsdurchschnitten.

Ledum palustre *L.*, Porst ♄. Fig. 355. X. 1 L. Im nördl. Gebiete auf Torf. — *Hb. Ledi palustris: Aeth. Oel, Ericolin, Leditannsäure.*

Fig. 356.

Rhododendron ferrugineum. 1. Blühende Zweigspitze. 2. Blume längsdurchschnitten. 3 und 4. Staubbeutel. 5. Saame längsdurchschnitten. 6. Reife, geöffnete Kapsel. 7. Diagramm.

Rhododendron ferrugineum *L.*, Alpenrose ♄. Fig. 356. X. 1 *L.* Alpen und Voralpen. — *Fol. Rhododendri ferruginei: Ericolin, Rhodotannsäure.*

R. chrysanthum *Pallas* ♄, Sibirien. — *Fol. Rhododendri chrysanthi.*

Fig. 357.

Vaccinium Myrtillus. 1. Zweig mit Blume u. Blättern. 2. Reife Frucht. 3. Diagramm. 4. Längsdurchschnittene Blume. 5. Desgl. Saame.

Vaccinium Myrtillus *L.*, Haidelbeere, Blaubeere ♄. Fig. 357. VIII. 1 *L.* (X. 1 *L.*) — *Fruct. (Baccae) Myrtilli: Citronen- und Apfelsäure, Zucker-, Farb- und Gerbstoff.*

Fig. 358.

Vaccinium Vitis idaea. 1. Blühender Zweig. 2. Blume längsdurchschnitten. 3. Frucht-Querschnitt.

Fig. 359.

Vaccinium Oxycoccos. 1. Blühende Zweigspitze. 2. Staubgefäss vergrössert. 3. Pollen. 5. Saame längsdurchschnitten. 6. Blumenknospe desgl. 7. Reife Beere. 8. Diagramm.

V. Vitis idaea *L.*, Preisselbeere ♄. Fig. 358. — *Folia et Baccae Vitis idaeae. In Letztern: Arbutin (Vacciniin), Benzoë- und Ameisensäure. Die Blätter enthalten Chinasäure.*

V. Oxycoccos *L.*, Moosbeere ♄. Fig. 359. — *Baccae Oxycoccos: Citronen- und Apfelsäure.*

Ordnung LIII. Diplostemones. (S. 216.)

A. Fruchtknoten mehrfächerig. Ausländische Sträucher und Bäume.
  a. 2 Staubgefässkreise monadelphisch vereinigt; Steinbeere. Fam. 154. **Styraceae.**
  b. 1 Kreis freier, vollkommener Staubgefässe; Beere; Stamm milchend. Fam. 155. **Sapotaceae.**

B. Fruchtknoten einfächerig; Saamenknospen auf centralem, grundständigem Träger.
  a. Frucht eine Kapsel; ∞ Saamenknospen. Fam. 156. **Primulaceae.**
  b. Frucht eine Kapsel oder Schlauchfrucht; 1 Saamenknospe. Fam. 157. **Plumbagineae.**

Familie 154. Styraceae.

Fig. 360.

Styrax Benzoïn. 1. Blüthenzweig. 2. Blume längsdurchschnitten. 3. Diagramm. 4. Frucht, deren obere Hälfte abgetragen ist, um den gefurchten Saamen freizulegen. 5. Staubgefäss von innen. 6. Saame längsdurchschnitten.

Styrax Benzoïn *Dryander* ♄. Fig. 360. XVI. 10 *L.* Ostasien, Sundainseln. — ***Benzoë*** *s. Asa dulcis v. Resina Benzoës*: *20 % **Acidum benzoicum** (Flores Benzoës), Zimmetsäure., 80 % Harz.*

S. **officinalis** *L.* ħ, ♄. Oestliche Mittelmeerländer. — *Resina Styracis, Scobs styracina.*

Familie 155. Sapotaceae.

Isonandra *(Dichopsis Thwaites)* **Gutta** *Hooker* ♄. VIII. 1 *L.* und **Keratephorus** *(Ceratophorus Miquel)* **Leerii** *Hasskarl* ♄. XI. 1 *L.* Sumatra. — ***Gutta Percha lamellata.***

Payena macrophylla *Bentham* ♄. VIII. 1 *L.* Java. — ***Gutta-Percha lamellata;*** *ebenso*:

Bassia sericea *Blume* ♄. XI. 1 L.

Mimusops Elengi *L.* ♄. VIII. 1 *L.* — *Indische Gutta-Percha.*

M. Manilkara *Don* ♄. — *China- und Manilla-Gutta-Percha.*

Imbricaria coriaria *DC.* ♄. VIII. 1 *L.* *Madagaskar-Gutta-Percha.*

Familie 156. Primulaceae.

Fig. 361.

Primula veris. 1. Blühende Pflanze, 1/3 gr. 2. Blume, 1/1. 3. Zwei Diagramme der verschiedenen Knospenlagen, gedrehet und ziegeldachig. 4. Saamenknospe. 5. Saame längsdurchschnitten. 6. Geöffnete reife Frucht unter der deckelförmigen Spitze am Griffelgrunde, im längsgespaltenen und ausgebreiteten Kelche. 7. Staubgefässe von der Rücken- und Bauchseite. 8. Krone gespalten und ausgebreitet. 9 und 10. Fruchtknoten längs- und querdurchschnitten.

Primula veris α officinalis *L.* P. officinalis *Jacq.*, Schlüsselblume ♃. Fig. 361. V. 1 L. — *Rad., Hb. et* ***Flores Primulae veris*** *(H.) s. Paralyseos: Cyclamin, Primulacamphor, Mannit (Primulin) etc.*

Fig. 362.

Primula elatior. 1. Blm. 2. Reife, geöffn. Frucht im Kelche.

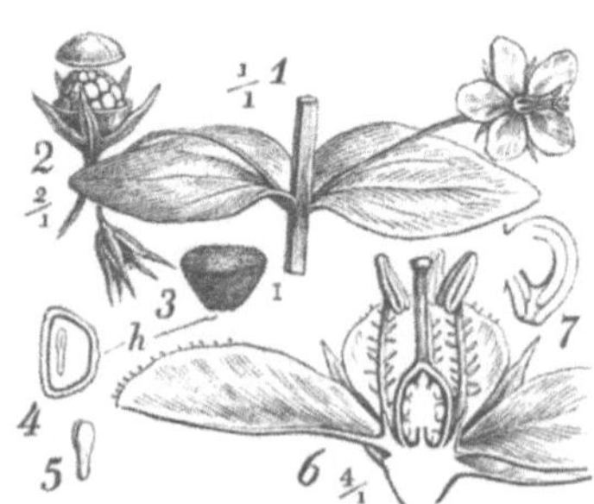

Fig. 363.

Anagallis arvensis. 1. Stengelstück mit Blattpaar und Blumen. 2. Reife, geöffnete Frucht. 3. Saame. 4. Dieser längsdurchschnitten. 5. Keimling. 6. Blume längsdurchschnitten. 7. Saamenknospe desgl.

P. elatior *Jacq.* ♃. Fig. 362. Leicht mit P. officinalis zu verwechseln.

Anagallis arvensis *L.*, Gauchheil ☉. Fig. 363. V. 1 *L. Hb. Anagallidis: Arthanitin.* (?)

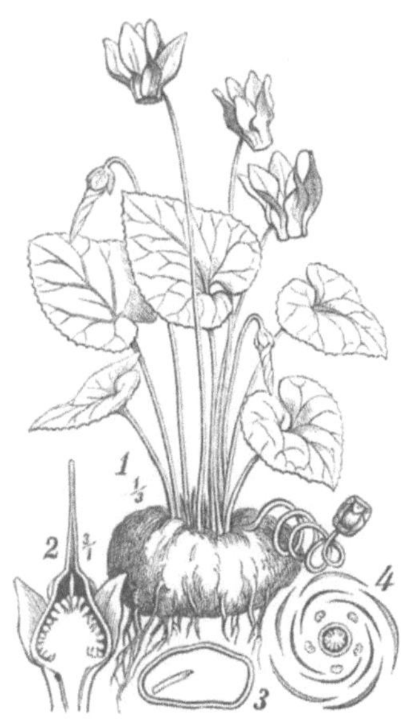

Fig. 364.

Cyclamen europaeum. 1. Blühende Pfl. 2. Fruchtknoten. 3. Saame längsdurchschnitten, vergr. 4. Diagramm.

Fig. 365.

Glaux maritima. 1. Blühender Stengel. 2. Saame längsdurchschnitten. 3. Blume blühend. 4. Diese stärker vergr., längsdurchschnitten. 5. Saamenknospe desgl. mit durchscheinendem Embryosacke. 6. Reife geöffnete Frucht. 7. Saame. 8. Saamenträger nach Entfernung der Saamen. 9. Diagramm.

Cyclamen europaeum *L.*, Erdscheibe, Schweinebrod ♃. Fig. 364. V. 1 *L.* Voralpen, Böhmen, Schlesien. — *Rad. Cyclaminis vel Arthanitae: Arthanitin (Cyclamin).*

Glaux maritima *L.*, Milchkraut ♃. Fig. 365. V. 1 *L.* Seestrand- und Salzwiesen. — *Hb. Glaucis.*

Lysimachia vulgaris *L.*, Gelb-Weiderich ♃. V. 1 *L.* — *Hb. Lysimachiae luteae.*

L. Nummularia *L.*, Pfennigkraut ♃. — *Hb. Nummulariae s. Centummorbiae.*

Familie 157. Plumbagineae.

Armeria *(Statice L.)* Armeria *Krst.*, **A. vulgaris** *Willdenow*, Grasnelke ♃. Fig. 366. V. 5 *L.* — *Fol. Statices.*

Statice Limonium *L.*, Strandnelke ♃. V. 5 *L.* Nördlicher Seestrand. — Rad. Been s. Behen rubri: *Aeth. Oel, Gerbstoff.*

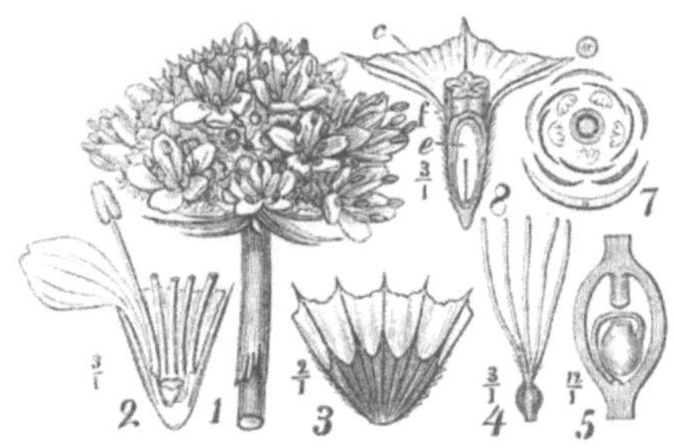

Fig. 366.

Armeria (Statice L.) Armeria. 1. Blüthe in natürlicher Grösse. 2. Kelchbasis nebst dem Fruchtknoten, von dem die Griffel abgeschnitten wurden, und den hypogynen Staubgefässen u. Kronenblättern, von denen nur je eins vollständig. 3. Kelch aufgeschnitten u. ausgebreitet. 4. Fruchtknoten mit Griffeln. 5. Fruchtknoten längsdurchschnitten. 7. Diagramm. 8. Frucht *f* im Kelche *c*, nebst Saamen mit Keimling *e* längsdurchschnitten.

Plumbago europaea *L.*, Bleiwurz ♃. V. 1 *L.* Süd-Europa. — *Hb. et radix Dentariae vel Dentellariae: Plumbagin.*

Ordnung LIV. Personatae. (S. 216.)

A. Krone regelmässig oder fast regelmässig, trockenhäutig; Frucht 1—wenigsaamig. Fam. 158. **Plantagineae.**

B. Krone 2lippig, *ausgen. Limosella*; Frucht ∞saamig, meist eine 2klappige Kapsel.

a. II. 1 *L.* Saamen ∞, auf grundständiger Placenta eiweisslos. — Sumpf- und Wasserkräuter. Fam. 159. **Utriculariaceae.**

b. XIV. Angiospermia *L.*, *inclusive Gratiola und Veronicaceae*, *welche* II. 1 *L.*

1. Saamen eiweisslos, meist geflügelt. Ausländische Bäume und Schlingsträucher. Fam. 160. **Bignoniaceae.**

2. Fruchtknoten 1fächerig, ∞eiig, Saamen eiweisshaltig, wandständig, Keimling blttl. Blattlose Parasiten. Fam. 161. **Orobancheae.**

3. Fruchtknoten 2fächerig, *ausgen. Limosella*, ∞eiig, Saamen eiweisshaltig auf centraler Placenta; Keimling vollständig. Beblätterte Kräuter. Fam. 162. **Scrophulariaceae.**

Familie 158. Plantagineae.

Plantago Psyllium *L.* ⊙. Fig. 367, *1—8*. IV. 1 *L.* Süd-Europa, Nord-Afrika. **P. Cynops** *L.* ♄, Mittelmeerländer, und **P. arenaria** *Waldstein* und *Kitaibel* ⊙. Fig. 367, *9—13*. Nördliches und westliches Gebiet. — *Sem. Psyllii vel Pulicariae: Schleim.*

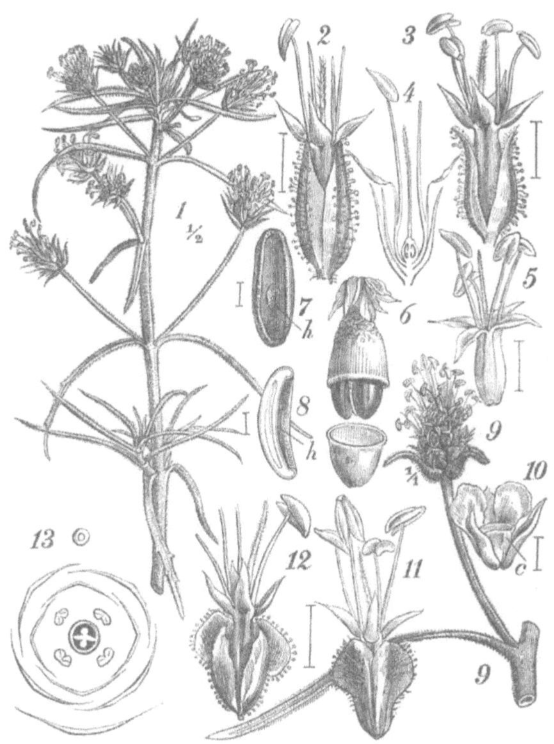

Fig. 367.

Plantago. 1—8. *P. Psyllium.* 1. Blühender Zweig. 2 und 3. Blume von vorne und hinten. 4. Ein Blumen-Längenschnitt. 5. Blume vom Kelche entblösst. 6. Geöffnete Frucht, der Deckel von der verwelkten Krone bedeckt, enthält die Scheidewand mit den beiden Saamen. 7 und 8. Saame und derselbe längsdurchschnitten, *h* Nabel. 9—13. *P. arenaria.* 9. Blühendes Aehrchen mit dem Stützblatte. 10. Kelch mit dem unteren Theile der Frucht *c*. 11 und 12. Blume von vorne und hinten. 13. Diagramm.

P. major *L.*, Grosser Wegerich ♃. — *Hb. et Rad. Plantaginis latifoliae vel majoris.*

P. lanceolata *L.*, Spitzwegerich ♃. — *Hb. Plantaginis lanceolatae.*

Familie 159. Utriculariaceae.

Utricularia vulgaris *L.*, Wasserhelm ♃. Fig. 368, *1–8*. II. 1 *L.*
U. minor *L.* ♃. — *Diese und andere Arten dienten als Hb. Lentibulariae.*

Pinguicula vulgaris *L.*, Fettkraut ♃. Fig. 369. II. 1 *L.* — *Folia Pinguiculae.*

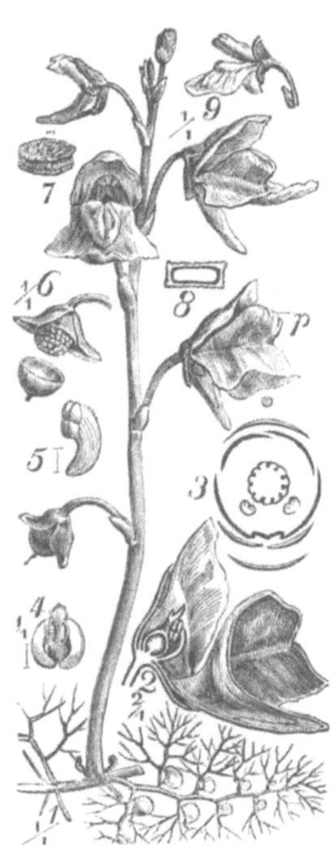

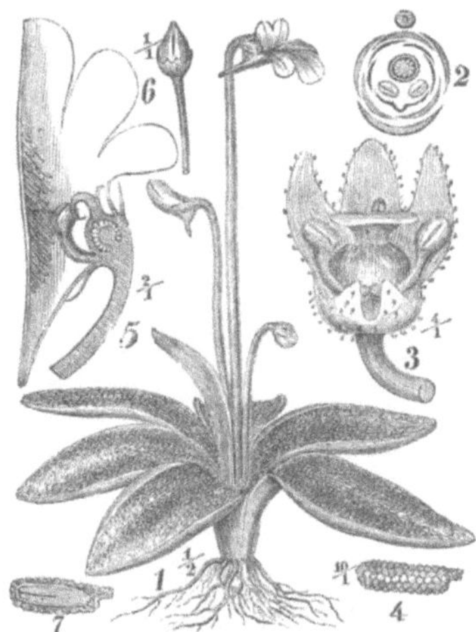

Fig. 369.

Pinguicula vulgaris. 1. Blühende Pflanze. 2. Diagramm. 3. Blühende Blume nach Hinwegnahme der Krone, von vorne; vergrössert. 4. Saame. 5. Blm. längsdurchschn. 6. Frucht. 7. Saame längsdurchschnitten.

Fig. 368.

Utricularia. 1—8. *U. vulgaris.* 1. Blüthe und Blattabschnitt, *p* Gaumen. 2. Blume längsdurchschnitten. 3. Diagramm. 4. Befruchtungs-Organe von vorne. 5. Staubgefäss von der Seite. 6. Reife, geöffnete Kapsel. 7. Saame. 8. Derselbe durchschnitten. 9. Blume von *U. minor.*

Familie 160. Bignoniaceae. (S. 224.)

Sesamum indicum *L.* und S. **orientale** *L.* ⊙. XIV. 2 *L.* — Ostindien; fast überall in den Tropenländern cultivirt. — *Sem. Sesami:* 37% ***Ol. Sesami*** *(H.).*

Familie 161. Orobancheae.

Lathraea Squamaria *L.*, Schuppenwurz ♃. Fig. 370. XIV. 2 *L.* — *Rad. Squamariae vel Dentariae majoris.*

Orobanche caryophyllacea *Smith*, O. Galii *Duby*, Labkraut-Sommerwurz ♃. Fig. 371, *1–6.* XIV. 2 *L.* u. **Phelipaea** *(Orobanche L.)* **ramosa** *Meyer*, Hanfwürger ⊙. Fig. 371, *7–9.* XIV. 2 *L.* — *Beide jung als Spargel geniessbar.*

O. Epithymum *DC.*, **O. sparsiflora** *Wallroth* ♃. — *Rad. et Flor. Orobanches.*

Fig. 370.

Lathraea Squamaria. 1. Blühender Ast mit Wurzelstockzweig. 2. Reife, geöffnete Frucht. 3. Diagramm, *d* Drüse. 4. Blühende Blume. 5. Dieselbe längsdurchschnitten, *o* Oberlippe, *u* Unterlippe, *d* Drüse. 6. Oberes Ende des Staubgef. 7. Saame. 8. Derselbe längsdurchschn.

Fig. 371.

Orobancheae. 1—6. *O. caryophyllacea.* 1. Ende der blühenden Aehre. 2. Längsdurchschnittene Blume, *b* Deckblatt, *c* Kelch. 3. Saame längsdurchschnitten. 4. Oberes Ende des hinteren Staubgefässes. 5. Diagramm. 6. Geöffnete, reife Kapsel. 7. Blume von *Phelipaea ramosa.* 8. Deren reife, geöffnete Kapsel. 9. Saame.

Familie 162. Scrophulariaceae. (S. 224.)

I. Kronen-Knospenlage zweilippig-ziegeldachig; Frucht eine Kapsel.
   a. Kapsel 2klappig-fachspaltig. Gruppe 1. **Rhinantheae.**
   b. Kapsel 2klappig-scheidewandspaltig oder scheidewand-abreissend. Gruppe 2. **Verbasceae.**
   c. Kapsel öffnet sich mit Zähnen oder Löchern. Gruppe 3. **Antirrhineae.**

II. Kronen-Knospenlage einwärts gefaltet-zweilippig-ziegeldachig; Frucht eine Beere. Gruppe 4. **Salpiglossideae.**

Gruppe I. Rhinantheae.

Fig. 372.

Veronica officinalis. 1. Blühendes Stengelende. 2. Blume von oben gesehen. 4. Reife geöffnete Frucht von oben und von der Seite. 5. Saame von der Bauchseite. 6. Derselbe längsdurchschn. 8. Blumenboden und Fruchtknoten längsdurchschnitten, *d* Drüsenring. 9. Diagramm. 3 und 7. *V. serpyllifolia.* Frucht, geöffnet und Traube.

Veronica officinalis *L.*, Ehrenpreis ♃. Fig. 372, *1. 2. 4–6.* II. 1 *L.* — ***Hb. Veronicae*** *(H.)*.

V. Beccabunga *L.*, Bachbunge ♃. — ***Hb. Beccabungae*** *(H.)*.

V. Chamaedrys *L.*, Wilder Gamander ♃. — *Hb. Chamaedryos spuriae feminae.*

V. latifolia *L.*, V. urticifolia *Jacquin* ♃. Alpen. — *Hb. Chamaedryos spuriae maris.*

Pedicularis palustris *L.*, Läusekraut ♃, Fig. 373, und **P. sylvatica** *L.* — *Hb. Pedicularidis aquaticae s. Fistulariae.*

Fig. 373.

Pedicularis palustris. 1. Stengelstück mit Blume in der Achsel des Deckblättchens. 2. Diese längsdurchschn. 3. Zwei miteinander verklebte Staubbeutel.

Fig. 374.

Euphrasia. 1—4. *E. officinalis.* 1. Blühende Zweigspitze. 2. Diagramm. 3 und 4. Staubbeutel, von hinten und vorne (geöffnet). 5. *E. Odontites* wie 1. 6. Staubbeutel vom Rücken. 7. Diagramm. 8. Blume längsdurchschnitten.

Euphrasia officinalis *L.*, Augentrost ⊙. Fig. 374, *1—4.* XIV. 2. *L.* — *Hb. Euphrasiae: Euphrastannsäure, Bitterstoff, äth. Oel, organische Säuren etc.*

E. Odontites *L.*, Zahntrost ⊙. Fig. 374, *5—8.* — *Hb. Euphrasiae rubrae.*

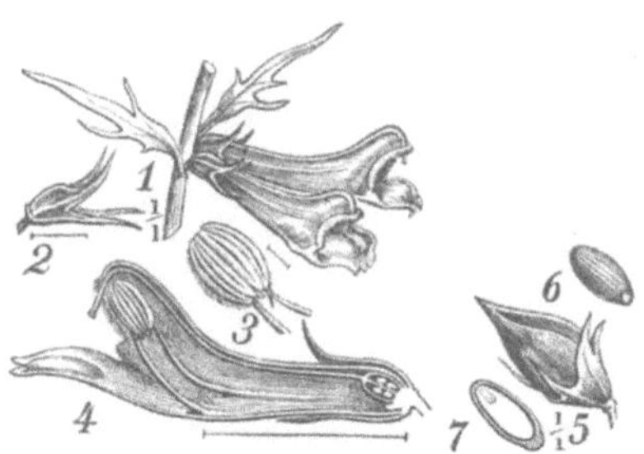

Fig. 375.

Melampyrum pratense. 1. Stengelstück mit zwei achselständigen Blumen. 2. Kelch nach der Blüthe. 3. Zwei aneinander haftende Staubbeutel. 4. Blume längsdurchschnitten. 5. Reife Frucht im Kelche. 6. Saame. 7. Derselbe längsdurchschnitten, vergrössert.

Melampyrum pratense *L.*, Wiesen-Kuhwaizen ⊙, Fig. 375, und **M. arvense** *L.*, Acker-Kuhwaizen, Wachtelwaizen ⊙. — *Sem. et Farina Seminum Melampyri.*

Rhinanthus Crista galli *L.* und **R. major** *Ehrhart*, Alectorolophus *Haller*, Klappertopf ⊙. XIV. 2 *L.* — *Hb. Cristae galli. Die Saamen enthalten Rhinanthin.*

Gruppe 2. Verbasceae. (S. 228.)

Fig. 376.

Verbascum thapsiforme. 1. Blüthenspitze. 2. Mittlerer beblätterter Stengeltheil. 3 u. 4. Saame und längsdurchschnitten. 5. Reife geöffnete Kapsel. 6. Eines der oberen, wolligen Staubgefässe. 7. Ein halb entwickeltes unteres Staubgefäss. 8. Ein ähnliches, etwas älter. 9. Diagramm. 10. Krone, vorne gespalten und ausgebreitet, $a = 7.$ 8, $b = 6.$

Verbascum phlomoides *L.* ⊙, **V. thapsiforme** *Schrader*, Königskerze ⊙. Fig. 376. V. 1 *L.* — ***Flores*** *(Corollae)* ***Verbasci:*** *Aeth. Oel, Harz, Farbstoff, Apfelsäure, Schleim etc.*

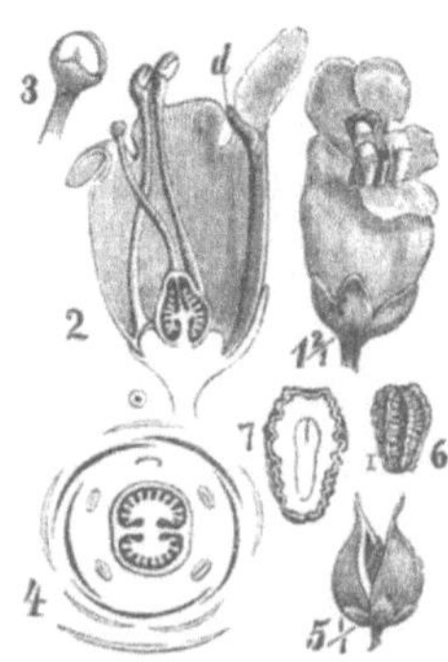

Fig. 377.

Scrophularia nodosa. 1. Blühende Blume. 2. Eine solche längsdurchschnitten, *d* drüsenf. Staubgefäss. 3. Ende des Staubgefässes mit dem einfächerigen Beutel. 4. Diagramm. 5. Reife, geöffnete Frucht. 6. Saame. 7. Ein solcher längsdurchschnitten, stärker vergrössert.

Scrophularia nodosa *L.*, Braunwurz ♃. Fig. 377. XIV. 2 *L.* — *Rhizoma et Hb. Scrophulariae vulgaris s. foetidae: Scrophularin, Scrophularosmin und Scrophularacrin.*

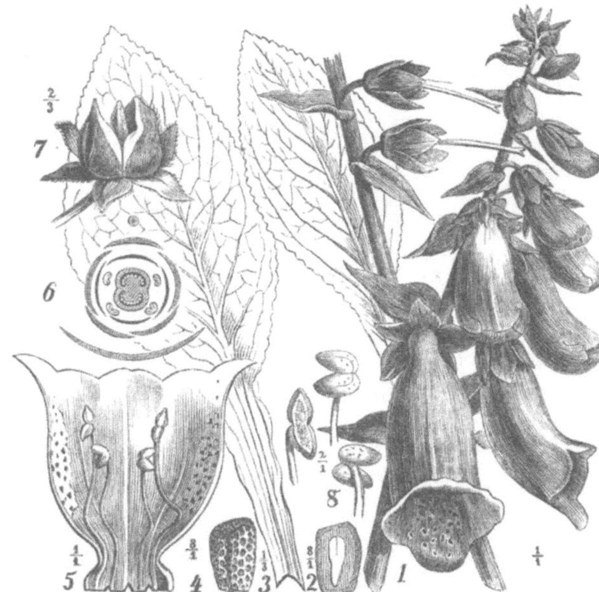

Fig. 378.

Digitalis purpurea. 1. Blüthenspitze mit einem Stengelblatte. 3. Wurzelblatt. 2 u. 4. Saame und dessen Längenschnitt. 5. Krone vorne gespalten und ausgebreitet. 6. Diagramm. 7. Reife, geöffnete Kapsel. 8. Staubbeutel.

Digitalis purpurea *L.*, Fingerhut ⊙. Fig. 378. XIV. 2 *L.* Im westl. Gebiete. — ***Folia Digitalis*** *purpureae:* ***Digitalinum depuratum*** *(A.)*, ***Digitalinum*** *Homolle et Quevenne (H.), nach Schmiedeberg aus Digitonin, Digitalin, Digitaleïn und das höchst giftige Digitoxin. — Nach Walz: Digitalin, Digitaletin, Digitaloïn (Digitaloïnsäure), Digitalacrin, Digitalosmin, Harz, Schleim, Gummi etc.*

Fig. 379.

Gratiola officinalis. 1. Blühendes Stengelstück. 2. Längsdurchschn. Fruchtknoten, *c* Kelch-, *k* Kronen-Basis, *d* Drüsenring. 3. Geöffnete, reife Frucht. 4 und 5. Saame und dessen Längenschn. 6. Diagramm. 7. Krone vorne aufgeschlitzt u. ausgebreitet. 8. Staubbeutel von hinten.

Gratiola officinalis *L.*, Gnadenkraut ♃. Fig. 379. II. 1 *L.* — *Rhizoma et Hb. Gratiolae: Gratiolin, Gratiosolin, Gratioloïnsäure.*

Fig. 380.

Limosella aquatica. 1. Blühende Pflanze. 2. Blume vergrössert. 3. Dieselbe längsdurchschnitten. 4. Diagramm. 5. Reife, geöffnete Kapsel. 6. Saame. 7. Dieser längsdurchschnitten.

Limosella aquatica *L.*, Schlammling ⊙. Fig. 380. XIV. 2 *L.* — *Soll Arthanitin (Cyclamin) enthalten.*

Gruppe 3. Antirrhineae. (S. 228.)

Antirrhinum majus *L.*, Löwenmaul ♃. Fig. 381. XIV. 2 *L.* Mittelmeergegenden; in Gärten häufig cultivirt. — *Hb. Orontii s. Antirrhini majoris s. Capitis Vituli.*

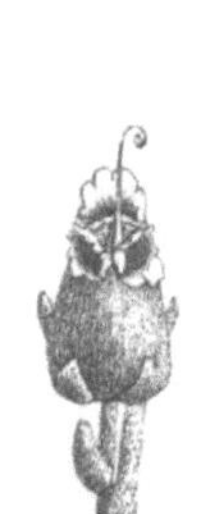

Fig. 381.

Antirrhinum majus. Reife, geöffnete Frucht.

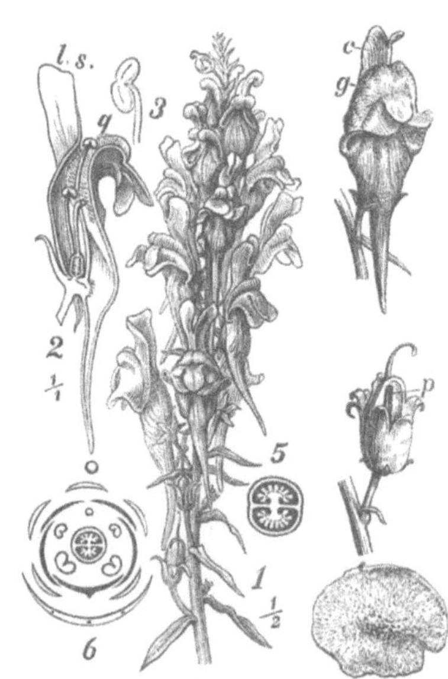

Fig. 382.

Linaria (Antirrhin L.) Linaria. 1. Blüthe. 2. Blume längsdurchschnitten, *l s* halbe Oberlippe, *q* Gaumen. 3. Oberes Ende eines Staubgefässes. 4. Blume von vorne, *c* Oberlippe, *g* Gaumen. 5. Fruchtknoten-Querschnitt. 6. Diagramm. 7. Reife, geöffnete Frucht, *p* Saamenträger auf der Scheidewand. 8. Saame.

Linaria *(Antirrhinum L.)* Linaria *Krst.*, **Linaria vulgaris** *Miller*, Leinkraut ♃. Fig. 382. — *Hb. Linariae: Linarin, Linaracrin, Linaresin, Linarosmin. Die Blumen enthalten: Anthoxanthin, Anthokirrin u. Antirrhinsäure.*

Gruppe 4. Salpiglossideae. (S. 228.)

Duboisia myoporoides *R. Brown* ♄. XIV. 2 *L.* Neuholland. — *Folia Duboisiae: Duboisin, Hyoscyamin. (Nach Flückiger sind beide identisch mit Daturin.)*

Ordnung LV. Tubiflorae. (S. 216.)

A. Keimling gekrümmt.
- * Keimblätter halbstielrund, Fruchtfächer ∞ saamig. Beblätterte Pflanzen. Fam. 163. **Solaneae.**
- ** Keimblätter halbstielrund, Fruchtknotenfächer 2eiig. Blattlose Parasiten. Fam. 164. **Cuscutaceae.**
- *** Keimblätter zusammengefaltet-geknittert; Fruchtknotenfächer 2eiig. Meistens Winden. Fam. 165. **Convolvuleae.**

B. Keimling gerade; Frucht ∞ saamig. Aufrechte, selten liegende Kräuter. Fam. 166. **Polemonieae.**

Familie 163. Solaneae.

A. Kapsel mit einem Deckel geöffnet. Gruppe 1. **Hyoscyameae.**
B. Kapsel 2- oder unvollständig 4fächerig, klappig spaltend. Gruppe 2. **Nicotianeae.**
C. Beere, zuweilen trocken, dann zuletzt unregelmässig zerfallend. Gruppe 3. **Eusolaneae.**

Gruppe 1. Hyoscyameae.

Fig. 383.

Hyoscyamus niger. 1. Blühendes Stengelende. 2 Blumen-Diagramm. 3. Saame längsdurchschnitten. 4. Fruchtknoten desgleichen. 5. Saame von aussen gesehen. 6. Blm., deren Krone vorne längsgespalten u. ausgebreitet wurde. 7. Reife, geöffnete Kapsel, *a* deren Deckel.

Hyoscyamus niger *L.*, Bilsenkraut ⊙, (⊙). Fig. 383. V. 1 *L.* — ***Sem.*** *(H.)* *et* ***Folia (Herba) Hyoscyami:*** *Hyoscyamin, Hyoscin. — In den Saamen: Hyoscypicrin, Hyoscerin und Hyoscyresin.*

Scopolia *(Hyoscyamus L.)* Scopolia *Krst.*, **Scopolia carniolica** *Jacquin*, Scopolina atropoides *Schultes*, Atropa carniolica *Scopoli* ♃. V. 1 *L.* Im südl. Gebiete; in Schlesien gepflanzt. – *Scheint dem Hyoscyamus gleich zu wirken.*

Gruppe 2. Nicotianeae. (S. 233.)

Fig. 384.

Nicotiana. 1—7. *N. Tabacum.* 1. Ende der Rispe. 2. Stengelblatt. 3. Geöffn., reife Frucht. 4. Blumen-Diagramm. 5 und 6. Saame und dessen Längenschnitt. 7. Blume längsdurchschnitten. 8. Geöffnete, reife Kapsel von *N. rustica.* 9. Ende der Blüthe nebst Tragblatt.

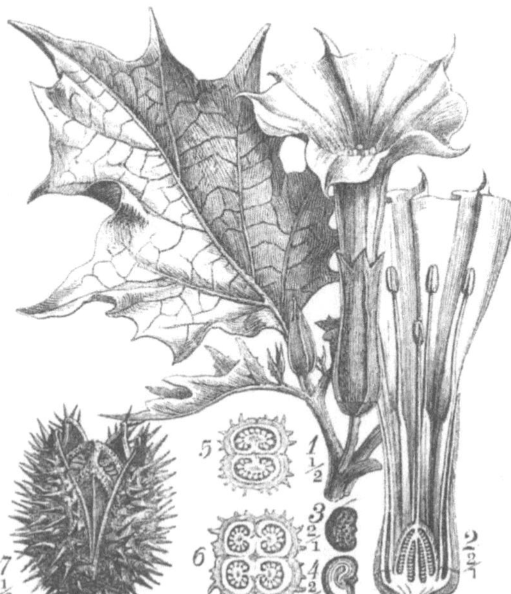

Fig. 385.

Datura Stramonium.
1. Endständige Blume mit einem Gabelzweige. 2. Eine solche längsdurchschnitten. 3 und 4. Saame und derselbe längsdurchschn. 5. Querschnitt der Fruchtknotenspitze. 6. Desgl. durch die Mitte. 7. Reife, geöffnete Kapsel, *c* Kelchbasis.

Nicotiana Tabacum *L.* ⊙. Fig. 384, *1–7*. V. 1 *L.* Aus Tabasco in Central-Amerika eingeführt, wie auch einige andere Arten, bei uns cultivirt. — ***Folia Nicotianae*** *(G. H.): Nicotin, Citronen- und Apfelsäure und Tabakscamphor Nicotianin.*

N. rustica *L.* ⊙. Fig. 384, *8. 9.* — *Folia Nicotianae rusticae.*

Datura Stramonium *L.*, Stechapfel ⊙. Fig. 385. V. 1 *L.* Ostindien; jetzt über die warme Zone verbreitet. — ***Folia*** *et* ***Sem.*** *(H.)* ***Stramonii:*** *0,2 %* ***Atropin*** *(Daturin), Stramonin, Hyoscyamin.*

Gruppe 3. Eusolaneae. (S. 233.)

Atropa Belladonna *L.*, Tollkirsche ♃. Fig. 386. V. 1 *L.* Mittl. und südl. Europa. — ***Radix et Folia Belladonnae:*** *0,2 %* ***Atropin,*** *Belladonnin, Hyoscyamin; ferner Cholin (Neurin), Schillerstoff (Chrysatropasäure), Leukatropasäure, Bernsteinsäure etc.*

Fig. 386.

Atropa Belladonna. 1. Blühendes Stengelstück. 2. Blumen-Krone längsgespalten und ausgebreitet, hinter den von vorne nach hinten längsdurchschnittenen Stempel gelegt. 3. Saame längsdurchschnitten. 4. Blumen-Diagramm.

Solanum Dulcamara *L.*, Bittersüss ♄. Fig. 387. V. 1 *L.* — ***Stipites Dulcamarae*** *(A. H.): Solanin, Dulcamarin.*

S. nigrum *L.*, Nachtschatten ⊙. — *Hb. Solani vulgaris. In den Früchten: Solanin.*

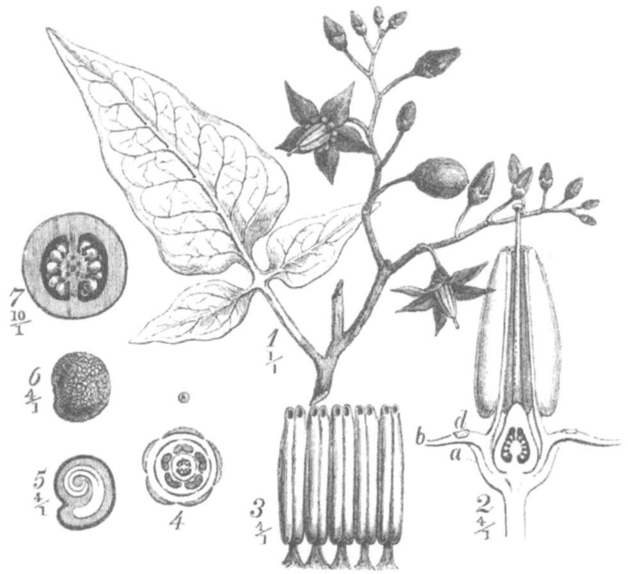

Fig. 387.

Solanum Dulcamara. 1. Zweigstück mit Blatt und Blüthe. 2. Blume längsdurchschnitten, *a* Kelch, *b* Krone, *d* Drüse. 3. Staubgefässrohr längsgeöffnet und ausgebreitet, von innen. 4. Diagramm. 5 und 6. Saame und dessen Längendurchschnitt. 7. Fruchtknoten-Querschnitt.

S. tuberosum *L.*, Kartoffel ♃. Cordillere Süd-Amerika's; jetzt über die Gegenden gemässigten Klimas verbreitet. — *Speiseknollen, Amylum.*

Lycopersicum *(Solanum L.)* Lycopersicum *Krst.*, **Lycopersicum esculentum** *Miller, Tomate*, Liebesapfel. — *Bacc. Lycopersici: Solanin, Citronen-, Wein-, Apfel- und Oxalsäure.*

Fig. 388.

Capsicum annuum. 1. Blühendes Stengelende. 2. Reife Frucht. 3. Blm. längsdurchschn. 4. Querschnitt durch den unteren, 5. der durch den oberen Theil des Fruchtknotens.

Capsicum annuum *L.*, Cayenne- oder Spanischer Pfeffer ☉. Fig. 388. V. 1. *L.* Tropisches Amerika; jetzt in zahllosen Variationen über die heisse und warme gemässigte Zone verbreitet, und **C. longum** *DC.* Wie Vor. — ***Fruct. Capsici*** *(G.): Capsicin, Capsicol, Capsaïcin, Capsicumroth.*

Fig. 389.

Physalis Alkekengi. 1. Zweig mit Blumen und Früchten. 2. Blume längsdurchschnitten.

Physalis Alkekengi *L.*, Judenkirsche ♃. Fig. 389. V. 1 *L.* Im südl. Gebiete. — ***Baccae Alkekengi*** *(H.) s. Halicacabi s. Solani vesicarii*; *Fol. Alkekengi: Physalin.*

Lycium barbarum *L.*, Bocksdorn ♄. V. 1 *L.* Mittelmeer-Gegenden; bei uns häufig angepflanzt; *enthält Betaïn (Lycin s. Oxyneurin).*

Familie 164. Cuscutaceae. (S. 233.)

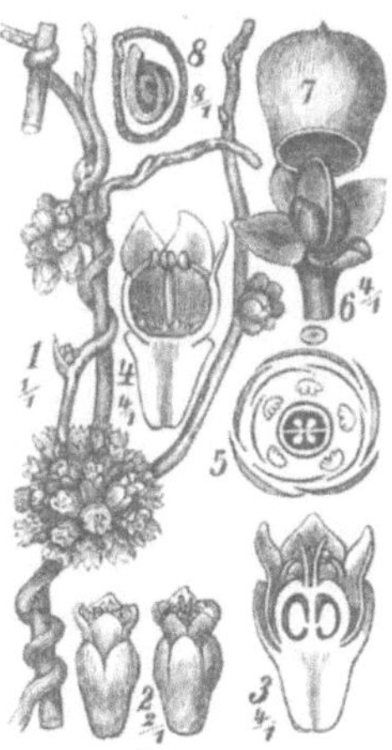

Fig. 390.

Cuscuta europaea. 1. Blühendes Stengelstück. 2. Blume von vorne und hinten. 3. Desgleichen längsdurchschnitten. 4. Diese nachdem der Stempel entfernt. 5. Diagramm. 6. Reife, geöffnete Kapsel, von der Seite gesehen. 7. Fruchtdeckel.

Cuscuta europaea *L.*, C. major *DC.*, Filzkraut, Flachsseide ⊙. Fig. 390. V. 2 *L.* — *Hb. Cuscutae europaeae.*

Familie 165. Convolvuleae. (S. 233.)

Convolvulus arvensis *L.*, Ackerwinde ♃. Fig. 391, *1–7*. V. 1 *L.* — *Hb. Convolvuli minoris.*

Fig. 391.

Convolvuleae. 1—7. *Convolvulus arvensis.* 1. Blühender Zweig, *b* Deckblättchen. 2. Blume längsdurchschnitten, *c* Kelch, *d* Drüsenring. 3 und 4. Saame und derselbe längsdurchschnitten. 5. Keimling. 6. Frucht. 7. Diese, nachdem die vordere Klappe fortgenommen, *d* Scheidewand, hinter 2 Saamen stehend. 8. *Ipomoea Purga.* 9. Narbe auf dem Griffelende. 10. Blume von *Calystegia sepium, b b* Deckblätter. 11. Diagramm.

C. Scammonia *L.* ♃. Südost-Europa und Klein-Asien. — *Rad. Scammoniae; Gummi-**Resina Scammoniae** s. Diagrydium s. Scammonium halepense (H.): 3 % Gummi, 60 % Harz, 6 % Orizabin, Amylum, Bassorin, Kleber, 10 % Mineralsubstanzen.*

C. scoparius *L.* ♄ und **C. floridus** *L.* ♄. Canarische Inseln. — *Lignum Rhodii: Aeth. Oel.*

Calystegia *(Convolvulus L.)* **sepium** *R. Brown*, Zaunwinde ♃. Fig. 391, *10. 11.* V. 1 *L.* — *Hb. Convolvuli majoris.*

C. *(Convolvulus L.)* **Soldanella** *R. Brown* ♃. Nordseeküsten. — *Hb. Soldanellae s. Brassicae marinae. Beide Arten enthalten schwach purgirende Harze.*

Ipomoea *(Convolvulus Wenderoth)* **Purga** *Hayne*, I. Schiedeana *Zuccarini*, Jalapa-Winde ♃. Fig. 391, *8. 9.* V. 1 *L.* Mexico; in Ostindien cultivirt. — *Rad. s.* ***Tuber Jalapae:*** *10—20 %* ***Resina Jalapae*** *(Convolvulin, Weichharz, Extractivstoff), Amylum etc.*

I. orizabensis *Steudel.* Mexico. — *Jalapenstengel, Stipites Jalapae: Harz (Jalapin s. Orizabin s. Scammonin).*

I. *(Convolvulus L.)* **Turpethum** *R. Brown.* Ostindien, Polynesien. — *Rad. Turpethi: Harz (Turpethin).*

Batatas *(Convolvulus L.)* **Jalapa** *Choisy*, Ipomoea Mechoacanna *Nuttal* ♃. V. 1 *L.* Mexico. — *Rad. Mechoacannae.*

B. *(Convolvulus L.)* Batatas *Krst.*, **Ipomoea Batatas** *Lamarck*, Batate, süsse Kartoffel. Ostindien; *über die Tropengegenden als Nahrungspflanze verbreitet.*

Familie 166. Polemonieae. (S. 233.)

Fig. 392.

Polemonium caeruleum. 1. Blüthe in der Blattachsel. 2. Blume längsdurchschn. 3. Diagramm. 4. Saame. 5. Dessen Längenschnitt. 6. Reife, geöffnete Frucht.

Polemonium caeruleum *L.*, Himmelsleiter ♃. Fig. 392. V. 1. *L.* — *Hb. Valerianae graecae.*

Ordnung LVI. Nuculiferae. (S. 216.)

A. Krone regelmässig, *ausgen. Echium, Lycopsis*, Würzelchen des Keimlings aufwärts gewendet.
  1. Fruchtknoten einfach, 4fächerig; Frucht eine Steinbeere; tropische ♄ u. ♄. Fam. 167. **Cordiaceae.**
  2. Fruchtknoten 4lappig; Frucht 4 Nüsschen, Schliess- oder Schlauchfrüchte. Fam. 168. **Borragineae.**

B. Krone unregelmässig, 2lippig, Würzelchen des Keimlings abwärts gewendet, *ausgen. Globulariaceae.*
  1. Fruchtknoten einfächerig, eineiig; ausdauernde Gebirgspflanzen. Fam. 169. **Globulariaceae.**
  2. Fruchtknoten 4fächerig; Frucht eine Beere, Steinbeere oder Spaltfrucht. Fam. 170. **Verbenaceae.**
  3. Fruchtknoten 4lappig; Frucht 4 Theilfrüchtchen. Fam. 171. **Labiatae.**

Familie 167. Cordiaceae. (S. 239.)

Fig. 393.

Cordia. 1—7. *C. Sebestena*. 1. Blüthe nebst Blatt. 2. Diagramm. 3. Krone längsgespalten und ausgebreitet. 4. Blume längsdurchschnitten, der obere Kronentheil weggeschnitten. 5. Keimling. 6. Reife Frucht, aus dem vergrösserten Kelche die Kronenreste hervorragend. 7. Diese längsdurchschnitten. 8—10. *C. Myxa*. 8. Frucht, die Hälfte des Fruchtfleisches entfernt, der Steinkern dann querdurchschn. 9. Keimling querdurchschn. 10. Ganze reife Frucht im Kelche.

Cordia Myxa *L.* ♄. Fig. 393, *8–10*. V. 1 *L.* Ost-Länder am rothen Meere, Ostindien. — *Fruct. Myxae s. Sebestenae: Schleim, Zucker etc.*

C. Sebestena *L.* ♄. Fig. 393, *1—7*. Westindien. – *Sebestenae. Wie Vor.*

C. Boisieri *DC.* ♄. Mexico. — *Lignum Anacahuit.*

Familie 168. Borragineae.

Borrago officinalis *L.*, Boretsch ☉. Fig. 394. Orient; in Gärten und verwildert. — *Hb. et Flor. Borraginis: Schleim, salpetersaures Kali, Harz, Eiweiss etc.*

Cynoglossum officinale *L.*, Hundszunge ♃. Fig. 395. V. 1 *L.* — *Hb. et* ***Rad. Cynoglossi*** *(H.). — Die Wurzel enthält: Gerbstoff, Schleim, Riechstoff.*

Anchusa officinalis *L.*, Ochsenzunge ♃. Fig. 396, *1–5*. V. 1 *L.* — *Rad., Hb. et Flores Buglossi vel Linguae bovis: Schleim, rother Farbstoff.*

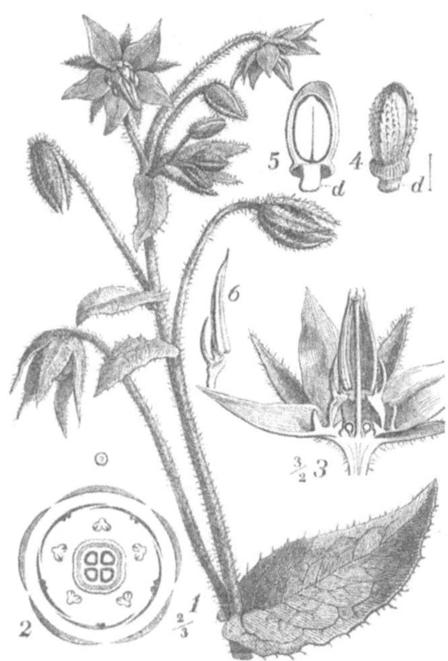

Fig. 395.

Cynoglossum officinale. 1. Blüthenzweig. 2 und 3. Nüsschen von oben und von unten. 4. Blume längsdurchschnitten. 5. Fruchttragender Blumenboden längsdurchschnitten. 6. Saame. 7. Fruchtborste.

Fig. 394.

Borrago officinalis. 1. Blüthenzweig. 2. Diagramm. 3. Blume längsdurchschnitten. 4. Nüsschen. 5. Dasselbe längsdurchschnitten, *d* Nabel. 6. Staubgefäss.

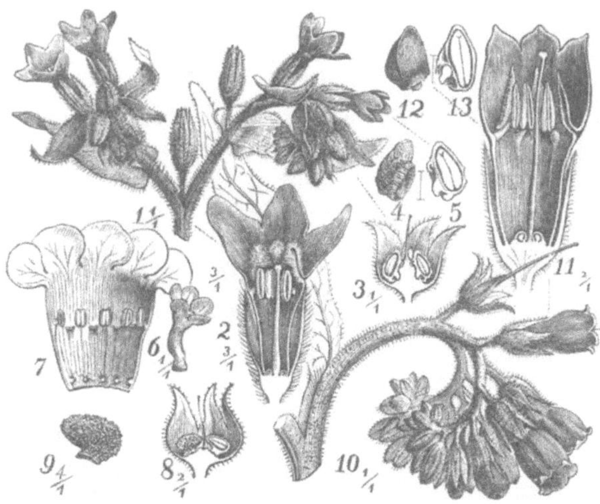

Fig. 396.

1—5. *Anchusa officinalis.* 1. Blüthe. 2. Blume längsdurchschnitten. 4 und 5. Nüsschen und deren Längenschnitt. 3. Fruchttrag. Blumenboden längsdurchschn. 6. Krone von *Lycopsis arvensis.* 7. *Alkanna tinctoria.* Krone gespalten u. ausgebreitet. 8. Deren fruchttragend. Blumenboden längsdurchschn. 9. Nüsschen. 10—13. *Symphytum officinale.* 10. Blüthe. 11. Blume längsdurchschnitten. 12. Nüsschen. 13. Dasselbe längsdurchschnitten.

Alkanna *(Anchusa L.)* **tinctoria** *Tausch*, Baphorhiza tinct. *Link* ♃. Fig. 396, 7–9. V. 1 *L.* Mittelmeer-Region, Ungarn. — ***Rad. Alkannae (H.)***: *Alkannaroth (Alkannin, Anchusin, Alkannasäure), Schleim und eisengrünender Gerbstoff.*

Lycopsis arvensis *L.*, Krummhals ⊙. Fig. 396, 6. V. 1 *L.* — *Hb. Buglossi silvestris.*

Symphytum officinale *L.*, Beinwell, Schwarzwurzel ♃. Fig. 396, 10–13. V. 1 *L.* — *Rad.*, *Hb. et Flores Symphyti v. Consolidae majoris.* — *Die Wurzel enthält eisengrünenden Gerbstoff, Schleim, Asparagin.*

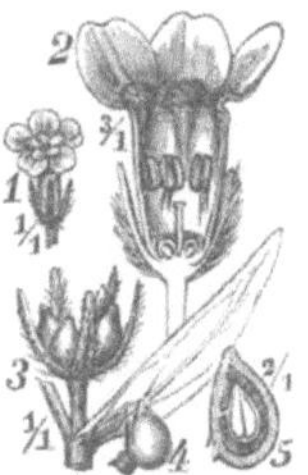

Fig. 397.

Lithospermum officinale. 1. Blühende Blume. 2. Diese längsdurchschn. 3. Fruchtkelch mit dem Nüsschen. 4. Saamenknospe. 5. Nüsschen mit dem Saamen längsdurchschnitten.

Lithospermum officinale *L.*, Steinsaame ♃. Fig. 397. V. 1 *L.* — *Sem. (Fruct.) Milii Solis s. Lithospermi.*

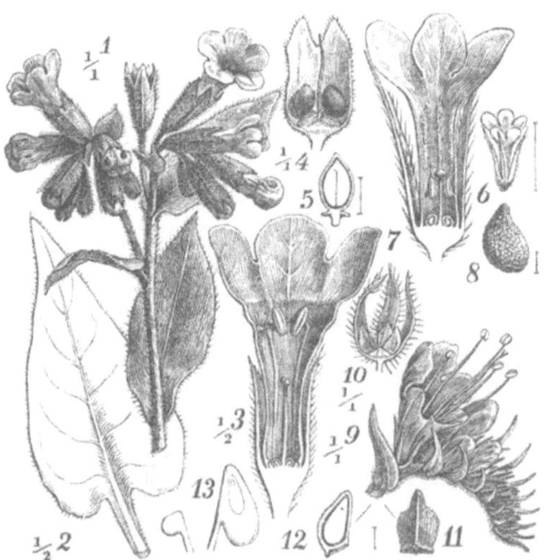

Fig. 398.

1–5. *Pulmonaria officinalis β obscura.* 1. Blüthe. 2. Blatt. 3. Blume längsdurchschnitten. 4. Fruchttragender Blumenboden. 5. Nüsschen. 6–8. *Lithospermum arvense.* 6. Blume. 7. Diese längsdurchschnitten. 8. Nüsschen. 9–13. *Echium vulgare.* 9. Blüthenzweig. 10. Fruchttragender Blumenboden längsdurchschnitten. 11. Nüsschen. 12. Dasselbe längsdurchschnitten. 13. Saamenknospen, *a* sehr jung, *b* entwickelt und längsdurchschn. mit Embryonalsack und Keimbläschen.

L. arvense *L.*, Rhytispermum arv. *Link*, Runzelsaame ⊙. Fig. 398, 6–8. — *Sem. Lithospermi nigri. Die Wurzel enthält einen harzigen, rothen, noch zu untersuchenden Farbstoff.*

Pulmonaria officinalis *L.*, Lungenkraut ♃. Fig. 398, 1–5. V. 1 *L.* Var. maculosa *Hayne*, P. saccharata *Koch.* — *Rad. et Hb. Pulmonariae maculosae: Schleim, eisengrünender Gerbstoff.*

Echium vulgare *L.*, Natterkopf ⊙. Fig. 398, 9–13. V. 1 *L.* — *Rad. Viperinae: Schleim, nach Buchheim ein noch näher zu untersuchendes Alkaloïd.*

Familie 169. Globulariaceae. (S. 239.)

Fig. 399.

Globularia vulgaris. 1. Blühende Pflanze, verkleinert. 2. Deren Blüthe in natürlicher Grösse. 3. Blume vom Rücken. 4 und 5. Blume und deren Deckblatt von der Seite. 6. Stempel längsdurchschnitten, vor dem gespaltenen und ausgebreiteten Kelche. 7. Frucht und Saamen längsdurchschnitten. 8. Diagramm.

Globularia vulgaris *L.*, Kugelblume ♃. Fig. 399. IV. 1 *L.* (XIV. 1 *L.*). Südl. und mittl. Gebiet. — *Fol. Globulariae: Bitterstoff; nicht untersucht.*

G. Alypum *L.* ♃. Mittelmeer-Gegenden. — *Fol. Alypi: Aeth. Oel, eisengrünender Gerbstoff, gelber Farbstoff, eigenthümlicher Bitterstoff (Alypin, Globularin) etc.*

Familie 170. Verbenaceae. (S. 239.)

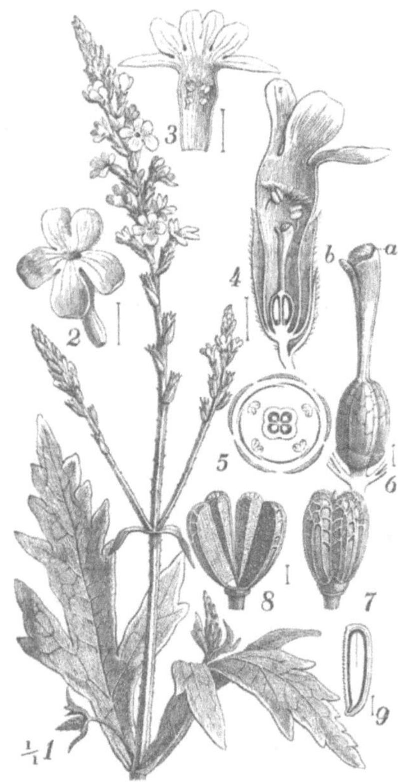

Fig. 400.

Verbena officinalis. 1. Blühende Zweigspitze. 2. Krone. 3. Eine solche vorne gespalten und ausgebreitet. 4. Blume von vorne nach hinten längsdurchschnitten. 5. Diagramm. 6. Stempel, *a* Unterlippe, *b* Oberlippe der Narbe. 7. Reife Frucht. 8. Eine solche in ihre Theilfrüchtchen zerfallen. 9. Eine Theilfrucht längsdurchschnitten.

Verbena officinalis *L.*, Eisenhart ♃. Fig. 400. XIV. 2 *L.* — *Hb. Verbenae: Bitterstoff, Gerbstoff.*

Vitex Agnus Castus *L.*, Müllen ♄. XIV. 2 *L.* Süd-Europa. — *Fol. et Fruct. (Sem.) Agni Casti. Die Blätter enthalten einen Bitterstoff Viticin (Castin).*

Familie 171. Labiatae. (S. 239.)

I. Nüsschen frei; bei Rosmarinus etwas verwachsen.

A. Die beiden hinteren Staubgefässe länger, wenigstens länger vorragend; Kelch 15rippig. Gruppe 1. **Nepetaceae.**

Nepeta. Glechoma. Dracocephalum.

B. Die beiden vorderen Staubgef. länger, wenigstens über die hinteren hervorragend.

a. 4 Staubgef., die auf die Unterlippe herabgeneigt sind. Gruppe 2. **Ocymeae.**

Ocymum. Lavandula.

b. 4 oder 2, *Lycopus*, gespreizte und gerade oder oberwärts einwärtsgebogene Staubgef., so dass die Beutel unter der Oberlippe sich berühren. Gruppe 3. **Saturejaceae.**

α. Staubfäden gerade, Beutel mit zusammenfliessenden Fächern endlich fast nierenförmig. Unterpruppe 1. **Elsholtziaceae.**

Pogostemon. Hyssopus.

β. Staubgefässe gerade, Beutelhälften fast parallel, nicht zusammenfliessend. Untergruppe 2. **Menthaceae.**

Mentha. Pulegium. Lycopus.

γ. Staubgefässe gerade, Beutelhälften an einem keilf. Bindegliede unterwärts auseinanderfahrend. Untergruppe 3. **Thymeae.**

Origanum. Majorana. **Thymus.**

δ. Staubgefässe oberwärts einwärtsgebogen. Untergruppe 4. **Melissaceae.**

Satureja. Calamintha. **Melissa.**

c. 4 aufsteigende Staubgefässe, die unter der Oberlippe parallel laufen. Gruppe 4. **Stachydeae.**

α. Fruchtkelch 2lippig, geschlossen. Untergruppe 1. **Scutellariaceae.**

Brunella. Scutellaria.

β. Fruchtkelch 2lippig, offen. Untergruppe 2. **Melitteae.**

Melittis.

γ. Fruchtkelch 5zähnig, Staubgefässe im Kronenrohr verborgen. Untergruppe 3. **Marrubieae.**

Marrubium. Sideritis.

δ. Fruchtkelch wie γ, Staubgefässe hervorragend. Untergruppe 4. **Lamieae.**

† Staubbeutelhälften mittelst eines horizontalen, gekrümmten Spaltes in 2 ungleiche Klappen getheilt; Krone mit Hohlschuppen auf dem Gaumen.

Galeopsis.

†† Staubbeutelhälften durch Längenspalten geöffnet.

* Kronenrohr innen ohne Haarring.

Betonica. *Panzeria.*

** Kronenrohr innen mit einem Haarringe.

Leonurus. Lamium. Galeobdolon. Stachys. Ballota.

d. 2 aufsteigende Staubgefässe, Fäden wie in c. Gruppe 5. **Monardaceae.**

Salvia. Rosmarinus.

II. Nüsschen, am Grunde mehr oder minder mit dem Griffel verwachsen; die beiden vorderen Staubgefässe länger. Gruppe 6. **Ajugaceae.**

Ajuga. Teucrium. Scorodonia.

Gruppe I. Nepetaceae.

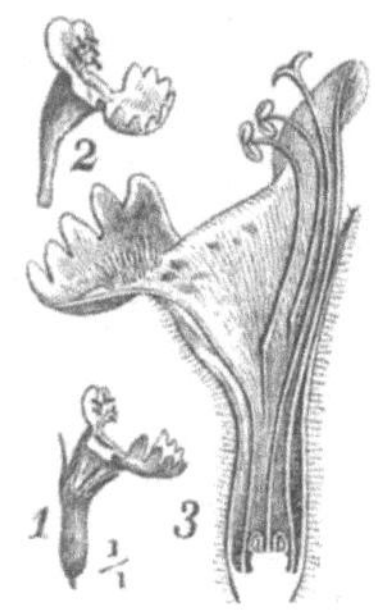

Fig. 401.

Nepeta Cataria. 1. Blm. 2. Deren Krone. 3. Blm. längsdurchschnitten.

Fig. 402.

Glechoma hederacea. Blühender Ast und die durch die Unterlippe längsgespaltene und ausgebreitete Krone.

Nepeta Cataria *L.*, Katzenminze ♃. Fig. 401. XIV. 1 *L.* Var. citriodora *Beckmann*, giebt *Hb. Nepetae citratae: Aeth. Oel, eisengrünenden Gerbstoff.*

Glechoma hederacea *L.*, Gundermann ♃. Fig. 402. XIV. 1 *L.* — *Hb. Hederae terrestris: Aeth. Oel, eisengrünender Gerbstoff, Bitterstoff, Harz, Gummi, Zucker.*

Fig. 403.

Dracocephalum Moldavica L. 1. Blume. * Seitenzipfel der Unterlippe. 2. Blume längsdurchschnitten. 3. Kelch von vorne gesehen.

Dracocephalum Moldavica *L.*, Türkische Melisse ⊙. Fig. 403. XIV. 1 *L.* Süd-Europa. In Küchengärten gepflanzt. — *Hb. Melissae turcicae: Aeth. Oel, eisengrünender Gerbstoff, Bitterstoff. Genauere Untersuchung fehlt.*

Gruppe 2. Ocymeae. (S. 244.)

Ocymum basilicum *L.* ⊙. Fig. 404. XIV. 1 *L.* Süd-Asien; bei uns in Gärten. — *Hb. Basilici: Aeth. Oel (meist Basilicumcamphor), eisengrünender Gerbstoff.*

Fig. 404.
Ocymum Basilicum. Blume.

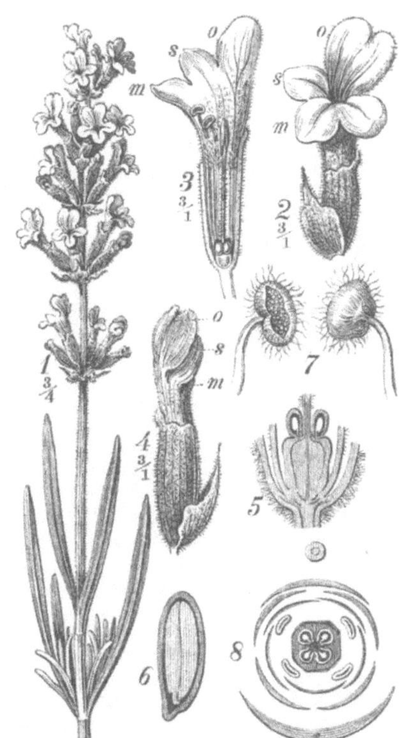

Fig. 405.

Lavandula Spica. 1. Blühende Zweigspitze. 2. Blume mit Deckblatt, *o* Oberlippe, *s* Seiten-, *m* Mittel-Lappen der Unterlippe. 3. Dieselbe längsdurchschn. 4. Blumenknospe. 5. Blumenboden mit dem Fruchtknoten längsdurchschnitten. 6. Nüsschen vergr., desgl. 7. Staubgefäss von der Vorder- und Rückseite. 8. Diagramm.

Lavandula Spica *L.* var. *α*, L. officinalis *Chaix*, L. vera *DC.*, L. angustifolia *Ehrhart*, Echter Lavendel ♄. Fig. 404. XIV. 1 *L.* Süd-Europa; bei uns in Gärten. — *Hb. et* ***Flores Lavandulae:*** *bis 2 %* ***Ol. Lavandulae*** *aeth. (Stearoptēn und mehrere Camphēnhydrate), eisengrünender Gerbstoff.*

L. latifolia *Villars*, L. Spica var. *β. L.*, L. Spica *Chaix, DC.* ♃. Süd-Europa: *Ol. Spicae, Spiköl.*

L. Stöchas *L.* ♄. Mittelmeer-Gegenden. — *Flor. Stöchadis arabicae s. purpureae: Aeth. Oel, Bitterstoff.*

Gruppe 3. Saturejaceae. (S. 245.)

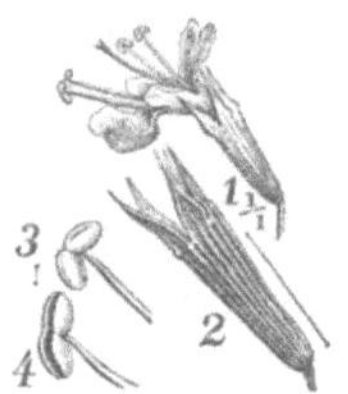

Fig. 406.

Hyssopus officinalis. 1. Blühende Blume. 2. Kelch. 3. Staubbeutel aus der Knospe. Ein solcher nach dem Verstäuben.

Hyssopus officinalis *L.*, Ysop, Isop ♄. Fig. 406. XIV. 1 *L.* Süd-Europa; bei uns in Gärten. — ***Hb. Hyssopi*** *(H.): Aeth. Oel, eisenbläuender und -grünender Gerbstoff, fettes Oel, Harz, Zucker und kryst. Bitterstoff Hyssopin (?).*

Pogostemon suave *Tenore*, P. Patschouly *Pelletier* ♄. XIV. 1 *L.* Ostindien. — *Hb. Patschuli: Ol. Patschuli (Patschulicamphor).*

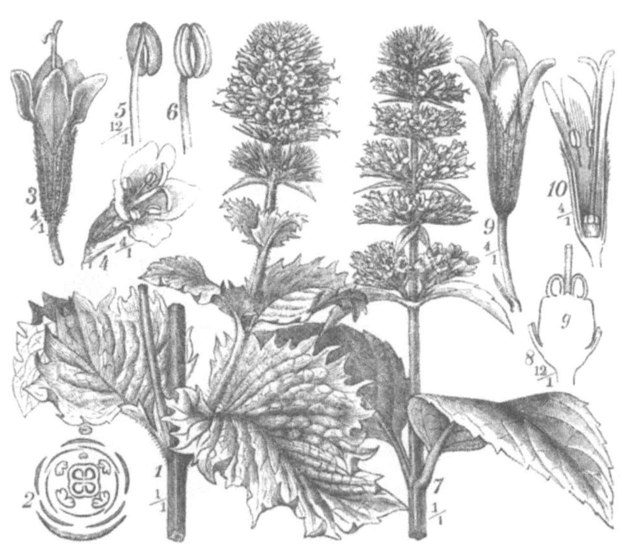

Fig. 407.

Mentha. 1—6. *M. crispa.* 1. Blühender Zweig. 2. Diagramm. 3. Blume von vorne gesehen. 4. Dieselbe von der Seite. 5 und 6. Staubgefässe von hinten und vorne. 7—10. *M. piperita.* 7. Blühende Stengelspitze in der Entwickelung. 8. Blumenboden mit dem auf seinem grossen Träger *g* stehenden Fruchtknoten längsdurchschn. 9. Blume von vorne. 10. Eine solche von vorne nach hinten längsdurchschnitten.

Mentha crispa *L.*, M. aquatica var. crispa, Krauseminze (des *Valerius Cordus*) ♃. Fig. 407, *1—6.* XIV. 1 *L.* — *Hb.* s. ***Folia Menthae crispae*** *(A. G.):* ***Ol. Menthae crispae*** *(A.), eisengrünender Gerbstoff etc. (?)*

Andere Krause-Varietäten kommen vor von **M. silvestris** *L.* und **M. viridis** *L.* Die Blätter der Ersteren sind beiderseits behaart, die M. crispa *Tenore;* Letztere ist M. crispata *Schrader.*

M. piperita *L.*, Pfefferminze ♃. Fig. 407, *7—10.* England; von dort über die nördlich-gemässigte Zone durch Cultur verbreitet. — *Hb. s.* ***Folia Menthae piperitae:*** *bis 1,25 %* ***Ol. Menthae piperitae*** *(die englische „Mitcham" bis 2,5 %) und eisengrünender Gerbstoff. Das Oel enthält Pfefferminzcamphor, Menthol.*

M. arvensis *L.* ♃. — *Hb. Menthae equinae s. albae Var. α piperascens, Japan und β glabrata, China geben „japanisches Pfefferminzöl, Poho-Oel", das sehr reich an Menthol ist (Migränestifte).*

Pulegium *(Mentha L.)* Pulegium *Krst.*, **Pulegium vulgare** *Miller*, **Flohkraut**, Polei ♃. XIV. 1 *L.* — *Hb. Pulegii: Aeth. Oel, eisengrünender Gerbstoff.*

Lycopus europaeus *L.*, Wolfsfuss ♃. II. 1 *L.* — *Hb. Marrubii aquatici: Aeth. Oel, bitteres, gelbes Harz, geschmackloses braunes Harz, Gallussäure, süsslicher Extractivstoff, Gummi etc.*

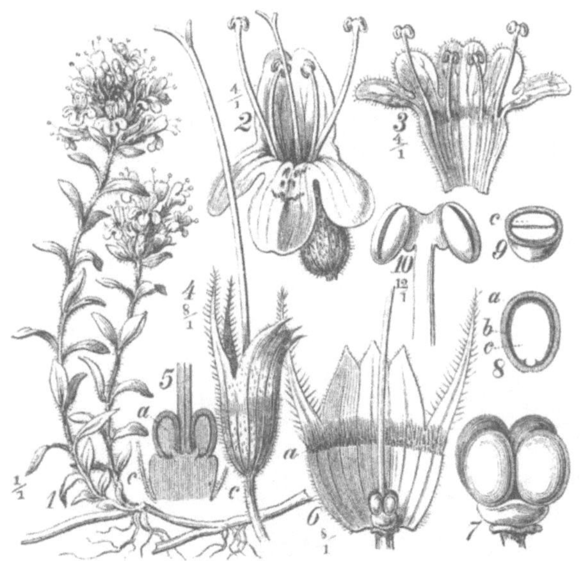

Fig. 408.

Thymus Serpyllum. 1. Blühende Pflanze. 2. Blühende Blume. 3. Krone durch die Unterlippe längsgespalten und ausgebreitet. 4. Kelch. 5. Längendurchschnitt durch den Blumenboden mit dem auf dem Stempelträger stehenden Fruchtknoten, *a* Saamenknospe, *c c* Kelchbasis. 6. Der den Fruchtknoten umgebende Kelch, durch die Unterlippe längsdurchschnitten und ausgebreitet, mit dem Haarkranze *a* im Schlunde. 7. Die aus 4 Nüsschen bestehende reife Frucht freigelegt. 8 und 9. Ein Nüsschen längs- und querdurchschnitten, *a* Fruchtschaale, *b* Saamenhaut, *c* Keimblättchen. 10. Staubbeutel auf dem Faden-Ende.

Thymus Serpyllum *L.*, Quendel ♄. Fig. 408. XIV. 1 *L.* — ***Hb. Serpylli:*** *Aeth. Oel (Cymen, Thymol und Carvacrol), eisengrünender Gerbstoff, Bitterstoff, Harz, Fett etc.*

T. vulgaris *L.*, Thymian ♄. Aus Süd-Europa; in Gärten. — ***Hb. Thymi*** *(G.)*: ***Ol. Thymi*** *(G. H.); bestehend aus Thymēn, Cymēn und Thymol; ferner Harz, Gummi, Eiweiss etc.*

Fig. 409.

Origanum vulgare. 1. Blühende Zweigspitze. 2. Krone von vorne gesehen. 3 und 4. Staubbeutel von hinten und vorne.

Origanum vulgare *L.*, Dost ♃. Fig. 409. XIV. 1 *L.* — ***Hb. Origani vulgaris*** *(A.)*: *Aeth. Oel (Majorancamphor absetzend), eisengrünender Gerbstoff.*

Fig. 410.

Majorana (Origanum L.) Majorana. 1. Blühendes Aehrchen. 2. Eine Blume mit ihrem Deckblt.; vergr. 3. Deckblt. mit dem Kelche von der Rückseite. 4. Krone nebst Befruchtungs-Organen. 5. Staubbeutel.

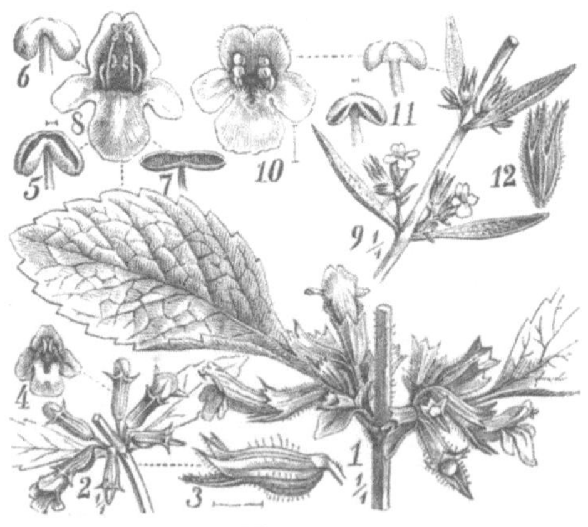

Fig. 411.

1. Ein Scheinquirl von *Melissa officinalis.* 2—4. *Calamintha Acinos.* 2. Ein Scheinquirl. 3. Fruchtkelch. 4. Krone von oben gesehen. 5—8. *Melissa.* 5—7. Antheren in verschiedener Entwickelung und Stellung. 8. Krone von oben. 9—12. *Satureja hortensis.* 9. Stück eines blühenden Stengels. 10. Krone von oben. 11. Antheren von vorne und hinten. 12. Fruchtkelch.

Majorana *(Origanum L.)* **Majorana** *Krst.*, **Majorana hortensis** *Mönch* ⊙ und ♃. Fig. 410. XIV. 1 *L.* Aus dem Orient; häufig in Küchengärten cultivirt. — ***H. Majoranae*** *(H.)*: ***Ol. Majoranae*** *(H.) aethereum (setzt Majorancamphor ab), eisengrünender Gerbstoff etc.*

Melissa officinalis *L.*, Citronenmelisse ♃. Fig. 411, *1. 5–8.* XIV. 1 *L.* Aus Süd-Europa; in Gärten gepflanzt. — *Hb. s.* ***Folia Melissae:*** *Aeth. Oel.*

Calamintha *(Thymus L.)* **Acinos** *Clairville*, Acinos thymoides *Mönch*, Steinpolei ⊙. Fig. 411, *2–4.* XIV. 1 *L.*, und

C. *(Thymus L.)* **alpina** *Lamarck* ♃. Abhänge der Alpen und des Jura bis in die Ebene. — *Hb. Clinopodii- s. Ocymi silvestris et montani: Aeth. Oel.*

C. *(Melissa L.)* Calamintha *Krst.*, **Calamintha officinalis** *Mönch*, Bergmelisse ♃. — *Hb. Calaminthae- s. Calaminthae montanae: Aeth. Oel.*

C. *(Melissa L.)* **Nepeta** *Clairville*, Poleiartige Bergmelisse ♃. Gebirgs-Gegenden; im südöstl. Gebiete. — *Hb. Melissae Nepetae s. Calaminthae Pulegii odore: Aeth. Oel.*

C. *(Clinopodium L.)* **vulgaris** *Krst.*, C. Clinopodium *Spenner*, Melissa Clinop. *Bentham*, Wirbeldosten ♃. — *Hb. Chinopodii: Aeth. Oel.*

Satureja hortensis *L.*, Pfeffer- oder Bohnenkraut ⊙. Fig. 411, *9–12.* XIV. 1 *L.* Aus Süd-Europa; in Küchengärten gebauet. — *Hb. Saturejae: Aeth. Oel (Carvacrol, Cymol und ein Terpēn) und eisengrünender Gerbstoff.*

Gruppe 4. Stachydeae. (S. 245.)

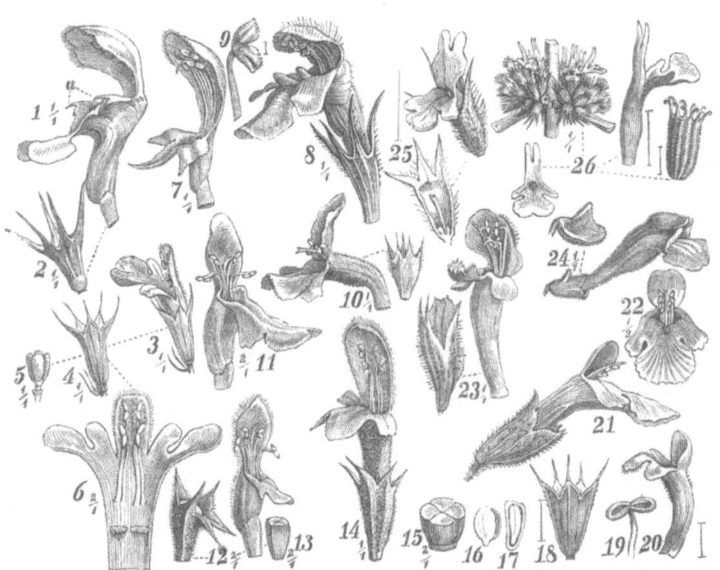

Fig. 412.

1 und 2. *Lamium album.* Kelch und Krone, *a* zahnf. Seitenlappen der Unterlippe. 3–6. *Ballota nigra.* 3. Blume. 4. Kelch. 5. Nüsschen. 6. Krone längsgespalten u. ausgebreitet. 7. *Galeobdolon (Galeopsis L.) Galeobdolon.* Krone. 8 und 9. *Galeopsis ochroleuca.* Blume und Staubgefäss. 10. *Betonica officinalis.* Kelch und Krone. 11. *Stachys recta.* Krone. 12 und 13. *Leonurus Cardiaca.* Kelch, Krone und Nüsschen. 14–17. *Panzeria lanata.* Blume, Frucht, Keimling und längsdurchschnittenes Nüsschen. 18–20. *Chaiturus Marrubiastrum.* Kelch, Staubgefäss und Krone. 21 und 22. *Melittis Melissophyllum.* Blume und die Krone von oben. 23. *Brunella vulgaris.* Kelch und Krone. 24. *Scutellaria galericulata.* Blume und Kelch nach dem Blühen. 25. *Sideritis montana.* Blume und längsdurchschnittener Kelch. 26. *Marrubium vulgare.* Scheinquirl, Krone, Kelch und Kronensaum von oben.

Brunella *(Prunella L.)* **vulgaris** *(L.)*, Braunelle ♃. Fig. 412, *2. 3.* XIV. 1 *L.* und **B. grandiflora** *Jacq.* — *Hb. Prunellae v. Consolidae minoris: Gerbstoff, Bitterstoff, Wachs, Harz etc.*

Scutellaria galericulata *L.*, Schildkraut ♃. Fig. 412, *24.* XIV. 1 *L.* — *Hb. Tertianariae: Aeth. Oel, eisengrünender Gerbstoff, Bitterstoff.*

Melittis Melissophyllum *L.*, Waldmelisse ♃. Fig. 412, *21. 22.* XIV. 1 *L.* Gebirgs-Laubwälder. — *Hb. Melissae Tragi: Aeth. Oel, Bitterstoff.*

Fig. 413.

1. *Marrubium vulgare.* Zweig. 2. Kelch von oben, vergr.

Marrubium vulgare *L.*, Andorn ♃. Fig. 413 und 412, *26.* XIV. 1 *L.* — *Hb. Marrubii albi: Aeth. Oel, eisengrünender Gerbstoff, Bitterstoff „Marrubiin".*

Sideritis montana *L.*, Berufskraut ⊙. Fig. 412, *25.* XIV. 1 *L.* und **S. hyssopifolia** *L.* Im südl. Gebiete. — *Hb. Sideritidis.*

S. hirsuta *L.* Süd-Europa. — *Hb. Sideritidis: Aeth. Oel, eisengrünender Gerbstoff, Bitterstoff.*

Galeopsis ochroleuca *Lamarck*, G. grandiflora *Roth*, G. villosa *Hudson*, Hohlzahn ⊙. Fig. 412, *8. 9.* XIV. 1 *L.* Im westl. Gebiete. — ***Hb. Galeopsidis*** *(A.).* — *Bitterstoff, eisengrünender Gerbstoff, Harze, Zucker, Gummi, Fett, Wachs etc.*

Betonica officinalis *L.* ♃. Fig. 412, *10.* XIV. 1 *L.* — *Rhiz. (Rad.), Hb. et Flores Betonicae: Kratzender Bitterstoff, eisengrünender Gerbstoff.*

Panzeria (*Ballota L.*) **lanata** *Persoon*, Leonurus lanatus *Sprengel* ♃. Fig. 412, *14–17.* XIV. 1 *L.* Sibirien. — *Hb. Ballotae lanatae: Aeth. Oel, Bitterstoff (Picroballota), eisengrünender Gerbstoff, Gallussäure, Gummi, Wachs, Harz.*

Leonurus Cardiaca *L.*, Herzgespann ♃. Fig. 412, *12. 13.* XIV. 1 *L.* — *Hb. Cardiacae: Bitterstoff, eisengrünender Gerbstoff.*

Lamium album *L.*, Taubenessel ♃. Fig. 412, *1. 2.* XIV. 1 *L.* — *Hb. et Flores Lamii albi vel Urticae mortuae: Schleim, Zucker, eisengrünender Gerbstoff.*

Galeobdolon *(Galeopsis L.)* Galeobdolon *Krst.*, **Galeobdolon luteum** *Huds.*, Lamium Galeobdolon *Crantz*, Goldnessel ♃. Fig. 412, *7.* XIV. 1 *L.* — *Hb. Lamii lutei.*

Ballota nigra *L.*, Schwarzer Andorn ♃. Fig. 412, *3—6.* XIV. 1 *L.* — *Hb. Marrubii nigri vel foetidi: Aeth. Oel, Bitterstoff, eisengrünender Gerbstoff.*

Stachys germanica *L.*, Ziest ⊙. XIV. 1 *L.* — *Hb. Stachydis s. Marrubii agrestis: Bitterstoff, eisengrünender Gerbstoff.*

S. recta *L.*, Beruf- oder Beschreikraut ♃. Fig. 412, *11.* — *Hb. Sideritidis falsa.*

S. sylvatica *L.*, Grosse, stinkende Taubenessel ♃. — *Hb. Lamii sylvatici foetidi s. Urticae inertis foetidissimae — Aetherisches Oel, Bitterstoff, eisengrünender Gerbstoff.*

S. palustris *L.* ♃, Brauner Wasserandorn. — *Hb. Galeopsidis palustris foetidae* s. Marrubii aquatici acuti. — *Bestandtheile wie Vor.*

Gruppe 5. Monardaceae. (S. 245.)

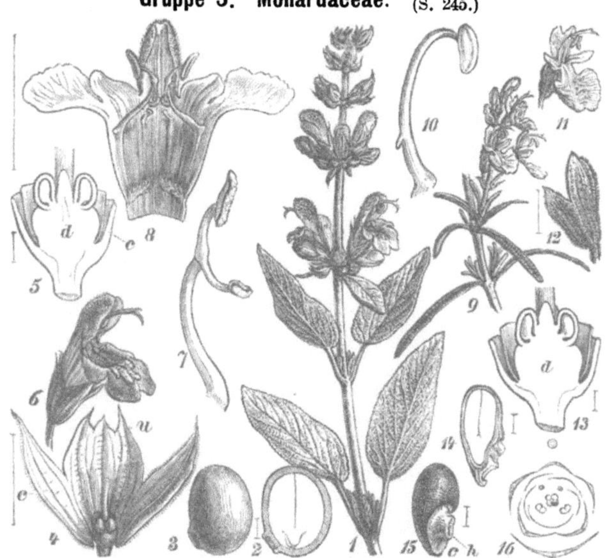

Fig. 414.

1—8. *Salvia officinalis.* 1. Ende eines blühenden Zweiges, verkleinert. 2 u. 3. Nüsschen und dasselbe längsdurchschn. 4. Kelch durch die Unterlippe *c* gespalten und ausgebreitet, *u* Oberlippe. 5. Blumenboden mit dem Fruchtknoten längsdurchschn., *c* Kelch, *d* Stempelträger. 6. Blm. blühend, in nat. Gr. 7. Staubgefäss. 8. Krone durch die Unterlippe gespalten u. ausgebreitet. 9—16. *Rosmarinus officinalis.* 9. Blühendes Zweigende. 10. Staubgefäss. 11. Blume blühend. 12. Kelch. 13. Blumenboden mit dem Fruchtknoten längsdurchschn.; vom Kelch und der Krone nur die Basis, *d* Stempelträger. 14 u. 15. Nüsschen und dasselbe längsdurchschn., *ch* Fruchtnabel. 16. Diagramm.

Salvia officinalis *L.*, Salbei ♄. Fig. 414, *1—8.* II. 1 *L.* Süd-Europa; bei uns in Gärten. — ***Folia Salviae:*** *bis 1,25 %* ***Ol. aethereum*** *(H.)*, *welches verschiedene Terpēne, Salviol und Salveicamphor enthält, ferner Bitterstoff und eisengrünender Gerbstoff.*

S. pratensis *L.*, Wiesensalbei ♃. — *Hb. Hormini pratensis: Aeth. Oel, Bitterstoff, eisengrünender Gerbstoff.*

S. Sclarea *L.*, Muskateller Salbei ⊙. Süd-Europa; im südl. Gebiete hie und da verwildert. — *Hb. Sclareae s. Hormini sativi: Aeth. Oel, Bitterstoff, eisengrünender Gerbstoff; nach Braconnot auch Benzoësäure.*

Rosmarinus officinalis *L.* ♄. Fig. 414, *9—16*. II. 1 *L.* Mittelmeer-Gegenden; bei uns in Gärten. — ***Hb. Rorismarini*** *(H.) s.* ***Folia Anthos*** *(A.): ca. 1 % **Oleum Rorismarini** s. Anthos (aus verschiedenen Kohlenwasserstoffen, z. Th. Borneo-, z. Th. Laurus-Camphor, nach Kane Rosmarincamphor).*

Gruppe 6. Ajugaceae.

Fig. 415.
Ajuga genevensis.
Krone.

Fig. 416.

Teucrium Marum. 1. Zweigende mit Blume. 2. Blume längsdurchschnitten.

Ajuga genevensis *L.*, Günsel ♃. Fig. 415. XIV. 1 *L.* Ebenso **A. reptans** *L.* ♃ und **A. pyramidalis** *L.* ♃. — *Hb. Bugulae vel Consolidae mediae: Bitterstoff, eisengrünender Gerbstoff.*

A. Chamaepitys *Schreber* ⊙. Im südl. Gebiete. — *Hb. Chamaepityos vel Ivae arthriticae: Aeth. Oel, Bitterstoff, eisengrünender Gerbstoff.*

Teucrium Marum *L.*, Katzengamander, Amberkraut ♄. Fig. 416. XIV. 1 *L.* Mittelmeer-Länder. — *Hb. Mari veri vel syriaci: Aeth. Oel, Bitterstoff, Marum-Camphor, Harze, eisengrünender Gerbstoff etc. Ebenso die Folgenden:*

T. Chamaedrys *L.*, Edler Gamander ♃. — *Hb. Trixaginis s. Chamaedryos.*

Teucrium Scordium *L.*, Lachenknoblauch ♃. — *Hb. Scordii.*

Scorodonia *(Teucrium L.)* Scorodonia *Krst.*, **Scorodonia heteromalla** *Mönch*, Waldsalbei ♃. Südl. Gebiet. XIV. 1 *L.* — *Hb. Salviae silvestris.*

Ordnung LVII. Contortae. (S. 216.)

A. Ein 1fächeriger oder fast 1fächeriger Fruchtknoten mit 2 wandständigen, ∞eiigen Placenten, *bei einigen ausländischen 2fächerig.*
Fam. 172. **Gentianaceae.**

B. Ein 2fächeriger oder zwei 1fächerige Fruchtknoten.
* Pflanzen mit Milchsaft; 2 getrennte, meistens 1fächerige Fruchtkn.
1. Staubbeutel nach aussen geöffnet, mit zusammengeklebtem Pollen.
Fam. 173. **Asclepiadeae.**
2. Staubbeutel nach innen geöffnet, mit freien Pollenzellen.
Fam. 174. **Apocyneae.**

** Pflanzen mit wässerigem Safte; 1 zweifächeriger Fruchtknoten.
1. 4—5 Staubgefässe; Blätter häufig mit Nebenblättern.
Fam. 175. **Loganiaceae.**
2. 2 Staubgefässe; Nebenblätter fehlen.
a. 1 aufrechte Saamenknospe in jedem Fache.
Fam. 176. **Jasmineae.**
b. 2, *bei Fraxinus 3*, hängende Saamenknospen in jedem Fache.
Fam. 177. **Oleaceae.**

Familie 172. Gentianaceae.

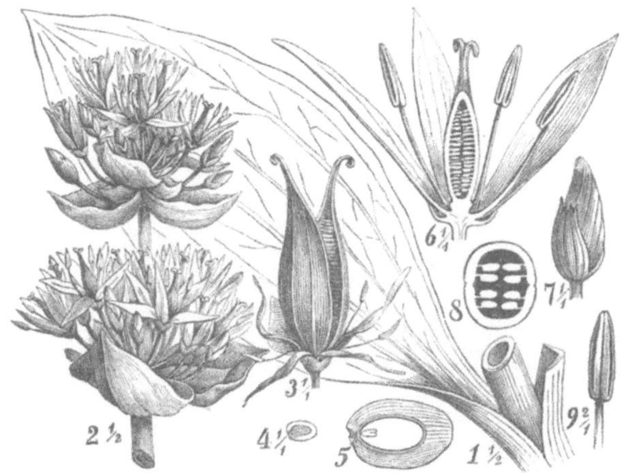

Fig. 417.

Gentiana lutea. 1. Stengelstückchen mit einem Blatte, das gegenständige abgeschn. 2. Blüthen-Ende. 3. Reife, geöffnete Frucht. 4. Saame. 5. Derselbe längsdurchschn. 6. Blm. längsdurchschn. 7. Blumenknospe. 8. Fruchtknoten-Querschnitt. 9. Staubgefäss von innen gesehen.

Gentiana lutea *L.*, Enzian ♃. Fig. 417. V. 2 *L.* Gebirgstriften der Alpen, Voralpen, Schwarzwald. — ***Rad. Gentianae*** *(G. H.)* *v.* ***Gentianae luteae*** *(A.)* s. *Gentianae rubra: Aeth. Oel, Fett, Harz, Gummi, Schleim und Schleimzucker, Gentianose, ferner Enzianbitter (Gentiopicrin oder Gentiamarin), Enziansäure, Gentianin (Gentisin), im Amylum.*

G. pannonica *Scopoli* ♃. Alpenwiesen Oesterreichs und der Ostschweiz. — ***Rad. Gentianae rubra*** *(G. A.) ebenso:* **G. purpurea** *L.* und **G. punctata** *L. (G. H.). Beide in den Alpen und Voralpen. Alle haben ähnliche Bestandtheile wie G. lutea.*

G. Pneumonanthe *L.* ♃. — *Rad., Hb. et Flor. Antirrhini caerulei s. Pneumonanthes: Bitterstoff.*

G. asclepiadea *L.* ♃. Mittl. und südl. Gebiet. — *Rad. Asclepiadeae.*

G. campestris *L.* ⊙ und **G. amarella** *L.* ⊙. — *Hb. Gentianellae: Bitterstoff.*

Fig. 418.

Erythraea Centaurium. **1. Blühendes Stengelende. 2. Stengelgrund mit Wurzel. 3. Blumenknospe mit zwei Seitenknospen. 4 und 5. Saame und dessen Längendurchschnitt. 6. Blume nach dem Verstäuben längsdurchschnitten. 7. Reife, geöffnete Frucht. 8. Diagramm. 9. Unterer Fruchtknotentheil querdurchschnitten.**

Erythraea *(Gentiana L.)* **Centaurium** *Persoon*, Tausendgüldenkraut. ⊙, ⊙. Fig. 418. V. 1 *L.* — ***Hb. Centaurii*** *minoris: Bitterstoff, Centaurin und Erythrocentaurin.*

E. *(Chironia Schmidt)* **litoralis** *Fr.* ⊙, Strand- und Salzwiesen, *und* E. *(Gentiana Sw.)* **pulchella** *Fries* verhalten sich ebenso.

Fig. 419.

Menyanthes trifoliata. 1. Blüthe. 2. Wurzelstock mit Blättern, bei * die Blüthe abgeschnitten 3. Langgriffelige Blume längsdurchschnitten. 4. Blume mit langen Staubgefässen, aufrecht gestellt. 5. Staubgefäss vergrössert. 6. Reife, geöffnete Frucht. 7 und 8. Saame vom Rücken und der Bauchseite. 9. Ein Saame längsdurchschnitten. 10. Keimling. 11. Diagramm. 12. Stempel. 13. Saamenknospe längsdurchschnitten, *ch* innerer Nabel.

Menyanthes trifoliata *L.*, Bitterklee, Biberklee ♃. Fig. 419. V. 1 *L* — *Rhizoma et* ***Folia Trifolii fibrini:*** *Harz, Stärkemehl und Menyanthin.*

Familie 173. Asclepiadeae. (S. 255.)

Vincetoxicum *(Asclepias L.)* Vincetoxicum *Krst.*, **Vincetoxicum officinale** *Mönch*, Cynanchum Vincet. *R. Brown*, Schwalbenwurz ♃. Fig. 420. V. 2 *L.* (XVI. 5). — ***Rad. Vincetoxici v. Hirundinariae:*** *Asclepiadin, Asclepion und Vincetoxin.*

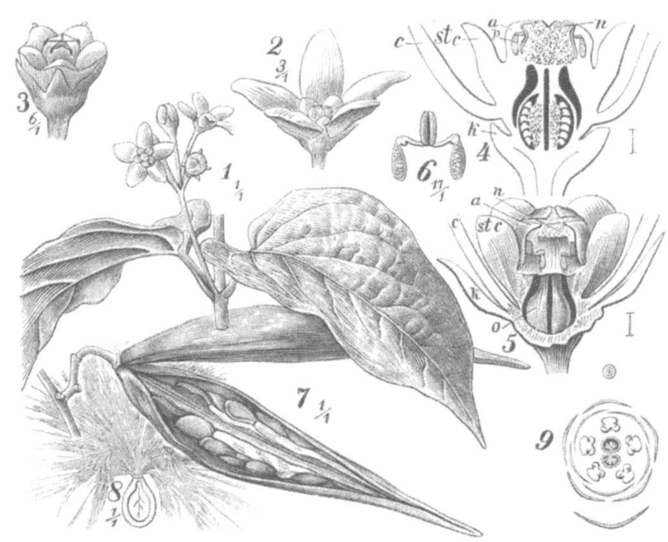

Fig. 420.

Vincetoxicum (Asclepias L.) Vincetoxicum. 1. Zweigstück mit Blüthe und einem Blattpaare. 2. Blume. 3. Blume, durch Hinwegnahme der Krone, die Staubgefässe mit ihrer Krone freigelegt. 4. Blumen-Längendurchschnitt, *k* Kelch, *c* Krone, *st c* Staubfaden-Krone, *p* Pollinarium, *a* Staubbeutel-Anhang, *n* Narbe. 5. Eine Blume, von der der vordere Theil des Kelches, der Krone und der Staubgefässe weggeschnitten wurde, um die Fruchtknoten *o* freizulegen. Die übrigen Organe wie in 4 bezeichnet. 6. Ein Pollinarien-Paar (aus zwei benachbarten Staubbeuteln) an der Narbendrüse hängend. 7. Reife, geöffnete Frucht. 8. Saame längsdurchschnitten mit freigelegtem Keimlinge. 9. Diagramm.

Solenostemma *(Cynanchum Delile)* **Argel** *Hayne* ♄. V. 2 *L.* Nord-Afrika, Arabien. — ***Folia Argel (G.)***. *Antheil der off. „Alexandrinischen Sennesblätter".*

Cynanchum acutum *L.*, var. C. monspeliacum *L.* ♃. V. 2 *L.* Mittelmeergegenden. — *Scammonium gallicum s. monspeliense: Cynanchin und Cynanchocerin.*

Asclepias syriaca *L.*, Seidenpflanze ♃. V. 2 *L.* Aus Nordamerika; in Gärten. — *Turiones et Rhizoma Asclepiadis syriacae: Scharfer „Asclepion" enthaltenden Milchsaft.*

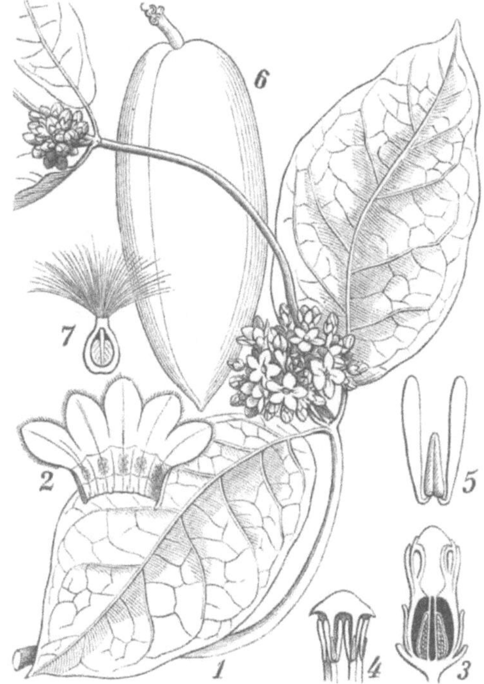

Fig. 421.

Rühssia estebanensis. 1. Blühendes Zweigstück, $^1/_2$ Gr. 2. Krone gespalten und ausgebreitet. 3. Blume längsdurchschnitten, der Kronensaum abgeschnitten. 4. Griffel und Narbe, mit den Staubgefässen, isolirt, die Staubfadenkrone weggenommen, um die Pollinarien freizulegen. 5. Ein Pollinarien-Paar an der Narbendrüse befestigt. 6. Reife Frucht in $^1/_3$ Grösse. 7. Saame längsdurchschnitten mit freigelegtem Keimling.

Rühssia estebanensis *Krst.* (Marsdenia aff.), Fig. 421, **Macroscepis Trianae** *Decaisne*, **Gonolobus riparius** *Kth.*, **G. glandulosus** *Pöppig*, **G. Condurango** *Triana und andere verwandte Schlingpflanzen der Cordilleren des tropischen Amerika geben ihre milchhaltige Rinde als Condurangorinde,* ***Cortex Condurango*** *(G.).*

Familie 174. Apocyneae. (S. 255.)

Vinca minor *L.*, Singrün, Immergrün ♄. Fig. 422. V. 1 *L.* — *Folia s. Hb. Vincae Pervincae* und **V. major** *L.* Süd-Europa. — *Hb. Pervincae latifoliae enthalten eisengrünenden Gerbstoff und Bitterstoff.*

Aspidosperma Quebracho *Schlechtendal* ♄. V. 1 *L.* Argentinien, Brasilien. — *Cort. Quebracho albus: Aspidospermin, Quebrachin, Aspidospermatin, Quebrachamin, Hypoquebrachin, Aspidosamin, ferner Gerbstoff und Quebrachol.*

Alstonia *(Echites L.)* **scholaris** *R. Brown* ♄. V. 1 *L.* Tropisches Asien. — *Cortex Tabernaemontanae, Ditarinde: Ditamin (Ditaïn), Echitamin, Echitenin. Nach Jobst und Hesse noch: Echitin, Echiteïn, Echiretin, Echicerin, Echikautchin.*

Fig. 422.

Vinca minor. 1. Zweigspitze mit Blume und einem Blattpaare. 2. Staubgefäss. 3. Stempel, *d* Drüsen. 4. Blume längsdurchschnitten mit der unteren Hälfte des Kronensaumes. 5. Diagramm. 6. Frucht. 7 und 8. Saame und Längendurchschnitt desselben.

Landolphia *(Vahea Lamarck)* **gummifera** *Palisot Beauvois* ♄, V. 1 *L.*, *und andere Arten geben afrikanischen und Madagascar-Kautschuk: Matesit.*

Hancornia speciosa *Gomez* ♄. V. 1 *L.* Brasilien. — *Pernambuco-Kautschuk.*

Willughbeia edulis *Boxburgh* ♄. V. 1 *L.* — *Ostindischer Kautschuk.*

Apocynum cannabinum *L.* ♃. V. 2 *L.* Nordamerika. — *Rad. Apocyni cannabini: Apocynin und Apocyneïn.*

Nerium Oleander *L.* ♄. V. 1 *L.* Mittelmeergebiet; bei uns als Topfpflanze. — *Cort. et Folia Oleandri s. Nerii s. Rosaginis; in den frischen Blättern Oleandrin, Pseudocurarin, Neriin.*

Urceola elastica *Roxburgh* ♄, V. 1 *L.*, Molukken, und **U.** *(Chavannesia DC.)* **esculenta** *Bentham.* — *Borneo- und Sumatra-Kautschuk: Bornesit.*

Familie 175. Loganiaceae. (S. 255.)

Strychnos Nux vomica *L.*, Brechnuss, Krähenaugen. ♄. Fig. 423. V. 1 *L.* Ostindien, Siam. — ***Semen Strychni, Nux vomica*** *(A.)*: ***Strychnin,*** *Brucin, Igasurin, Igasursäure, fettes Oel, Harz, Eiweiss.*

S. Ignatii *Bergius* ♄. Philippinen. — *Sem. (Fabae) Ignatii: Strychnin, Brucin, Igasursäure.*

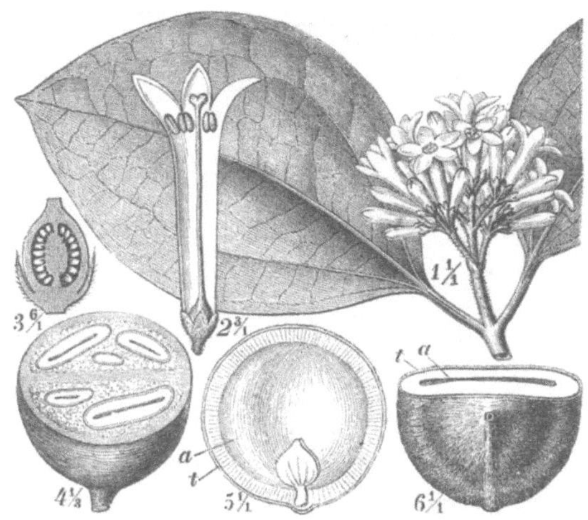

Fig. 423.

Strychnos Nux vomica. 1. Blüthe mit einem Blattpaare. 2. Blume nach Entfernung der halben Krone. 3. Fruchtknoten längs- und 4. Frucht querdurchschnitten. 5. Saame längsdurchschn., *t* Schale, *a* Eiweiss. 6. Saame querdurchschnitten, *t* Schale, *a* das im Centrum hohle Eiweiss.

S. toxifera *Bentham* ♄. Guyana. — *Pfeilgift „Curare": Curarin.*

S. Tieute *Leschenault* ♄. Java. — Upas-Tieute Pfeilgift: *Die in Nux vomica enthaltenen Stoffe.*

Familie 176. Jasmineae. (S. 255.)

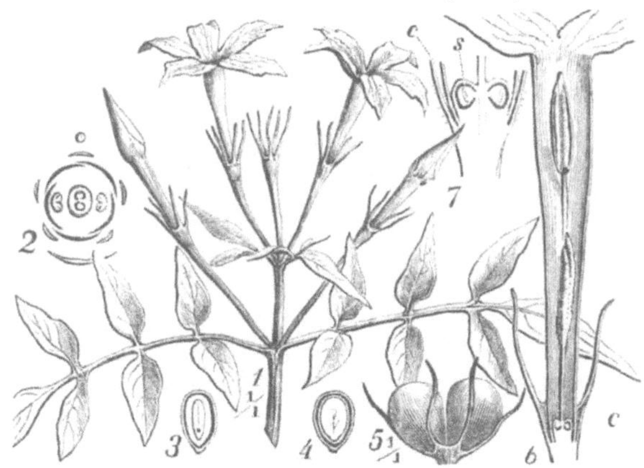

Fig. 424.

Jasminum officinale. 1. Blühendes Zweigende. 2. Diagramm. 3 und 4. Saamen-Längenschnitt. 5. Reife Frucht im Kelche. 6. Blume längsdurchschnitten, vergrössert. 7. Der untere Theil einer Blumenknospe im Längenschnitte, stärker vergr., *c* Kelch, *s* Keimsack.

Jasminum officinale *L.* ♄, Fig. 424, **J. Sambac** *L.* ♄, **J. grandiflorum** *L.* Alle aus Ostindien; in warmen Gegenden cultivirt. — *Flores Jasmini: Ol. Jasmini aethereum.*

Familie 177. Oleaceae. (S. 255.)

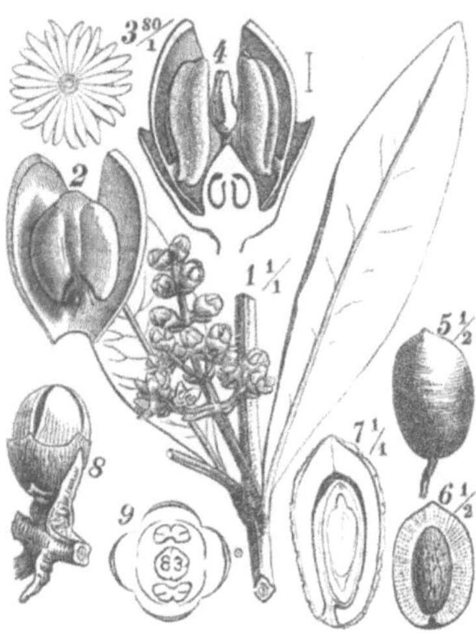

Fig. 425.

Olea europaea. 1. Zweigstück mit Blättern und Blüthe. 2. Halbe Blumenkrone mit 1 Staubgefässe. 3. Schülfer. 4. Blume längsdurchschnitten. 5. Reife Frucht. 6. Fruchtfleisch zur Hälfte von dem Steinkerne abgetragen. 7. Frucht längsdurchschnitten. 8. Blumenknospe. 9. Diagramm.

Fig. 426.

Fraxinus excelsior. 1. Blatt. 2. Blüthenzweig. 3. Zwei männliche Blumen. 4. Zwitterblume. 5. Weibliche Blume.

Olea europaea *L.*, Oelbaum ♄. Fig. 425. II. 1 *L.* Orient, in den Mittelmeer-Ländern cultivirt. — *Folia, Fruct. et* ***Oleum Olivarum***, *(Baumöl, Olivenöl, Provenzer Oel); Fruct. immaturi: Olivamarin.*

Phillyrea latifolia *L.*, **P. media** *L.* und **P. angustifolia** *L.* ♄. II. 1 *L.* Mittelmeer-Region. — *Fol. et Cort. Phillyreae: Phillyrin.*

Ligustrum vulgare *L.*, Hartriegel ♄. II. 1 *L.* Südl. Gebiet. — *Folia et Flores Ligustri. Die Blätter enthalten Chinasäure (?) und Mannit (Syringin?), die Rinde Syringin (Ligustrin), Syringopicrin und Ligustron.*

Syringa vulgaris *L.*, Spanischer Flieder ♄ und ♄. II. 1 *L.* Persien; bei uns angepflanzt. — *Fructus Lilac immaturi: Syringin; die Rinde enthält Syringopicrin; Flores Lilac: Ol. aethereum.*

Fraxinus excelsior *L.*, Esche ♄. Fig. 426. XXIII. 2 *L.* (II. 1 *L.*). — *Folia, Cort. et Sem. Fraxini. Die Blätter enthalten Chinasäure, die Rinde Mannit (Fraxinin) und Fraxinusgerbsäure, Fraxin (Paviin).*

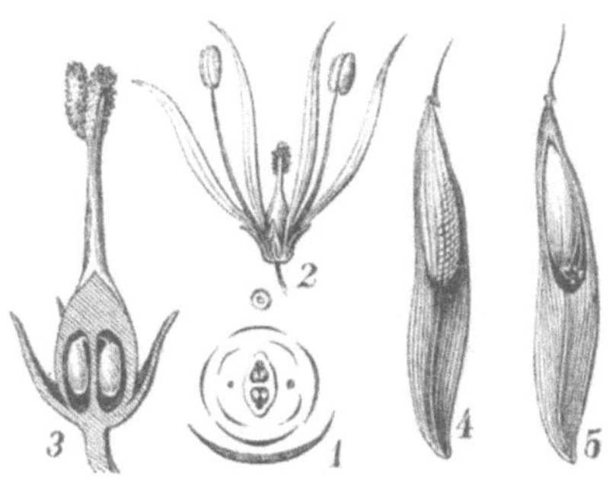

Fig. 427.

Ornus (Fraxinus L.) Ornus. 1. Diagramm. 2. Blühende Zwitterblume. 3. Längendurchschnitt des Fruchtknotens im Kelche. 4. Reife Frucht. 5. Diese längsdurchschnitten.

Ornus *(Fraxinus L.)* Ornus *Krst.*, **Ornus europaea** *Persoon*, Manna-Esche ♄. Fig. 427. II. 1 *L.* (XXIII. 1). Süd-Europa. — ***Manna,*** *Manna cannulata und Manna calabrina: 80 % resp. 25 % Mannit; ferner Schleimzucker, Gummi und Spuren von Fraxin.*

Ordnung LVIII. Aggregatae. (S. 216.)

A. Staubbeutel frei, Fruchtknoten 3fächerig, Saamenknospe hängend, nur in einem Fache entwickelt, Saame eiweisslos. Fam. 178. **Valerianaceae.**

B. Staubbeutel frei, Fruchtknoten 1fächerig, Saamenknospe hängend, Saame eiweisshaltig. Amylum. Fam. 179. **Dipsaceae.**

C. Staubbeutel mit einander vereinigt, Fruchtknoten 1fächerig, Saamenknospe aufrecht, Saamen eiweisslos. Inulin. Fam. 180. **Compositae.**

Fig. 428.

Valeriana officinalis. 1. Blüthe. 2. Blatt. 3. Blume. 4. Dieselbe längsdurchschnitt. 5. Diagramm. 6. Frucht längsdurchschnitten.

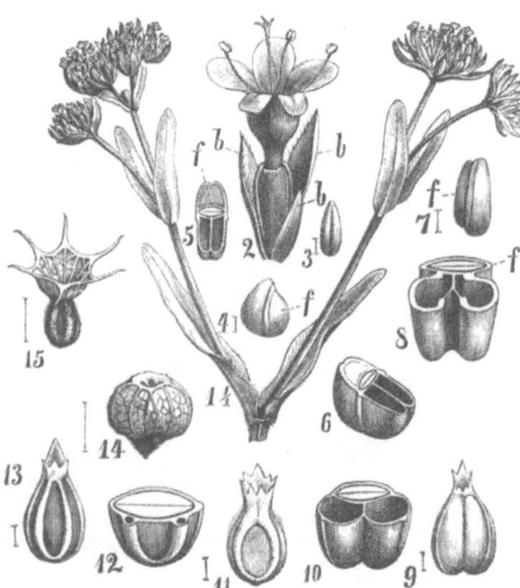

Fig. 429.

Valerianella. 1—6. *V. Locusta.* 1. Blühender Zweig. 2. Blm., *b b b* Deckblätter. 3. Frucht vom Rücken. 4. Dieselbe von der Seite, *f* das fruchtbare Fach. 5. Dieselbe querdurchschnitten, von oben, u. 6. von der Seite gesehen. 7 und 8. *V. carinata.* Frucht von der Seite und querdurchschn. 9 und 10. *V. rimosa.* Die gleichen Theile. 11. *V. eriocarpa.* Frucht. 12 und 13. *V. dentata.* Frucht u. deren Querschnitt. 14. *V. vesicaria.* Frucht. 15. *V. coronata.* Frucht.

Familie 178. Valerianaceae. (S. 263.)

Valeriana officinalis *L.*, Baldrian ♃. Fig. 428. III. 1 *L.* — ***Rad. Valerianae***, *Rad. Valerianae minoris:* ***Oleum Valerianae*** *(A. H.), bestehend aus 25 % Valerēn (Camphēn), 18 % Valeriancamphor, 47 % Harz, 5 % Valeriansäure, 5 % Wasser.*

V. Phu *L.* Süd-Europa. — *Rad. Valerianae majoris.*

V. dioica *L.* (XXIII. 2 *L.*). — *Rad. Valerianae palustris.*

V. celtica *L.*, Celtischer- oder Narden-Baldrian, Speik. Hochalpen. — *Rad. Valerianae Celticae, Nardus Celtica vel Spica Celtica.*

Nardostachys Jatamansi *DC.*, Aechte Narde ⊙. IV. 1 *L.* Ostindien. — *Rad. s. Spica Nardi vera indica s. Spica indica.*

Valerianella *(Valeriana L.)* **Locusta** *Krst.*, *α* olitoria *L.*, V. olitoria *Mönch*, Fedia olitoria *Vahl*, Rapünzelchen ⊙. Fig. 429, *1–6.* III. 1 *L.* — ***Hb. Valerianellae.***

V. carinata *Loiseleur*, Weinbergrapünzelchen ⊙, Fig. 429, *7. 8*, **V. rimosa** *Bastard*, V. Auricula *DC.*, V. dentata *DC.* ⊙, Fig. 429, *9. 10*, **V. eriocarpa** *Desveaux* ⊙, Fig. 429, *11*, **V. dentata** *Pollich*, V. Morissonii *DC.* ⊙, Fig. 429, *12. 13*, **V. vesicaria** *Mönch*, V. Locusta *β* vesicaria *L.* ⊙, Fig. 429, *14*, **V. coronata** *DC.*, V. hamata *Bastard* ⊙, Fig. 429, *15*. *Dienen alle als Frühlings-Salat.*

Familie 179. Dipsaceae. (S. 263.)

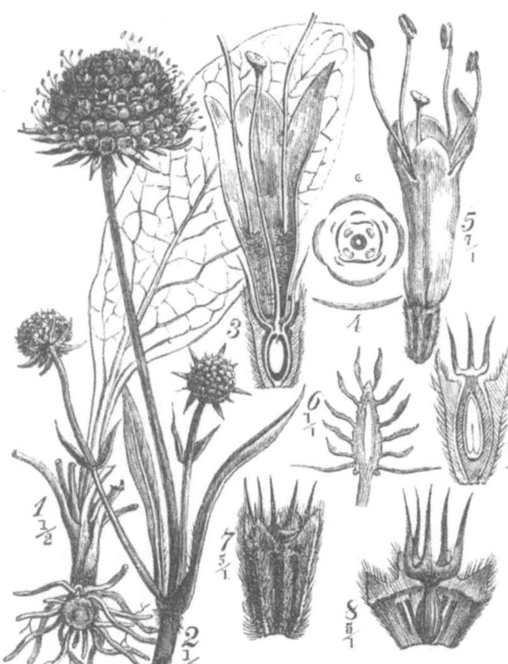

Fig. 430.

Succisa (Scabiosa L.) Succisa. 1. Wurzelstock mit einem Blatte, die übrigen abgeschn. 2. Blühendes Stengelende. 3. Blm. längsdurchschnitten. 4. Diagramm. 5. Blume von aussen. 6. Blüthenboden ohne Blume längsdurchschnitten. 7. Frucht im Hüllchen, mit dem 5borstigen Kelchsaume hervorragend. 8. Letzteres längsgespalten und ausgebreitet. 9. Frucht mit Hüllchen längsdurchschnitten.

Succisa *(Scabiosa L.)* Succisa *Krst.*, **Succisa pratensis** *Mönch*, Teufels-Abbiss ⊙. Fig. 430. IV. 1 *L.* — *Rad. et Hb. Succisae vel Morsus Diaboli: Eisengrünende Gerbsäure, Grünige Säure, Bitterstoff.*

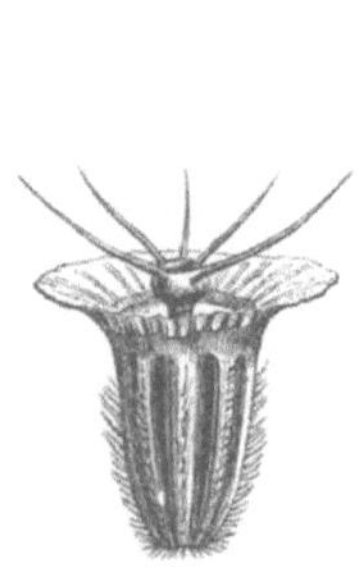

Fig. 432. *Scabiosa columbaria.* Frucht im Hüllchen eingeschlossen; der fünfborstige Kelchsaum hervorragend.

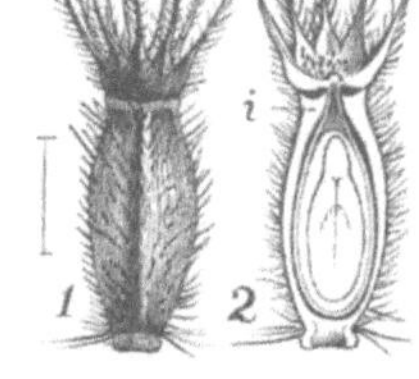

Fig. 431.

Knautia arvensis. 1. Frucht im Hüllchen *i*. 2. Dieselbe längsdurchschnitten. 3. Blume der Scheibe auf dem Blüthenboden. 4. Randblume. 5. Blühende Stengelspitze.

Knautia (*Scabiosa L.*) **arvensis** *Coulter*, Trichera arvensis *Schrader*, Grindkraut, Apostemkraut ♃. Fig. 431. IV. 1 *L.* — *Hb. et Flores Scabiosae: Eisengrünender Gerbstoff, Bitterstoff.*

Scabiosa columbaria *L.* ♃. Fig. 432. IV. 1 *L.* — *Hb. Scabiosae minoris: Wie Vor.*

Familie 180. Compositae. (S. 263.)

Unterfamilie 1. Tubuliflorae.

Alle Blumen eines Köpfchens röhrig und regelmässig oder die randständigen zungenförmig, selten fast 2lippig: einige Tussilagineae. *Corymbiferae Juss.*

A. Griffelende unter den Narben nicht knotig angeschwollen.

a. Alle Blm. röhrig, die Randblm. häufig mit Neigung zum Zweilippigen, bei Tussilago die Unterlippe zungenf.; Narben der ☿ fast stielrund oder keulenf., aussen oberwärts weichwarzig-flaumig, auf den Rändern vom Griffelkanal bis kaum zur halben Länge papillös; Blüthenboden eben und nackt. Gruppe 1. **Eupatorieae.**

Eupatorium. *Micania.* Petasites. **Tussilago.**

b. Scheibenblumen ☿ und röhrig, Randblm. meistens zungenf. und ♀, Narben lang, halbstielrund, oberwärts verbreitert, fast keulenf. und aussen papillös-weichhaarig, auf den Rändern bis zur äusseren Behaarung papillös. Gruppe 2. **Astereae.**

† Euastereae: Staubbeutel ungeschwänzt, *ausgen. Calendula.*

Calendula. Bellis. Erigeron. Solidago. Aster.

†† Inuleae: Staubbeutel geschwänzt.

Inula. **Conyza.** Pulicaria.

c. Blumen wie in b, selten die Blm. oder Köpfchen eingeschlechtlich, *Ambrosiaceae, Arten der Gnaphalieae;* Narben linealisch, am Ende kurz pinselhaarig, zuweilen abgestutzt oder über den Pinsel hinaus kegelf. verlängert. Gruppe 3. **Senecioneae.**

† Staubbeutel geschwänzt.

1. Gnaphalieae: Blm. alle röhrig.

Helichrysum. Antennaria.

†† Staubbeutel ungeschwänzt.

2. Eusenecioneae: Fruchtkelch haarig, Randblm. zungenförmig, Blätter einzeln, *ausgen. Arnica.*

Senecio. Doronicum. **Arnica.**

3. Heliantheae: Fruchtkelch grannig, kronenf. oder fehlend; Randblm. zungenf., ♀ oder geschlechtslos; Blt., wenigstens die unteren, gegenständig; Blüthenboden deckblätterig.

Bidens. *Helianthus.* ***Spilanthes.***

4. Anthemideae: Fruchtkelch fehlend oder ein kurzer, scharfkantiger, gezähnter, zuweilen nur einseitig entwickelter, krönchenf. Rand; Krone der Randblm. zungenförmig, Blätter einzelständig, XIX. 2 *L.*

* Blüthenboden deckblätterig.

Anacyclus. **Anthemis. Achillea.**

** Blüthenboden nackt.

Chrysanthemum. **Matricaria.** Pinardia.

5. Artemisiaceae: Fruchtkelch wie Vor., Krone aller Blumen röhrenf.; Blt. wechselständig; XIX. 2 *L.* *(Santolina meistens* XIX. 1 *L.)*

Santolina. Tanacetum. **Artemisia.**

6. Ambrosiaceae: Fruchtkelch fehlt; Krone röhrig oder fehlend; Köpfchen eingeschlechtlich, ♂ ∞blumig, ♀ 1—2blumig; Blt. wechsel- oder die untersten gegenständig.

Xanthium.

B. Griffel unter den kurzen, oft vereinigten, aussen flaumigen, an den Rändern ringsum papillösen Narben verdickt und rauhhaarig.

d. Blm. alle röhrig; Hüllblättchen ∞reihig, ziegeldachig, oft mit häutigem, blattf. oder dornigem Anhange; Blüthenboden eben, wabig, dicht borstig oder gefranzt-deckblätterig. *Cinarocephalae Juss.*
Gruppe 4. **Cynaraceae.**

1. Carlinaceae: Achenen seidenhaarig oder zottig, Fruchtkelchblättchen schuppig oder oberwärts federig.

Carlina.

2. Carduineae: Achenen kahl, Fruchtkelch borstig, haarig oder federig; Borsten am Grunde mit einander in einen mehr oder minder vollständigen Ring vereinigt, mit demselben abfallend.

Serratula. Cirsium. *Silybum. Onopordon. Cynara.*

3. Centaureaceae: Achenen kahl, *ausgen. Arten von Centaurea*, Fruchtkelch aus freien, haarigen oder federigen Borsten bestehend, z. Th. lange bleibend, *bei Carthamus fehlend.*

Carthamus. **Lappa.** Centaurea. ***Cnicus.***

Unterfamilie 2. Labiatiflorae.

Zwitterblumen 2lippig, Scheiben- oder Randblumen zuweilen regelmässig oder zungenförmig.

Perezia.

Unterfamilie 3. Liguliflorae. *Cichoraceae Juss.*

Blm. alle ☿ und 5zähnig-zungenförmig. — Pflanzen meistens mit Milchsaft.

XIX. 1, *L.*

† Blüthenboden spreublätterig. Gruppe 1. **Hypochoerideae.**

Hypochoeris. Achyrophorus.

†† Blüthenboden nackt.

1. Fruchtkelch fehlt. Gruppe 2. **Lampsanaceae.**

Lampsana.

2. Fruchtkelch kronenförmig oder schuppig; Schüppchen bisweilen borstig zugespitzt. Gruppe 3. **Cichorieae.**

Cichorium.

3. Fruchtkelch federig. Gruppe 4. **Scorzoneraceae.**

Scorzonera. Tragopogon.

4. Fruchtkelch haarig. Gruppe 5. **Lactucaceae.**

Lactuca. Taraxacum. Hieracium. Sonchus.

Unterfamilie 1. Tubuliflorae.

Gruppe I. Eupatorieae.

Eupatorium cannabinum *L.*, Wasserdost ♃. Fig. 433. XIX. 1 *L.* — *Rad. et Hb. Cannabinae aquaticae s. Cunigundae: Eupatorin (Guacin?), äth. Oel, eisengrünender Gerbstoff, Harz.*

Mikania *(Eupatorium Aublet)* **parviflora** *Krst.*, M. amara *Willdenow*, M. Guaco *Humboldt* ♃. XIX. 1 *L.* Tropisches Süd-Amerika. — *Hb. Guaco: Guacin.*

Tussilago Farfara *L.*, Huflattich ♃. Fig. 434, *1–10.* — ***Folia Farfarae*** *(G.)*, ***Flores Farfarae*** *(H.). In den Blättern: Schleim, eisengrünender Gerbstoff, Bitterstoff.*

Petasites *(Tussilago L.)* Petasites *Krst.*, **P. officinalis** *Mönch* ♃. Fig. 434, *11–13.* — *Rhizoma Petasitidis: Aeth. Oel, Harz (Petasit), Harzsäure (Resinapitsäure), eisengrünende Gerbsäure, Traubenzucker, Mannit, Inulin, Pectin, Gummi, Schleim.*

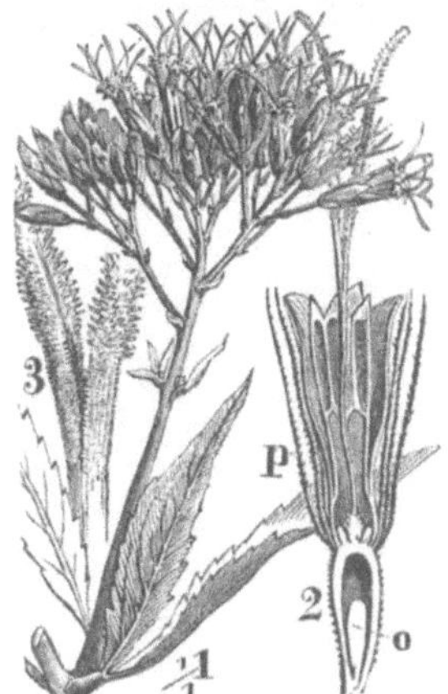

Fig. 433.

Eupatorium cannabinum. 1. Blüthe in der Blattachsel. 2. Blume längsdurchschnitten, *o* Saamenknospe, *p* Fruchtkrone. (Fruchtkelch.) 3. Das untere Ende der Narben auf dem Griffel.

Fig. 434.

1—10. *Tussilago Farfara.* 1. Blühendes Individuum. 2. Blatt. 3. Frucht querdurchschnitten. 4. Frucht mit Krone längsdurchschnitten. 5. Randblm., *s* Zähne der Oberlippe. 6. Narben auf der Griffelspitze. 7. Blume der Scheibe längsdurchschn. 8. Deren Narbe. 9. Staubbeutel von der Innenseite. 10. Pollenzelle. 11—13. *Petasites (Tussilago L.) Petasites.* 11. ♀ Blüthenspitze. 12. ♀ Blume. 13. Kronen- und Griffelspitze, stärker vergr.

Gruppe 2. Astereae. (S. 267.)

Fig. 435.

Calendula officinalis. 1. Blühender Zweig mit Knospe *a*. 2. Längendurchschn. eines Blüthenköpfchen mit ♂ Scheibenblm. *a*, ♀ Randblume, *b* äusserem Blättchen *c*, innerem *o*, des gemeinschaftlichen Kelches. 3. Randblumenknospe vom Centrum gesehen, u. 4. eine solche aufgeblühet. 5. Früchte, *a* eine solche des äusseren Kreises, *b* und *b'* des mittleren und *c* des 3ten, inneren Kreises. 6. Narben *a* der ♀, *b* der ♂ Blm. 7. Randständige Frucht längsdurchschn.

Calendula officinalis *L.*, Ringelblume ⊙. Fig. 435. XIX. 4 *L.* Mittelmeer-Region; bei uns in Gärten. — *Hb. et Flor. Calendulae: Calendulin, Spuren äth. Oeles, Bitterstoff, Gummi etc.*

Bellis perennis *L.*, Masliebe, Gänseblümchen ♃. XIX. 2 *L.* — *Hb. et Flor. Bellidis: Eisengrünender Gerbstoff, äth. Oel, Bitterstoff, Farbstoff, Wachs, organische Säuren etc.*

Erigeron acre *L.*, Dürrwurz ⚇, ♃. XIX. 2 *L.* — *Hb. Conyzae coeruleae s. minoris.*

Solidago Virgaurea *L.*, Goldruthe ♃. XIX. 2 *L.* — *Rhizoma et Hb. Virgaureae vel Consolidae saracenicae: Aeth. Oel, eisengrünender Gerbstoff, scharfer und bitterer Stoff.*

Aster Amellus *L.* ♃. XIX. 2 *L.* Mittl. und südl. Gebiet. — *Rad. et Hb. Asteris attici vel Bubonii: Aeth. Oel, Bitterstoff etc.*

Inula Helenium *L.*, Alant ♃. Fig. 436, *1–7*. XIX. 2 *L.* Nördl. Gebiet. — ***Rad. Helenii*** *(G.) s.* ***Enulae*** *(H.): Alantcamphor (Helenin), Inulin, äth. Oel (Alantol), Alantsäure etc.*

Conyza squarrosa *L.*, Inula Conyza *DC.*, Dürrwurz ♃. Fig. 436, *8*. XIX. 2 *L.* — *Hb. Conyzae majoris: Aeth. Oel, Bitterstoff, eisengrünender Gerbstoff.*

Pulicaria *(Inula L.)* Pulicaria *Krst.*, **Pulicaria vulgaris** *Gärtner*, Flohkraut, Kleine Dürrwurz ⊙. Fig. 437. — *Hb. Pulicariae vel Conyzae minoris.*

P. *(Inula L.)* **dysenterica** *Gärtner*, Mittlere Dürrwurz ⊙. — *Rad. et Hb. Arnicae suedensis vel Conyzae mediae: Aeth. Oel, Bitterstoff, eisengrünender Gerbstoff.*

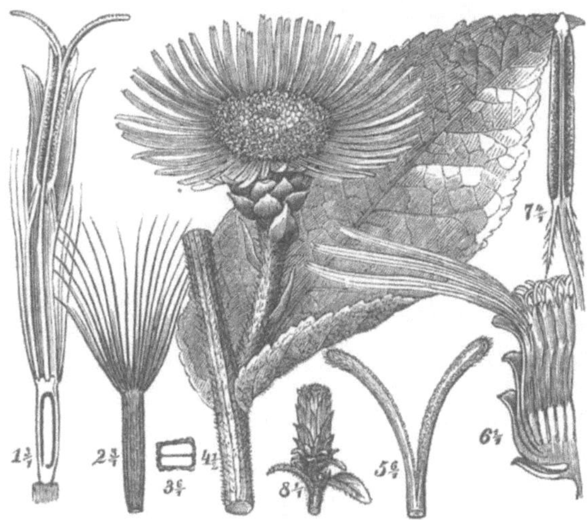

Fig. 436.

1—7. *Inula Helenium*. 1. Scheibenblume längsdurchschnitten. 2. Achene. 3. Querschnitt durch dieselbe. 4. Blüthenköpfchen in der Blattachsel. 5. Narben. 6. Halbes Köpfchen längsdurchschn. 7. Staubbeutel. 8. *Conyza squarrosa*.

Fig. 437.

Pulicaria (Inula L.) Pulicaria. 1. Blühender Zweig. 2. Zwitterige Scheibenblume. 3. ♀ Randblume. 4. Staubbeutel. 5. Fruchtkelch auf dem oberen Ende der Achene.

Gruppe 3. Senecioneae. (S. 267.)

Fig. 438.

Helichrysum arenarium. 1. Wurzelstock-Blttr. 2. Blühende Stengelspitze. 3. Zwitterblume längsdurchschnitten, *n* Narben mit dem pinselförmigen Anhange. 4. Staubbeutel. 5. Narbe vergr. 6. Reife Frucht. 7. Diese längsdurchschnitten.

Helichrysum (*Gnaphalium L.*) **arenarium** *DC.*, Sandruhrkraut, Immortelle ♃. Fig. 438. XIX. 2 *L.* — *Flores Stöchados citrini: Aeth. Oel, Bitterstoff, eisengrünender Gerbstoff.*

Antennaria (*Gnaphalium L.*) **dioica** *Gärtner*, Katzenpfötchen ♃. XIX. 2 *L.* (XXII. Syngenesia). — *Flores Pilosellae albae vel Pedis Cati.*

Arnica montana *L.*, Wohlverleih, Fallkraut ♃. Fig. 439, *1–4*. XIX. 2 *L.* — ***Rhizoma*** *(A. H.)*, ***Folia*** *(A.) et* ***Flores Arnicae:*** *Bitterstoff „Arnicin", äth. Oel, Harz und Säuren (Ameisen-, Angelica-, Butyryl-, Capron-, Capryl-), in den Blättern auch Bernsteinsäure, Gerbsäure etc.*

Doronicum Pardalianches *L.*, Gemswurzel ♃. XIX. 2 *L.* Gebirgswälder. — *Rhiz. Doronici.*

Senecio vulgaris *L.* ⊙, Kreuzkraut. XIX. 2 *L.* (XIX. 1). — *Hb. Senecionis: Kratzend scharfer Stoff, eisengrünender Gerbstoff.* — *Ebenso:*

S. sylvaticus *L.* ⊙. Fig. 439, *5* und

S. viscosus *L.* ⊙. Fig. 439, *6.*

S. Jacobaea *L.*, Jacobskraut ⊙. — *Hb. Jacobaeae.*

Bidens tripartita *L.*, Wasserhanf ⊙. Fig. 440, *5.* XIX. 3 *L.* und

B. cernua *L.* ⊙. Fig. 440, *1–4.* — *Hb. Verbesinae vel Cannabis aquaticae: Scharfes, äth. Oel, Schleim, eisengrünender Gerbstoff.*

Spilanthes oleracea *Jacquin*, *L.*, Parakresse ⊙. Fig. 441. XIX. 1 oder 2 *L.* Süd-Amerika; in Ostindien und auch bei uns gebauet. — ***Hb. florida Spilanthis*** *(A.)*, ***Hb. recens Sp. olerac.*** *(H.) : Scharfes, äth. Oel, Weichharz, eisengrünender Gerbstoff, Gummi etc.*

S. Acmella *L.* ⊙. Ostindien, Austral-Asien. — *Hb. et Sem. Acmellae: Wie Vor.*

Fig. 439.

Arnica montana 1—4. 1. Wurzelstock mit dem unteren Stengeltheile und einigen Blättern. 2. Blühendes Stengelende. 3. Scheibenblume längsdurchschnitten. 4. Randblume. 5. *Senecio sylvaticus*. Blühendes Köpfchen. 6. *Senecio viscosus*. Desgl.

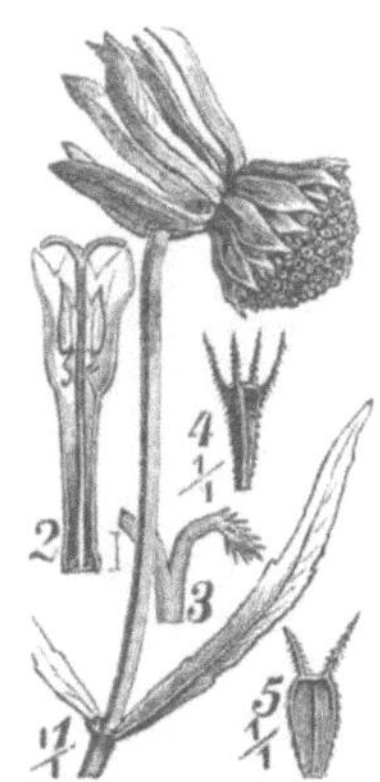

Fig. 440.

Bidens cernua. 1. Blüthe. 2. Blume längsdurchschnitt. 3. Narbe. 4. Reife Frucht. 5. Frucht von *B. tripartita*.

Fig. 441.

Spilanthes oleracea. 1. Blühender Zweig. 2. Frucht. 3. Deckblatt. 4. Blume längsdurchschnitten.

Helianthus annuus *L.*, Sonnenblume ⊙. XIX. 3 *L.* Peru; bei uns angebauet. — *Fruct. Helianthi: 23 % Ol. Helianthi pingue.*

H. tuberosus *L.*, Erdapfel, Topinambur ♃. Central-Amerika; *bei uns als Futter und Speise gebauet.* — *Rad. Helianthi tuberosi: Inulin, Gummi, Laevulin, Synanthrose etc.*

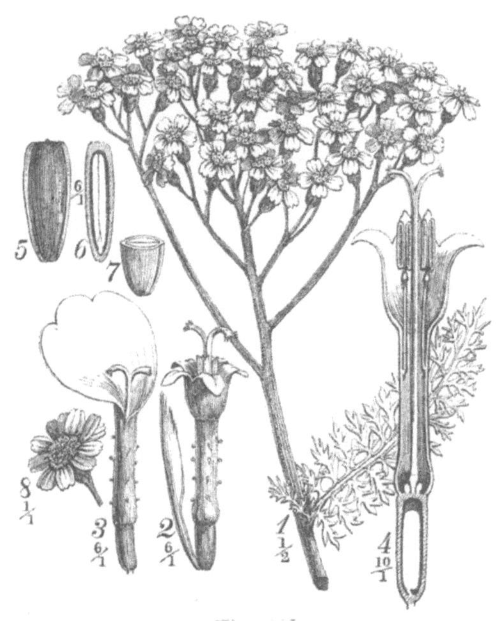

Fig. 442.

Achillea Millefolium. 1. Blühende Stengelspitze. 2. Scheibenblumen mit Deckblättchen. 3. Randblume. 4. Scheibenblume längsdurchschnitten. 5, 6, 7. Achene und dieselbe längs- und querdurchschnitten. 8. Blühendes Köpfchen von *Achillea Ptarmica.*

Achillea Millefolium *L.*, Schaafgarbe ♃. Fig. 442, *1–7.* XIX. 2 *L.* — *Summitates Millefolii,* ***Hb. florida Millefolii*** *(A.) s.* ***Folia*** *(A. H.) et* ***Flores*** *(H.)* ***Millefolii:*** *Achilleïn, Achilleasäure, Aconitsäure (?), verschiedene äth. Oele in den verschiedenen Organen.*

A. moschata *L.* ♃, **A. atrata** *L.* ♃, **A. nana** *L.* ♃. Alpen. — *Hb. Iva s. Genippi veri: Moschatin, Ivaïn, Achilleïn, äth. Oel (grösstentheils Ivaol).*

A. nobilis *L.* ♃. Im östl. Gebiete. — *Hb. Achilleae nobilis: Aeth. Oel.*

A. Ptarmica *L.*, Ptarmica vulgaris *DC.*, Weisser Dorant, Wiesenbertram ♃. Fig. 442, *8.* — *Rad., Hb. et Flores Ptarmicae.*

Anthemis nobilis *L.*, Römische Kamille ♃. Fig. 443, *1–2*, flore semi pleno, XIX. 2 *L.* Süd-Europa; im Süden angebauet. — ***Flores Chamomillae romanae*** *(A. H.), Capitula Cham. rom. plerumque plena: äth. Oel, Harz, Bitterstoff (Anthemin)?*

A. arvensis *L.* ⊙, Fig. 443, *3* und **A. Cotula** *L.*, Maruta foetida *Cassini,* Hundskamille ⊙, Fig. 443, *4–6.* Beide häufig; *dürfen nicht mit A. nobilis verwechselt werden.*

Fig. 444.

Anacyclus pulcher. 1. Stengelspitze mit Blüthenköpfchen. 2 u. 3. Scheibenblume mit Deckbltch. 4. Randblume. 5 u. 6. Achene und diese längsdurchschnitten.

Fig. 443.

Anthemis. 1. *A. nobilis.* Blüthen auf den Zweigenden. 2. Blumendeckblättchen derselben. 3. Ein solches von *A. arvensis.* 4. Deckblättchen von *A. Cotula.* 5. Deren Blüthenboden längsdurchschnitten mit Deckblatt, ohne Blume. 6. Deren Achene.

Anacyclus officinarum *Hayne*, Deutscher Bertram ⊙. Bei Magdeburg und im Voigtlande gebauet. — ***Rad. Pyrethri germanici*** *(H.): Aeth. Oel, Harz (Pyrethrin), Inulin.*

A. *(Anthemis L.)* **Pyrethrum** *DC.*, Römischer Bertram ♃. Südliche Mittelmeer-Länder. — ***Rad. Pyrethri romani*** *(A.) Bestandtheile wie Vor.*

A. **pulcher** *Besser* ♃. Fig. 444. Südost-Europa. Von beiden verschieden durch unregelmässige Kronen der Scheibenblumen: Fig. 2.

Fig. 445.

Chrysanthemum Parthenium.
1. Blühender Zweig. 2. Zungenförmige Randblume. 3. Scheibenblume. 4. Reife Schliessfrucht.

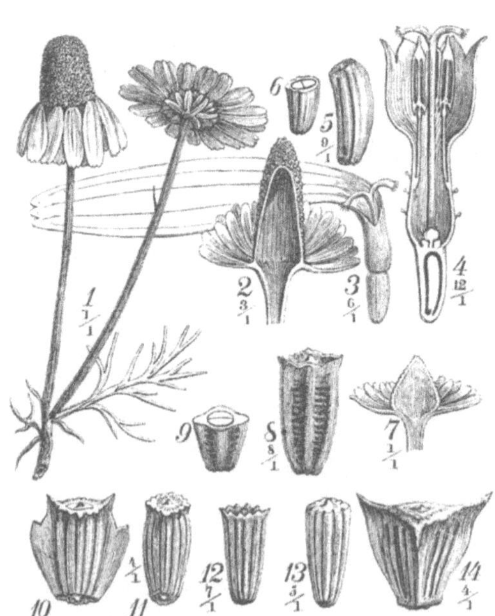

Fig. 446.

1—6. *Matricaria Chamomilla.* 1. Blühendes Köpfchen. 2. Ein solches ohne Blumen längsdurchschnitten. 3. Zungenförmige Randblume. 4. Scheibenblume. 5 und 6. Achene und diese querdurchschnitten. 7—9. *Matricaria inodora.* 7. Köpfchen ohne Blumen längsdurchschnitt. 8. Achene. 9. Diese querdurchschnitten. 10 und 11. *Pinardia segetum.* Rand- und Scheiben-Achene. 12. *Chrysanthemum Parthenium.* 13. *Chrys. Leucanthemum.* Scheiben-Achene. 14. *Pinardia coronaria.* Rand-Achene.

Chrysanthemum *(Matricaria L.)* **Parthenium** *Pers.*, Pyrethrum Parth. *Sm.*, Mutterkraut ♃. Fig. 445 und 446, *12*. XIX. 2 *L.* Süd-Europa; bei uns in Gärten. — *Hb. cum florib. Matricariae: Aeth. Oel, Bitterstoff, eisengrünender Gerbstoff.*

Ch. Leucanthemum *L.*, Grosse Massliebe ♃. Fig. 446, *13*. — *Hb. et Flor. Bellidis majoris.*

Ch. *(Pyrethrum M. v. B.)* **roseum** *Adam* und **Ch.** *(Pyrethrum Marschal v. B.)* **carneum** *Krst.* ♃. Kaukasus, Persien. — *Insectenpulver: Chrysanthemin und organische Säuren. Ebenso:*

Ch. *(Pyrethrum Treviranus)* **cinerariaefolium** *Boccone.* Dalmatien.

Matricaria Chamomilla *L.*, Echte Kamille ⊙. Fig. 446, *1–6*. XIX. 2 *L.* — ***Flor. Chamomillae*** *vulgares: 0,4 % **Ol. Chamomillae aethereum** (H.), Harz, Bitterstoff, Kamillensäure, Anthemidin (?).*

M. inodora *L. Fl. suec.*, Chrysanthemum inod. *L. spec. pl.*, Pyrethrum inod. *Smith* ⊙. Fig. 446, *7–9*. *Mögliche Verwechselung mit Vor.*

Pinardia *(Chrysanthemum L.)* **segetum** *Krst.*, Pyrethrum segetum *Mönch*, Wucherblume ⊙. Fig. 446, *10. 11*. XIX. 2 *L.* — *Giebt gelben Farbstoff.*

P. *(Chrysanthemum L.)* **coronaria** *Lessing* ⊙. Fig. 446, *14*. Süd-Europa; in Gärten cultivirt. — *Flores Coronarii.*

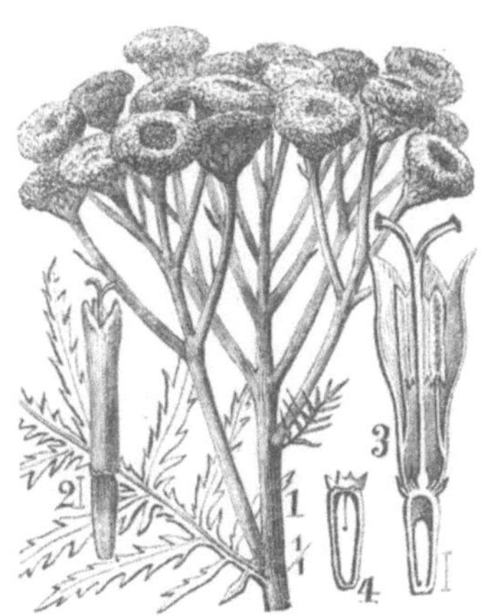

Fig. 447.

Tanacetum vulgare. 1. Blühende Stengelspitze. 2. Randblume. 3. Scheibenblume. 4. Achene, beide längsdurchschnitten.

Tanacetum vulgare *L.*, Rainfarrn ♃. Fig. 447. XIX. 2 *L.* — *Hb. et Flor. Tanaceti: Ol. Tanaceti aeth., Bitterstoff „Tanacetin", eisengrünende Tanacetgerbsäure, Buttersäure und Tanacetsäure (?).*

Santolina Chamaecyparissus *L.* ♄. XIX. 1 *L.* Süd-Europa. — *Hb. Abrotani montani.*

Artemisia vulgaris *L.*, Beifuss ♃. Fig. 448, *1. 2.* XIX. 2 *L.* — *Summitates et* ***Rad. Artemisiae vulgaris*** *(H.): Aeth. Oel, scharfes Weichharz.*

A. Absinthium *L.*, Wermuth ♃. Fig. 448, *5–8.* — ***Hb.*** *et* ***Summitates florentes Absinthii:*** *3 %* ***Ol. Absinthii aethereum*** *(H.), Bitterstoff (Absinthiin), Gerbsäure, Bernsteinsäure etc.*

A. Cina *Berg*, Willkomm *(A. maritima L. var.)?* ♃, ♄. Fig. 448, *4.* Turkestan, Bucharei, Persien. — ***Flor. s. Semen Cinae,*** *Sem. Cinae levanticum, Sem. Contra, Sem. Sanctum. Zittwersaamen, Wurmsaamen: 2 %* ***Santonin*** *(Santoninsäure-Anhydrit), äth. Oel, Harz etc.*

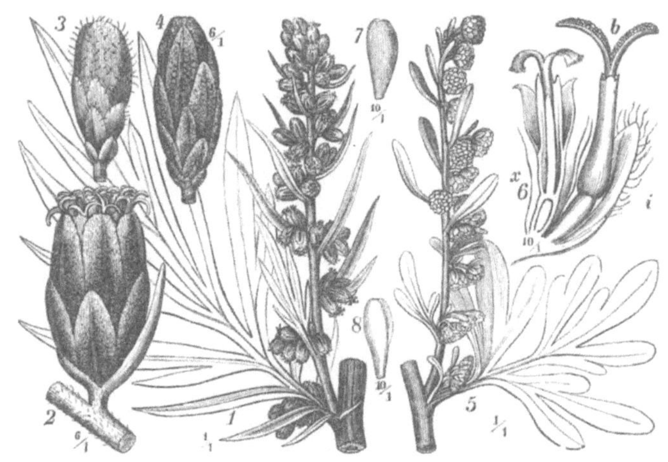

Fig. 448.

Artemisia 1 und 2. *A. vulgaris.* Blühendes Stengelstück und vergrössertes Köpfchen. 3. *A. ramosa.* Köpfchen. 4. *A. Cina.* Köpfchen. 5—8. *A. Absinthium.* 5. Blüthenzweig nebst Stützblatt. 6. Stück eines längsdurchschnittenen Köpfchens, *x* Scheibenblume, *i* Randblume, *b* Narben. 7. Reife Schliessfrucht. 8. Keimling.

A. Vahliana *Kosteletzky,* A. Contra *Vahl.* Persien. — *Galt früher für die Mutterpflanze von Sem. Cinae.*

A. ramosa *Smith* ♄. Fig. 448, *3.* Nordost-Afrika und Canarische Inseln. — *Flor. Cinae berberici.*

A. Lercheana *Stechmann* und **A. pauciflora** *Stechmann* ♃, ♄. Von der Wolga ostwärts nach Sibirien. — *Sem. Cinae rossicum.*

A. Abrotanum *L.*, Eberraute ♄. Orient und Süd-Europa; bei uns in Gärten. — *Hb. vel Summitates Abrotani: Aeth. Oel, bitterer Extractivstoff, eisengrünender Gerbstoff.*

A. pontica *L.*, Römischer Wermuth ♃. Südl. und westl. Gebiet. — *Summitates Absinthii pontici s. romani.*

A. campestris *L.*, Feld-Beifuss ♃. — *Hb. Artemisiae rubrae.*

A. Dracunculus *L.*, Dragun, Estragon ♃. Sibirien; bei uns in Gärten. — *Hb. Dracunculi hortensis: Aeth. Oel.*

A. Mutellina *Villars* ♃, **A. glacialis** *L.* ♃, **A. spicata** *Wulfen* ♃. Alle auf den Hochalpen. — *Hb. Absinthii alpini s. Genippi albi: Aeth. Oel, Bitterstoff etc.*

Xanthium strumarium *L.*, Spitzklette ⊙. XXI. 5 *L.* XXI. Monadelphia und:

Fig. 449.

Xanthium italicum. 1. Blühende Zweigspitze. 2. Längsdurchschnittenes ♀ Köpfchen. 3. Männliche Blume nebst Deckblatt. 4. Diese Blume längsdurchschnitten. 5. Reife Frucht längsdurchschn. 6. Eine solche von aussen gesehen, in natürlicher Grösse.

X. italicum *Moretti* ⊙. Fig. 449. **X. spinosum** *L.* ⊙. Letztere mehr im südl. Gebiete. — *Hb. et Sem. Lappae minoris: Xanthostrumarin, Harz, Fett, Zucker, Amylum.*

Gruppe 4. Cynaraceae. (S. 267.)

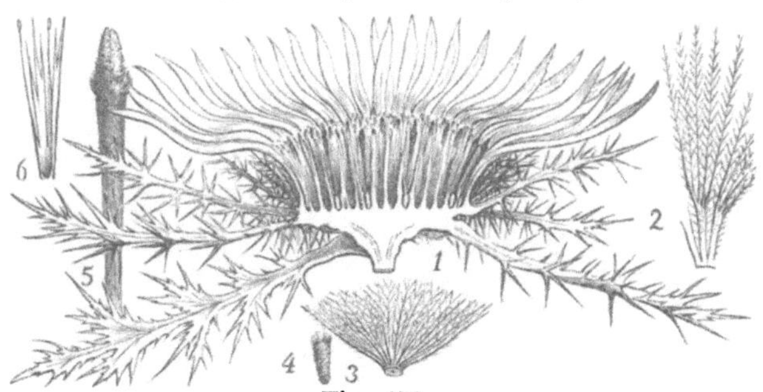

Fig. 450a.

Carlina acaulis. 1. Blühende Pflanze längsdurchschnitten. 2. Stückchen des Fruchtkelches. 3. Der ganze Fruchtkelch-Saum. 4. Reife Schliessfrucht nach dem Abfallen des Kelchsaumes. 5. Griffel mit Narben. 6. Blumen-Deckblatt.

Carlina acaulis *L.*, Eberwurzel ♃. Fig. 450a. XIX. 1 *L.* — ***Rad. Carlinae*** *(H.) s. Cardopatiae: Aeth. Oel, Harz, eisengrünender Gerbstoff, Inulin.*

C. vulgaris *L.*, Sanddistel ⊙. — *Hb. et Rad. Heracanthae s. Carlinae silvestris.*

Serratula tinctoria *L.*, Scharte ♃. XIX. 1 *L.* — *Hb. et Rad. Serratulae: Bitterstoff, Farbstoff, eisengrünender Gerbstoff etc.*

Cirsium *(Serratula L.)* **arvense** *Scopoli*, Ackerdistel ♃. Fig. 450**b**. XIX. 1 *L.* — *Herba Cardui haemorrhoidalis: Cirsēn, Harz, äth. Oel etc.*

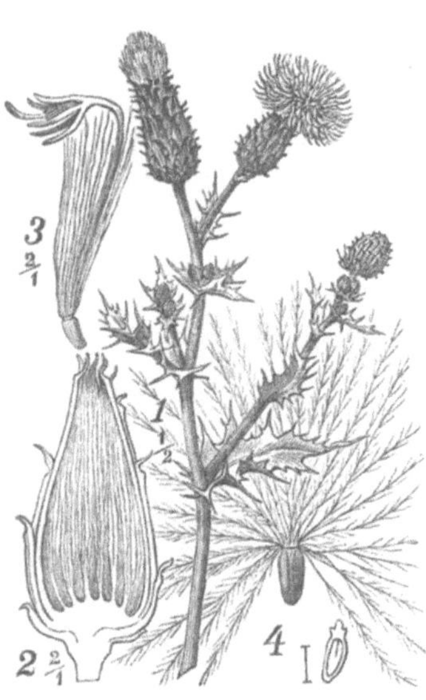

450 b.

Cirsium arvense. 1. Blühende Zweigspitze. 2. Reifes Köpfchen, nachdem die Früchte herausgefallen, längsdurchschn. 3. Blühende Blume. 4. Reife Frucht mit Fruchtkelchsaum und eine andere ohne Kelchsaum längsdurchschnitten.

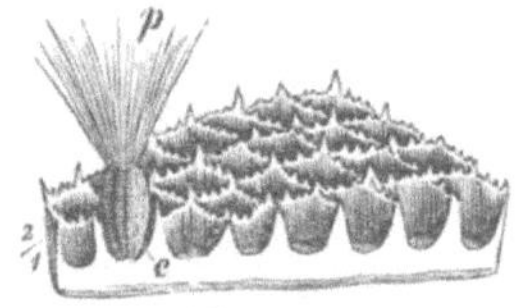

Fig. 451.

Onopordon Acanthium. Stückchen vom Blüthenboden, *c* eine reife Schliessfrucht mit dem Fruchtkelchsaume *p*.

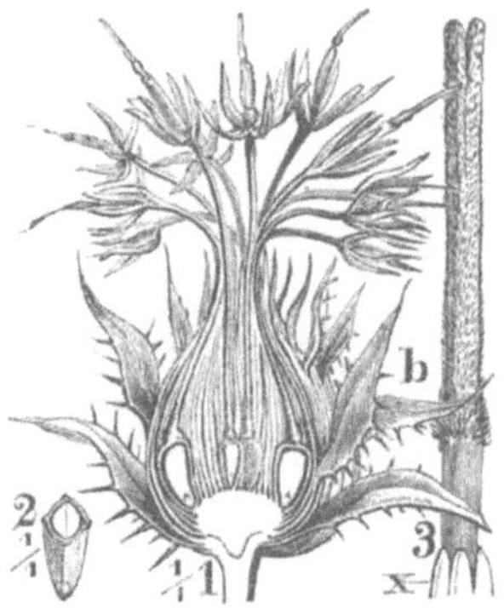

Fig. 452.

Carthamus tinctorius. 1. Köpfchen längsdurchschn., *b* Hüllblatt. 2. Reife Schliessfrucht querdurchschn. 3. Griffel, *x* Staubbeutel-Spitzen.

Silybum *(Carduus L.)* **marianum** *Gärtner*, Mariendistel ⊙. Fig. 453, *s.* XIX. 1 *L.* Mittelmeer-Gegenden; bei uns in Gärten. — *Rad. et Hb. et* ***Semen Cardui Mariae*** *(H.), Stichkörner.*

Onopordon Acanthium *L.*, Krebsdistel ⊙. Fig. 451. XIX. 1 *L.* — *Hb. Acanthii s. Cardui tomentosi.*

Cynara Scolymus *L.*, Artischocke ♃. XIX. 1 *L.* Mittelmeer-Länder; im Süden häufig gebauet. — *Der fleischige Blüthenboden essbar.*

Carthamus tinctorius *L.*, Saflor ⊙. Fig. 452. Länder am rothen Meere; bei uns für die Färberei hier und da cultivirt. — *Flor. et Fruct. (Sem.) Carthami. Die zur Färberei dienenden Blumen enthalten Carthamin und Saflorgelb.*

Lappa *(Arctium L.)* Lappa *Krst.*, **Lappa officinalis** *Allioni*, L. major *Gärtner*, Klette ⊙. XIX. 1 *L.*

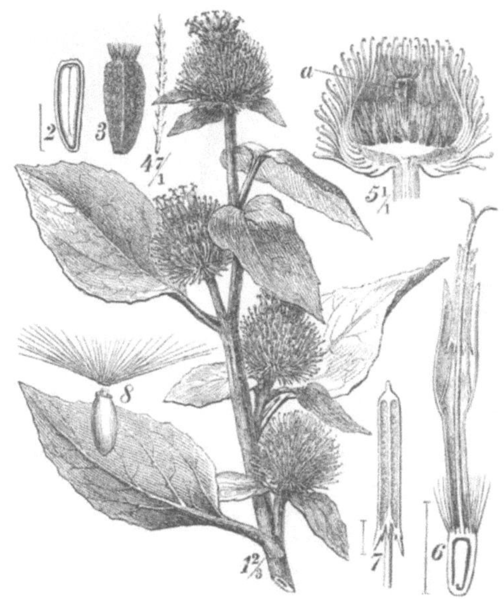

Fig. 453.

1—7. *Lappa minor*. 1. Blühender Zweig. 2. Reife Frucht längsdurchschnitten. 3. Eine ganze Frucht mit Kelchsaum (pappus) von der breiten Seite. 4. Eine vergrösserte Fruchtkelch-Borste. 5. Köpfchen längsdurchschnitten, *a* Achene. 6. Blume längsdurchschnitten. 7. Staubbeutel. 8. Frucht von *Silybum marianum*. Reife Frucht nebst abgefallenem Fruchtkelch-Saume.

L. *(Arctium Schkuhr)* **minor** *DC.* ⊙, Fig. 453, und L. **tomentosa** *Lamarck.* — ***Rad. Bardanae:*** *Bitterer Extractivstoff, Schleim, Gerbstoff, Zucker etc.*

Fig. 454.

Centaurea Cyanus. 1. Blühendes Köpfchen. 2. Reife Frucht. 3. Keimling. 4. Frucht längsdurchschnitten.

Centaurea Cyanus *L.*, Blaue Kornblume ⊙. Fig. 454. XIX. 3 *L.* — *Hb. Fruct. et Flor. Cyani.*

Fig. 455.

Centaurea. 1—4. *C. Jacea.* 1. Köpfchen längsdurchschnitten mit ungeschlechtlicher Randblume und Zwitter-Scheibenblm. 2. Blüthenhüllblt. 3. Fast reife Achene. 4. Griffel-Ende. 5. *C. maculosa.* Blüthenhüllblatt. 6. Blühende Stengelspitze von *C. Jacea.* 7. Wurzelblatt von *C. Scabiosa.*

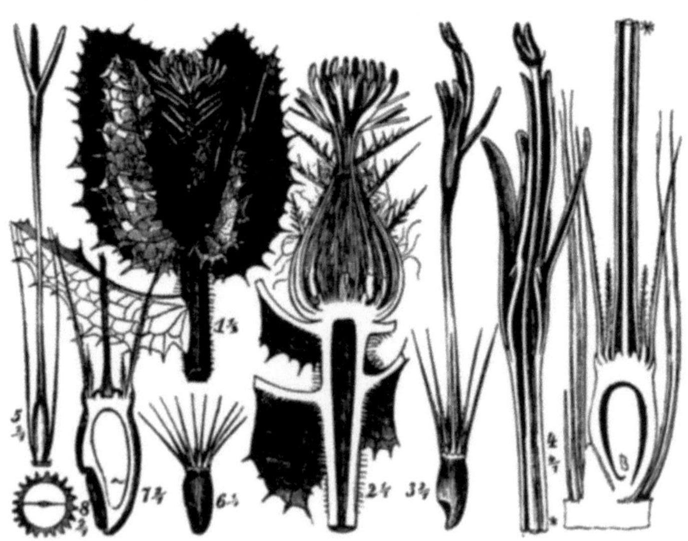

Fig. 456.

Cnicus benedictus. 1. Blüthenköpfchen von Hochblättern umhüllt. 2. Dasselbe längsdurchschnitten. 3. Zwitterblume. 4. Diese in zwei Theilen längsdurchschnitten. 5. Geschlechtslose Randblume. 6. Reife Frucht. 7 und 8. Diese längs- und querdurchschnitten.

C. **Jacea** *L.*, Flockenblume ♃. Fig. 455, *1–4. 6.* — *Hb. et Flores Jaceae nigrae s. Carthami silvestris.*

C. **Scabiosa** *L.* ⚇. Fig. 455, *7.* — *Hb. Centaureae.*

C. **Calcitrapa** *L.* ⚇. Südl. Gebiet. — *Hb. Cardui stellati s. Calcitrapae.*

Cnicus benedictus *L.*, Carbenia benedicta *Bentham* ⊙. Fig. 456. XIX. 3 *L.* Mittelmeer-Länder; zum Arzneigebrauche hier und da gebauet. — ***Hb. Cardui benedicti*** *(G. H.): Cnicin.* — *Sem. Cardui benedicti, Stichkörner.*

Unterfamilie 2. Labiatiflorae. (S. 268.)

Perezia *(Dumerilia Lessing)* **Humboldtii** *A. Gray* ♄. XIX. 1 *L.* Mexico. — *Rad. Pereziae, Rad. Pipitzahuac: Pipitzahuinsäure (Perezon). (Nach Schaffner ist die Mutterpflanze nicht eine Perezia, sondern die nahestehende Trixis Pipitzahuac Schaff.)*

Unterfamilie 3. Liguliflorae. (S. 268.)

Gruppe 1. Hypochoerideae.

Hypochoeris radicata *L.*, Ferkelkraut ♃. XIX. 1 *L.* — *Hb. et Flores Costi vulg. s. Hieracii macrorrhizi.*

Achyrophorus *(Hypochoeris L.)* **maculatus** *Scopoli*, Hachelkopf ♃. XIX. 1 *L.* — *Hb. et Flores Costi nostratis.*

Gruppe 2. Lampsanaceae.

Fig. 457.

Lampsana communis. 1. Blühender und fruchttragender Zweig. 2. Unteres Stengelblatt. 3. Längsdurchschnittenes Köpfchen mit einer randständigen Blume *a* und einer im Centrum stehenden Knospe. 4. Ein Fruchtköpfchen. 5. Randachene und diese längsdurchschnitten.

Lampsana *(Lapsana L.)* **communis** *L.*, Rainkohl ⊙. Fig. 457. XIX. 1 *L.* — *Hb. Lampsanae s. Lapsanae recens.*

Gruppe 3. Cichorieae.

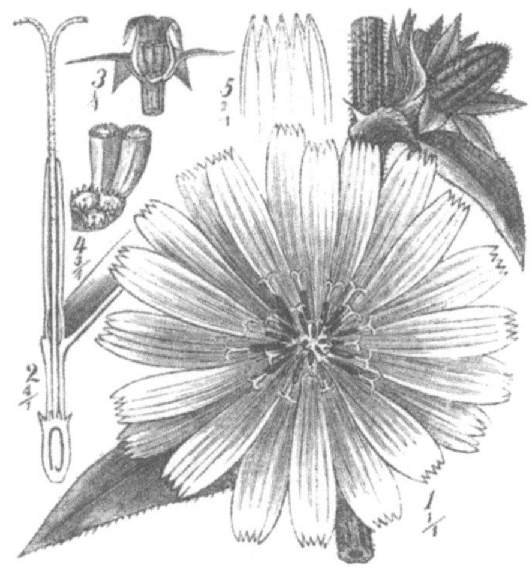

Fig. 458.

Cichorium Intybus. 1. Stengelstück mit einem blühenden und einem Knäuel noch geschlossener Köpfchen. 2. Blume und 3. Fruchttragendes Köpfchen längsdurchschnitten. 4. Stückchen des Blüthenbodens mit reifen Achenen, vergr. 5. Fünfzähniger Kronensaum.

Cichorium Intybus *L.*, Wegewart, Cichorie ♃. Fig. 458. XIX. 1 *L.* — Aus Italien verbreitet. — ***Fol. et Rad. Cichorii*** *(H.): Bitterstoff, Harz, Zucker, Schleim, Inulin; in den Blumen ein bitteres, kryst. Glycosid „Cichoriin".*

C. Endivia *L.* Aus dem Orient; *bei uns als Salatpflanze gebauet; schwächer wirkend als Intybus.*

Gruppe 4. Scorzoneraceae.

Fig. 459.

Tragopogon pratensis. Reife Frucht.

Scorzonera hispanica *L.*, Schwarzwurz, Haferwurz ♃. XIX. 1 *L.* — *Rad. Scorzonerae: Schleim, Bitterstoff, Zucker, Inulin (kein Stärkmehl!).*

Tragopogon pratensis *L.*, Bocksbart ⊙. Fig. 459. XIX. 1 *L.* — *Rad. Tragopogonis vel Barbae hirci.*

Gruppe 5. Lactucaceae. (S. 268.)

Lactuca virosa *L.*, Giftlattich ⊙. Fig. 460. XIX. 1 *L.* — Häufiger im südl. Gebiete. — ***Lactucarium*** *(G. H.): Lactucerin, Lactucon, Lactucin, Lactucopicrin, Lactucasäure, Lactucacamphor, Harz, Asparagin, Mannit, Kautschuk, Eiweiss etc.*

L. Scariola *L.*, Wilder Lattich ⊙. — *Hb. Lactucae silvestris,* ***Lactucarium gallicum*** *(H.): Wie Vor.*

L. sativa *L.*, Gartensalat ⊙. Vielleicht Culturform des Vor. ***Folia recentia*** *(H.);* ***Thridax*** *(H.) (Extractum Lactucae, Succus inspissatus) (H.)*

Fig. 460.
Lactuca virosa. 1. Blühende Stengelspitze. 2. Unteres Stengelende. 3. Frucht. 4. Dieselbe längsdurchschnitten. 5. Blume.

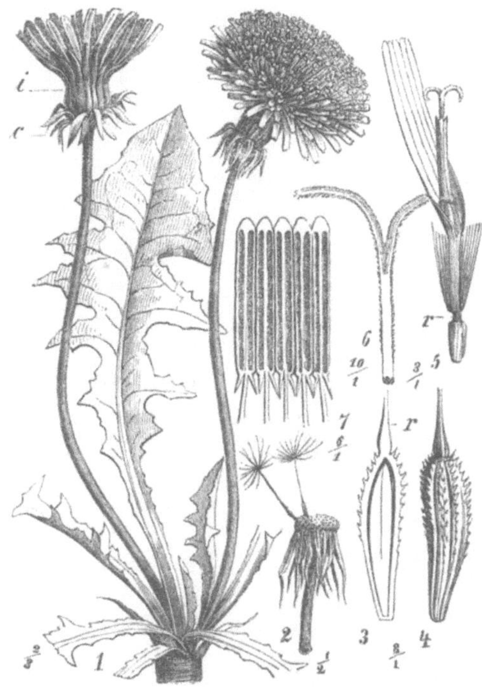

Fig. 461.
Taraxacum (Leontodon L.) Taraxacum. 1. Blühende Pflanze; Blätter, bis auf 2, z. Theil weggeschnitten, *i* innere, *c* äussere Hülle. 2. Köpfchen nach der Reife, Achenen bis auf zwei abgefallen. 3. Frucht längsdurchschnitten, *r* unteres Schnabelende. 4. Dieselbe Frucht von aussen. 5. Blühende Blume *r*, das noch nicht gestreckte Schnabelstück. 6. Oberes Griffelende mit den Narben. 7. Staubbeutelrohr längsgespalten und ausgebreitet.

Taraxacum *(Leontodon L.)* Taraxacum *Krst.*, **T. officinale** *Weber*, Löwenzahn ♃. Fig. 461. XIX. 1 *L.* — ***Folia Taraxaci*** *(A. H.),* ***Rad. Taraxaci*** *(A. H)* ***cum Hb.*** *(G.): Taraxacin, Taraxacerin, Leontodin, Inulin, Zucker, Pectose, Gerbstoff, Albumin etc.*

Hieracium Pilosella *L.*, Habichtskraut ♃. XIX. 1 *L.* — *Hb. et Rad. Pilosellae s. Auriculae muris majoris s. Pulmonariae gallicae.*

H. umbellatum *L.* ♃. — *Hb. Hieracii umbellati.*

Sonchus asper *Allioni*, Gänsedistel, Saudistel ⊙. XIX. 1 *L.* — *Hb. Sonchi s. Cicerbitae asperae.*

Fig. 462.

Sonchus arvensis. 1. Blühendes Zweigende. 2. Köpfchen-Längendurchschnitt mit blühender Randblume und sich öffnender Scheibenblume. 3. Früchte, *a* vom Rücken mit Fruchtkelch, *b* von der Seite nach dem Abfallen des Fruchtkelches gezeichnet. 4. Narben.

S. oleraceus *L.* ⊙. — *Hb. et Rad. Sonchi. Diese wie die übrigen Sonchus-Arten dienen jung auch als Salat und Gemüse.*

S. arvensis *L.* ♃. Fig. 462. — *Hb. Hieracii Sonchitis.*

Ordnung LIX. Campanaceae. (S. 216.)

A. Blumen regelmässig. Fam. 181. **Campanulaceae.**
B. Blumen unregelmässig. Fam. 182. **Lobeliaceae.**

Familie 181. Campanulaceae.

Campanula Trachelium *L.*, Nesselblätterige Glockenblume ♃. V. 1 *L.* — *Rad. et Hb. Cervicariae majoris s. Trachelii: Inulin.*

C. glomerata *L.*, Kleines Halskraut ♃. — *Hb. Cervicariae minoris.*

C. Rapunculus *L.*, Rapunzel-Glockenblume ⊙. — *Rad. Rapunculi esculenti.*

C. patula *L.* ⊙. Fig. 463. *Radix Camp. patulae.*

Phyteuma spicatum *L.*, Rapunzel, Teufelskrallen ♃. Fig. 464. V. 1 *L.* — *Rad. Rapunculi: Inulin.*

Jasione montana *L.* ⊙. Fig. 465. XIX. 6 *L.* (V. 1 *L.*)

Fig. 463.

Campanula patula. 1. Blüthenzweig. 2. Blume längsdurchschnitten. 3. Saamenknospe. 4. Diagramm. 5 und 6. Saame und derselbe längsdurchschnitten.

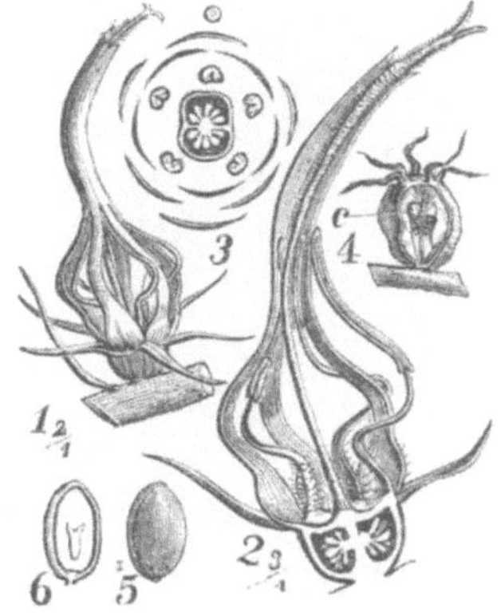

Fig. 464.

Phyteuma spicatum. 1. Blühende Blm. 2. Diese längsdurchschnitten. 3. Diagramm. 4. Reife Frucht, *c* Oeffnung. 5. Saame. 6. Derselbe längsdurchschn.

Fig. 465.

Jasione montana. 1. Blüthe im Beginn des Blühens. 2. Dieselbe von unten, verkleinert. 3. Blühende Blume. 4. Diese längsdurchschnitten. 5. Geöffnete, reife Frucht. 6. Saame längsdurchschnitten.

Familie 182. Lobeliaceae.

Fig. 466.

Lobelia inflata. 1. Blühende Zweigspitze. 2—5. *L. syphilitica.* 2. Geöffnete, reife Frucht. 3 und 4. Saame und derselbe längsdurchschn. 5. Blühende Blume. 6. Diagramm in der Stellung der blühenden Blm. 7. Blm. von *L. inflata.* 8. Dies. längsdurchschn. 9. Griffelende mit der Narbe.

Lobelia inflata *L.* ⊙. Fig. 466, *1. 7–9.* XIX. 6. *L.* (V. 1 *L.*). Nord-Amerika. — ***Hb. Lobeliae inflatae:*** *Aeth. Oel*, *Lobeliin*, *Lobeliasäure*, *Lobelacrin, Harz, Fett, Schleim, Inulin.*

L. syphilitica *L.* ♃. Fig. 466, *2–5.* Nord-Amerika. — *Rad. Lobeliae.*

Ordnung LX. Stellatae. (S. 216.)

A. Blätter nebenblattlos; Blumen oft unregelmässig. Fam. 183. **Loniceraceae.**

B. Blätter mit Nebenblättern; Blumen regelmässig. Familie 184. **Rubiaceae.**

Familie 183. Loniceraceae.

A. Blätter nebenblattlos; Blume oft unregelmässig. Gruppe 1. **Lonicereae.**

B. Blätter z. Th. mit Nebenblättern; Blume regelmässig. Gruppe 2. **Sambuceae.**

Gruppe 1. Lonicereae.

Lonicera Caprifolium *L.*, Gaisblatt, Jelänger-Jelieber ♄. Fig. 467. V. 1 *L.* Südliches Gebiet, im mittl. und nördl. angepflanzt. — *Stipites, Folia et Drupae Caprifolii italici.*

L. Periclymenum *L.* ♄. Wild und angepflanzt. — *Wie Vorige angewendet.*

L. Xylosteum *L.*, Heckenkirsche ♄. Wie Vor. *Drupae Xylosteï: Xylosteïn, eisengrünender Gerbstoff, org. Säuren, Fett, Wachs, Zucker etc.*

Fig. 467.

Lonicera caprifolium. 1. Blühender Zweig. 2. Fruchtknäuel. 3. Fruchtknoten längsdurchschnitten.

Fig. 468.

Linnaea borealis. 1. Blühende Pfl. 2. Blm. kurz nach dem Blühen, *b* grösseres Deckblattpaar. 3. Blühende Blume längsdurchschnitten. 4. Pollenzelle. 5. Diagramm. 6. Reife Frucht. 7 und 8. Diese längs- und querdurchsch. 9. Ovulum längsdurchschn.

Linnaea borealis *L.* ♄. Fig. 468. XIV. 2 *L.* — *Hb. Linnaeae: Aeth. Oel, Bitterstoff.*

Gruppe 2. Sambuceae.

Sambucus nigra *L.*, Schwarzer Hollunder, Flieder ♄, ♄. Fig. 469. V. 3 *L.* — *Cort. interior, Folia,* ***Flores Sambuci et Drupae (Baccae) Sambuci*** *(A. H.).* s. *Grana Actes. Die Blumen enthalten ätherisches Oel, Harz, Schleim, Gerbstoff; die Beeren: Weinsäure, Apfelsäure, Baldriansäure, Bitterstoff, Schleimzucker, Gerbstoff, Farbstoff; fettes Oel in den Saamen.*

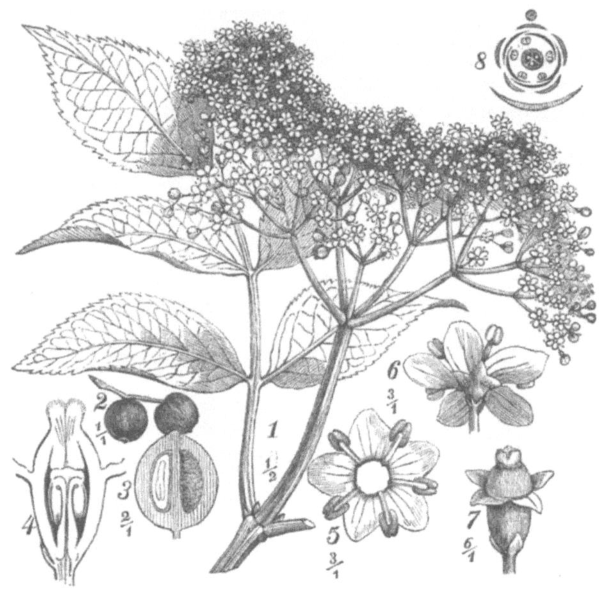

Fig. 469.

Sambucus nigra. 1. Blüthe und Blatt. 2. Reife Beeren. 3. Eine solche längsdurchschnitten. 4. Fruchtknoten desgl. 5. Krone nebst Staubgefässen. 6. Blume von unten gesehen. 7. Blume nach Hinwegnahme der Krone. 8. Diagramm.

Fig. 470.

Adoxa Moschatellina. 1. Blühende Pflanze. 2. Seitenständige Blm. von unten. 3. Blühendes Knäuel. 4. Seitenständige Blume längsdurchschnitten. 5. Deren Diagr. 6. Saame mit seinem häutigen Rande. 7. Derselbe längsdurchschnitten. 8. Reife Beere.

S. **Ebulus** *L.*, Ebulum humile *Garcke*, Zwergholunder ♃. — ***Drupae (Baccae) Ebuli*** *(H.)*: *Aeth. Oel, Baldriansäure, Apfelsäure, Weinsäure, eisengrünende Gerbsäure, bittere scharfe Materie, Fett, Wachs, Zucker, Gummi, Schleim.*

Viburnum Opulus *L.*, Schneeball, ♄ 5. V. 3 *L.* — *Cort., Flores et Drupae Viburni. Die Rinde enthält eisenbläuenden Gerbstoff, Bitterstoff (Viburnin), Baldriansäure, Gummi.*

Adoxa Moschatellina *L.*, Bisamkraut ♃. Fig. 470. VIII. 4 *L.* — *Hb. et Rhiz. Moschatellinae.*

Familie 184. Rubiaceae. (S. 288.)

A. Saamen einzeln in jedem Fruchtfache. Gruppe 1. **Coffeaceae.**
B. Saamen zahlreich in jedem Fruchtfache. Gruppe 2. **Cinchonaceae.**

Gruppe I. Coffeaceae.

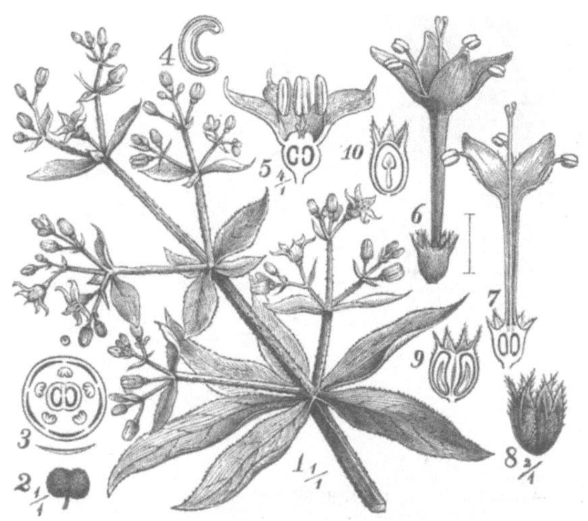

Fig. 471.

Rubia tinctorum. 1. Blühende Zweigspitze. 2. Reife Frucht. 3. Diagramm. 4. Ein Fruchtknopf längsdurchschnitten. 5. Blume längsdurchschnitten. 6—10. *Sherardia arvensis.* 6. Blühende Blume. 7. Diese längsdurchschnitten. 8 und 9. Frucht und deren Längendurchschnitt. 10. Ein Fruchtknopf in tangentialer Richtung durchschnitten.

Rubia tinctorum *L.*, Färberröthe, Krapp ♃. Fig. 471, *1–5.* IV. 1 *L.* (IV. 2). Orient; im südl. Gebiete gebauet und verwildert. — *Rhizoma (Rad.) Rubiae tinctorum: Ruberythrinsäure (in Alizarin — Lizarinsäure Klapproth's — und Zucker zerlegbar), Purpurin, Rubichlorsäure (Chlorogenin); ferner Rubin, Rubiacin und Xanthin — die vielleicht Zersetzungsproducte sind — nebst Harzen: Rubiretin, Verantin. Ueberdies enthält die Droge Citronensäure, eisengrünenden Gerbstoff, Zucker, Gummi, Pectinkörper, Albumin und einen die Glycoside spaltenden Proteïnkörper: Erythrocyan.*

Sherardia arvensis *L.* ⊙, (⊙). Fig. 471, *6–10.* IV. 1 *L.* — *Die Wurzel enthält rothen Farbstoff.*

Asperula odorata *L.*, Waldmeister ♃. Fig. 472. IV. 1 *L.* — ***Hb.*** *Matrisylvae s.* ***Asperulae odoratae*** *(H.) vel Hepaticae stellatae: Cumarin, Aspertannsäure, Rubichlorsäure und Catechusäure (?).*

Fig. 472.

Asperula odorata. 1. Blühendes Stengelende. 2. Blume längsdurchschnitten. 3. Diagramm. 4. Blume nach Entfernung der Krone. 5. Reife Frucht längsdurchschnitten.

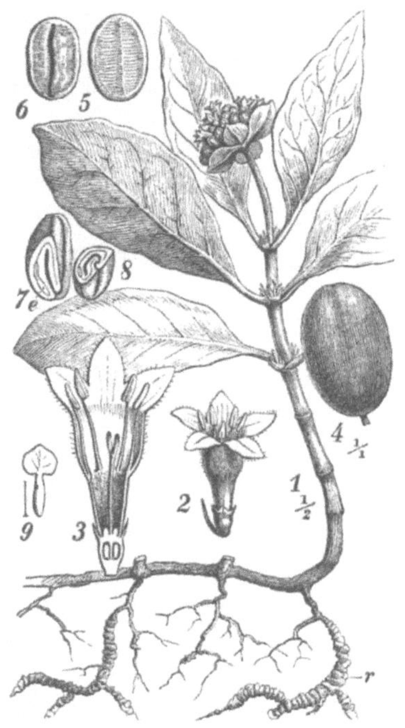

Fig. 473.

1—3. *Cephaëlis Ipecacuanha.* 1. Blühende Pflanze. 2. Blume vergrössert. 3. Solche längsdurchschnitten. 4—9. *Coffea arabica.* 4. Reife Frucht. 5. Saame in der pergamentartigen Steinschale. 6. Saame ohne diese Schale. 7 und 8. Derselbe schräg- und querdurchschnitten. 9. Keimling.

Galium Aparine *L.*, Klebkraut ⊙. IV. 1 *L.* — *Hb. Aparines: Rubichlorsäure, Galitannsäure, Citronensäure, Bitterstoff.*

G. verum *L.*, Echtes Labkraut ♃. — *Hb. et Flores vel Summitates Galii lutei: Rubichlorsäure und Galitannsäure, Citronensäure, Bitterstoff, eisengrünender Gerbstoff.*

G. Mollugo *L.*, Weisses Labkraut ♃. — *Hb. Galii albi: Aeth. und fettes Oel, Wachs, Harz, Bitterstoff, Oxal- und Citronensäure, Rubichlorsäure, Aspertannsäure und Chinasäure.*

Coffea arabica *L.* ♄, ♄. Fig. 473, *4–9.* V. 1 *L.* Länder am Rothen Meere; durch Cultur über die heisse Zone verbreitet. — *Sem. Coffeae: 1 % **Coffeïn** (Theïn, Guaranin, Methyl-Theobromin), Kaffeegerbsäure, Chinasäure, öliges Fett, Proteïn, Zucker, Gummi.*

Cephaëlis Ipecacuanha *Willdenow*, Psychotria Ipecac. *Müller* ♃. Fig. 473, *1—3*. V. 1 *L.* Brasilien. — ***Rad. Ipecacuanhae*** *grisea, annulata: Emetin, Ipecacuanha-Gerbsäure, Harz, Stärkemehl etc.*

C. acuminata *Krst.* Neu-Granada. — *Rad. Ipecacuanhae Cartagenensis.*

Psychotria emetica *Mutis* ♄. V. 1 *L.* Neu-Granada. — *Rad. Ipecacuanhae nigra striata: Emetin (nach Pelletier) etc. Von anderen Psychotria-Arten stammen einige durch Farbe und Form etwas verschiedene falsche Ipecacuanha, z. B. Ipecacuanha ferruginea.*

Chiococca racemosa *Jacquin*, **C. anguifuga** *Martius*, **C. densifolia** *Martius* ♄. V. 1. Tropisches Süd-Amerika. — *Rad. Caincae s. Serpentariae brasiliensis: Caincasäure (Caïncin), Kaffeegerbsäure etc.*

Gruppe 2. Cinchonaceae.

Gardenia florida *L.* und andere Arten dieser Gattung ♄, ħ. V. 1 *L.* Japan und China. — *Chinesische Gelbbeeren.*

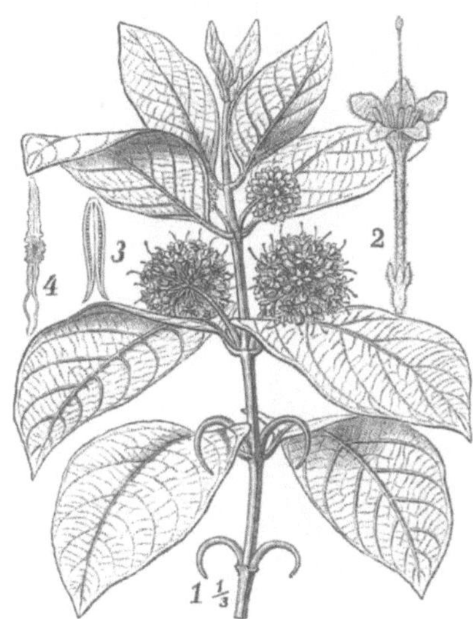

Fig. 474.

Nauclea Gambir. 1. Blühender Zweig. 2. Blume. 3. Staubbeutel. 4. Saame.

Nauclea (*Uncaria Roxburgh*) **Gambir** *Hunter*, **Ouruparia Gambir** *Hooker-Bentham* ♄. Fig. 474. V. 1 *L.* Malakka und Molukken. — ***Catechu*** *(G.), Terra japonica, Gutta Gambir: Catechin (Catechusäure, Tanningensäure), Catechugerbsäure, Quercetin (?).*

Cinchona Calisaya *Weddel*, Gelbe- oder Königs-China ħ. V. 1 *L.* Peru, Bolivia; *auf Java und in Ostindien cultivirt.* — ***Cort. Chinae Calisayae*** *s. regius: bis 13,5 % Alkaloide in der Var. Ledgeriana, darunter in dieser bis 10,5 % Chinin (die off. Rinde muss von diesem wenigstens 2 % enthalten). Die Alkaloide der chemisch untersuchten Chinarinden von meistens nicht genau bekannter Abstammung sind sehr veränderliche Gemenge von* ***Chinin,***

Cinchonin *(H.)*, ***Cinchonidin*** *(H.) und* ***Chinidin*** *(Conchinin) (H. A.) neben einer Anzahl anderer, medic. unwichtiger, meistens in geringer Menge vorhandener Alkaloide: Chinicin, Diconchicin, Cinchonicin, Dicinchonin, Homocinchonidin, Homocinchonin, Homocinchonicin, Dihomocinchonin, Cinchamidin, Chinamin, Apochinamin, Conchinamin, Chinamicin, Protochinamicin, Paricin (Buxin?), Javanin. Neben diesen Alkaloiden, deren Vorkommen und Menge bei den verschiedenen Arten und in den verschiedenen Organen einer Art und eines Individuums wechselt, finden sich noch Chinasäure, Chinagerbsäure, Chinovasäure, Chinovin etc. —* ***Chinioïdin*** *(G.).*

C. Trianae *Krst.* und **C. Pitayensis** *Weddel* ♄. Neu-Granada. — *Cort. Chinae Pitayo. Gelbe Rinde von Pitayo.*

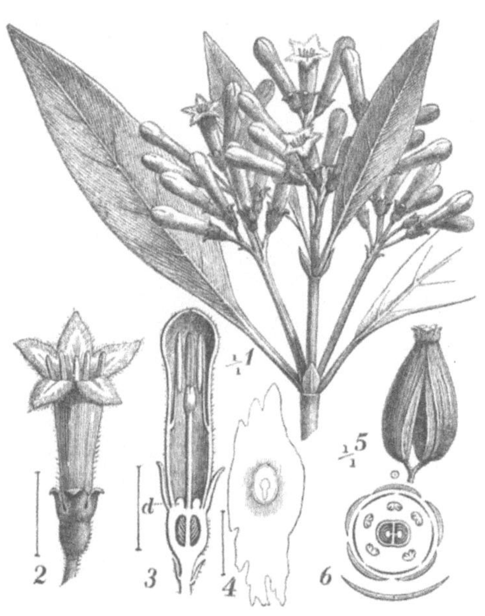

Fig. 475.

Cinchona lancifolia. 1. Blühende Zweigspitze. 2. Blume. 3. Diese längsdurchschnitten, *d* Drüsenring. 4. Saame. 5. Reife, geöffnete Frucht. 6. Diagramm.

C. lancifolia *Mutis* ♄. Fig. 475. Neu-Granada. — *Verschiedene Varietäten geben Gelbe Chinarinde, China flava dura und fibrosa; Beide sind z. Th. gute, Chinin, Chinidin, Cinchonin etc. enthaltende Rinden.*

C. cordifolia *Mutis* ♄, Neu-Granada, **C. pubescens** *Vahl* ♄, Peru, **C. Tucujensis** *Krst.* ♄, Venezuela. — *China flava lignosa. Alkaloïdarme, nicht für medic. Gebrauch, sondern nur für Fabriken verwerthbare gelbe Rinden.*

C. succirubra *Pavon* ♄. V. 1 *L.* Equador am Chimborazo; auf Ceylon und in Ostindien gebauet. — ***Cortex Chinae*** *(G.)* ***ruber*** *(A.). Rothe Chinarinde: bis 5 % Alkaloide, darunter ca. 2 % Chinin, 1 % Cinchonin und Dicinchonin.*

C. officinalis *L.*, C. Condaminea *Humboldt*, **C. macrocalyx** *Pavon*, **C. Uritusinga** *Pavon.* ***Cort. Chinae fuscus*** *(A.) Ferner:*

C. nitida *Ruiz* und *Pavon*, **C. glandulifera** *R.* und *P.*, peruvianische Bäume; *geben bräunliche bis braune Rinden,* ***Cort. Chinae fuscus*** *(H.) Loxa-, Pseudo-Loxa-, Huamalis- und* ***Huanuco****-Rinden, arm an Alkaloiden, reicher an obengenannten Säuren. Ebenso:* **C. micrantha** *Ruiz* und *Pavon*, und **C. lucumaefolia** *Pavon.*

Fig. 476.

Cinchona pedunculata. 1. Blühende Zweigspitze. 2. Reife, geöffnete Früchte. 3. Krone längsgespalten und ausgebreitet.

C. pedunculata *Krst.*, Remijia ped. *Triana* ♄. Fig. 476. Neu-Granada; *ist nach Triana Mutterpflanze der China cuprea, die sich den letztgenannten anschliesst: Chinin, Cinchonin, Chinamin, Conchinamin, Homochinin (Chinin + Cupreïn) und eine eigenthümliche Gerbsäure.*

C. *(Remijia Wedd.)* **Purdieana** *Krst.* ♄. Neu-Granada. — *Falsche China cuprea: Cinchonin, Cinchonamin, Concusconin, Chairamin, Conchairamin Chairamidin und Conchairamidin.*

C. macrophylla *Krst.*, Remijia ferruginea *Triana*, nicht *DC.* ♄, ♄. Fig. 477. Neu-Granada, und

Fig. 477.

Cinchona macrophylla Krst. 1. Blühende Zweigspitze. 2. Blume längsdurchschnitten $^2/_1$. 3. Frucht $^1/_1$. 4. Saame $^1/_1$.

C. ferruginea *St. Hilaire*, Remijia ferruginea *DC.* ♄, ♄. Brasilien. — *Cort.* ***Remijiae***, *Cort. Chinae brasiliensis s. de Minas; beide nicht chemisch untersucht.*

Die vegetabilischen Arzneistoffe

der

deutschen, österreichischen und schweizerischen Pharmacopoe.

Reich I. Cryptogamae. *L., Juss.*

Abtheilung I. Thallophytae.

Abtheilung II. Cormophytae.

Reich II. Phanerogamae. *L., Juss.*

Abtheilung III. Nothocarpae. Gymnospermae *Lindley.*

Abtheilung IV. Teleocarpae. Angiospermae. *Lindley.*

Reihe I. Monocotyledones. *L.*

Reihe II. Dicotyledones. *L.*

Klasse I. Monochlamydeae. *DC.*

Klasse II. Dichlamydeae.

Unterklasse I. Petalanthae.

Ampelideae.

Rhamneae.

Grossulariaceae.

Cucurbitaceae.

Unterklasse II. Corollanthae.

Ericaceae.

Styraceae.

Sapotaceae.

Primulaceae.

Bignoniaceae.

Scrophulariaceae.

Solaneae.

Convolvulaceae.

Borragineae.

Labiatae.

Gentianeae.

Asclepiadeae.

Loganiaceae.

Oleaceae.

Valerianaceae.

Compositae.

Lobeliaceae.

Loniceraceae.

Rubiaceae.

Register.

Abkürzungen von Autornamen: *L. Linné*, *T. Tournefort*, *DC. De Candolle.*

Erklärung der gebrauchten Zeichen und Abkürzungen:

⊙ Einjährig.
(··) Zweijährig.
♃ Unterirdisch ausdauerndes Kraut, Staude.
♄ Halbstrauch.
♄ Strauch.
♄ Baum.
♂ Männl. Blume oder Pflanze.
♀ Weibl. Blume oder Pflanze.
☿ Zwitterblume.

∞ zahlreich.
Var. Varietät.
A. Pharmacopoea austriaca.
G. „ germanica.
H. „ helvetica.
: bedeutet „enthält“, „enthalten“, „Inhalt“.
Blm. Blume.
Blt. Blatt.

Vor Benutzung des Buches sind folgende Fehler zu verbessern: S. 14, Z. 12 v. u. „Isländisches Moos“ in Irländisches Moos; S. 159 sollte die unterste Zeile nicht fett gedruckt sein, da diese Droguen nicht mehr officinell sind.

Pierer'sche Hofbuchdruckerei. Stephan Geibel & Co. in Altenburg.

MIX
Papier aus verantwortungsvollen Quellen
Paper from responsible sources
FSC® C105338

If you have any concerns about our products,
you can contact us on
ProductSafety@springernature.com

In case Publisher is established outside the EU,
the EU authorized representative is:
Springer Nature Customer Service Center GmbH
Europaplatz 3, 69115 Heidelberg, Germany

Printed by Libri Plureos GmbH
in Hamburg, Germany